大数据 计算机基础

COMPUTER FUNDAMENTALS OF BIG DATA

（第2版）

张延松　王成章　徐天晟　编著

中国人民大学出版社
·北京·

前　言

随着信息技术的不断发展和大数据分析需求的快速增长，大数据分析处理技术成为继互联网、信息高速公路之后的又一个基础设施。大数据分析处理技术已逐渐渗透到社会应用的各个领域，建立了以数据为中心的、数据密集型的计算科学范式。面对大数据浪潮，传统的统计、人文、社会等学科需要在大数据背景下拓展传统学科的基础理论，以适应大数据生存环境并借助大数据技术开拓新的理论、应用与研究空间。

本书定位于大数据分析处理背景下的计算机基础知识教育，采用实践教学为主、理论教学为辅、案例任务驱动的教学模式，培养学生掌握必备的开源操作系统 Linux、开源社区广泛应用的 Python 语言以及数据库分析处理技术基础理论和技能，并结合典型案例任务，让学生能够理论与实践相结合，学习和掌握以数据为中心的数据分析处理技术，为应用大数据分析处理技术打下扎实的计算机基础并掌握必备的数据分析处理知识与技能。

本书第 1 篇为 Linux 基础，主要目标是使学生了解开源社区广泛使用的 Linux 操作系统的基础知识、基本使用方法和基于 Linux 平台的文件管理及应用管理技术，使学生能够适应大数据分析处理软件使用的操作系统平台，进而完成文件管理、应用管理、Linux 平台下的数据库及 Hadoop 软件安装与配置等任务。

本书第 2 篇为 Python 程序设计基础，主要目标是介绍开源社区中具有代表性的 Python 程序语言的基础知识、基本编程技能和面向数据分析处理的实践应用案例，使学生掌握使用 Python 语言进行数据分析处理的能力，为分布式环境下的数据分析处理打下基础。

本书第 3 篇为数据库基础，重点介绍与数据分析处理相关的数据库基本理论、SQL 数据库分析处理技术及数据库实践应用案例，以企业级数据库案例为指导，设计企业级数据分析处理任务及应用案例，使学生了解企业级数据库设计的原理、基本原则及数据分析处理技术，学会使用数据库工具完成数据分析处理任务，并通过案例实践任务掌握企业级数据分析处理的基本技能。

在教材的组织与设计上我们采用"做减法"和"做加法"两种策略。首先，在教材的组织上，针对大数据分析处理技术计算机基础课程的教学目标裁剪出适当的教学内容，在 Linux 操作系统、Python 程序设计和数据库基础知识三个领域保留与数据分析处理技术关系最为密切的知识结构，精简教材内容；然后在教学内容的设计上，针对大数据分析处理技术及应用需求扩展教学内容、深度与广度，设计相关的案例实践内容，使教材的知识结构和理论结构与大数据分析需求相衔接，理论与实践紧密结合，引导学生在任务实践中掌握数据分析处理的相关技能，达到服务于大数据分析处理技术所需要的使用开源操作系统、掌握开源编程语言、应用数据库分析处理技术的目标。

本书是中国人民大学、北京大学、中国科学院大学、中央财经大学、首都经济贸易大学五所高校联合培养大数据分析硕士实验班的计算机基础教材，目标是使学生掌握大数据分析处理必备的计算机基础知识与技能。Linux基础篇由首都经济贸易大学徐天晟老师编著，Python程序设计基础篇由中央财经大学王成章老师编著，数据库基础篇由中国人民大学张延松老师编著。同时，我们感谢中国人民大学统计学院吕晓玲老师对课程建设提出的宝贵意见，以及中国人民大学出版社的大力支持！

目 录

第 1 篇　Linux 基础

第 1 章　Linux 概况 ………………………………………………………… 3
　　第 1 节　Linux 的历史 …………………………………………………… 3
　　第 2 节　Linux 的现状 …………………………………………………… 5
　　第 3 节　Linux 的初体验 ………………………………………………… 7

第 2 章　用户界面和文件管理 …………………………………………… 21
　　第 1 节　Linux 用户界面 ………………………………………………… 21
　　第 2 节　文件管理 ………………………………………………………… 27

第 3 章　编辑器及 shell 编程 …………………………………………… 46
　　第 1 节　文本编辑器 ……………………………………………………… 46
　　第 2 节　shell 介绍 ……………………………………………………… 58
　　第 3 节　shell 编程基础 ………………………………………………… 63

第 4 章　用户权限及磁盘管理 …………………………………………… 68
　　第 1 节　Linux 用户设置 ………………………………………………… 68
　　第 2 节　Linux 磁盘管理 ………………………………………………… 72

第 5 章　系统管理及 Linux 基本网络配置 …………………………… 75
　　第 1 节　Linux 系统管理 ………………………………………………… 75
　　第 2 节　Linux 基本网络命令 …………………………………………… 81
　　第 3 节　Linux 软件安装方法 …………………………………………… 81
　　第 4 节　Hadoop 环境搭建实例 ………………………………………… 88

第2篇　Python程序设计基础

第6章　Python基础知识 …… 101
第1节　Python简介 …… 101
第2节　Python编程的基本概念及基本原则 …… 106
第3节　Python语言的控制结构 …… 113
第4节　Python语言的基本数据结构 …… 121
第5节　Python语言的输入与输出 …… 145

第7章　Python语言的模块 …… 157
第1节　Python语言的模块简介 …… 157
第2节　Python语言常用模块简介 …… 167
第3节　Python语言的函数 …… 185

第8章　Python语言的类 …… 192
第1节　Python语言的类简介 …… 192
第2节　类的继承 …… 197
第3节　Python语言的异常类 …… 206

第9章　利用Python获取数据——网络爬虫介绍 …… 217
第1节　Python网络爬虫的基本框架 …… 217
第2节　Python语言加载网页 …… 220
第3节　网页的HTML代码 …… 222
第4节　Python网络爬虫定位目标数据 …… 224
第5节　Python网络爬虫提取所有数据 …… 231

第10章　利用Python进行数据处理 …… 234
第1节　Python语言的高级数据结构 …… 234
第2节　利用Python进行简单统计计算 …… 315
第3节　利用Python进行数据可视化 …… 324

第3篇　数据库基础

第11章　数据库基础知识 …… 363
第1节　数据库的基本概念 …… 363
第2节　关系数据模型 …… 367
第3节　关系操作、关系代数和关系运算 …… 372
第4节　数据库系统结构与组成 …… 375

第 5 节　代表性数据库系统 ··· 378

第 12 章　数据库查询语言 SQL ·· 388

第 1 节　SQL 概述 ·· 388
第 2 节　TPC-H 案例数据库简介 ·· 392
第 3 节　数据定义 SQL ·· 396
第 4 节　数据查询 SQL ·· 411
第 5 节　数据更新 SQL ·· 438
第 6 节　视图的定义和使用 ··· 443
第 7 节　面向大数据管理的 SQL 扩展语法 ·· 448

第 13 章　数据库查询处理与查询优化技术 ································· 461

第 1 节　数据库查询处理实现技术和查询优化技术基本原理概述 ·········· 461
第 2 节　内存查询优化技术 ··· 478
第 3 节　查询优化案例分析 ··· 486

第 14 章　SQL Server 2017 数据库分析处理案例 ······················ 493

第 1 节　SQL Server 2017 在 Windows 平台的安装与配置 ···················· 493
第 2 节　SQL Server 数据库数据导入导出 ··· 498
第 3 节　基于 TPC-H 数据库的 OLAP 案例实践 ··································· 506
第 4 节　SQL Server 2017 内置 Python 功能 ·· 518

第 1 篇

Linux 基础

　　Linux 是一种自由和开放源代码的类 Unix 操作系统，是自由软件和开放源代码软件发展中最著名的例子，在服务器领域有着不可动摇的地位。目前，企业的高性能集群和云平台大都配置 Linux，大部分开源软件都基于 Linux 操作系统，掌握 Linux 的基本原理和操作已经成为从事企业级数据分析工作的基础。学习作为大数据分析基础的 Linux，目的是能利用 Linux 的操作系统平台搭建大数据分析的环境，在此之上实现大数据分析处理。因此本篇的教学目标定位于 Linux 的应用和管理，教学内容以 Linux 操作系统的原理为基础，以命令行在具体场景下的实践为主要目标，扩展 Linux 日常管理的知识和方法，培养 Linux 作为数据分析支撑技术的技能和素养。

　　本篇主要介绍 Linux 操作系统的基本原理，并通过大量的例题演示相应的 Linux 命令，使学生能获得进行日常系统管理的能力和技术。本篇中介绍的 Linux 配置和管理可以使学生掌握如何在 Linux 操作系统上搭建所需的数据分析环境，为接下来的 Python 程序和数据库学习，以至之后基于 Hadoop 平台的大数据分析打下坚实的基础。

第 1 章　Linux 概况

本章要点与学习目标

  Linux 是一种自由和开放源代码的类 Unix 操作系统，广泛应用于从嵌入式设备到超级电脑的各种场合，并且在服务器领域确立了地位。第 1 节介绍 Linux 的背景和发展历史。第 2 节介绍 Linux 的发展现状和在各个领域的广泛应用。VMware 工作站是 VMware 公司销售的商业产品软件之一，它允许用户在其中同时创建和运行多个 x86 虚拟机，每个虚拟机可以运行其安装的操作系统，即允许一个操作系统中同时打开并运行数个操作系统。第 3 节将引导学生在 Windows 环境下通过安装 Linux 虚拟机来体验 Linux 操作系统。

  本章的学习目标是了解 Linux 的历史和现状，使用虚拟机安装 Ubuntu 操作系统，体验 Ubuntu 系统的基本操作。

第 1 节　Linux 的历史

  Linux 是服务于应用软件和硬件之间的一套操作系统，它的核心是 1991 年由 Linus Torvalds 开发出来的。谈到 Linux，就不得不提及 Unix，Linux 是在 Unix 发展过程中产生的，是为解决开源问题而独立开发出来的类 Unix 系统。

  1984 年，麻省理工学院（MIT）的研究员 Richard Mathew Stallman 提出了自由软件的概念。1985 年自由软件基金会（Free Software Foundation，FSF）成立。自由软件基金会实施 GNU 计划，致力于不受限制地自由使用、复制、研究、修改和发布软件。不受限制是自由软件最重要的本质。将软件以自由软件的形式发布，通常是让软件以"自由软件授权协议"的方式发布，并公开软件的源代码。这对全球的商业发展有巨大的贡献，使成千上万的人的日常工作更加便利。为了满足用户的各种应用需要，自由软件正在以一种不可思议的速度快速发展。自由软件是信息社会中以开放创新、共同创新为特点的创新 2.0

模式在软件开发与应用领域的典型体现。

1990年的一天，正在赫尔辛基大学读研究生的Linus Torvalds由于不满于教授规定其使用的Minix系统（Unix的变种），便尝试着写了一个小程序，将其命名为Linux，并且放在互联网上，希望借此搞出一个操作系统的"内核"。Linux一出现在互联网上，便受到广大追随者的喜爱，他们和Torvalds将Linux加工成了一个功能完备的操作系统，叫做GNU/Linux。1991年10月5日，Linus Torvalds宣布了Linux内核的诞生。随着一批高水平黑客通过计算机网络加入Linux的内核开发，Linux在1994年3月14日发布了它的1.0版。1995年1月，Bob Young创办了Red Hat公司，以GNU/Linux为核心，开发了一种冠以品牌的Linux，即Redhat Linux，称为Linux发行版，在市场上出售。

Linux是套免费使用和自由传播的类Unix操作系统，它主要用于基于Intel x86系列CPU的计算机。其目的是建立不受任何商品化软件的版权制约的、全世界都能自由使用的Unix兼容产品。Linux受到广大计算机爱好者喜爱的主要原因包括：

1. 完全免费

Linux是一款免费的操作系统，用户可以通过网络或其他途径免费获得，并可以任意修改其源代码。

2. 完全兼容POSIX1.0标准

Linux完全兼容POSIX1.0标准，使用者可以在Linux下通过相应的模拟器运行常见的DOS和Windows程序。

3. 多用户

Linux支持多用户，且各个用户对于自己的文件设备有自己特殊的权利，保证了各用户之间互不影响。

4. 良好的界面

Linux同时具有字符界面和图形界面。在字符界面，用户可以通过键盘输入相应的指令来进行操作。它同时也提供了类似Windows图形界面的X-Window系统，用户可以使用鼠标对其进行操作。

5. 支持多种平台

Linux可以在多种硬件平台上运行，如具有x86、680x0、SPARC、Alpha等处理器的平台。2001年1月发布的Linux 2.4版内核已经能够完全支持Intel 64位芯片架构。同时Linux也支持多处理器技术，系统性能大大提高。

狭义的Linux是指Linux的内核（Kernel），它完成内存调度、进程管理、设备驱动等操作系统的基本功能，但是并不包括应用程序。广义的Linux是指以Linux内核为基础，包含应用程序和相关的系统设定与管理工具的完整的操作系统。

Linux的内核版本号由三个数字组成，一般表示为X.Y.Z形式。其中：

X：主版本号，通常在一段时间内比较稳定。

Y：次版本号，如果是偶数，代表这个内核版本是正式版本，可以公开发行。如果是奇数，则代表这个内核版本是测试版本，还不太稳定，仅供测试。

Z：修改号，这个数字越大，表明修改的次数越多，版本相对更完善。

第 2 节 Linux 的现状

一、Linux 的现状

凭借开源的特性，Linux 在服务器领域占据了越来越多的市场份额，影响力不断增强。在桌面应用领域，尤其在国内，Linux 的应用越来越广泛，系统开源且免费，加以图形界面的日渐完善，更多的人开始接受并使用 Linux 桌面操作系统。

（一）服务器领域

在高端服务器操作系统领域，随着开源软件在世界范围内的影响力日益增强，Linux 服务器操作系统在整个服务器操作系统市场格局中占据了越来越多的市场份额，形成了大规模市场应用的局面。目前国外服务器厂商使用的服务器操作系统主要包括 SUN 的 SOLARIS、IBM 的 AIX、HP 的 HP-UX，其中 Unix 系列产品占据了大部分服务器高端市场和部分服务器中低端市场，Windows 系列占据了较大部分服务器中低端市场。Linux 由于成本优势在中低端市场也有良好的表现，市场份额上升幅度很大。目前国内的服务器操作系统情况基本类似于国外，高端服务器操作系统市场基本为 Unix 平台所占据，由于国内中低端服务器的市场保有量较大，所以 Windows 系列产品的实际市场占有率相对比国外高，约占 40%。Linux 由于低成本的特点，也取得了大约 35% 的市场份额。

自 2001 年以来，基于 Linux 的服务器操作系统逐步发展壮大，国内几个主要的 Linux 厂商和科研机构、国防科技大学、中标软件、中科红旗等先后推出了 Linux 服务器操作系统产品，已经在政府、企业等领域得到了应用。从系统的整体水平来看，Linux 服务器操作系统与高端 Unix 系列相比差距越来越小，在很多领域已经形成了共存的局面。

目前，主流服务器产品如下：

1. Red Hat Enterprise Linux（RHEL）

RHEL 是目前 Linux 服务器产品的标杆，在国内外都占据着主要的 Linux 服务器市场份额。RHEL 产品功能全面，认证齐全，用户的接受度较高。RHEL 主要依靠技术服务和产品维护获取盈利。

2. Community Enterprise Operating System（CentOS）

CentOS（社区企业操作系统）来自 RHEL 依照开放源代码规定公布的源代码编译而成，其内核与 RHEL 内核源代码相同。CentOS 为免费、开源的操作系统，深受对服务器稳定性等要求较高的企业及教育行业所喜爱。

3. SUSE Linux Enterprise Server（SLES）

SLES 被 Novell 收购以后，产品的竞争力获得了很大的提升。SLES 最大的优势在于应用解决方案比较丰富。SLES 同样依靠技术服务和产品维护获得盈利。

4. Red Flag Asianux Server

目前，红旗（Red Flag）将服务器产品迁移到 Asia Linux 平台下，形成了一个国际化产品的概念。

(二)桌面领域

当前流行的桌面操作系统主要包括两大类：一类是主流商业桌面系统，包括微软的 Windows 系列、Apple 的 Macintosh 等；另一类是基于自由软件的桌面操作系统，特别是 Linux 桌面操作系统。近年来，在国内市场，Linux 桌面系统的发展非常迅猛。国内如中标软件、红旗等系统软件厂商推出的 Linux 桌面操作系统，目前已经在政府、企业、OEM 等领域广泛应用。国外的 Novell（SUSE）、SUN 等公司也相继推出了基于 Linux 的桌面系统。从系统的整体功能、性能来看，Linux 桌面系统与 Windows 系列相比，在系统易用性、系统管理、软硬件兼容性、软件的丰富程度等方面还有一定的差距。

目前，主流 Linux 桌面产品包括：

1. Fedora

Red Hat 自 9.0 以后不再发布桌面版，而是将这个项目与开源社区合作，于是就有了 Fedora 这个 Linux 发行版。目前 Fedora 对于 Red Hat 的作用主要是为 RHEL 提供开发的基础。Fedora 的界面与操作系统与 RHEL 非常相似，用户会感觉非常熟悉；对于新技术，Fedora 一直快速引入，而且 Fedora 一直坚持绝对开源的原则。

2. Ubuntu

Ubuntu 是近几年进步很快的桌面版本，依靠快速的启动、高速的在线升级和良好的易用性，快速地争取了很多用户。Ubuntu 强调易用性和国际化，以便为尽可能多的人所用。同时，由于软件仓库镜像众多，因此软件包安装速度很快。

3. SUSE

SUSE 的 yast2 配置工具一直是业内公认的非常完善的安装及系统工具，能够实现系统大多数的配置功能。另外，SUSE 与微软的合作，使得 SUSE 在与 Windows 的互操作性方面具有一定的优势。

4. 红旗

作为国内知名度很高的基础软件厂商，近几年红旗在很多国人心中成为国产 Linux 桌面的代名词。由于采用 KDE 界面而且有与 Windows 比较接近的操作习惯，得到了很多用户的认可。

5. Linpus

快速启动、界面美观是 Linpus 的特点。同时，Linpus 合法地集成了很多商业软件，方便用户使用。

6. 中标普华

同上述竞争对手相比，中标普华 Linux 桌面产品具有良好的软硬件兼容性、完善的在线升级机制等特点。同时，按需定制的快速响应能力是中标普华 Linux 桌面产品的强大优势。

二、Ubuntu 概述

Ubuntu（乌班图）是一个以桌面应用为主的 Linux 操作系统。其名称来自非洲南部祖鲁语或豪萨语的"Ubuntu"一词，意思是"人性"。"我的存在是因为大家的存在"，这是非洲的一种价值观。Ubuntu 基于 Debian 发行版和 GNOME 桌面环境。

所有系统相关的任务均需使用 sudo 指令是 Ubuntu 的一大特色，这种方式比传统的以系统管理员账号进行管理工作的方式更为安全，此为 Linux 和 Unix 系统的基本思想之一。Windows 在较新的版本内引入了类似的 UAC 机制，但用户数量不多。同时，Ubuntu 相当注重系统的易用性，完成标准安装后就可以立即使用，用户无须再费神安装浏览器、Office 套件、多媒体播放程序等常用软件，一般也无须下载安装网卡、声卡等硬件设备的驱动。Ubuntu 的开发者与 Debian 和 GNOME 开源社区密切合作，其各个正式版本的桌面环境均采用 GNOME 的最新版本，通常会紧随 GNOME 项目的进展而及时更新（同时，也提供基于 KDE、XFCE 等桌面环境的派生版本）。Ubuntu 与 Debian 使用相同的 deb 软件包格式，可以安装绝大多数为 Debian 编译的软件包，虽然不能保证完全兼容，但大多数情况下是通用的。本书将以 Ubuntu 为例进行讲解和分析。

第 3 节　Linux 的初体验

Ubuntu 是一个非常流行的 Linux 操作系统，预装了大量常用软件，中文版的功能也较全，软件安装过程比较简单，与其他 Linux 发行版相比，Ubuntu 易学易用。Ubuntu 特别适合熟悉 Windows 的用户学习 Linux，所以本书以 Ubuntu 为例讲解 Linux 的基础知识。

一、Ubuntu 的安装及删除

Ubuntu 的安装有多种方法，本书采取虚拟机安装的方法。

（一）准备

虚拟机 VMware 能够在现有的操作系统中，构建一台具有独立运行环境的"计算机"，用户可以在这台"计算机"中安装自己的实验平台，而不会影响其宿主系统的运行。以下是使用 VMware 的方法。

首先安装 VMware 虚拟机，具体步骤如下所示：

（1）打开欢迎向导，点击"下一步"按钮，见图 1-1。

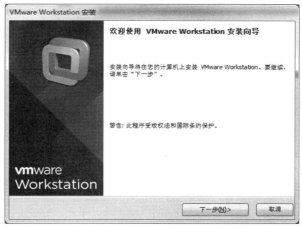

图 1-1　VMware 虚拟机的安装（一）

(2) 选择"我接受许可协议中的条款",点击"下一步"按钮,见图 1-2。

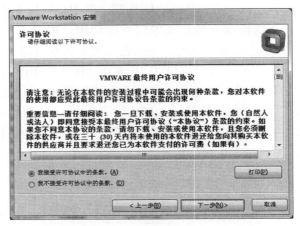

图 1-2　VMware 虚拟机的安装(二)

(3) 安装类型选择"典型",点击"下一步"按钮,见图 1-3。

图 1-3　VMware 虚拟机的安装(三)

(4) 选择软件安装的目录文件夹,点击"下一步"按钮,见图 1-4。

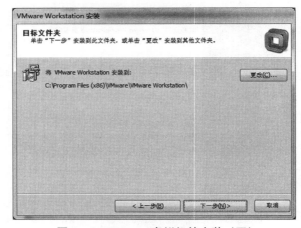

图 1-4　VMware 虚拟机的安装(四)

（5）对于软件更新、用户体验改进计划、快捷方式，均直接点击"下一步"按钮，见图 1-5 至图 1-7。

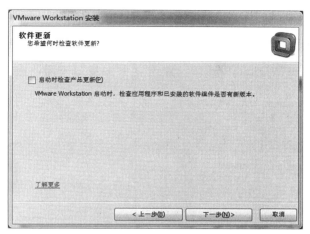

图 1-5　VMware 虚拟机的安装（五）

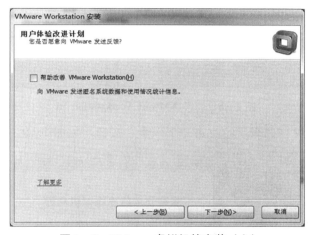

图 1-6　VMware 虚拟机的安装（六）

图 1-7　VMware 虚拟机的安装（七）

至此，虚拟机安装完毕，软件安装的准备工作结束。

（二）安装

VMware Workstation 支持光盘启动安装，也支持 ISO 镜像文件安装。为了提高安装系统的速度，使用 ISO 镜像文件安装 Ubuntu 14.04。

（1）打开 VMware Workstation 10，点击"下一步"按钮，进入创建新的虚拟机界面，见图 1-8。

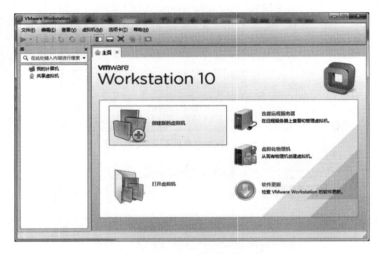

图 1-8 打开 VMware Workstation 10

（2）选择"自定义（高级）"，点击"下一步"按钮，见图 1-9。

图 1-9 类型配置

(3) 载入镜像文件 ubuntu-gnome-14.04-desktop-i386.iso，点击"下一步"按钮，见图 1-10。

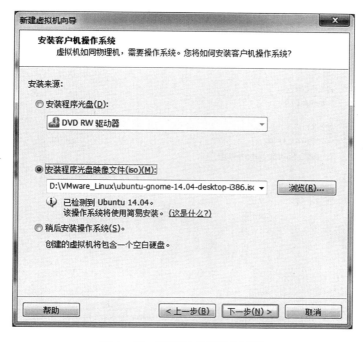

图 1-10　安装客户机操作系统

(4) 输入全名 Ubuntu 14.04、用户名 xts666、密码 123，点击"下一步"按钮，见图 1-11。

图 1-11　设置简易安装信息

(5) 命名虚拟机，命名为 Ubuntu 14.04，选择新建虚拟机的存放位置，点击"下一步"按钮，见图 1-12。

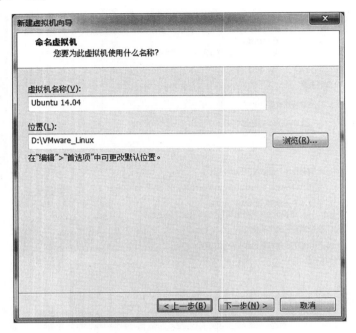

图 1-12　命名虚拟机

(6) 选择 CPU 数量为 1 个（只有服务器才会选 2），点击"下一步"按钮，见图 1-13。

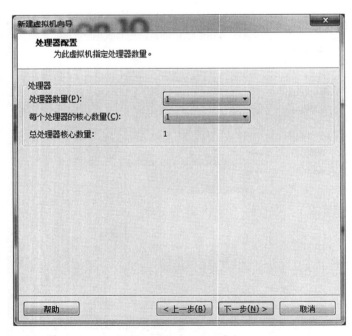

图 1-13　处理器配置

(7) 为虚拟机设置内存,这里选默认值"推荐内存:1024MB",点击"下一步"按钮,见图 1-14。

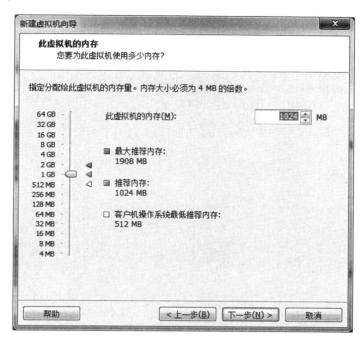

图 1-14　为虚拟机设置内存

(8) 选择虚拟机联网方式,选择默认,点击"下一步"按钮,见图 1-15。

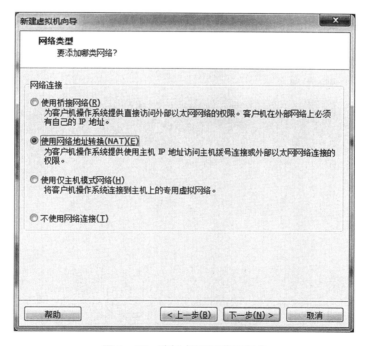

图 1-15　选择虚拟机联网方式

(9) 选择 I/O 控制器类型，点击"下一步"按钮，见图 1-16。

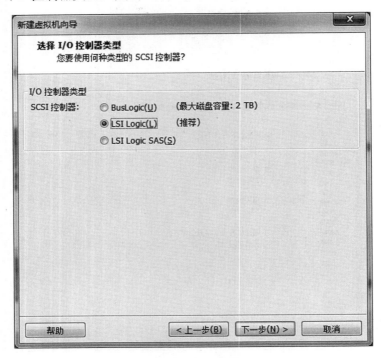

图 1-16 选择 I/O 控制器类型

(10) 选择磁盘类型，点击"下一步"按钮，见图 1-17 和图 1-18。

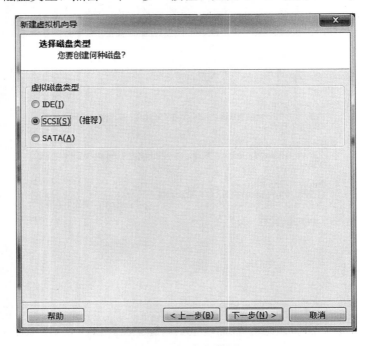

图 1-17 选择磁盘类型（一）

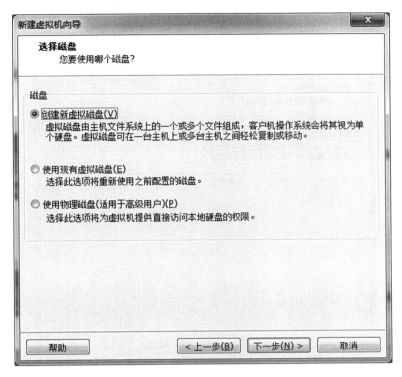

图1-18 选择磁盘类型（二）

（11）分配磁盘大小，最大磁盘大小选为20GB，点击"下一步"按钮，见图1-19。

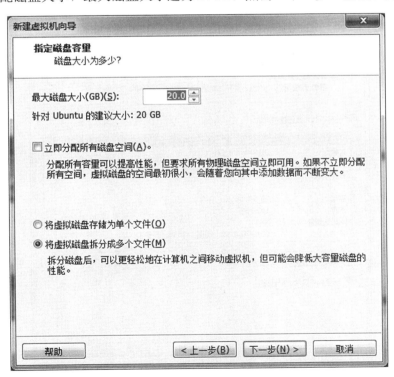

图1-19 分配磁盘大小

（12）置顶磁盘文件，这里 D:\VMware_Linux\Ubuntu 14.04.vmdk，点击"下一步"按钮，见图 1-20。

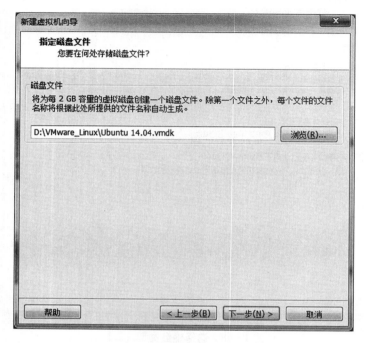

图 1-20　置顶磁盘文件

（13）运行虚拟机，可以看到前几步的配置信息，若有错误可点击"上一步"返回修改。点击"完成"按钮，运行虚拟机，见图 1-21。

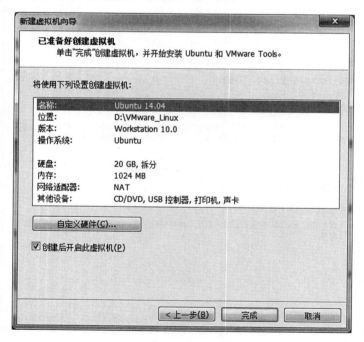

图 1-21　运行虚拟机

（三）删除

要删除已经安装的软件，右键选中创建的系统，选择"移除"即可，见图 1-22。

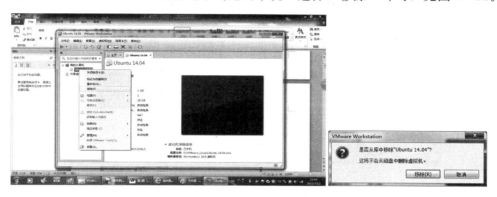

图 1-22　删除已经安装的软件

要移除虚拟机，点击选项卡中的"虚拟机"—"管理"—"从磁盘中删除"，见图 1-23。

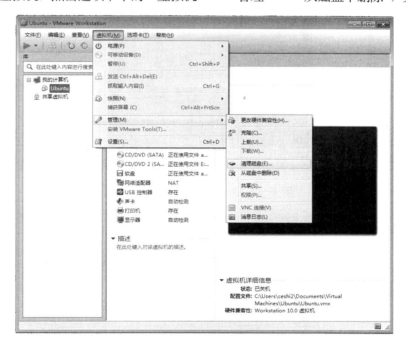

图 1-23　移除虚拟机

二、Ubuntu 体验

（一）系统登录

启动虚拟机，见图 1-24；双击创建的用户，输入密码即可登录，见图 1-25；待系统启动后，显示 Ubuntu 操作系统界面，见图 1-26。

图 1-24　Ubuntu 系统登录（一）

图 1-25　Ubuntu 系统登录（二）

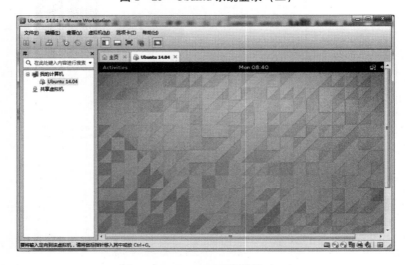

图 1-26　Ubuntu 系统登录（三）

（二）桌面与终端

登录后，进入桌面环境，可以看到桌面上已经装载了一些软件，见图 1-27。

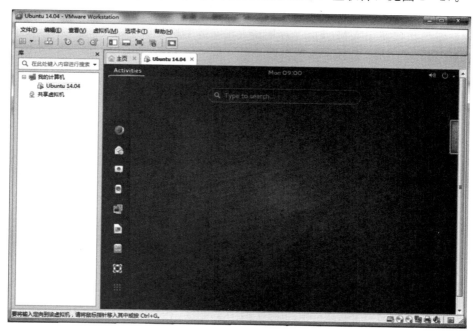

图 1-27　桌面与终端图示

（三）关机与注销

点击控制面板右上角的 按钮，即可退出系统，见图 1-28。

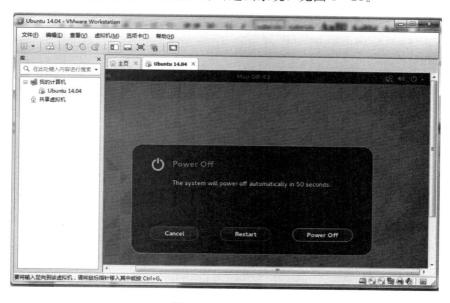

图 1-28　退出系统

小结

本章首先对 Linux 起源、基本特点、构成、发行版本和用户界面等进行了简单的介绍，然后介绍了如何使用 VMware Workstation 安装 Ubuntu 虚拟机。学完本章内容，同学们应该对 Linux 系统有了初步的认识和体验，为后续的学习打下基础。

第 2 章　用户界面和文件管理

本章要点与学习目标

本章第 1 节主要介绍 X-Window 桌面环境的背景知识和进一步应用，帮助用户更加清楚地认识控制面板和工作区域，还介绍了 GNOME 桌面环境和 KDE 桌面环境，帮助用户熟悉桌面环境的基础设置，并有针对性地选择一些常用配置进行讲解。其中，GNOME 桌面环境是本章的基础。

第 2 节主要介绍利用 shell 命令对文件系统进行管理，通过大量的关于文件管理命令的学习，学生能够基本掌握 shell 命令对文件系统的日常管理方法和技术。

本章的学习目标是了解 Linux 下不同的用户界面，熟悉桌面环境的基础设置，熟练掌握 shell 命令对文件系统进行日常管理的方法和技术。

第 1 节　Linux 用户界面

一、X-Window 图形界面概述

（一）X-Window 桌面环境简介

1. X-Window 概述

X-Window 系统（常称为 X11 或 X）是一种以位图方式显示的软件窗口系统。X-Window 系统通过软件工具及架构协议来建立操作系统所用的图形用户界面，此后则逐渐扩展适用于各种各样的其他操作系统。现在几乎所有的操作系统都能支持与使用 X-Window。更重要的是，如今知名的桌面环境——GNOME 和 KDE 也都是以 X-Window 系统为基础建构成的。

2. X-Window 的功能

X-Window 提供了一组非常底层的服务，客户端程序发送请求给 X-Window，X-Window 根据请求完成相应服务。通过这些服务，客户端程序可以构建期望的用户界面。根据不同的功能，可以把这些服务分为以下几大类：

（1）处理输入。X-Window 从键盘和鼠标接受输入，这些输入数据被当作"事件"传送给适当的客户端程序，典型的事件包括按键、鼠标移动、鼠标按下/放开等。应用程序通常不需要关心具体的设备，只要处理相应的事件就行了。

（2）按层次性组织窗口。X-Window 提供服务让客户端程序创建/销毁窗口。所谓的窗口就是屏幕上的矩形区域，它是可以层层嵌套的，有很多操作可以作用于窗口（如查询或改变窗口的大小和位置等），X-Window 的主要功能之一就是负责管理这种按层次性组织的窗口。

（3）提供图形操作。X-Window 提供了一些基本的画图操作，如画直线、矩形、圆弧和多边形等。X-Window 还会充分挖掘硬件的加速特性，像填充、画直线和图像叠加等操作，如果硬件支持相应的加速功能，就可以通过硬件实现，否则就用软件实现。

（4）提供文本和字体操作。X-Window 提供了字体相关的操作，客户端程序可以请求 X-Window 在指定的区域用指定的字体显示指定的字符串。

3. X-Window 的结构

（1）X-Server。主要是控制输出及输入设备的程序，并维护相关资源，它接收输入设备的信息，并传给 X-Client，再将 X-Client 传来的信息输出到屏幕上。

（2）X-Client。它是应用程序的核心部分，与硬件无关，每个应用程序都是一个 X-Client，它执行大部分应用程序的运算功能。

（3）X-Protocol。X-Client 与 X-Server 之间的通信语言就是 X-Protocol。在 X-Window 上用户直接面对的是 X-Server，而各种应用程序则是 X-Client。为了使得 X-Window 更加易于使用，各个不同的公司与组织都针对其做出了许多集成桌面环境。

（二）GNOME 简介

GNOME 即 GNU 网络对象模型环境（The GNU Network Object Model Environment），是 GNU 计划的一部分，是一种让使用者容易操作和设定电脑环境的工具。

GNOME 桌面系统使用 C 语言编程，但也存在一些其他语言的绑定进而可以使用其他语言编写 GNOME 应用程序，例如 C++、Java、Ruby、C♯、Python、Perl 等。

GNOME 桌面主张简单、好用和恰到好处，因此在 GNOME 开发中有两点很突出：

- 易用性——设计和建立为所有人所用的桌面和应用程序。
- 国际化——保证桌面和应用程序可以用于很多语言。

GNOME 桌面由许多不同的项目构成，部分如下所示：

- ATK——可达性工具包。
- Bonobo——复合文档技术。
- GObject——用于 C 语言的面向对象框架。
- gedit——文本编辑器。
- The Gimp——高级图像编辑器。

- Gnumeric——电子表格软件。
- GnomeMeeting——IP 电话或者电话软件。
- Nautilus——文件管理器。
- Rhythmbox——类似 Apple iTunes 的音乐管理软件。
- Totem——媒体播放器。

(三) KDE 简介

KDE 是 K 桌面环境（K Desktop Environment）的缩写。KDE 是一种著名的运行于 Unix 以及 Linux、Free BSD 等类 Unix 操作系统上的自由图形工作环境。KDE 和 GNOME 都是 Linux 操作系统上最流行的桌面环境系统。

使用 KDE 桌面环境的部分应用软件包括：

- Konqueror——文件管理与网页浏览器。
- Kate——文本编辑器。
- Kopete——即时通信软件。
- KOffice——办公软件套件。
- KMail——电子邮件客户端。
- Konsole——终端模拟器。
- K3b——光盘刻录软件。
- KDevelop——集成开发环境。

KDE 基础环境桌面的设置可通过 KDE 控制中心实现，控制中心提供了一个方便访问所有结构模块的方法。原则上，结构模块是互相独立的应用程序，它们可在 Settings 菜单、命令行或控制中心执行。控制中心显示了列表中的所有模块，如图 2-1 所示。

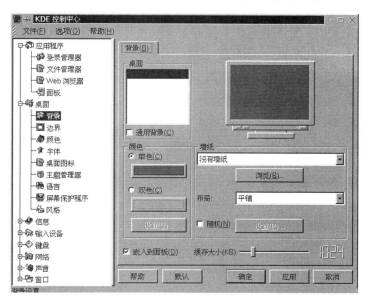

图 2-1 KDE 控制中心

在 Ubuntu 版本的 KDE 桌面中资源管理器被称作 Dolphin（模拟器）。按下"K 菜单"，然后选择"主文件夹",启动 File Manager,就可以打开如图 2-2 所示的目录显示情况。

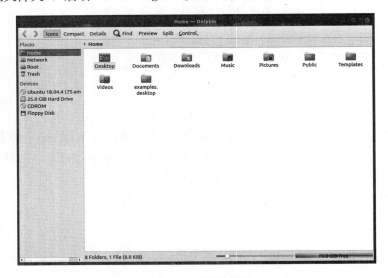

图 2-2 目录的显示

(四) 基础环境桌面设置

这里以 Ubuntu-gnome-14.04-desktop-i386 版本为基础讲解基础桌面环境配置,主要包括外观设置、显示设置、语言设置及输入法设置等。通过本章的学习,读者可以自定义属于自己的桌面个性环境。

1. 外观设置

登录用户账号后,显示为默认的 GNOME 环境桌面,如图 2-3 所示。

点击控制面板右上角的 ![] 按钮,选择 ![],或点击鼠标右键,选择"系统设置"(System Settings),打开如图 2-4 所示面板,该面板可设置显示、背景、主题和网络等。

图 2-3 GNOME 桌面

图 2-4 系统设置

(1) 更换壁纸。选择"背景"(Background),可以选择系统自带的图片设置作为壁纸,也可以从互联网下载自己喜欢的图片,通过简单的右键菜单项设置为壁纸。如图 2-5 所示,图中左框为背景设置,右框为锁屏设置。

(2) 更换主题。依次点击"System Settings"→"Preference"→"Appearance",对

应的中文就是系统设置→偏好→主题，具体操作如图2-6所示。

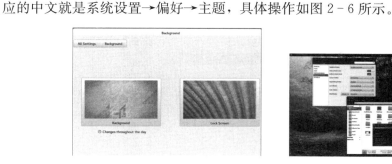

图2-5 外观设置　　　　　　图2-6 Ambiance主题

2. 显示设置

进入"系统设置"，选择"显示"（Display），打开如图2-7所示的窗口，选择自己的显示器支持并且适用的分辨率，默认的分辨率为1 360×768（16∶9）。

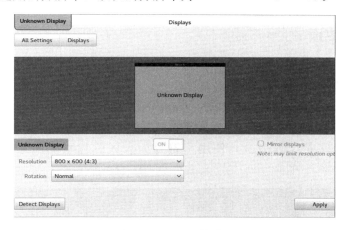

图2-7 显示设置窗口

3. 语言设置及输入法设置

打开"系统设置"窗口，选择"语言支持"（Region & Language），如图2-8所示，可从中选择相应的语言。选择"输入法"（Input Sources），点击"＋"可选择不同的键盘输入方式，如图2-9所示。

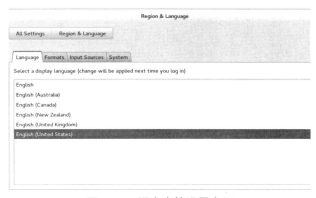

图2-8 语言支持设置窗口

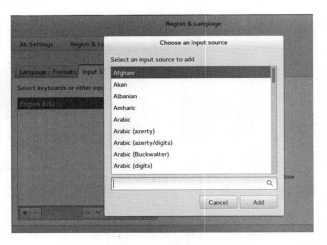

图 2-9　安装语言选项窗口

二、Linux 字符界面

(一) 字符界面简介

图形化用户界面虽然简单直观，但是使用字符界面的工作方式仍然十分常见，这主要是因为：在字符操作方式下可以高效完成所有任务；系统管理任务通常在远程进行，而远程登入后进入的是字符工作方式；使用字符界面大大节省系统资源开销。字符界面如图 2-10 所示。

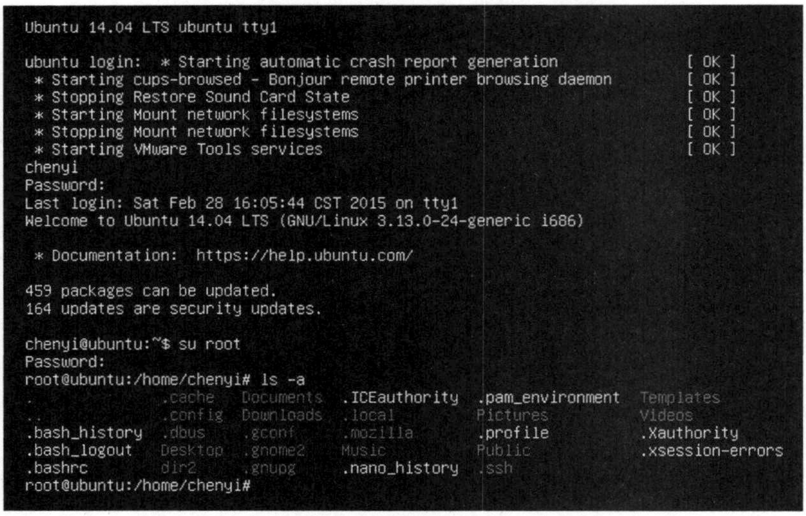

图 2-10　字符界面

(二) Linux 界面切换：图形界面↔字符界面

(1) 在系统图形界面启动后，可使用 Ctrl＋Alt＋F1～F6 切换到字符界面，再用

Ctrl+Alt+F7 切换到图形界面。

（2）如果为了使每次启动直接进入字符界面，则要修改 etc/inittab 文件，将启动级别由 5 改为 3 即可，如下面文字所示：

```
root@ubuntu:/home/chenyi # vi /etc/inittab
# inittab This file describes how the INIT process should set up
# the system in a certain run-level.
# Author: Miquel van Smoorenburg, <miquels@drinkel.nl.mugnet.org>
# Modified for RHS Linux by Marc Ewing and Donnie Barnes
# Default runlevel. The runlevels used by RHS are:
# 0-halt (Do NOT set initdefault to this)//停机(不要把 initdefault 设置为 0,这样会使 Linux 无法启动)
# 1-Single user mode//单用户模式,就像 WinXP 下的安全模式
# 2-Multiuser, without NFS (The same as 3, if you do not have networking)//多用户,但没有 NFS
# 3-Full multiuser mode //完全多用户模式,标准的运行极
# 4-unused //一般不用,但在一些特殊情况下可以用它来做一些事情
# 5-X11 //选择此项,系统在登录时将进入图形化登录界面
# 6-reboot (Do NOT set initdefault to this) //重新启动(不要把 initdefault 设置为 6,这样会使 Linux 不断重新启动)
id:5:initdefault://若此处改为 3,系统将被引导进入文本登录提示纯字符界面
    # System initialization.
si::sysinit:/etc/rc.d/rc.sysinit
    10:0:wait:/etc/rc.d/rc 0
"/etc/inittab" [readonly] 53L,1666C
```

其中运行级 3 就是要进入的标准 Console 纯字符界面模式，修改后保存退出，然后输入 Reboot 命令重启系统即可。如果没有 inittab 文件，需要在/etc/下创建此文件。

第 2 节　文件管理

一、文件与目录管理

（一）标准文件布局

Linux 的文件布局如表 2-1 所示。

表 2-1　Linux 的文件布局

目录名	说明
/	Linux 系统目录树的起点
bin	存放可执行命令，如 chmod、date
boot	存放系统启动时所需要的文件，包括引导装载程序
dev	存放所有的设备文件，如 fd0 为软盘设备，cdrom 为光盘设备

续表

目录名	说明
etc	存放系统配置文件，如 passwd、fstab 文件
home	包含普通用户的个人主目录
lib	包含系统二进制文件所需的共享库
media	移动存储介质的挂载点目录
mnt	用于临时性挂载文件系统
proc	存放系统中有关进程的运行信息，由内核在内存中产生
root	超级用户的主目录
sbin	和 bin 目录相似，存放系统管理命令，一般只有超级用户才能使用
tmp	公用的临时文件的存放目录
usr	存放应用程序及其相关文件
var	存放系统中经常变化的文件，如系统日志文件、用户邮件等

（二）目录的基本操作

1. 显示目录和目录列表

命令：ls [参数] [目录名]

主要参数：

-a 列出当前目录所有文件，包含属性与隐藏文件。

-l 列出文件的详细信息，包括文件类型、权限、所有者、大小、最后修改时间等。

-d 当参数是目录时，只会显示目录的信息而不显示其中所包含的文件信息。

-R 同时列出所有子目录层。

--help 显示帮助。

--version 显示版本信息。

例如：

```
root@ubuntu:/home/chenyi # ls          //显示当前目录列表
dir1 dir2
```

2. 创建一个目录

命令：mkdir [参数] [目录名]

主要参数：

-p 确保目录名称存在，如果不存在就新创建一个，如果所要创建目录的上层目录目前未建立，则会一并建立上层目录。

--help 显示帮助。

--version 显示版本信息。

例如：

```
root@ubuntu:/home/chenyi # mkdir dir1     //在当前路径创建目录 dir1
root@ubuntu:/home/chenyi # ls
```

```
dir1                                              //目录 dir1 被建立
root@ubuntu:/home/chenyi # mkdir dir2/mkdir22 //建立目录 dir2/dir22
mkdir: cannot create directory 'dir2/mkdir22': No such file or directory
                                   //报错,目录 dir22 的上级目录 dir2 未被建立,故无法创建
root@ubuntu:/home/chenyi # mkdir -p dir2/dir22//用-p 参数可以完成上述递归创建目录
root@ubuntu:/home/chenyi # ls
dir1   dir2                                       //目录 dir2 被建立
root@ubuntu:/home/chenyi # ls dir2/
dir22                                             //目录 dir22 被建立
```

3. 删除一个目录

命令：rmdir［参数］［目的地址］

主要参数：

-p　删除指定目录后,若该目录上层为空目录,则将其一并删除。

--help　在线帮助。

--version　显示版本信息。

例如：

```
root@ubuntu:/home/chenyi # -$ ls            //查看当前目录的文件信息
dir1 dir2
root@ubuntu:/home/chenyi # ls dir2          //查看目录 dir2 的信息
dir22
root@ubuntu:/home/chenyi # rmdir dir2       //删除目录
rmdir: failed to remove 'dir2': Directory not empty //非空目录删除失败
```

4. 切换目录

命令：cd［目录名］

主要参数：

cd..　退回上层目录。

cd~ or cd　直接切换到用户根目录下。

cd-　切换到上次的目录。

例如：

切换到 home 目录：cd /home

切换到 home 目录里的子目录 see：

方法一,详细路径：cd /home/see

方法二,先进入 home 目录：cd /see

注意事项：

（1）Linux 用/分隔目录,而 Windows 用\,它们方向相反。

（2）Linux 的目录名是区分大小写的。

5. 显示当前工作目录

命令：pwd［参数］

主要参数：

-L 显示当前的路径,有链接文件时,直接显示链接文件的路径。

-P 显示当前的路径,有链接文件时,直接显示链接文件所指向的文件。

```
root@ubuntu:/usr/local/man $ pwd         //显示当前工作路径
/usr/local/man
root@ubuntu:/usr/local/man $ pwd -P      //直接显示物理路径
/usr/local/share/man
```

(三)文件的基本管理

1. 创建新文件

命令:touch[参数][文件名]

如果[文件名]不存在,则建立一个新的空文件;如果[文件名]存在,则会修改该文件的最后修改日期。

主要参数:

-a 只更改存取时间。

-c 不建立任何文件。

-d<时间日期> 使用指定的日期,而非当前日期。

-m 只更改变动时间。

-r 使用参考文件的事件记录,与--file效果一样。

-t 设定文件的时间记录,与--date效果一样。

--help 显示帮助。

--version 显示版本信息。

例如:

```
root@ubuntu:/home/chenyi # ls -l          //查看当前目录下的文件信息
total 0
    root@ubuntu:/home/chenyi # touch a    //创建新文件a
root@ubuntu:/home/chenyi # ls -l
-rw-r-r--1 root root o Feb 28 13:00 a    //文件a已被创建,同时最后修改时间发生了变化
```

2. 文件的复制、移动与删除

(1)复制文件。

命令:cp[参数][源目录或文件][目标文件或目录]。

主要参数:

-a 该命令通常在拷贝目录时使用。它保留链接、文件属性,并递归地拷贝目录,其作用等于"-dpR"命令的组合。

-d 复制时将保留原始链接。

-f 强行复制文件或目录,不论文件或目录是否已存在。删除已经存在的目标文件时不提示。

-i 若目标文件已存在,再覆盖时先询问操作的进行。与-f相反。

-l 对源文件建立硬链接，而非复制文件。
-p 保留源文件或目录的属性。
-r 进行递归处理，将指定目录下的文件和子目录一并处理。
-s 复制成为符号链接文件，即"快捷方式"文件。
-v 显示指令执行过程。
--help 显示帮助。
--version 显示版本信息。

例如：

```
root@ubuntu:/home/chenyi # ls              //查看当前目录下只有文件a
a
root@ubuntu:/home/chenyi # cp a b          //复制a到当前目录下的b文件中
root@ubuntu:/home/chenyi # ls
a b                                        //文件b被创立
root@ubuntu:/home/chenyi # cp －v a c      //用-v参数查看复制过程
'a'->'c'
root@ubuntu:/home/chenyi # ls
a b c
root@ubuntu:/home/chenyi # cp －i a c      //用-i参数询问是否覆盖原有的文件
cp: overwrite 'c'? y                       //用户回答'yes'或'no'
root@ubuntu:/home/chenyi # ls
a b c
```

（2）移动文件。

命令：mv［参数］［源文件或目录］［目标文件或目录］

该命令用来移动文件或目录，也可对文件或目录进行重命名。

主要参数：

-f 如果目标文件或目录已经存在，不会询问而直接覆盖。
-i 如果目标文件或目录已经存在，则会询问是否覆盖。
-v 执行时显示详细信息。
--help 显示帮助。
--version 显示版本信息。

例如：

```
root@ubuntu:/home/chenyi # ls              //查看当前目录下内容,为两个文件夹
dir1 dir2
root@ubuntu:/home/chenyi # ls dir1         //查看dir1文件夹,为空
root@ubuntu:/home/chenyi # ls dir2         //查看dir2文件夹,有3个文件
a b c
root@ubuntu:/home/chenyi # mv dir2/a dir1  //将dir2文件夹中的文件a移至dir1文件夹
root@ubuntu:/home/chenyi # ls dir1         //移动后dir1文件夹中显示文件a
a
root@ubuntu:/home/chenyi # ls dir2         //移动后dir2文件夹中文件a消失
```

```
b c
root@ubuntu:/home/chenyi # cd dir1          //进入 dir1 文件夹
root@ubuntu:/home/chenyi/dir1 # mv a aa     //将文件 a 重命名为 aa
root@ubuntu:/home/chenyi/dir1 # ls
aa                                          //文件 a 被文件 aa 代替
```

（3）删除文件。

命令：rm［参数］［目的文件或目录］

该命令用于在用户授权的情况下，删除一个目录中的一个或多个文件或目录，它也可以将某个目录及其项下的所有文件及子目录均删除。对于链接文件，只是删除了链接，原有文件保持不变。

主要参数：

-f   强制删除文件或目录。

-i   删除前询问用户是否操作。

-r   递归处理，将指定目录及目录下的子目录一并处理。

--help   显示帮助。

--version   显示版本信息。

例如：

```
root@ubuntu:/home/chenyi # ls dir1                  //查看 dir1 目录下的内容
a b c
root@ubuntu:/home/chenyi # rm dir1/a                //删除 dir1 目录下的文件 a
root@ubuntu:/home/chenyi # ls dir1/
b c                                                 //文件 a 被删除
root@ubuntu:/home/chenyi # rm -i dir1/b             //使用-i 参数询问用户是否删除文件 b
rm: remove regular empty file 'b'? y                //'y'表示执行命令,'n'表示不执行
root@ubuntu:/home/chenyi # ls dir1/
c                                                   //文件 b 被删除
```

（四）查看文件内容

1. more

more 命令用于在终端屏幕按屏显示文本文件。more 适合查看大文件，因为 more 分屏显示文件的内容，默认情况下每次显示一屏，键入 space 后，继续显示下一屏数据，按 enter 键只显示下一行数据，输入字母 q 即可退出 more 命令。

命令：more［参数］［文件名］

主要参数：

-p   在显示下一屏时清屏。

-d   在屏幕底部显示 "press space to continue, 'q' to quit"。有提示的作用。

-s   不输出文件中连续的空白行。

＋＜起始行数＞   从给定的起始行显示文件的内容，如 more ＋10［文件名］，则文件的内容将从 10 行开始显示。

-<屏幕行数>　用于设置屏幕大小，即一屏多少行。

例如：

```
root@ubuntu:/home/chenyi # more +3 /etc/passwd    //显示/etc/passwd 文件中从第三行起的内容
2012-01
2012-02
2012-03
2012-04-day1
2012-04-day2
2012-04-day3
--More--
root@ubuntu:/home/chenyi # more -5 /etc/passwd   //设定每屏显示参数
2012-01
2012-02
2012-03
2012-04-day1
2012-04-day2
--More--
```

2. less

less 命令与 more 命令一样用于在终端屏幕显示文本文件。相比于 more 命令，less 命令基本一致，除此之外，less 命令显示文本文件时，还可以使用小键盘的上下键翻阅。使用 less 命令时，屏幕底部的提示符为 ":"。

例如：

```
root@ubuntu:/home/chenyi # ls /etc/ | less    //中间用"|"可使该命令与其他命令联合使用,此命令表示查看/etc/
目录的文件信息,每屏显示默认行数
acpi
adduser conf
wieoalkj
sjkslj
sjklfj
hdjfh
aksjdk
wireut
:                             //屏幕底部提示符与 more 命令不同
```

3. head 与 tail

head 命令用来查看文件的前 n 行。若没有设置 n 值，则命令默认为 10 行。
tail 命令用来查看文件末尾的内容，与 head 用法相同。
具体见表 2-2。

表 2-2　head 与 tail 命令的功能

参数	功能
head-n5 a.txt	查看文本文件 a 的前 5 行的内容

续表

参数	功能
head 100b a.txt	查看文本文件 a 的前 100 个字节的内容
head 1k a.txt	查看文本文件 a 的前 1KB 的内容
head 1m a.txt	查看文本文件 a 的前 1MB 的内容
tail-n5 a.txt	查看文本文件 a 的后 5 行的内容
tail 100b a.txt	查看文本文件 a 的后 100 个字节的内容
tail 1k a.txt	查看文本文件 a 的后 1KB 的内容
tail 1m a.txt	查看文本文件 a 的后 1MB 的内容

4. od

od 命令用于按照特殊格式查看文件的内容。通过该命令的不同选项可以以十进制、八进制、十六进制和 ASCII 码来查看文件。

命令：od［参数］［文件名］

主要参数：

-A 指定地址基数——选择以何种基数计算字码。包括：d，表示十进制；o，表示八进制（系统默认值）；x，表示十六进制。

-j 略过设置的字符数目。

-N 限制输出的字符数目。

-S 只显示指定字符串数目的字符串。

-t 选择输出的格式。

格式为：

a：使用默认的格式。

c：使用 ASCII 字符输出。

d（SIZE）：十进制数输出数据，每个整数占用 SIZE 个字节。

f（SIZE）：浮点数输出数据，每个整数占用 SIZE 个字节。

o（SIZE）：八进制数输入数据，每个整数占用 SIZE 个字节。

x（SIZE）：十六进制数输出数据，每个整数占用 size 个字节。

注意事项："od －t a［文件名］"命令等于"od －a［文件名］"命令。

例如：

```
root@ubuntu:/home/chenyi # od-b a.b        //使用单字节八进制输出文件
0000000 141 142 143 144 145 146 041 147 012
0000011
root@ubuntu:/home/chenyi # cd-t d b.txt    //以十进制格式输出文本
000000    174482540   174355297   1935739494   1628071524
```

（五）文件类型

1. 文件类型

使用 ls -l 命令时，可以查看文件的详细信息。例如：

```
root@ubuntu:/home/chenyi # ls-l
total 2
-rw-r-r—1 root root 10 Feb 28 13:00 a
```

此时，你会发现在权限位前面出现 -，这个位置就是文件类型的标示了。

在 Ubuntu 操作系统中，主要有以下几种文件类型：

● 普通文件：用-标示，比如-rwxr--r--，rwx 前面的 - 表明这个是普通文件。

● 目录文件：用 d 标示，比如 drwx------ 目录也是一个文件，其中存放着文件名和文件索引节点之间的关联关系。目录是目录项组成的一个表，其中每个表项下面对应目录下的一个文件。

● 字符设备：用 c 标示，因为数据是以字节流发送的，所以这些设备包括终端设备和串口设备。

● 块设备：用 b 标示，实际上表示硬件设备，包含磁盘驱动、光盘驱动这类存储设备。

● 链接设备：用 l 标示，相当于快捷方式，指向目标文件。

● 套接字文件：用 s 标示，套接字是方便进程之间通信的特殊文件，即网络通信文件。

● 管道文件：用 p 标示，管道也是一个文件，作为数据管道方便程序之间的通信。管道实际缓存了来自第一个进程的输入数据，也称为 FIFO。

2. file

该命令用于识别文件的类型。

命令：file［参数］［文件名］

主要参数：

-b　不显示文件名称。

-c　显示详细指令执行过程，便于排查错误或分析执行情况。

-f　读取待测试的文件名称。

-L　显示符号链接所指向的文件类型。

例如：

```
root@ubuntu:/home/chenyi/dir2 # ls-l          //查看当前目录下的详细信息
total 4
-rw-r-r—1 root root 10 Feb 28 13:00 a
drwxr-xr-x 2 root root 4096 Feb 6 15:43 dir22
root@ubuntu:/home/chenyi/dir2 # file a         //查看文件 a 的类型
a:ASCII test
root@ubuntu:/home/chenyi/dir2 # file dir22     //查看文件 dir22 类型
dir22:directory
```

（六）查询文件

1. find

该命令用于在目录结构中查询文件。

命令：find［路径］［参数］［关键字］

说明：路径表示需要查看的文件所在的目录结构，如果省略，则表示查找路径为当前目录；关键字可以是文件名的一部分。

主要参数：

-name 查找文件名匹配所给字串的所有文件，字串内可用通配符 *、?、［］。例如：

- find /-name filename 在根目录里面搜索文件名为 filename 的文件。
- find /etc-name *s* 在目录里面搜索带有 s 的文件。
- find /etc-name *s 在目录里面搜索以 s 结尾的文件。
- find /etc-name s* 在目录里面搜索以 s 开头的文件。

-user 按照符合指定的文件所属者查找文件或目录。

-group 按照符合指定的群组名称查找文件或目录。

-mtime－n/＋n 查找指定时间曾被更改过的文件或目录，－n 表示文件更改时间距现在 n 天以内，＋n 表示文件更改时间距现在 n 天以前。

-type 查找符合指定文件类型的文件。例如：

- b 块设备文件。
- d 目录。
- c 字符设备文件。
- f 普通文件。
- p 管道文件。
- l 符号链接文件。

-size n:［c］ 查找文件长度为 n 块的文件，带有 c 时表示文件长度以字节计。

-depth： 在查找文件时，首先查找当前目录中的文件，然后再在其子目录中查找。

-amin n 查找系统中最后 n 分钟访问的文件。

-atime n 查找系统中最后 n*24 小时访问的文件。

-cmin n 查找系统中最后 n 分钟被改变文件状态的文件。

-ctime n 查找系统中最后 n*24 小时被改变文件状态的文件。

-mmin n 查找系统中最后 n 分钟被改变文件数据的文件。

-mtime n 查找系统中最后 n*24 小时被改变文件数据的文件。

例如：

```
root@ubuntu:/home/chenyi # find -name "*.log"  //根据关键字"*.log"查找所有文件
./log_link.log
./log2014.log
./test4/log3-2.log
./test4/log3-3.log
./test4/log3-1.log
./log2013.log
./log2012.log
./log.log
./test5/log5-2.log
./test5/log5-3.log
./test5/log.log
```

2. locate

该命令在运行时需要后台索引的数据库作为支撑，在索引数据库里查找符合条件的文件或目录，查找到符合条件的文件后就会保存该文件。该命令查找速度比 find 命令快，所以一般情况下先使用 locate 命令，真找不到了才使用 find 命令。

命令：locate［参数］［关键字］

主要参数：

-i　忽略大小写的差异。

-r　搜索时使用正则表达式。

例如：

```
root@ubuntu:/home/chenyi # locate pwd        //查找和 pwd 有关的所有文件
/bin/pwd
/etc/.pwd.lock
/sbin/unix_chkpwd
/usr/bin/pwdx
/usr/include/pwd.h
/usr/lib/python2.7/dist-packages/twisted/python/fakepwd.py
/usr/lib/python2.7/dist-packages/twisted/python/fakepwd.pyc
/usr/lib/python2.7/dist-packages/twisted/python/test/test_fakepwd.py
/usr/lib/python2.7/dist-packages/twisted/python/test/test_fakepwd.pyc
/usr/lib/sysLinux/pwd.c32
/usr/share/help/C/empathy/irc-join-pwd.page
/usr/share/help/ca/empathy/irc-join-pwd.page
/usr/share/help/cs/empathy/irc-join-pwd.page
/usr/share/help/de/empathy/irc-join-pwd.page
/usr/share/help/el/empathy/irc-join-pwd.page
```

3. grep

该命令用来查找内容包含指定关键字的文件，通过正则表达式搜索文本，发现符合指定关键字就会把匹配行显示出来。如果模板包括空格，则必须被引用，模板后的所有字符串被看作文件名。搜索的结果被送到屏幕，不影响原文件内容。

命令：grep［参数］［关键字］［目录名］

主要参数：

-c　输出匹配行的计数。

-I　不区分大小写（只适用于单字符）。

-h　查询多文件时不显示文件名。

-l　查询多文件时只输出包含匹配字符的文件名。

-s　不显示不存在或无匹配文本的错误信息。

-v　显示不包含匹配文本的所有行。

-r　在目录中进行递归查找。

例如：

```
root@ubuntu:/home/chenyi # grep - ir "Linux"/user
//在/user/目录下递归查找内容包含关键字"Linux"的文件,并忽略大小写
test.txt:1:hnLinux
test.txt:4:ubuntu Linux
test.txt:7:Linuxmint
test2.txt:1:Linux
```

（七）其他管理命令

1. cd

cd 命令可以说是 Linux 命令中最基础的命令，其他命令的使用都是建立在 cd 命令的基础上。该命令功能为切换当前目录至指定目录。使用该命令前可以通过"su root"命令进入个人账号达到返回自己主文件夹的目的。

命令：cd [目录名]

说明：

- cd /   进入系统根目录。
- cd.. or cd..   //进入系统根目录可以使用"cd.."一直退，就可以到达根目录。
- cd/cd~   进入当前用户主目录，即/root 这个目录。
- cd-   返回进入此目录之前所在的目录。

例如：

```
root@ubuntu:/home/chenyi # cd Desktop        //进入 Desktop 目录
root@ubuntu:/home/chenyi/Desktop # ls
root@ubuntu:/home/chenyi/Desktop # cd ..     //退回到上一目录
root@ubuntu:/home/chenyi #
```

2. man

该命令用于显示指定命令的联机手册页帮助信息，标准的 man 帮助文档包括命令名、命令的语法格式、各选项说明、帮助文档的作者信息、报告 BUG 的联系地址、版权以及参考命令等。

命令：man [命令名]

例如查看 ls 命令，输入"man ls"命令后得到信息（选取其中一部分）：

```
NAME
 - list directory contents
ls SYNOPSIS
ls [OPTION]... [FILE]...
DESCRIPTION
List information  about  the FILEs (the current directory by default).
Sort entries alphabetically if none of -cftuvSUX nor --sort  is  spect-fied.
Mandatory  arguments to  long  options are mandatory for short options too.
-a, --all
do not ignore entries starting with .
```

```
-A - almost --all
do not list implied . and ..
--author
with -l, print the author of each file
```

屏幕显示出该命令在 shell 手册页的第一屏帮助信息，用户可使用上下方向键、【PgDn】、【PgUp】键前后翻阅帮助信息，按【q】键退出 man 命令。

3. clear

clear 清屏命令是常用命令，其功能如名字一般：清除屏幕上的所有内容，并显示在新屏幕的第 1 行。

命令：clear

二、压缩与解压

在使用计算机办公时经常要对若干个文件进行管理和分类，这时使用压缩可以合理利用磁盘空间，使用时，再进行解压缩；压缩文件使网络传输过程中所耗时间缩短。

在 Ubuntu Linux 中，除了类似于 Windows 操作系统的打包压缩处理，还可以使用命令行工具。相比于 Windows 类的图形化归档工具，命令行工具在熟练运用后更加高效，且在压缩与解压缩过程中，所占用的系统资源也会大大降低。下面具体讲讲命令行工具在压缩与解压上的应用。

在介绍压缩与解压命令之前，首先要弄清两个概念：打包和压缩。打包是指将一大堆文件或目录变成一个总的文件，文件大小没变；压缩则是将一个大的文件通过一些压缩算法变成一个小文件，文件大小减小。为什么要区分这两个概念呢？这源于 Linux 中很多压缩程序只能针对一个文件进行压缩，这样当你想要压缩一大堆文件时，得先将这一大堆文件打成一个包（tar 命令），然后再用压缩程序进行压缩（gzip bzip2 命令）。

1. tar

该命令用来压缩和解压文件。tar 本身不具有压缩功能，它是调用压缩功能实现的。

命令：tar［必要参数］［选择参数］［文件名］

必要参数：

-A　新增压缩文件到已存在的压缩。

-B　设置区块大小。

-c　建立新的压缩文件。

-d　记录文件的差别。

-r　添加文件到已经压缩的文件。

-u　更新已经存在的压缩文件。

-x　从压缩的文件中提取文件。

-t　显示压缩文件的内容。

-z　支持 gzip 解压文件。

-j　支持 bzip2 解压文件。

-Z 支持 compress 解压文件。

-v 显示操作过程。

-l 文件系统边界设置。

-k 保留原有文件不被覆盖。

-m 还原文件时，不变更文件的更改时间。

-W 确认压缩文件的正确性。

选择参数：

-b 设置区块数目。

-C 切换到指定目录。

-f 指定压缩文件。

--help 显示帮助信息。

--version 显示版本信息。

常见的解压/压缩命令：

tar

解包：tar xvf FileName.tar

打包：tar cvf FileName.tar DirName

（注意：tar 是打包，不是压缩）

.gz

解压1：gunzip FileName.gz

解压2：gzip -d FileName.gz

压缩：gzip FileName

.tar.gz 和 .tgz

解压：tar zxvf FileName.tar.gz

压缩：tar zcvf FileName.tar.gz DirName

.bz2

解压1：bzip2 -d FileName.bz2

解压2：bunzip2 FileName.bz2

压缩：bzip2 -z FileName

.tar.bz2

解压：tar jxvf FileName.tar.bz2

压缩：tar jcvf FileName.tar.bz2 DirName

.bz

解压1：bzip2 -d FileName.bz

解压2：bunzip2 FileName.bz

压缩：未知

.tar.bz

解压：tar jxvf FileName.tar.bz

压缩：未知

.Z

解压：uncompress FileName.Z

压缩：compress FileName

.tar.Z

解压：tar Zxvf FileName.tar.Z

压缩：tar Zcvf FileName.tar.Z DirName

.zip

解压：unzip FileName.zip

压缩：zip FileName.zip DirName

.rar

解压：rar x FileName.rar

压缩：rar a FileName.rar DirName

例如：

（1）将文件全部打包成 tar 包。

命令：

tar -cvf log.tar log2012.log

tar -zcvf log.tar.gz log2012.log

tar -jcvf log.tar.bz2 log2012.log

输出：

```
root@ubuntu:/home/chenyi # ls - al log2012.log
---xrw-r--1 root root 302108 11-13 06:03 log2012.log
root@ubuntu:/home/chenyi # tar -cvf log.tar log2012.log
log2012.log
root@ubuntu:/home/chenyi # tar -zcvf log.tar.gz log2012.log
log2012.log
root@ubuntu:/home/chenyi # tar -jcvf log.tar.bz2 log2012.log
log2012.log
root@ubuntu:/home/chenyi # ls -al * .tar *
-rw-r--r-- 1 root root 307200 11-29 17:54 log.tar
-rw-r--r-- 1 root root   1413 11-29 17:55 log.tar.bz2
-rw-r--r-- 1 root root   1413 11-29 17:54 log.tar.gz
```

说明：

tar -cvf log.tar log2012.log　仅打包，不压缩。

tar -zcvf log.tar.gz log2012.log　打包后，以 gzip 压缩。

tar -zcvf log.tar.bz2 log2012.log　打包后，以 bzip2 压缩。

在参数 f 之后的文件档名是自己取的，我们习惯上用 .tar 来辨识。如果加 z 参数，则以 .tar.gz 或 .tgz 来代表 gzip 压缩过的 tar 包；如果加 j 参数，则以 .tar.bz2 作为 tar 包名。

（2）查阅上述 tar 包内有哪些文件。

命令：tar -ztvf log.tar.gz

输出：

root@ubuntu:/home/chenyi # tar -ztvf log.tar.gz
---xrw-r-- root/root   302108 2012-11-13 06:03:25 log2012.log

说明：由于我们使用 gzip 压缩的 log.tar.gz，所以要查阅 log.tar.gz 包内的文件时，就得要加上 z 这个参数了。

（3）将 tar 包解压缩。

命令：tar -zxvf /opt/soft/test/log.tar.gz

输出：

root@ubuntu:/home/chenyi # ll
总计 0 root@ubuntu:/home/chenyi # tar -zxvf /opt/soft/test/log.tar.gz
log2012.log
root@ubuntu:/home/chenyi # ls
log2012.log

说明：在预设的情况下，可以将压缩文档在任何地方解开。

（4）只将 /tar 内的部分文件解压出来。

命令：tar -zxvf/opt/soft/test/log30.tar.gz log2013.log

输出：

root@ubuntu:/home/chenyi # -zcvf log30.tar.gz log2012.log log2013.log
log2012.log
log2013.log
root@ubuntu:/home/chenyi # ls -al log30.tar.gz
-rw-r--r-- 1 root root 1512 11-30 08:19 log30.tar.gz
root@ubuntu:/home/chenyi # tar -zxvf log30.tar.gz log2013.log
log2013.log
root@ubuntu:/home/chenyi # ll
-rw-r--r-- 1 root root   1512 11-30 08:19 log30.tar.gz
root@ubuntu:/home/chenyi # cd test3
root@ubuntu:/home/chenyi # tar -zxvf /opt/soft/test/log30.tar.gz log2013.log
log2013.log
log2013.log
root@ubuntu:/home/chenyi # ll
总计 4
-rw-r--r-- 1 root root 61 11-13 06:03 log2013.log
[root@localhost test3]#

说明：可以通过 tar -ztvf 来查阅 tar 包内的文件名称，如果只要一个文件，就可以通过这个方式来解压部分文件！

2. gzip

gzip 是在 Linux 系统中经常使用的一个对文件进行压缩和解压的命令，既方便又好用。gzip 不仅可以用来压缩大的、较少使用的文件以节省磁盘空间，还可以和 tar 命令一起构成 Linux 操作系统中比较流行的压缩文件格式。据统计，gzip 命令对文本文件有

60%～70%的压缩率。文件经它压缩后，其名称后面会多出".gz"的扩展名。

命令：gzip［参数］［文件名］

主要参数：

-a 或--ascii　使用 ASCII 文字模式。

-c 或--stdout 或--to-stdout　把压缩后的文件输出到标准输出设备，不去更改原始文件。

-d 或--decompress 或----uncompress　解开压缩文件。

-f 或--force　强行压缩文件。不理会文件名称或硬连接是否存在以及该文件是否为符号连接。

-h 或--help　在线帮助。

-l 或--list　列出压缩文件的相关信息。

-L 或--license　显示版本与版权信息。

-n 或--no-name　压缩文件时，不保存原来的文件名称及时间戳记。

-N 或--name　压缩文件时，保存原来的文件名称及时间戳记。

-q 或--quiet　不显示警告信息。

-r 或--recursive　递归处理，将指定目录下的所有文件及子目录一并处理。

-S<压缩字尾字符串>或--suffix<压缩字尾字符串>　更改压缩字尾字符串。

-t 或--test　测试压缩文件是否正确无误。

-v 或--verbose　显示指令执行过程。

-V 或--version　显示版本信息。

-num　用指定的数字 num 调整压缩的速度，-1 或--fast 表示最快压缩方法（低压缩比），-9 或--best 表示最慢压缩方法（高压缩比）。系统缺省值为 6。

例如：

（1）把 home 目录下的每个文件压缩成 .gz 文件。

命令：gzip ＊

输出：

```
root@ubuntu:/home/chenyi # ll
总计 604
---xr--r-- 1 root mail    302108 11-30 08:39 linklog.log
---xr--r-- 1 mail users   302108 11-30 08:39 log2012.log
-rw-r--r-- 1 mail users       61 11-30 08:39 log2013.log
-rw-r--r-- 1 root mail        0 11-30 08:39 log2014.log
-rw-r--r-- 1 root mail        0 11-30 08:39 log2015.log
-rw-r--r-- 1 root mail        0 11-30 08:39 log2016.log
-rw-r--r-- 1 root mail        0 11-30 08:39 log2017.log
root@ubuntu:/home/chenyi # gzip ＊
root@ubuntu:/home/chenyi # ll
总计 28
```

```
---xr--r-- 1 root mail    1341 11-30 08:39 linklog.log.gz
---xr--r-- 1 mail users  1341 11-30 08:39 log2012.log.gz
-rw-r--r-- 1 mail users    70 11-30 08:39 log2013.log.gz
-rw-r--r-- 1 root mail      32 11-30 08:39 log2014.log.gz
-rw-r--r-- 1 root mail      32 11-30 08:39 log2015.log.gz
-rw-r--r-- 1 root mail      32 11-30 08:39 log2016.log.gz
-rw-r--r-- 1 root mail      32 11-30 08:39 log2017.log.gz
```

（2）把例（1）中每个压缩的文件解压，并列出详细的信息。

命令：gzip-dv *

输出：

```
root@ubuntu:/home/chenyi # ll
总计 28
---xr--r-- 1 root mail    1341 11-30 08:39 linklog.log.gz
---xr--r-- 1 mail users  1341 11-30 08:39 log2012.log.gz
-rw-r--r-- 1 mail users    70 11-30 08:39 log2013.log.gz
-rw-r--r-- 1 root mail      32 11-30 08:39 log2014.log.gz
-rw-r--r-- 1 root mail      32 11-30 08:39 log2015.log.gz
-rw-r--r-- 1 root mail      32 11-30 08:39 log2016.log.gz
-rw-r--r-- 1 root mail      32 11-30 08:39 log2017.log.gz
root@ubuntu:/home/chenyi # gzip -dv *
linklog.log.gz:   99.6% -- replaced with linklog.log
log2012.log.gz:   99.6% -- replaced with log2012.log
log2013.log.gz:   47.5% -- replaced with log2013.log
log2014.log.gz:    0.0% -- replaced with log2014.log
log2015.log.gz:    0.0% -- replaced with log2015.log
log2016.log.gz:    0.0% -- replaced with log2016.log
log2017.log.gz:    0.0% -- replaced with log2017.log
root@ubuntu:/home/chenyi # ll
总计 604
---xr--r-- 1 root mail   302108 11-30 08:39 linklog.log
---xr--r-- 1 mail users 302108 11-30 08:39 log2012.log
-rw-r--r-- 1 mail users     61 11-30 08:39 log2013.log
-rw-r--r-- 1 root mail       0 11-30 08:39 log2014.log
-rw-r--r-- 1 root mail       0 11-30 08:39 log2015.log
-rw-r--r-- 1 root mail       0 11-30 08:39 log2016.log
-rw-r--r-- 1 root mail       0 11-30 08:39 log2017.log
```

小知识

交换文件方法

（1）安装 VMWare Tools：在 Linux 启动完成后，单击"VM-Install VMware Tools"，VMware 会把所需的文件虚拟成 cdrom，把该 cdrom 中的 tar.gz 文件解压，然后

执行 VMware-tools-distrib/vmware-install.pl，采用默认设置，直到安装完成。

（2）在 VMware for Windows 的 virtual host 设置中，为该 Linux 虚拟系统增加"share folder"，例如：c：/downloads。

（3）在 Linux 中，在/mnt/hgfs 目录下能看到共享的目录，目录中的文件与 Windows 下实时同步，直接读写即可。

小结

本章首先介绍了不同桌面环境的基础设置和常用配置，然后着重介绍了利用 shell 命令对文件系统进行管理。熟练使用 shell 命令管理 Linux 文件系统是 Linux 系统管理员的基本要求，通过本章的学习，同学们应能熟练掌握 shell 命令对文件系统的日常管理方法和技术，为后续的 Linux 学习打下基础。

第 3 章　编辑器及 shell 编程

本章要点与学习目标

　　本章第 1 节介绍了文本编辑器，其中详细讲述了 VIM、Emacs 编辑器的使用和配置，这些工具是以后要大量使用的，也是用于 shell 编程的重要工具，对 Linux 的学习有重要意义。

　　第 2、3 节介绍了 shell 的基本情况，其中包括 shell 的概念和功能、shell 命令格式、shell 常用特殊符号、shell 的进阶体验、shell 命令以及使用 shell 编程。由于 shell 是 Linux 系统的重要组成部分，读者熟悉本部分的内容将为今后管理和应用 Linux 系统打下基础。

　　本章的学习目标是掌握 VIM 和 Emacs 编辑器的基本使用和配置以及 shell 的语法，能够进行基本的 shell 编程，为以后的 Linux 管理和 shell 高级编程打下基础。

第 1 节　文本编辑器

一、VIM 的使用

　　VIM 的前身是 VI，即可视界面（Visual Interface）编辑器，是 Linux 最常用的文本编辑器，不需要使用鼠标，没有菜单，仅仅依靠键盘就能完成编辑工作。VIM 可以完成文本的输入、删除、查找、替换、块操作等功能。用户还可以根据需要对其进行定制，使用插件扩展 VIM 的功能。

　　（一）VIM 的启动与退出

　　1. 启动

　　在使用 VIM 前，需要进入一个终端，在提示符下输入以下命令：

root@ubuntu:/home/chenyi # vim

打开界面如图 3-1 所示。若打开带有 VIM 下载更新的提示，请从 VIM 安装包提示命令下，选择相应的安装包并输入"apt-get install ＜安装包名＞"命令。

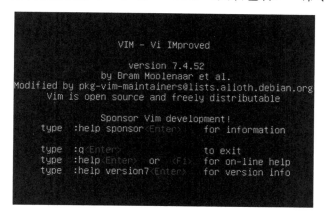

图 3-1　VIM 界面

2. 退出

VIM 在结束工作退出时需要对当前编辑文件进行处理。退出命令如表 3-1 所示。

表 3-1　VIM 的退出命令

命令	功能
:q	退出 VIM。如果文件没有保存，则不会退出
:q!	不保存文件，强制退出 VIM
ZZ	保存并退出
:x	保存当前文件并退出

使用 q 命令直接退出 VIM 不会保存任何修改。此时，若用户已修改文件，VIM 则会提示文件没有保存而不会退出。使用 q! 命令可放弃保存直接退出编辑。ZZ 命令可以保存文件并退出。

（二）VIM 的工作模式

VIM 的工作模式可分为三种：

命令模式（Normal Mode）：如图 3-1 所示。在此模式下，可以在冒号的后面输入命令，按 Enter 键执行命令。这些命令可用来保存文件、读取文件内容、执行 shell 命令、设置 VIM 参数、以正则表达式的方式查找字符串或替换字符串等。

插入模式（Insert Mode）：当用户在编辑模式下键入"i""a""o"等命令之后，可进入插入模式；键入"："可进入命令模式。在插入模式下，用户随后输入的除 Esc 之外的任何字符均将被看成是插入编辑缓冲区中的字符。按 Esc 之后，从插入模式切换到编辑模式。

可视化模式（Visual Mode）：此模式下用户可以利用一些预先定义的按键来移动光标、删除文字、复制或粘贴文字等。这些按键均是普通的字符，例如 l 是向右移动光标，相当于向右箭头键，K 是向下移动光标，相当于向下箭头键。在编辑模式下，用户还可以利用一些特殊按键选定文字，然后再进行删除或复制等操作。

三种模式的关系如图 3-2 所示。

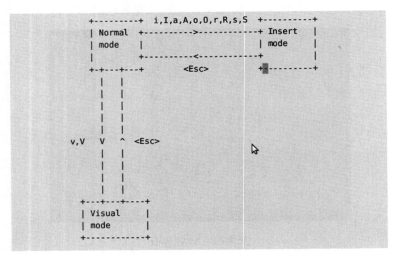

图 3-2　模式关系

（三）保存与打开文件

VIM 中保存文件的命令是":w"，打开文件的命令是":r"。此外使用 VIM 打开文件的命令还有：

vim+n filename　　打开文件，将光标置于第 n 行。

vim+filename　　打开文件，将光标置于最后一行。

vim+/pattern filename　　打开文件，将光标置于第 1 个与 pattern 匹配的串处。

vim-r filename　　在上次正用 VIM 编辑器发生崩溃时，回复 filename。

vim filename……filename　　打开多个文件，一次进行编辑。

如果用户需要编辑打开的文件，则需要从 VIM 的只读模式切换到插入模式，切换命令有以下几种：

i　　在光标左侧输入正文。

a　　在光标右侧输入正文。

o　　在光标所在行的下一行增添新行。

O　　在光标所在行的上一行增添新行。

I　　在光标所在行的开头输入正文。

A　　在光标所在行的末尾输入正文。

s　　用输入的正文替换光标所指向的字符。

ns　　用输入的正文替换光标右侧 n 个字符。

cw　　用输入的正文替换光标右侧的字。

ncw　　用输入的正文替换光标右侧的 n 个字。

cb　　用输入的正文替换光标左侧的字。

ncb　用输入的正文替换光标左侧的 n 个字。
cd　用输入的正文替换光标的所在行。
ncd　用输入的正文替换光标下面的 n 行。
c$　用输入的正文替换从光标开始到本行末尾的所有字符。
c0　用输入的正文替换从本行开头到光标的所有字符。

（四）移动光标

VIM 的移动指的是 VIM 中移动光标的位置。在三种模式下，都可以按键盘上的上、下、左、右方向键进行移动。当文档内容比较多时，合理利用 VIM 提供的指令，能提高工作效率。需要对文档进行相关操作时，直接按 Esc 键即可切换至命令模式。在命令模式下就可使用 VIM 指令。指令分为以下几类：

移动光标类指令：
h　光标左移一个字符。
l　光标右移一个字符。
Space　光标右移一个字符。
Backspace　光标左移一个字符。
k 或 Ctrl＋p　光标上移一行。
j 或 Ctrl＋n　光标下移一行。
Enter　光标下移一行。
W 或 w　光标右移一个字至字首。
B 或 b　光标左移一个字至字首。
E 或 e　光标右移一个字至字尾。
(　光标移至句首。
)　光标移至句尾。
{　光标移至段落开头。
}　光标移至段落结尾。
nG　光标移至第 n 行首。
n＋　光标下移 n 行。
n-　光标上移 n 行。
n$　光标移至第 n 行尾。
H　光标移至屏幕顶行。
M　光标移至屏幕中间行。
L　光标移至屏幕末行。
0（数字 0）　光标移至前行首。
$　光标移至当前行尾。

屏幕翻滚类指令：
Ctrl＋u　向文件首翻半屏。
Ctrl＋d　向文件尾翻半屏。
Ctrl＋b　向文件首翻一屏。

Ctrl+f　向文件尾翻一屏。

复制、删除、粘贴类指令：

cc　删除整行，修改整行的内容。
db　删除该行光标前的字符。
dd　删除该行。
de　删除自光标后的字符。
ndd　将当前行及其下共 n 行文本删除，并将所删除的内容放在寄存器中。
x　删除游标所在字符。
X　删除游标所在之前一字符。
yy　复制整行，将光标所在该行复制到记忆体缓冲区。
nyy　将当前行及其下共 n 行文本复制，并将所复制的内容放在寄存器中。
p　将最近一次复制或删除到寄存器的内容粘贴到光标所在行。

（五）常用操作

1. 插入

插入指的是在光标位置的前后行或前后字符处插入新行或新字符。插入命令如表 3-2 所示。需要强调的是，这些命令操作都是在命令模式下进行的。

表 3-2　插入命令

命令	功能
i	在光标前插入
I	在当前行插入
a	在当前光标后插入
A	在当前行尾插入
o	在当前行之下新开一行
O	在当前行之上新开一行
r	替换当前字符
R	替换当前字符及其之后字符，直至按 Esc 键
s	从当前光标位置开始，以输入文本替换指定数目的字符
S	删除指定数目的行，并以所属文本代替
ncw	修改指定数目的字符
nCC	修改指定数目的行

在命令模式下键入 "i" 命令以后，VIM 会在窗口底端显示 "—Insert—" 提示，这表明用户可以在光标处输入内容。此时按 Esc 键，会返回命令模式。

2. 删除

VIM 可以使用命令对光标处的字符或整行进行删除修改。如表 3-3 所示。

表 3-3　删除命令

命令	功能
x	删除光标后的一个字符

续表

命令	功能
ndw 或 ndW	删除从光标处开始及其后的共 n 个单词
d0	删除当前行光标以前的所有字符
d$	删除当前行光标以后的所有字符
dd	删除光标所在行
ndd	删除当前行及其后的共 n 行
X	删除光标前的一个字符
Ctrl+u	删除使用当前输入方式所输入的文本

使用 x 命令时可删除一个字符,使用 5x 命令可删除光标后的 5 个字符。

3. 取消

在编辑时,如果由于错误操作而修改了原本的文本,则可以使用取消命令来取消之前的修改操作。VIM 可以多次取消以前的操作。常用命令如表 3-4 所示。

表 3-4 取消命令

命令	功能
.（英文句号）	重复上一次修改
u	取消上一次修改
U	将当前行恢复到修改前的状态

4. 查找

/string 命令用于搜索一个字符串 string,会从光标开始处向文件尾搜索所有的 string。? string 命令用于从光标开始处向文件首搜索所有的 string。需要强调的是,字符.*[ ]^%?~$ 有特殊意义,如果需要查找的内容包含这些字符,则需要在这些字符前加一个反斜杠"\"对字符进行转义。

n 命令在同一方向上重复上一次搜索命令,N 命令用于在反方向上重复上一次搜索命令。常用的特殊字符匹配符有以下两个:

* 在查找的字符串中匹配任意字符。

? 在查找的字符串中匹配一个字符。

5. 替换

VIM 除了可以进行字符串替换,还可以使用正则表达式替换。命令模式下输入冒号后,常用的替换命令如下:

s/p1/p2/g 将当前行中所有字符串 p1 用字符串 p2 替换。

n1,n2s/p1/p2/g 将第 n1～n2 行中所有字符串 p1 用字符串 p2 替换。

g/p1/s//p2/g 将文件中所有 p1 均用 p2 替换。

6. 调用 shell 命令

在使用 VIM 编译文本时,有时需要执行一些 shell 命令。VIM 中调用 shell 命令的方法如表 3-5 所示。

表 3-5 调用 shell 命令

命令模式	说明
:!cmd	执行 cmd 命令
:m,nw!cmd	执行 cmd 命令，文本中 m 到 n 行的内容作为 cmd 的参数
:r!cmd	执行 cmd 命令，cmd 命令的结果插入当前文本中

例如，在插入模式下需要查看用户目录下的文件，可以按 Esc 键切换到命令模式，然后输入命令":ls/root"，VIM 中就会显示 root 目录下的文件列表。如果要把文件列表插入当前编辑的文本中，则可以使用":r!ls/root"命令。

二、Emacs 的使用

（一）Emacs 的简介

Emacs 全称为 Editor MACroS，由于其移植性极好，在当今世界的几乎任何一个操作系统上都可以见到它的身影。现在的 Emacs 已经超出了原来的单一的文本编辑功能，可以用来管理文件、阅读公告板，甚至可以进行互联网浏览。另外 Emacs 源代码可以使用 C、C++、Lisp 等语言定制，对一些编程爱好者来说，这无疑是一大福音，同时也使其灵活性大大增加。

Emacs 编辑器的使用、操作与使用其他标准的文本编辑器一样。键盘上普通的按键用来输入字符，而编辑器的操作命令是通过键盘上的一些特殊的按键来实现的，例如 Ctrl、Alt 等控制键。与 VIM 不同，Emacs 编辑器没有特定的输入模式与命令模式之分。在输入文本时，也可以执行编辑命令，例如用 Ctrl 键来移动光标、保存文件等，而不必忍受切换模式的麻烦。

Emacs 编辑器是一个复杂且非常灵活的编辑器，它有好几百个编辑命令。Emacs 编辑器也有一些独有的特性，例如多窗口特性，可以在编辑文件时同时显示两个窗口。也可以同时打开对多个文件进行编辑与操作，并在屏幕上与之对应的编辑窗口内显示各个文件。

Emacs 编辑器通过巧妙地控制、操作工作缓冲区来实现其强大、灵活的功能。Emacs 编辑器可以被认为是面向缓冲区的编辑器。在任何编辑器中编辑文件时，该文件将首先被拷贝到工作缓冲区中，而所有的编辑操作都在工作缓冲区进行。许多编辑器在编辑文件时仅开辟一个工作缓冲区，因此仅能打开一个文件。而 Emacs 编辑器可以同时开辟并管理多个工作缓冲区，因此允许同时对多个文件进行编辑操作，还可以用编辑缓冲区来保存、删除或拷贝文本，用户甚至可以开辟自己的缓冲区，并在这些缓冲区中保存文本，必要时可以把这些缓冲区内的文本保存到文件中。

（二）Emacs 的启动与退出

首先确认是否安装，输入 emacs，若出现"command not found"，则需要安装，输入 apt-get install emacs24，如果没有更新则需要输入 apt-get update。首次登录如图 3-3 所示。

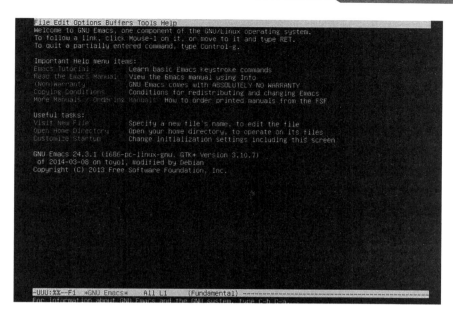

图 3-3 Emacs 界面

无论是建立新文件还是打开一个文件，在处理方法上都是将其放入缓冲区。和 VIM 一样，只要用户不发出存储到磁盘的命令，缓冲区的内容就不会写到文件中。同时这也使用户可以在多个缓冲区之间进行复制、粘贴等操作，非常方便。

当对文件做必要的修改后需要退出时，有几种可行的途径。如果对文件未做任何修改，则直接使用 Ctrl+x、Ctrl+c 即可退出 Emacs；如果对文件做了修改，则同样使用以上按键组合退出，只是这时系统将询问是否保存文件，如果键入 y，则系统保存文件；如果是个新文件，系统提示输入文件名，保存后退出，如果键入 n，则系统将再次询问是否真的不保存缓冲区中的内容退出，这时回答 yes 则放弃所做修改退出；当然也可以先使用命令保存文件，然后再退出，这时可以使用 Ctrl+x、Ctrl+s 组合键，系统将保存文件并退出。如果要把编辑程序存到另一个和原来文件不同的文件中，可以使用 Ctrl+x、Ctrl+w 组合键，然后指定新文件名即可。

如果用户正在进行 Emacs 的有关操作，需要 Linux 执行其他的操作，可以选择下列任何一种方法：

1. 中止 Emacs 并返回 Linux shell

通过按 Ctrl+z 就可以中止任何 Linux 应用程序。该组合键将当前的应用程序放入后台并向用户提供另一个 shell 提示符。若要重新激活 Emacs，可键入命令 fg，将后台任务带回前台。若正在使用的 shell 不执行此命令，键入 exit，重新激活 Emacs。

2. 从 Emacs 中发出一个 shell 命令

如果不需要完整的 shell 环境，可以考虑在 Emacs 中使用 shell 命令。要在 Emacs 中使用 shell 命令，按 Ctrl+u、Esc、!，之后将提示输入一个 shell 命令。输入命令并回车，Emacs 将命令传递给 Linux shell，然后 shell 执行这个命令。如果不在前面加上 Ctrl+u 命令，Emacs 将把输出结果放到一个 shell 执行结果缓冲区中。如果需要关闭该窗口可以使用 Ctrl+x 命令。

（三）用 Emacs 编辑器创建文件

利用 Emacs 建立新文件的步骤如下：
（1）启动 Emacs（键入 emacs 并回车），可以看到图 3-3 所示的屏幕。
（2）向缓冲区添加文件内容。
（3）将缓冲区中的内容保存到某一文件中（假设文件名为 mydata）。按 Ctrl+x、Ctrl+s，然后键入文件名（mydata），再回车，就将缓冲区中的内容存入文件（mydata）中了。状态行上会显示如下信息：Wrote/root/mydata，表示已建立了新文件（mydata），并把它保存到磁盘上。
（4）按 Ctrl+x、Ctrl+c 退出 Emacs。若退出 Emacs 时存在未保存的内容，Emacs 会提示用户保存文件。在 Emacs 命令后输入想编辑的文件名，如果该文件名不存在，该文件将被创建。

（四）Emacs 的模式

Emacs 的模式分为 C 模式和 perl 模式。当我们启动某一文件时，Emacs 会判断文件的类型，从而自动选择相应的模式。当然，我们也可以手动启动各种模式。先按 M-x，然后输入模式的名称。比如启动"C 模式"，就是 M-x c-mode。直接按下 M-x，然后按两下 Tab 键，你将得到所有可执行的命令，这里面当然包括所有的模式。因此，你要想不起来某个命令的名称，就用这个方法。如果是 perl，就是 M-x perl-mode 或者是 M-x cperl-mode。

1. C 模式（M-x c-mode）

常用命令：
- 用 M-；可以产生一条右缩进的注释。C 模式下是 "/* comments */" 形式的注释，C++模式下是 "//comments" 形式的注释。
- 当我们高亮选定某段文本，然后按 C-c C-c，就可以把这段文字给注释掉。
- 开启自动模式：按 C-c C-a 或者运行 M-x c-toggle-auto-stat；在这种模式下敲击键盘时，会注意到无论何时，只要输入分号，编辑器就会自动把光标定位到下一行，并自动缩进。

关闭自动模式，只需要按 C-c C-a 或者运行 M-x c-toggle-auto-stat，系统将恢复一般状态。

2. perl 模式

进入 c-mode：M-x c-mode；
进行缩进：C-c C-a，然后使用 tab 键就可以进行缩进；
换回 perl-mode：M-x cperl-mode。

（五）常用操作命令

1. 移动命令

Emacs 编辑器有一组基本的光标移动命令。Ctrl+f 命令用来将光标前移（右移）一个字符，而 Ctrl+b 命令用来后移（左移）一个字符。Emacs 编辑器把一个文件看作一种流式字符串，而不是一系列的文本行。向后移动光标命令将使光标沿流式文本左移一个字符（例如在当前行的行首将光标左移一个字符时，光标将回到上一行的行尾）。向前移动光标命令也是如此。

也有一组编辑命令能使用户在文件中以行为单位移动光标或整屏移动光标。Ctrl+n 命令将把光标移动到下一行上，如果此时光标位于屏幕最后一行，屏幕将下滚，使当前行的下一行显示在屏幕上。Ctrl+p 命令将把光标移动到上一行，如果此时光标位于屏幕最顶行，屏幕将上滚，使当前行的前一行显示在屏幕上。Ctrl+v 命令及 Esc v 命令将整屏滚动文本。Ctrl+v 命令将使文本向前滚屏并显示下一屏文本，而 Esc v 命令将使文本向后滚屏并显示上一屏文本。

由于上面几条命令是在键盘上没有方向键时开发的，所以可能很多新用户会不大习惯这种使用方法。事实上，现在的键盘都有方向键，可以使用上下左右四个方向键来替代这四个命令。Emacs 程序甚至支持 PageUp 和 PageDown 键上下翻页。

用户也可以单词、段落等为"计量单位"来移动光标。META 键命令 Esc f 及 Esc b 用来以单词为单位前后移动光标。

Esc a 命令可以把光标移动至句首，而 Esc e 命令将把光标移动至句尾；Ctrl+a 命令将把光标移动至行首，而 Ctrl+e 命令将把光标移动至行尾；Esc <命令将把光标移动至文件的第一行，而 Esc >命令将把光标移动至文件的结尾。

可以在编辑命令前输入 Emacs 编辑器的重复命令来重复执行一个命令，此重复命令是 Esc num，这里 num 是重复次数。例如，要右移光标 5 次，首先输入重复命令及重复的次数，然后键入 Ctrl+f 命令。

也可以用相同的方式使用重复命令完成重复输入：首先键入 Esc 命令，再键入命令重复执行的次数，最后键入输入的内容。例如，Esc 3 T 命令将往文本中输入 3 个 T 字符。

2. 删除命令

删除文本意味着永久地删除文件中的字符。有两类基本的删除操作：一类是删除光标所在处的字符，另一类是删除光标之前的字符。Ctrl+d 命令和 Del 键将删除光标所在处的字符，Backspace 键将删除光标之前的字符。

3. 插入命令

用户需要输入一段新文本时，首先需要将光标定位到插入点，然后可以按各种字母键来插入文本，按回车键插入一个新行，用 Ctrl+j 命令在光标所在位置插入一个换行符，用 Ctrl+o 命令在当前行上面插入一个新行。

4. 查找命令

任何一个完整的文本编辑程序都应该有查找和替换的功能，Emacs 也不例外。查找命令支持从当前位置向前或向后查找，也支持环绕查找，即查找到文件尾后自动跳回文件头，或是从文件头跳回文件尾。查找到字符串后，光标定位在该字符串的第一个字符上，如果未能找到指定字符串，则返回查找失败的信息。

需要注意的是，当 Emacs 成功查找到第一个字符串时，如果用户不按 Esc 键，则仍处于查找状态；如果输入其他字符串，Emacs 将会开始新一轮的查找，直到用户按 Esc 键中止查找过程；在用户输入待查找字符串的同时就开始查找。这种查找方式称为增量查找。如果用户不需要增量查找，可以在输入查找命令时加上 Esc 键。

Ctrl+s 命令将从光标所在处开始向文件末尾正向查找需要查找的字符串。Ctrl+s 命令将把光标放置在编辑器的小缓冲区，用户可以在小缓冲区中输入要查找的字符串。一旦键入字符，Emacs 编辑器就开始查找，若继续输入字符，Emacs 编辑器将继续查找正在输入的字符串。例如，如果想键入字符串 preface，一旦键入字符"p"，光标将移动至文件中与模式"p"匹配的字符处。继续键入字符"r"，光标将移动到与"pr"匹配的字符串处。要结束模式的输入，可以键入 Esc 键。在文件中正向查找的基本格式：Ctrl+s 字符串。

Crtl+r 命令将从光标所在处开始反向查找需要查找的字符串。这两个命令都不支持环绕查找。多次执行 Ctrl+s 命令后，光标将停留在文件的结尾，而 Ctrl+r 命令将停留在文件的首行。Emacs 将保存最后一次的搜索模式。直接键入 Ctrl+s 或 Ctrl+r 命令而不键入搜索的模式，编辑器将用前一次的搜索模式进行搜索。

使用 Ctrl+g 命令可以随时终止当前的查找过程。

Emacs 编辑器还允许使用正则表达式及特殊字符。要在查找时使用正则表达式，可以在 Ctrl+s 或 Ctrl+r 查找命令之前键入 Esc 键，即 Esc Ctrl+s 或 Esc Ctrl+r 命令允许在查找字符串中使用正则表达式。

5. 替换操作

（1）全局替换：replace-string 命令。可以直接在编辑器的小缓冲区中使用 replace-string 命令来执行全局替换操作，且在键入 replace-string 命令后，不必键入任何键。其操作过程如下：首先键入 Esc x 命令进入编辑器的小缓冲区，然后键入 replace-string 命令，编辑器提示用户输入要查找的字符串及要替换的字符串。replace-string 命令不能实现正则表达式的替换，如果要使用正则表达式，必须使用 replace-regexp 命令。

（2）查询替换命令。Esc ％命令（注意键盘输入需按三个按键 Esc、Ctrl、％）用来执行查询替换操作。它首先搜索到与模式匹配的字符串，然后在必要时替换该字符串。要执行查询替换命令，首先键入 Esc ％命令，然后键入要替换的模式，并回车，再键入要替换的字符串并回车。完成上述操作之后，将搜索到与替换的模式匹配的第一个字符串，同时出现几个选项，每个选项都有与之对应的按键。例如，如果键入 y，搜索到的字符串将被替换字符串所替换，同时，光标将位于已被替换掉的字符串上；如果键入 n，将取消替换操作，同时，光标将位于搜索到的字符串上。其格式如下：

Esc ％
- Query replace；<被替换字符串>；<RETURN>；
- Query replace <被替换字符串>；with：<替换字符串>；<RETURN>；
- Query replace <被替换字符串>；with：<替换字符串>；（? for help）

查询替换命令的选项如下：
- y 或者 Spacebar　替换搜索到的字符串。
- n 或者 Del　取消替换搜索到的字符串。
- ^：回到前一个搜索到的字符串。
- !：替换所有没有替换的与模式匹配的字符串。
- ESC 键　退出本次查询搜索。

（六）Emacs 编辑器的编辑命令

Ctrl+b　光标左移一个字符，即向后一个字符。

Ctrl+f　光标右移一个字符，即向前一个字符。
Ctrl+n　光标下移一行，即移至下一行。
Ctrl+p　光标上移一行，即移至上一行。
Ctrl+v　向下滚动一屏。
Esc f　光标移至下一个单词。
Esc b　光标移至上一个单词。
Esc a　光标移至句首。
Esc e　光标移至句尾。
Esc v　向后移动一屏。
Ctrl+a　光标移至行首（行上第一个非空格字符）。
Ctrl+e　光标移至行尾（行尾最后一个非空格字符）。
Esc＜　光标移至缓冲区头部（通常是文件头部）。
Esc＞　光标移至缓冲区尾部（通常是文件尾部）。
Esc num　重复执行其后的命令 num 次。
Backspace　删除光标前的字符。
Del 或 Ctrl+d　删除光标所在处的字符。
Esc k　删除光标后至行尾的所有字符。
Ctrl+k　删除（kill）至行尾。
Ctrl+k Ctrl+k　删除（kill）至行尾，并同时删除（kill）行尾的换行字符
Ctrl+y　把剪切内容插入文本中。
Esc y　切换到 kill 缓冲区中保存的前一个被剪切文本。
Ctrl+x u　取消前一次命令。
Ctrl+j　插入一个新行。
Ctrl+o　在当前行上面插入一个新行。
Ctrl+s　正向查找文件中与输入匹配的字符串。
Ctrl+g　中止当前的查找过程。
Ctrl+r　反向查找文件中与输入匹配的字符串。
Esc Ctrl+s　正向查找文件中与正则表达式匹配的字符串。
Esc Ctrl+r　反向查找文件中与正则表达式匹配的字符串。
replace-string　执行全局替换。
replace-regexp　对正则表达式执行全局替换。
Ctrl+t　将光标所在的字母前移一个位置。
Esc t　将光标所在的单词前移一个位置。
Ctrl+x Ctrl+t　调换光标所在的两个相邻行。
Esc c　强制光标所在单词的词首为大写。
Esc l　强制光标所在处到词尾的所有字母为小写。
Esc u　强制光标所在处到词尾的所有字母为大写。

（七）调用 shell 命令

在 Emacs 中有两种执行 shell 指令的方法：一种是进入 shell command mode；另一种是进入 shell mode。二者都可以执行 shell 的指令，其最大不同之处是，进入 shell mode 的状态，执行 shell 指令的同时，仍可以切换到其他模式处理别的工作，但如果使用 shell command mode，就必须等指令执行完后才可以做其他的事。使用 shell command mode 时，使用者在屏幕的最下方输入想要执行的指令，EMACS 会开启一个名为"﹡Shell command output﹡"的视窗，将 shell 指令执行的结果显示在此视窗中。shell mode 则是执行一个 subshell，其输入与输出都是透过同一个缓冲区，所以输入与输出是在同一个地方，它不似 shell command mode，指令输入与结果的显示在不同的地方。shell command mode 又有两种模式：一种就是很单纯地执行一个 shell 的指令；另一种是对某一特定区域的资料执行 shell 的指令。shell command mode 容许执行后的结果，直接输入目前所使用的工作区内。有了如此的功能，使用者可以很轻易地将 shell 指令执行的结果直接放入适当的位置，而不需另外从事剪贴的工作。以下是最基本的方法：

（1）shell command mode。

（2）ESC-！（shell-command）。

唤起 shell command mode。

ESC-（shell-command-on-region）。

针对某一特定区域执行 shell command mode 的 shell 指令。（特定区域是就缓冲区的某一范围（region）而言，所以此指令只是针对缓冲区的某一部分运作的资料。）

Ctrl-u ESC-！与 Ctrl-u ESC-在 ESC 前加上 Ctrl-u，可以将 shell 指令执行的结果输出到游标所在的位置。

（3）shell mode。

（4）ESC-x shell \ indexESC-x shell 是唤起 shell modo 的指令。

第 2 节　shell 介绍

本节将对 shell 进行简单的介绍，使得大家对 shell 有一个初步的认识，在学完本节之后，大家将能够使用 shell 来对 Linux 进行简单的操作。

一、shell 的基本概念

shell 是一个接收外部指令并传递给操作系统来执行的应用程序。当我们在 Linux 中提及命令行的时候，一般就是指 shell。

shell 就像一个壳层，这个壳层介于用户和操作系统之间，负责将用户的命令解释为操作系统可以识别的低级语言，并将操作系统响应的信息以用户可以了解的方式展示给用户。

Linux 默认 shell 是 Bourne Again shell（bash），其提示符是＄。另一个常用的 shell 是 TC shell，默认的提示符是＞。Z shell 也是 Linux 的一种 shell，它结合了 bash、TC shell 和 Korn shell 的许多功能。查看当前 Linux 有哪些版本的 shell 可以使用＄ cat /etc/shells（有可能是/etc/shell）指令。

二、shell 的基本操作与 shell 交互

如果是在图形化界面模式下操作 Linux，我们需要借助终端模拟器来与 shell 进行交互。一般可以通过任务栏的"菜单"来逐步导航到"终端模拟器"。或者也可以通过快捷键来切换至真正的命令行界面，使用第 2 章介绍的快捷键实现切换。

进入命令行，我们会看到一个＄提示符，标识 shell 已经准备好交互了。（如果是#，表明当前操作为超级用户模式）。

（一）shell 命令基本格式

shell 命令的格式如下：

```
command        option         [argument]
```

其中，command 表示 shell 命令的名称。
-option 表示选项，同一个命令可能有许多不同的选项，用以完成各项具体命令。
[argument] 为参数，作为 shell 命令的输入，有的 shell 命令没有参数，或是允许不带参数运行。

以上是 shell 命令的三个基本组成部分，在使用过程中，每个部分之间需要输入一个空格以示区分。具体例子参照第 2 章第 2 节。

（二）深入理解 shell

1. 常用特殊符号

（1）"#"。
"#"在 shell 脚本用于一行的开头时表示该行为注释，不会被执行。

```
#这行是注释
```

（2）"*"。
"*"是常用的通配符，用于代替任何字符串。例如：

```
root@ubuntu:/home/chenyi # ls *.txt    //表示列出当前目录下所有后缀名为 txt 的文件
    example1.txtexample2.txt
```

（3）"?"。
"?"也是常用的通配符，用于匹配任意一个字符。例如：

```
root@ubuntu:/home/chenyi # ls a?.txt    //表示列出当前目录下所有以 a 开头,在 a 之后紧跟一个任意字符且后缀名为 txt 的文件
    a1.txt ab.txt
```

(4)"[...]"。

同方括号内的任意一个字符相匹配。支持使用字符范围和离散值。例如：

[a-zABC1-3]   //表示匹配所有小写字母和 A、B、C、1、2、3

(5)"[!...]"。

匹配不在方括号的字符。例如：

[!A-Z]   //可以匹配所有的非大写字母

(6)"~"。

常代表使用者的 home 目录。例如：

cd ~   //表示切换目录到使用者的 home 目录下

2. 管道

表示由标准输入输出链接起来的进程集合，即每一个进程的输出被直接作为下一个进程的输入。Linux 下可以通过"|"命令实现管道功能。

例如：

netstat -a | grep mongodb   //表示在网络连接状态的输出中查找与"mongodb"相关的信息

3. 输入输出重定向

Linux 的重定向功能可以将标准流重定向到用户指定的地点，通常为文件。例如：

Command > file1   //表示将 command 输出的内容存入 file1 之中,如果 file1 已经存在,将清空原有文件
Command >> file1   //表示将 command 输出的内容添加到 file1 文件后
Command < file2   //表示将 file2 中读入命令,即使用 file2 代替键盘作为输入源
Command < file2 > file1   //表示同时替换输入和输出源,从 file2 中读入命令,然后将输出写入 file1 中

三、常用 shell 命令

本书在第 2 章第 2 节——文件管理中已经简单讲述了部分 shell 命令，其章节内容主要包含文件管理的命令，这里将介绍关于系统、用户、网络方面的命令。

（一）查看当前系统信息

命令：uname [参数]
功能：列出当前系统内核信息。
主要参数：
-r   列出具体版本内核。
-s   列出内核名称。
-o   列出系统信息。
例如：

```
root@ubuntu:/home/chenyi # uname              //显示内核名
Linux
root@ubuntu:/home/chenyi # uname-r            //显示内核版本名
3.13.0-24-generic
root@ubuntu:/home/chenyi # uname-o            //显示系统名称
GNU/Linux
```

(二) 切换用户

1. sudo

命令：sudo [参数] [命令]

功能：sudo 可让用户以其他的身份来执行指定的指令，预设的身份为 root。在/etc/sudoers 中设置了可执行 sudo 指令的用户。若其未经授权的用户企图使用 sudo，则会发出警告邮件给管理员。用户使用 sudo 时，必须先输入密码，之后有 5 分钟的有效期限，超过期限必须重新输入密码。

主要参数：

-b   在后台执行指令。

-h   显示帮助。

-H   将 HOME 环境变量设为新身份的 HOME 环境变量。

-k   结束密码的有效期限，也就是下次再执行 sudo 时便需要输入密码。

-l   列出目前用户可执行与无法执行的指令。

-p   改变询问密码的提示符号。

-s<shell>   执行指定的 shell。

-u<用户>   以指定的用户作为新的身份。若不加上此参数，则预设以 root 作为新的身份。

-v   延长密码有效期限 5 分钟。

-V   显示版本信息。

例如：

```
root@ubuntu:/home/chenyi # adduser abc        //添加一个名为 abc 的用户
adduser:only root may add a user or group to the system.
                                              //当前用户无权限,root 用户才能运行这条命令
root@ubuntu:/home/chenyi # sudo adduser abc   //以 root 用户运行 adduser 命令
[sudo] password for chenyi:                   //提示输入 chenyi 用户的密码,回车确定
Add user 'abc'...                             //命令运行成功,成功添加 abc 用户
```

2. su

命令：su [参数] [用户名]

功能：su 的作用是变更为其他使用者的身份，需要键入该使用者的密码（超级用户除外）。

主要参数：

-c 或-command   执行完指定的指令后，即恢复原来的身份。

-f 或-fast   适用于 csh 与 tsch，使 shell 不用去读取启动文件。

-、-l 或-login   改变身份时，也同时变更工作目录，以及 HOME，SHELL，USER，LOGNAME。此外，也会变更 PATH 变量。

-m，-p 或-preserve-environment   变更身份时，不变更环境变量。

-s 或-shell   指定要执行的 shell。

-V   显示版本信息。

例如：

ubuntu @chenyi/home/# su root	//切换至 root 用户
password:	//输入 root 用户密码
root@ubuntu:/home/chenyi #	//切换成功,可执行更多命令

（三）显示配置和网络环境

命令：ifconfig ［网络设备］［参数］

功能：ifconfig 命令用来查看和配置网络设备。当网络环境发生改变时可通过此命令对网络进行相应的配置。

主要参数：

up   启动指定网络设备/网卡。

down   关闭指定网络设备/网卡。该参数可以有效地阻止通过指定接口的 IP 信息流，如果想永久地关闭一个接口，我们还需要从核心路由表中将该接口的路由信息全部删除。

arp   设置指定网卡是否支持 ARP 协议。

-promisc   设置是否支持网卡的 promiscuous 模式，如果选择此参数，网卡将接收网络中发给它所有的数据包。

-allmulti   设置是否支持多播模式，如果选择此参数，网卡将接收网络中所有的多播数据包。

-a   显示全部接口信息。

-s   显示摘要信息（类似于 netstat -i）。

add   给指定网卡配置 IPv6 地址。

del   删除指定网卡的 IPv6 地址。

＜硬件地址＞   配置网卡最大的传输单元。

mtu＜字节数＞   设置网卡的最大传输单元（bytes）。

netmask＜子网掩码＞   设置网卡的子网掩码。掩码可以是有前缀 0x 的 32 位十六进制数，也可以是用点分开的 4 个十进制数。如果不打算将网络分成子网，可以不管这一选项；如果要使用子网，那么请记住，网络中每一个系统必须有相同子网掩码。

Tunnel   建立隧道。

dstaddr   设定一个远端地址，建立点对点通信。

-broadcast＜地址＞   为指定网卡设置广播协议。

-pointtopoint＜地址＞   为网卡设置点对点通信协议。

multicast　为网卡设置组播标志。
address　为网卡设置 IPv4 地址。
txqueuelen<长度>　为网卡设置传输列队的长度。

例如：

```
root@ubuntu:/home/chenyi # ifconfig
eth0      Link encap:Ethernet    HWaddr 00:50:56:BF:26:20
          inet addr:192.168.120.204  Bcast:192.168.120.255  Mask:255.255.255.0
          UP BROADCAST RUNNING MULTICAST   MTU:1500  Metric:1
          RX packets:8700857 errors:0 dropped:0 overruns:0 frame:0
          TX packets:31533 errors:0 dropped:0 overruns:0 carrier:0
          collisions:0 txqueuelen:1000
          RX bytes:596390239 (568.7 MiB)   TX bytes:2886956 (2.7 MiB)

lo        Link encap:Local Loopback
          inet addr:127.0.0.1  Mask:255.0.0.0
          UP LOOPBACK RUNNING  MTU:16436  Metric:1
          RX packets:68 errors:0 dropped:0 overruns:0 frame:0
          TX packets:68 errors:0 dropped:0 overruns:0 carrier:0
          collisions:0 txqueuelen:0
          RX bytes:2856 (2.7 KiB)   TX bytes:2856 (2.7 KiB)
```

（四）别名

命令：alias

功能：用自定义字符替换指定命令。

例如：

```
root@ubuntu:/home/chenyi # alias      //不带参数运行 alias 命令,可显示当前已定义的别名列表
alias ll='ls-l --color=auto'
alias ls='ls--color=auto'
alias mv='mv-i'
alias rm='rm-i'
root@ubuntu:/home/chenyi # alias    ls='ls-la'   //使用键值对的方式定义别名,使用 ls-la 替换 ls
root@ubuntu:/home/chenyi # alias | grep ll=      //可以看到 ll 的别名已经被更改
alias ll='ls-la'
root@ubuntu:/home/chenyi # unalias ls           //删除 ls 的别名
root@ubuntu:/home/chenyi # alias | grep ls=     //返回结果为空,表示 ls 的别名已经被删除
```

第 3 节　shell 编程基础

shell 程序,是指一个包含若干指令的文件。

一、初试 shell 编程

按照编程界的传统,先来看一个经典示例 Hello World。

```
#!../../bin/bash
#我们的第一个 shell 程序 Hello World
echo 'Hello World!'
```

在命令行执行输入:HelloWorld(根据系统 PATH 变量的不同,有时需输入./HelloWorld)然后回车,即可执行此程序,输出:Hello World!

以下对示例程序做简单介绍。

本程序非常简单,只有三行代码。

第一行:以#开头,但#在首行不再表示注释,而是声明文件中的代码需要使用什么解析器来解析,所有 shell 文件,首行必须对使用的解析器做出声明。本例中我们使用 bin 目录下的 bash,由于 bash 所在路径与 shell 文件路径不同,这里借助../来明确目录。

第二行:以#开头,属于代码注释,#之后的部分,在执行过程中会全部忽略。

第三行:一个简单的输出。echo 为打印命令,单引号包含了程序将要输出的字符串。

一般而言,shell 编程可以概括为如下三个步骤:

(1)编写 shell 程序文件。使用本章第 1 节中介绍的 VIM 编辑器,可以很容易地完成。

(2)改变文件属性,使其可以被执行。通过 ls-l 命令查看文件属性,使用 chmod 命令为文件添加可执行属性。有关 ls 和 chmod 的更多信息,可以使用 man+指令名称的方式来查看帮助文档。

(3)将编写的程序文件放在 shell 可以查找到的目录之中。

二、使用变量

依旧先看一个简单示例。

利用 VIM SumTwoNumber 进行编辑,输入如下代码:

```
#!../../bin/bash
#计算两个数字之和
num1=1 #为变量 num1 赋值 1
num2=2 #为变量 num2 赋值 2
let sum=num1+num2 #使用 let 来对两个变量求和并将结果保存在 sum 变量中
#输出结果
echo 'num1='$num1
echo 'num2='$num2
echo 'num1+num2='$sum
```

保存文件,并通过 chmod 775 SumTwoNumber 指令为文件增加可执行属性,然后在命令行输入./SumTwoNumber 执行程序,得到如下输出:

```
num1=1
num2=2
num1+num2=3
```

shell 编程中，使用变量无须事先声明，本例中直接使用 num1、num2、sum 变量，并先后将 num1、num2 两个变量赋值为 1 和 2，之后使用 let 对两个变量求和并将结果保存于 sum 变量中。最后使用 echo 命令结合取值符号 $ 输出结果。不难发现，上述示例为顺序执行的程序。

三、shell 中的流程控制

1. 条件语句

shell 中通过 if、case、select 等方式实现条件判断，接下来以 if 为例对 shell 条件判断做简单讲解。

```
#!../../bin/bash
#判断两个数大小
num1=10
num2=20
echo 'num1=' $num1
echo 'num2=' $num2
if [ $num1> $num2 ]; then
    echo 'num1>num2'
else
    echo 'num1<=num2'
fi #结束 if 判断
```

通常用"[ ]"来表示条件测试（方括号前后的空格都不能少），"if"表达式如果条件为真，则执行 then 后的部分，否则执行 else 之后的部分，本例中 num1 小于 num2，所以条件判断进入 else 部分，输出"num1<=num2"。以下为 if 表达式的标准组成部分：

```
if ... ; then
    ...
elif ... ; then
    ...
else
    ...
fi
```

2. 循环语句

shell 循环包含了 while、until 以及 for 循环。下面以 for 为例简单介绍 shell 循环。

（1）传统 shell 风格的 for 循环。使用关键字 in 指定变量 i 的变化范围，do 标志循环命令的开始，done 表示结束 for 循环，其中 category 具有多种形式。

```
for variable in [category]; do
```

```
    commands;
done
```

以下使用 for 循环来计算从 1 加到 100。

```
#!../../bin/bash
# for 循环计算 1 到 100 全部整数的和
sum=0
for i in {1..100}; do #范围使用 start..end 形式来给出
   let sum=$sum+$i;
done
echo $sum
```

运行该程序,将输出 $1+2+\cdots+100$ 的求和结果 5 050。

(2) C 语言风格的 for 循环。随着 bash 的不断更新,近期的 bash 版本中大都加入了 C 语言风格的 for 循环,其中 exp1 等均为算数表达式。

```
for  ((exp1; exp2;exp3)); do
       commands;
done
```

我们使用 C 语言风格的 for 循环来对 1 到 100 之间的整数进行求和运算。

```
#!../../bin/bash
# for 循环计算 1 到 100 全部整数的和
sum=0
for (( i=1; i<=100; i++));do
   let sum+=$i
done
echo $sum
```

以上是针对 shell 编程的一个简单介绍,其中主要讲解了程序的创建与执行、变量的使用以及使用条件判断和循环来控制整个程序流。① 希望读者通过学习本节能够开始编写自己的 shell 脚本,尽情享受 shell 编程带来的乐趣!

内部命令和外部命令

内部命令:shell 程序的一部分,其中包含的是一些比较简练的 Linux 系统命令,这些命令由 shell 程序识别并在 shell 程序内部完成运行,通常在 Linux 系统加载运行时 shell 就被加载并驻留在系统内存。

外部命令:Linux 系统中的实用程序部分,因为实用程序的功能通常比较强大,所以它们包含的程序量也会很大,在系统加载时并不随系统一起被加载到内存中,而是在需要时才将其调进内存。通常外部命令的实体并不包含在 shell 中,但是其命令执行过程是由

---

① 有关 shell 编程更详细的知识,读者可以参考学习 *Beginning Linux Programming* (4th Edition)。

shell 程序控制的。shell 程序管理外部命令执行的路径查找、加载存放,并控制命令的执行。路径:bib,/usr/bin,/sbin,/use/ sin。

可以使用"type"命令查看一个命令是内部命令还是外部命令。

小结

VIM 和 Emacs 都是 Linux 常用的文本编辑器,功能均十分强大,通常可以被配置成 IDE 使用,本章介绍了这两款文本编辑器的基本用法,同学们可以对自己感兴趣的文本编辑器进行针对性的拓展学习。第 2 节和第 3 节涵盖了 shell 编程的基本语法结构,为日后学习 shell 脚本高级编程打下基础。

第 4 章　用户权限及磁盘管理

本章要点与学习目标

Linux 是一个多用户多任务操作系统，权限管理是其一大特色，每个用户在各自权限允许的范围内完成不同的任务，优秀的权限管理机制为 Linux 的安全性提供了可靠的保障。本章的两节分别介绍了用户的权限管理和磁盘管理的相关命令。

本章的学习目标是熟练掌握用户管理的相关命令，会使用命令更改文件权限，了解磁盘管理的相关命令。

第 1 节　Linux 用户设置

一、Linux 用户概述

（一）用户类型与属性

1. 用户类型

（1）超级用户。超级用户，又称 root 用户，拥有计算机系统的最高权限。所有系统的设置和修改都只有超级用户才能执行。

（2）系统用户。系统用户是与系统服务相关的用户，通常在安装相关软件包时自动创建，一般不需要改变其默认设置。

（3）普通用户。普通用户在安装后由超级用户创建，普通用户的权限相当有限，只能操作其拥有权限的文件和目录，只能管理自己启动的进程。

2. 用户属性

/用户名　Linux 用一串字符来区别不同用户，可以由数字、字母、下划线组成。

/口令　又称密码，用于效验用户合法性。在/etc/shadow 文件中以 x 显示。

/用户 ID（UID）　user id，是一个数值，用于标识用户。UID 相同的用户可以视为同一用户，他们具有相同权限。与用户名作用相同。

/组群 ID（GID）　group id，是用户的默认用户组标识。一个用户可以属于多个组，一个组也可以有多个用户。

/全名　存放用户相关信息。

/用户主目录　shell 将该目录作为用户的工作目录，可用 pwd 命令查看。默认在/home 下有与用户名一致的目录。

/登录 shell　用户登录系统时运行的程序名称，通常是/bin/bash。

（二）与用户相关的文件

1. 用户账号信息文件/etc/passwd（用 vi 命令打开）

passwd 文件中各字段从左到右依次为：用户名、口令、用户 ID、用户所属主要组群的组群 ID、全名、用户主目录和登录 shell。其中口令字段的内容总是"x"。

```
root:x:0:0:root:/root:/bin/bash
```

2. 用户口令信息文件/etc/shadow

加密后的口令保存在/etc/shadow 文件。

（三）管理用户

1. 新建用户：添加新用户 useradd

语法：useradd [-mMnr] [-c＜备注＞] [-d＜登入目录＞] [-e＜有效期限＞] [-f＜缓冲天数＞] [-g＜群组＞] [-G＜群组＞] [-s＜shell＞] [-u＜uid＞]［用户账号］或 useradd -D [-b] [-e＜有效期限＞] [-f＜缓冲天数＞] [-g＜群组＞] [-G＜群组＞] [-s＜shell＞]

相关参数说明见表 4-1。

表 4-1　新建用户参数

参数	说明
-c＜备注＞	加上备注文字。备注文字会保存在 passwd 的备注栏中
-d＜登入目录＞	指定用户登入时的起始目录
-g＜群组＞	指定用户所属的群组
-n	取消建立以用户名称为名的群组
-u＜uid＞	指定用户 ID

2. 修改用户属性：usermod

语法：usermod [-LU] [-c＜备注＞] [-d＜登入目录＞] [-e＜有效期限＞] [-f＜缓冲天数＞] [-g＜群组＞] [-G＜群组＞] [-l＜账号名称＞] [-s＜shell＞] [-u＜uid＞]［用户账号］

相关参数说明见表 4-2。

表 4-2 修改用户属性参数

参数	说明
-e<有效期限>	修改账号的有效期限
-f<缓冲天数>	修改在密码过期后多少天即关闭该账号
-g<群组>	修改用户所属的群组
-G<群组>	修改用户所属的附加群组
-l<账号名称>	修改用户账号名称
-L	锁定用户密码，使密码无效
-U	解除密码锁定

3. 删除用户：userdel

语法：userdel [-r] [用户名]

二、用户组群概述

（一）用户组群类型及属性

1. 用户组群类型

组群按照其性质分为：系统组群和私人组群。

（1）系统组群：安装 Linux 以及部分服务性程序时系统自动设置的组群，其默认 GID<500。

（2）私人组群：安装完成后，由超级用户新建的组群，其默认 GID>=500。

2. 用户组群属性

/组群名　用户组名称

/组群 ID（GID）　数值，用于标识的用户组。

/组群口令　用户组密码

/用户列表　组包含用户

（二）与组群相关的文件

1. 组群账号信息文件 /etc/group

group 文件的各字段从左到右依次为：组群名、口令、组群 ID 和附加用户列表。其中口令字段的内容总是"x"。

```
root:x::
```

2. 组群口令信息文件 /etc/gshadow

/etc/gshadow 是用于存放用户组群管理密码等的加密信息文件。

（三）管理组群

1. 新建组群：groupadd

相关参数说明见表 4-3。

表4-3 新建组群相关参数

参数	说明
-g	强制把某个ID分配给已存在的用户组，该值唯一且不为负
-p	用户组密码
-r	创建一个系统组

2. 修改组群属性：groupmod

相关参数说明见表4-4。

表4-4 修改组群属性相关参数

参数	说明
-g	设置欲使用的用户组ID
-o	允许多个用户组使用同一个GID
-n	设置要用的用户组名称

3. 删除组群：groupdel

只有用户组内不存在用户时才能删除用户。

三、文件权限

（一）文件权限的含义

1. 访问权限

（1）读取权限：浏览文件/目录中内容的权限。

（2）写入权限：对文件而言是修改文件内容的权限；对目录而言是删除、添加和重命名目录内文件的权限。

（3）执行权限：对可执行文件而言是允许执行的权限；而对目录来讲是进入目录的权限。

2. 与文件权限相关的用户分类

（1）文件所有者（Owner）：建立文件或目录的用户。

（2）同组用户（Group）：文件所属组群中的所有用户。

（3）其他用户（Other）：既不是文件所有者，又不是同组用户的其他所有用户。

（4）超级用户负责整个系统的管理和维护，拥有系统中所有文件的全部访问权限。

3. 访问权限的表示法

（1）字母表示法。

（2）数字表示法（在数字表示法中，执行权限是2的0次方，写入权限是2的1次方，读取权限是2的平方）。

相关参数说明见表4-5。

表 4-5 访问权限的表示法

字母表示	数字表示	权限含义
---	0	无任何权限
--x	1	可执行
-w-	2	可写
-wx	3	可写和可执行
r--	4	可读
r-x	5	可读和可执行
rw-	6	可读和可写
rwx	7	可读、可写和可执行

（二）改文件权限的 shell 命令

1. chmod 命令

修改文件的访问权限。

命令格式：chmod ＜权限设置…＞［文件或目录…］

```
root@ubuntu:# chmod 777 text.txt
```

2. chgrp 命令

改变文件的所属组群。

命令格式：chgrp［组群名］［文件或目录…］

3. chown 命令

改变文件的所有者，并可一并修改文件的所属组群。

命令格式：chown［用户名］［文件或目录…］

第 2 节 Linux 磁盘管理

管理磁盘的 shell 命令主要有如下几种。

1. mount 命令

查看已挂载的所有文件系统，或者挂载分区。

（1）命令格式：mount [-t vfstype] [-o options] device dir

-t vfstype 指定文件系统的类型，通常不必指定。mount 会自动选择正确的类型。常用类型有：

DOS fat16 文件系统：msdos

Windows 9x fat32：vfat

Windows NT ntfs：ntfs

（2）-o options 主要用来描述设备或文件的挂接方式。

（3）device 为要挂接（mount）的设备。

（4）dir 为设备在系统上的挂接点（mount point）。

root@ubuntu:# mkdir /mnt/u1
root@ubuntu:# mount -t ntfs /dev/sdisk1 /mnt/u1

2．umount 命令

卸载指定的设备。

命令格式：umount [-ahnrvV] [-t <文件系统类型>] [文件系统]

root@ubuntu:# umount /mnt/cdrom

3．df 命令

查看文件系统的相关信息。

Linux 中 df 命令用来检查 Linux 服务器的文件系统的磁盘空间占用情况。

命令格式：df [-o options]

参数：

-a 显示所有文件系统的磁盘使用情况，包括 0 块（block）的文件系统，如/proc 文件系统。

-k 以 k 字节为单位显示。

-i 显示 i 节点信息，而不是磁盘块。

-t 显示各指定类型的文件系统的磁盘空间使用情况。

-x 列出不是某一指定类型文件系统的磁盘空间使用情况（与 t 选项相反）。

-T 显示文件系统类型。

```
root@ubuntu:# df
Filesystem    1K-blocks    Used    Available   Use% Mounted on
/dev/sda1     19478204     3449144 15016580    19%  /
none          4            0       4           0%   /sys/fs/cgroup
udev          503240       4       503236      1%   /dev
tmpfs         102556       1088    101468      2%   /run
none          5120         0       5120        0%   /run/lock
none          512760       144     512616      1%   /run/shm
none          102400       28      102372      1%   /run/user
```

4．mkfs 命令

进行磁盘格式化。

命令格式：mkfs [-V] [-t fstype] [fs-options] filesys [blocks] [-L Lable]

参数：

device 预备检查的硬盘 partition，例如：/dev/sda1。

-V 详细显示模式。

-t 给定文件系统的型式，Linux 的预设值为 ext2。

-c 在制作文件系统前，检查该 partition 是否有坏轨。

-l bad_blocks_file　将有坏轨的 block 资料加到 bad_blocks_file 里面。
block　给定 block 的大小。

5. fsck 命令

检查并修复文件系统。

绝对路径、相对路径和环境变量

1. 绝对路径

在 Linux 中，绝对路径是从/（也称为根目录）开始的，比如/usr，/etc/X11。

2. 相对路径

相对路径是从用户当前操作所处的位置开始，以./或../开始。在路径中，./表示用户当前所处的目录，而../为上级目录。

3. 环境变量

环境变量是操作系统中用来指定系统运行环境的参数，具有特定的名字。当要求系统运行一个程序而没有告诉该程序所在的完整路径时，系统除了在当前目录下寻找此程序外，还应到环境变量 path 中指定的路径去找。用户通过设置环境变量来更高效地运行相关程序。

小结

权限控制对于 Linux 服务器管理员来讲非常重要，本章首先介绍了用户管理和文件权限管理的相关内容，这些内容在实际的工作环境中是要经常用到的。本章第 2 节介绍了几个常用的磁盘管理的命令，同学们可以在使用时查看帮助文件来加深对命令的理解。

第 5 章　系统管理及 Linux 基本网络配置

本章要点与学习目标

如果想成为一名专业的 Linux 系统管理员，就必须知道自己的服务器正在做什么，这时就需要一些相应的命令。本章第 1 节介绍 Linux 系统管理的一些基本命令，包括进程管理、系统监视和系统日志管理等，第 2 节介绍 Linux 系统下基本的网络命令，第 3 节介绍软件包管理的基本用法，第 4 节介绍 Hadoop 基本安装方法并复习所学的 Linux 相关命令。

本章的学习目标是熟练掌握本章提到的系统管理和网络的相关命令，了解软件安装管理的机制和相关命令。

第 1 节　Linux 系统管理

一、进程与作业管理

（一）进程与作业简介

1. 进程

进程指具有独立功能的程序的一次运行过程，也是系统进行资源分配和调度的基本单位。

2. 作业

正在执行的一个或多个相关进程可形成一个作业。

3. 进程的状态

Linux 操作系统有五个状态，分别是可执行状态、不可中断的睡眠状态、可中断的睡眠状态、暂停状态、退出状态。

4. 进程的优先级

进程的优先级决定进程是否被 CPU 优先处理。进程调度是按照一定的算法从就绪队列中选取一个进程使其获得处理。按照进程的优先级高低进行调度是一种广泛采用的算法。

(二) 作业的前后台切换

1. bg 命令

bg 命令可以将后台暂停的命令继续执行。

命令格式：bg［％＋进程编号］

进程编号通过 jobs 命令查看。

通过 vi 创建两个文件，用 Crtl＋z 挂起，便可试验 bg 命令。

```
root@ubuntu:~# bg  %1
[1]+ vi xy1 &
[1]+ Stopped                vi xy1
```

2. fg 命令

fg 命令将后台的命令调至前台继续运行。

命令格式：fg［％＋进程编号］

```
root@ubuntu:~# fg  %1
```

(三) 管理进程与作业的 shell 命令

1. jobs 命令

显示当前所有的作业。

```
root@ubuntu:~# jobs
[1]+ Stopped                vi xy1
[2]- Stopped                vi xy2
```

2. ps 命令

ps 是用来显示目前你的 process 或系统 processes 的状况。

```
root@ubuntu:~# ps
PID   TTY         TIME CMD
1046  tty1        00:00:00   login
1502  tty1        00:00:00   su
1503  tty1        00:00:00   bash
1522  tty1        00:00:00   ps
```

比较常用的参数及其说明如下：

-a　列出包括其他 users 的 process 状况。

-u　显示 user‑oriented 的 process 状况。

-x 显示包括没有 terminal 控制的 process 状况。

-w 使用较宽的显示模式来显示 process 状况。

3. kill 命令

命令格式：kill [-SIGNAL][进程编号]

kill 命令的工作原理是向 Linux 内核发送一个 SIGNAL 信号和进程编号，内核根据信号对进程进行操作。SIGNAL 为一个数字，从 0 到 9，其中 9 是 SIGKILL，也就是一般用来杀掉一些无法正常终止的进程，即强行终止。你也可以用 kill -l 来查看可代替 SIGNAL 号码的数字。

```
root@ubuntu:~# kill -9  1295
[1]+   Killed       vi  xy1
```

4. nice 命令

指定将启动的进程的优先级。

命令格式：nice [-n][指定的优先级][命令]

输入命令后第二行显示进程当前优先级。只有超级用户可以设置负数的优先级。

```
root@ubuntu:~#  nice  -n -19  nice
-19
```

5. renice 命令

修改运行中的进程的优先级。

命令格式：renice [指定优先级][进程编号]

```
root@ubuntu:~#  renice -11   1046
1046 (process   ID) old priority 19, new priority -11
```

6. Top 命令

输入 top 命令会显示当前系统的 CPU 使用情况、内存使用状况以及其他各项系统性能。

```
root@ubuntu:# top
top - 02:31:12 up  3:03,   2 users,   load average: 0.00, 0.01, 0.05
KiB Mem:    1025524 total,    890164 used,    135360 free,     65876 buffers
KiB Swap:   1046524 total,     1464 used,   1045060 free.    362404 cached Mem
PID USER     PR  NI   VIRT    RES    SHR  S %CPU %MEM   TIME+ COMMAND
1059 root    20   0  97308  18668   8552  R  1.3  1.8   0:09.82 Xorg
1983 xuxu    20   0  56552  12668   9600  S  0.7  1.2   0:00.50 ibus-ui-gtk3
2893 xuxu    20   0 193136  16544  12452  S  0.7  1.6   0:03.72 gnome-termi+
5004 xuxu    20   0   5428   1380   1016  R  0.3  0.1   0:00.18 top
   1 root    20   0   4460   2404   1444  S  0.0  0.2   0:03.40 init
```

（四）进程调度

可采用以下方法实现进程调度：

对于偶尔运行的进程采用 at 或 batch 调度。

对于特定时间重复运行的进程采用 cron 调度。

1. at 调度

命令格式：at [时间]

at>执行的指令

命令功能：在一个指定的时间执行一个指定任务，只能执行一次，且需要开启 atd 进程。

ps-ef ｜ grep atd　查看 atd 进程是否开启。

```
xuxu@ubuntu:~ $ at 08:10
at> ls > t.txt
at> <EOT>
job 5 at Tue Mar 29 08:10:00 2016
```

结束 at 命令使用 atq 命令。

```
xuxu@ubuntu:~ $ atq
5    Tue Mar 29 08:10:00 2016 a xuxu
```

08:10 以后，ls>t.txt 被自动执行，生成新文件 t.txt。其内容为当前文件夹目录内容。

```
xuxu@ubuntu:~ $ ls t.txt
t.txt
xuxu@ubuntu:~ $ cat t.txt
bin
d1
Desktop
……
```

使用 atq 查询当前的 at 命令的任务。

```
xuxu@ubuntu:~ $ atq
3    Tue Mar 29 23:04:00 2016 a xuxu
4    Tue Mar 29 23:07:00 2016 a xuxu
```

删除 at 中的任务使用 atrm。

```
xuxu@ubuntu:~ $ atrm 4
xuxu@ubuntu:~ $ atq
3    Tue Mar 29 23:04:00 2016 a xuxu
```

2. cron 调度

和 Windows 下的计划任务类似，cron 是 Linux 下用来周期性地执行某种任务或等待处理某些事件的一个守护进程。Linux 下的系统任务调度记录在/etc 目录下有一个 crontab 文件，即系统任务调度的配置文件。

/etc/crontab 文件包括下面几行：

```
xuxu@ubuntu:~ $ cat /etc/crontab
……
# m h dom mon dow usercommand
17 * * * * root    cd / && run-parts --report /etc/cron.hourly
……
```

crontab 配置文件保留 cron 调度的内容，共有 6 个字段，从左到右依次为分钟、小时、日期、月份、星期、执行用户和命令。上面代码的含义为在每小时的第 17 分钟 root 用户执行/etc/cron.hourly 中的所有脚本。其意义如下：

  minute 0～59。
  hour   0～23。
  day   1～31。
  month 1～12。
  week   0～7。
  command 要执行的命令，可以是系统命令，也可以是自己编写的脚本文件。

使用 crontab -e 命令对任务内容进行编辑。输入此命令后会启动文本编辑器，然后在文本编辑器中输入，比如 */1 * * * * ls >> text12.txt，然后保存。

```
xuxu@ubuntu:~ $ crontab-e
```

使用 crontab-l 对输入任务是否成功进行检查。

```
xuxu@ubuntu:~ $ crontab -l
*/1 * * * * ls >> text12.txt
```

一分钟以后，用 ls 命令会发现 text12.txt 被不断地更新。

```
xuxu@ubuntu:~ $ ls-l text12.txt
-rw-rw-r-- 1 xuxu xuxu 1115 Mar 29 08:50 text12.txt
```

此文件的保存目录为 /var/spool/cron/crontabs，可以切换到 root 用 cat 命令查看。

```
root@ubuntu:/home/xuxu # cat /var/spool/cron/crontabs/xuxu
# DO NOT EDIT THIS FILE-edit the master and reinstall.
# (/tmp/crontab.uVxQZU/crontab installed on Tue Mar 29 08:45:47 2016)
# (Cron version $Id: crontab.c,v 2.13 1994/01/17 03:20:37 vixie Exp $)
*/1 * * * * ls >> text12.txt
```

二、系统监视

（一）桌面环境下监视系统

在搜索框中输入 system monitor，打开搜索框下方图标即可查看系统运行状态（见

图 5-1)。

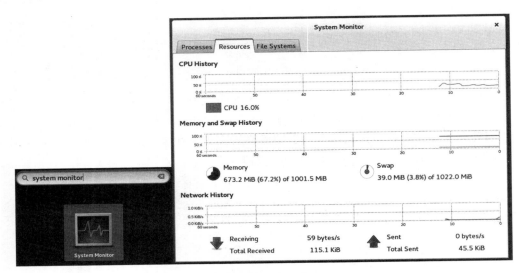

图 5-1 在桌面环境下查看系统状态

(二) 实施系统监视的 shell 命令

1. who 命令

查看当前已登录的所有用户。

```
root@ubuntu:~# who
xiao       tty1       2015-03-03  21:00
(unknow)   :0         2015-03-05  20:59  (:0)
```

2. top 命令

动态显示系统运行等相关信息。

```
root@ubuntu:# top
```

3. free 命令

显示内存和交换分区的相关信息。

```
root@ubuntu:~# free
                 total       used       free     shared    buffers     cached
Mem:           1025516     572876     452640       1160      48456     315484
-/+ buffers/cache:          208936     816580
Swap:          1046524          0    1046524
```

三、系统日志管理

系统日志管理相关命令或文件见表 5-1。

表 5-1　系统日志管理相关命令或文件

命令或文件	说明
boot.log	记录系统引导的相关信息
cron	记录 cron 调度的执行情况
dmesg	记录内核启动时的信息，主要包括硬件和文件系统的启动信息
maillog	记录邮件服务器的相关信息
messages	记录系统运行过程的相关信息，包括 I/O、网络等
rpmpkgs	记录已安装的 RPM 软件包信息
secure	记录系统安全信息
Xorg.0.log	记录图形化用户界面的 Xorg 服务器的相关信息

第 2 节　Linux 基本网络命令

本节主要介绍 Linux 下网络管理的 shell 命令。

1. ifconfig 命令

该命令的功能是查看网络接口。

root@ubuntu:~# ifconfig

2. ping 命令

测试与其他主机网络连接情况。

命令格式：ping［域名］

root@ubuntu:~# ping www.baidu.com

3. hostname 命令

用以显示或设置系统的主机名称。

root@ubuntu:~# hostname

4. traceroute 命令

跟踪路由。

使用该命令之前需要安装 traceroute 包。

root@ubuntu:~# sudo apt-get install inetutils-traceroute
root@ubuntu:~# traceroute www.baidu.com

第 3 节　Linux 软件安装方法

一、apt-get 应用程序管理器

apt-get（Advanced Package Tool）是一款适用于 Linux 系统的应用程序管理器。由于

其简单易行，所以在 Linux 社区得到广泛使用。Ubuntu 系统中主要使用此方法进行软件的安装与更新等。apt-get 命令一般需要 root 权限执行。

root@ubuntu:~# sudo apt-get xxxx

1. apt-get install 命令

安装软件包，有相依性套件的时候，apt 也会自动下载安装。

root@ubuntu:~# sudo apt-get install mysql-server

2. apt-get update 命令

更新软件包。

root@ubuntu:~# sudo apt-get update

3. apt-get remove 命令

移除软件包。

root@ubuntu:~# apt-get remove mysql-server

4. apt-get clean 命令

当使用 apt-get install 命令安装套件，下载下来的 rpm 会放置于/var/cache/apt/archives，使用 apt-get clean 命令可以将其清除。

除此以外，还有 apt-cache search（搜寻升级包）和 apt-cache depends（相依性）等命令。

二、软件包管理

RPM 软件包（RPM 是世界著名的 Red Hat 公司推出的一种软件包安装工具）全称为 RedhatPackage Manager。RPM 的出现提供了一种全新的软件包安装方法，在方便性上甚至超过了微软的 Windows。

管理 RPM 软件包的 shell 命令主要如下：

（1）安装一个包。

root@ubuntu:~# rpm -ivh < rpm package name>

（2）升级一个包。

root@ubuntu:~# rpm -Uvh < rpm package name>

（3）移走一个包。

root@ubuntu:~# rpm -e < rpm package name>

（4）安装参数。

--force 即使覆盖属于其他包的文件也强迫安装。

--nodeps 如果该 RPM 包的安装依赖其他包，即使其他包没装，也强迫安装。

（5）查询一个包是否被安装。

root@ubuntu:~#   rpm -q < rpm package name>

（6）得到被安装的包的信息。

root@ubuntu:~#   rpm -qi < rpm package name>

（7）列出该包中有哪些文件。

root@ubuntu:~#   rpm -ql < rpm package name>

（8）列出服务器上的一个文件属于哪个 RPM 包。

root@ubuntu:~#   rpm -qf 文件名称

（9）可综合好几个参数一起用。

root@ubuntu:~#   rpm -qil < rpm package name>

（10）列出所有被安装 RPM 包。

root@ubuntu:~#   rpm -qa < rpm package name>

三、数据库软件安装示例

下面以 SQL Server 为例演示如何在 Ubuntu 操作系统中安装数据库系统。

在 Ubuntu 操作系统中配置 SQL Server 步骤如下：

（1）Ubuntu 系统中安装 SQL Server 2017 的具体步骤可参照微软官方网站[①][②]。运行如下命令安装 SQL Server 2017，如图 5-2 所示。

sudo apt-get update
sudo apt-get install -y mssql-server

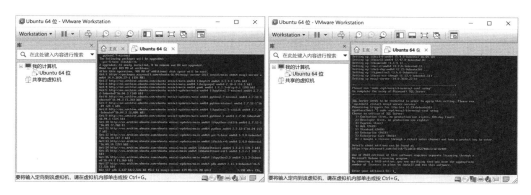

图 5-2　软件安装

---

① https://docs.microsoft.com/zh-cn/sql/linux/quickstart-install-connect-ubuntu?view=sql-server-2017.
② https://docs.microsoft.com/zh-cn/sql/linux/sql-server-linux-setup?view=sql-server-2017.

(2) 软件包安装完成后，运行 mssql-conf 配置命令，选择所使用的版本。

sudo /opt/mssql/bin/mssql-conf setup

(3) 系统给出版本选项，我们选择选项 1) 对应的 Evaluation 评估免费版本。按安装要求设置系统管理员密码，显示成功信息后，数据库系统自动启动。通过命令 systemctl status mssql-server 验证服务正在运行，如图 5-3 所示。

图 5-3 安装评估版与验证服务

(4) 安装 SQL Server 命令行工具 sqlcmd 和 bcp，用于执行 SQL 语句以及在 Microsoft SQL Server 实例和用户指定格式的数据文件间大容量复制数据。安装步骤如下：

1) 导入公共存储库 GPG 密钥。

curl https://packages.microsoft.com/keys/microsoft.asc | sudo apt-key add -

2) 注册 Microsoft Ubuntu 存储库。

curl https://packages.microsoft.com/config/ubuntu/16.04/prod.list | sudo tee /etc/apt/sources.list.d/msprod.list

3) 更新源列表，运行安装命令。

sudo apt-get update
sudo apt-get install mssql-tools unixodbc-dev

4) 添加/opt/mssql-tools/bin/到路径 bash shell 中的环境变量。

echo 'export PATH="$PATH:/opt/mssql-tools/bin"' >> ~/.bash_profile
echo 'export PATH="$PATH:/opt/mssql-tools/bin"' >> ~/.bashrc
source ~/.bashrc

(5) 使用 sqlcmd 本地连接到新的 SQL Server 实例，测试数据库。

sqlcmd -S localhost -U SA

输入密码后进入 SQL Server 数据库命令行状态。

测试数据库。输入下面命令，显示当前数据库引擎中的数据库，如图 5-4 所示。

select name from sys.databases;

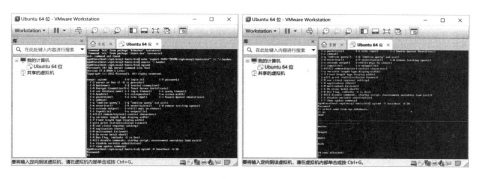

图 5-4 连接数据库与验证

（6）在 Ubuntu 系统中通过 ifconfig 命令查看虚拟机的 IP 地址，在 Windows 中通过 cmd 命令测试与虚拟机的网络连通性（见图 5-5）。

图 5-5 验证网络连通性

（7）如果防火墙开启而且 SQL Server 允许被远程访问，需要开放 1433 端口。

firewall-cmd-add-port=1433/tcp--permanent
firewall-cmd-reload

（8）在 Windows 系统中通过 Microsoft SQL Server Management Studio 工具连接 Ubuntu 系统中的数据库引擎，服务器名称设置为虚拟机的 IP 地址，以管理员 sa 账户登录，连接后显示 Ubuntu 系统中的数据库（见图 5-6）。

图 5-6 连接数据库

Microsoft SQL Server Management Studio 是 Windows 平台的 SQL Server 客户端工具,可以用于连接 Linux 服务器上的 SQL Server,我们也可以在 Ubuntu 操作系统中配置 SQL Operations Studio,使用 Linux 平台的 SQL Server 客户端连接 SQL Server 数据库(见图 5-7),实现步骤如下[①]:

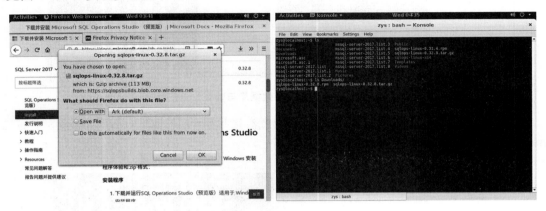

图 5-7 Linux 平台的 SQL Server 客户端连接 SQL Server 数据库

(1) 在 Ubuntu 系统中通过浏览器下载用于 Linux 安装的 tar.gz 安装包。在下载窗口中选择"Save File"命令,将安装包存储在当前用户的 Downloads 目录下。

(2) tar.gz 安装命令如下:

```
cd ~
cp ~/Downloads/sqlops-linux-0.32.8.tar.gz ~
tar -xvf ~/sqlops-linux-0.32.8.tar.gz
echo'export PATH="$PATH:~/sqlops-linux-x64"'>> ~/.bashrc
source ~/.bashrc
```

(3) 启动 SQL Operations Studio:

```
sqlops
```

在登录界面输入服务器名称"localhost",数据库用户"sa"和数据库账户密码,连接到本地 Linux 上安装的 SQL Server 2017 数据库,左侧窗口中可以展开当前系统数据库。

单击窗口中的"New Query"命令,启动数据库命令窗口,输入命令:

```
create database SSB;
use SSB;
select name from sys.databases;
```

创建数据库 SSB 并打开 SSB 数据库,左侧窗口刷新后显示出所创建的 SSB 数据库,通过 select 命令显示当前系统中的 5 个数据库,测试数据库系统正常工作(见图 5-8)。

---

① https://docs.microsoft.com/zh-cn/sql/sql-operations-studio/download?view=sql-server-2017.

图 5-8 验证数据库系统

SQL Server 2017 还支持在 Docker 中运行，在 Ubuntu 操作系统中通过 Docker 配置 SQL Server 步骤如下：

（1）在 Ubuntu 系统中安装 Docker，命令如下：

sudo apt install docker.io

（2）从 Docker 库中拉取 SQL Server 2017 镜像，命令如下：

sudo docker pull microsoft/mssql-server-linux:2017-latest

（3）启动一个容器用于支持 SQL Server 2017，命令如下：

sudo docker run -e'ACCEPT_EULA=Y' -e' MSSQL_SA_PASSWORD=SQL2017' -e 'MSSQL_PID=Developer' -p 1533:1533 --name sql_server2017 -d
microsoft/mssql-server-linux:2017-latest

本例中设置数据库管理员 SA 密码为 SQL2017，设置端口号为 1533（因已配置的 SQL Server 2017 已占用默认 1433 端口，本例设置 Docker 中 SQL Server 2017 端口号为 1533），设置 Docker 实例名为 sql_server2017。

停止 Docker 实例 sql_server2017 的命令为：

sudo docker stop sql_server2017

启动 Docker 实例 sql_server2017 的命令为：

sudo docker start sql_server2017

删除 Docker 实例时需要先停止实例，再通过命令移除：

sudo docker rm sql_server2017

（4）连接到 SQL server 容器实例 SQL Server 2017，命令如下：

sudo docker exec -it sql_server2017 "sh"

该命令执行后，出现提示符#

zys@localhost:~/Downloads/docker$ sudo docker exec -it sql_server2017 "sh"
zys@localhost:~/Downloads/docker$

(5) 连接 SQL server 数据库，命令如下：

/opt/mssql-tools/bin/sqlcmd -S localhost -U SA -P 'SQL2017'

命令执行后，出现提示符>。

(6) 测试 SQL server 数据库，如图 5-9 所示，命令如下：

SELECT @@VERSION
go

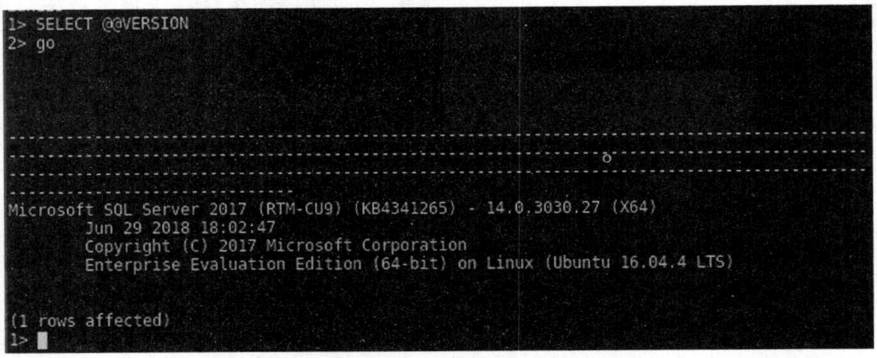

图 5-9 测试数据库

【扩展练习】读者可以尝试在 Ubuntu 上安装 MySQL 数据库或通过 Docker 安装 MySQL 数据库，掌握在 Linux 平台软件安装方法。

第 4 节　Hadoop 环境搭建实例

Hadoop 是一个由 Apache 基金会所开发的开源软件，可靠性高，扩展性好，用户可以在不了解分布式底层细节的情况下，连接多台服务器，实现大数据的分布式存储与计算。

Hadoop 系统也实现了一个分布式文件系统（Hadoop Distributed File System），简称 HDFS。HDFS 是 Hadoop 框架的重要核心设计之一，具有高容错性的特点，可以用来部署在低廉的硬件上。HDFS 提供高吞吐量来访问应用程序的数据，可以以流的形式访问文件系统中的数据，适合大数据的运算与处理。HDFS 具有创建、删除、移动或重命名文件等功能，其架构是基于一组特定的节点构建的，这些节点包括 NameNode（提供元数据服务）和 DataNode（存储服务）。

Hadoop 的框架另外一个核心的设计就是 MapReduce，它为海量的数据提供了计算功能。

Hadoop Yarn 是 Hadoop 资源管理和任务调度的一个重要框架。

本节主要简单介绍一个 Hadoop 搭建的单机版实例，包括如何启动上述 Hadoop 的主要功能，供读者参考。搭建环境为 Ubuntu 18.04，Hadoop 2.8.5 版本。

一、Hadoop 安装相关准备工作

（一）创建 Hadoop 用户

用命令添加 Hadoop 新用户并设置用户密码，也可以为其他名字，请记住密码。

xts@ubuntu:~ $ sudo useradd -m hadoop -s /bin/bash
[sudo] password for xts:
xts@ubuntu:~ $ sudo passwd hadoop
Enter new UNIX password:
Retype new UNIX password:
passwd: password updated successfully

为方便后续操作，添加管理员权限。

xts@ubuntu:~ $ sudo adduser hadoop sudo

切换到 Hadoop 用户登录之后，更新一下系统。

hadoop@ubuntu:~ $ sudo apt-get update
[sudo] password for hadoop:
Ign http://extras.ubuntu.com trusty InRelease
Hit http://security.ubuntu.com trusty-security InRelease

（二）安装、配置 ssh 无密码登录

Hadoop 集群节点之间的通信因为设置密码会给通信带来不必要的麻烦，所以节点之间一般都设置为免密登录。Ubuntu 默认安装了 ssh client，所以要装 ssh server。

hadoop@ubuntu:~ $ sudo apt-get install openssh-server
Reading package lists... Done

安装之后，使用如下命令登录本机，然后用 exit 退出登录（首次登录有提示输入 yes 即可）。

hadoop@ubuntu:~ $ ssh localhost
The authenticity of host 'localhost (127.0.0.1)' can't be established.
ECDSA key fingerprint is 46:9d:fe:e9:71:4d:7d:8d:9f:46:c4:10:f0:2b:2f:20.
Are you sure you want to continue connecting (yes/no)? yes
hadoop@ubuntu:~ $ exit
logout
Connection to localhost closed.

先退出刚才登录的 ssh，然后利用 ssh-keygen 生成密钥，并将密钥加入授权中。

hadoop@ubuntu:~ $ cd ~/.ssh/
hadoop@ubuntu:~/.ssh $ ls

```
known_hosts
hadoop@ubuntu:~/.ssh$ ssh-keygen -t rsa
Generating public/private rsa key pair.
Enter file in which to save the key (/home/hadoop/.ssh/id_rsa):
Enter passphrase (empty for no passphrase):
Enter same passphrase again:
Your identification has been saved in /home/hadoop/.ssh/id_rsa.
Your public key has been saved in /home/hadoop/.ssh/id_rsa.pub.
The key fingerprint is:
be:43:d5:03:fb:4f:66:16:49:24:3a:c3:57:b9:59:f9 hadoop@ubuntu
The key's randomart image is:
+--[ RSA 2048]----+
|            ..o..|
|           ... oo.|
|          =+.. =.|
|         o+o = E|
|          S. . .|
|         .. . = |
|          .. *  |
|          ... . |
|           ..   |
+-----------------+
```

确认生成的密钥，私钥 id_rsa 和公钥 id_rsa.pub。

```
hadoop@ubuntu:~/.ssh$ ls
id_rsa  id_rsa.pub  known_hosts
```

加入授权到 authorized_keys。

```
hadoop@ubuntu:~/.ssh$ cat ./id_rsa.pub >> ./authorized_keys
```

确认文件 authorized_keys 生成，并用 cat 命令确认文件内容。

```
hadoop@ubuntu:~/.ssh$ ls
authorized_keys  id_rsa  id_rsa.pub  known_hosts
hadoop@ubuntu:~/.ssh$ cat authorized_keys
ssh-rsa AAAAB3NzaC1yc2EAAAADAQABAAABAQCpTtD......
............
```

用 ssh locahost 命令测试无密码登录安装是否成功。

```
hadoop@ubuntu:~$ ssh localhost
Welcome to Ubuntu 18.04 LTS (GNU/Linux 4.15.0-20-generic x86_64)

 * Documentation:  https://help.ubuntu.com
 * Management:     https://landscape.canonical.com
 * Support:        https://ubuntu.com/advantage
```

```
* Canonical Livepatch is available for installation.
  -Reduce system reboots and improve kernel security. Activate at:
     https://ubuntu.com/livepatch
372 packages can be updated.
52 updates are security updates.
Last login: Wed May 1 01:40:14 2019 from 127.0.0.1
hadoop@ubuntu:~ $ exit
logout
```

没有提示输入密码，直接登录成功。

（三）安装 JDK

下载 JDK 安装包，网址：https://www.oracle.com/technetwork/java/javase/downloads/index.html。本安装实例使用的是 jdk1.8.0_161。下载结束后，把文件拷贝到 /usr/local 下，然后用 tar 命令解压。

```
root@ubuntu:/usr/local # tar zxvf jdk-8u161-linux-x64.tar.gz
root@ubuntu:/usr/local # ls
bin   games    jdk1.8.0_161              lib   sbin   src
etc   include  jdk-8u161-linux-x64.tar.gz man   share
```

出错的时候可能是因为 Java 与 Linux 位数不一致，可用如下命令确认 Linux 的位数。

```
hadoop@ubuntu:~ $ getconf LONG_BIT
32
```

配置 JDK 环境变量，使用 emacst 打开 /etc/profile 文件。

```
hadoop@ubuntu:/mnt/hgfs/jdk $ sudo emacs /etc/profil
```

加入下面内容到文件，完成 JDK 环境变量的设置。

```
export JAVA_HOME=/usr/local/jdk1.8.0_161
export JRE_HOME=/usr/local/jdk1.8.0_161/jre
export CLASSPATH=.:$Java_HOME/lib:$JRE_HOME/lib:$CLASSPATH
export PATH=$JAVA_HOME/bin:$JRE_HOME/bin:$PATH
```

使用 source 命令，使修改生效。

```
hadoop@ubuntu:/usr/local $ source /etc/profile
```

测试 Java 是否安装成功。

```
hadoop@ubuntu:/usr/local $ java -version
java version "1.8.0_161"
Java(TM) SE Runtime Environment (build 1.8.0_161-b12)
Java HotSpot(TM) 64-Bit Server VM (build 25.161-b12, mixed mode)
```

二、Hadoop 安装及配置实例

(一) 安装

请下载 Hadoop 组件，网址：http://hadoop.apache.org/releases.html。本安装实例使用的是 Hadoop-2.8.5 版本。

首先用 tar 命令解压 Hadoop。

```
hadoop@ubuntu:~/Downloads$ tar zxvf hadoop-2.8.5.tar.gz
```

确认解压成功。

```
hadoop@ubuntu:~/Downloads$ ls
hadoop-2.8.5   hadoop-2.8.5.tar.gz
```

将解压后的 Hadoop 移动到 /usr/local 目录下。

```
hadoop@ubuntu:~/Downloads$ sudo mv hadoop-2.8.5 /usr/local
```

将 Hadoop 文件夹及子目录的所有者更改为 Hadoop 用户。

```
hadoop@ubuntu:/usr/local$ sudo chown -R hadoop hadoop-2.8.5
```

查看更改情况。

```
hadoop@ubuntu:/usr/local$ ls -la
total 48
drwxr-xr-x   2 root     root     4096   Apr   26   2018 bin
drwxr-xr-x   2 root     root     4096   Apr   26   2018 etc
drwxr-xr-x   2 root     root     4096   Apr   26   2018 games
drwxr-xr-x   9 hadoop   hadoop   4096   Sep    9   2018 hadoop-2.8.5
drwxr-xr-x   2 root     root     4096   Apr   26   2018 include
drwxr-xr-x   8 hadoop   hadoop   4096   Dec   19   2017 jdk1.8.0_161
drwxr-xr-x   3 root     root     4096   Apr   29   23:44 lib
……
```

检查安装是否成功。

```
hadoop@ubuntu:/usr/local$ hadoop-2.8.5/bin/hadoop version
Hadoop 2.8.5
Subversion https://git-wip-us.apache.org/repos/asf/hadoop.git -r 0b8464d75227fcee2c6e7f2410377b3d53d3d5f8
Compiled by jdu on 2018-09-10T03:32Z
Compiled with protoc 2.5.0
From source with checksum 9942ca5c745417c14e318835f420733
This command was run using /usr/local/hadoop-2.8.5/share/hadoop/common/hadoop-common-2.8.5.jar
```

Hadoop 默认模式为非分布式模式,即单 Java 进程,无须进行其他配置即可运行。可以通过运行 ./bin/hadoop jar ./share/hadoop/mapreduce/hadoop-mapreduce-examples-2.8.5.jar 查看所有的例子。

```
hadoop@ubuntu:/usr/local/hadoop-2.8.5 $ ./bin/hadoop jar ./share/hadoop/
mapreduce/hadoop-mapreduce-examples-2.8.5.jar
An example program must be given as the first argument.
Valid program names are:
    aggregatewordcount: An Aggregate based map/reduce program that counts the words in the input files.
    aggregatewordhist: An Aggregate based map/reduce program that computes the histogram of the words in the input files.
    bbp: A map/reduce program that uses Bailey-Borwein-Plouffe to compute exact digits of Pi.
    dbcount: An example job that count the pageview counts from a database.
    ……
```

(二) Hadoop 单节点伪分布式配置

本节介绍 Hadoop 单节点伪分布式运行方式。节点既作为 NameNode 也作为 DataNode,同时读取 HDFS 中的文件。相关配置文件位于 /usr/local/hadoop-2.8.5/etc/hadoop/ 中,分别需要修改配置文件 core-site.xml 和 hdfs-site.xml。

打开需要修改的 XML 配置文件 core-site.xml。

```
hadoop@ubuntu:/usr/local/hadoop-2.8.5 $ sudo emacs ./etc/hadoop/core-site.xml
```

把下列内容更新到配置文件中。

```
<configuration>
    <property>
        <name>hadoop.tmp.dir</name>
        <value>file:/usr/local/hadoop-2.8.5/tmp</value>
        <description>A base for other temporary directories.</description>
    </property>
    <property>
        <name>fs.defaultFS</name>
        <value>hdfs://localhost:9000</value>
    </property>
</configuration>
```

打开需要修改的 XML 配置文件 hdfs-site.xml。

```
sudo emacs ./etc/hadoop/hdfs-site.xml
```

把下列内容更新到配置文件中。

```
<configuration>
    <property>
        <name>dfs.replication</name>
```

```
        <value>1</value>
    </property>
    <property>
        <name>dfs.namenode.name.dir</name>
        <value>file:/usr/local/hadoop-2.8.5/tmp/dfs/name</value>
    </property>
    <property>
        <name>dfs.datanode.data.dir</name>
        <value>file:/usr/local/hadoop-2.8.5/tmp/dfs/data</value>
    </property>
</configuration>
```

然后执行 NameNode 的格式化。

```
hadoop@ubuntu:/usr/local/hadoop-2.8.5 $ ./bin/hdfs namenode -format
19/05/02 22:40:56 INFO namenode.FSImageFormatProtobuf: Image file /usr/local/hadoop-2.8.5/tmp/dfs/name/current/fsimage.ckpt_0000000000000000000 of size 322 bytes saved in 0 seconds.
19/05/02 22:40:56 INFO namenode.NNStorageRetentionManager: Going to retain 1 images with txid >= 0
19/05/02 22:40:56 INFO util.ExitUtil: Exiting with status 0
19/05/02 22:40:56 INFO namenode.NameNode: SHUTDOWN_MSG:
/************************************************************
SHUTDOWN_MSG: Shutting down NameNode at ubuntu/127.0.1.1
************************************************************/
```

接着开启 NameNode 和 DataNode 守护进程。

```
hadoop@ubuntu:/usr/local/hadoop-2.8.5 $ ./sbin/start-dfs.sh
Starting namenodes on [localhost]
localhost: Error: JAVA_HOME is not set and could not be found.
localhost: Error: JAVA_HOME is not set and could not be found.
Starting secondary namenodes [0.0.0.0]
The authenticity of host '0.0.0.0 (0.0.0.0)' can't be established.
```

如果出错，则需要修改文件 hadoop-env.sh。请进行如下修改，添加路径。

```
hadoop@ubuntu:/usr/local/hadoop-2.8.5 $ emacs ./etc/hadoop/hadoop-env.sh
```

替换 JAVA_HOME 路径为 JDK 的绝对路径。

```
export JAVA_HOME=${JAVA_HOME}
export JAVA_HOME=/usr/local/jdk1.8.0_161
```

重新执行如下命令。

```
hadoop@ubuntu:/usr/local/hadoop-2.8.5 $ ./sbin/start-dfs.sh
Starting namenodes on [localhost]
localhost: starting namenode, logging to
/usr/local/hadoop-2.8.5/logs/hadoop-hadoop-namenode-ubuntu.out
localhost: starting datanode, logging to
/usr/local/hadoop-2.8.5/logs/hadoop-hadoop-datanode-ubuntu.out
Starting secondary namenodes [0.0.0.0]
```

结束后,使用 Jps 来判断是否成功启动。

```
hadoop@ubuntu:/usr/local/hadoop-2.8.5 $ jps
6849 DataNode
6663 NameNode
7068 SecondaryNameNode
7182 Jps
```

也可以在浏览器中打开 http://localhost:50070 查看启动后的情况(见图 5-10 和图 5-11),包括 NameNode 信息、Datanode 信息和 HDFS 中的文件。

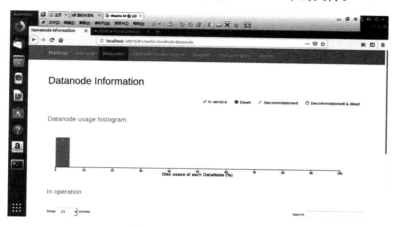

图 5-10　Datanode 信息

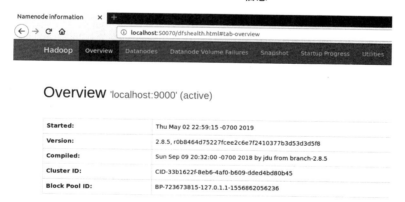

图 5-11　运行概况

(三) 启动 Yarn

Yarn 是 Hadoop 集群的资源管理系统。为了启动 Yarn,需要修改配置文件 mapred-site.xml。

```
hadoop@ubuntu:/usr/local/hadoop-2.8.5 $  mv  ./etc/hadoop/mapred-site.xml.template ./etc/hadoop/mapred-site.xml
```

把下列文本替换到 mapred-site.xml 文件中。

```
<configuration>
    <property>
        <name>mapreduce.framework.name</name>
        <value>yarn</value>
    </property>
</configuration>
```

hadoop@ubuntu:/usr/local/hadoop-2.8.5$ sudo emacs ./etc/hadoop/mapred-site.xml [sudo] password for hadoop:

修改配置文件 yarn-site.xml。

hadoop@ubuntu:/usr/local/hadoop-2.8.5$ sudo emacs ./etc/hadoop/yarn-site.xml
password for hadoop:

把下列文本替换到 yarn-site.xml 文件中。

```
<configuration>
    <property>
        <name>yarn.nodemanager.aux-services</name>
        <value>mapreduce_shuffle</value>
    </property>
</configuration>
```

启动 Yarn。

hadoop@ubuntu:/usr/local/hadoop-2.8.5$ ./sbin/start-yarn.sh
starting yarn daemons
starting resourcemanager, logging to /usr/local/hadoop-2.8.5/logs/yarn-hadoop-resourcemanager-ubuntu.out
localhost: starting nodemanager, logging to /usr/local/hadoop-2.8.5/logs/yarn-hadoop-nodemanager-ubuntu.out
hadoop@ubuntu:/usr/local/hadoop-2.8.5$ ./sbin/mr-jobhistory-daemon.sh start historyserver
starting historyserver, logging to /usr/local/hadoop-2.8.5/logs/mapred-hadoop-historyserver-ubuntu.out

开启后通过 Jps 查看，可以看到多了 NodeManager 和 ResourceManager 两个后台进程。

hadoop@ubuntu:/usr/local/hadoop-2.8.5$ jps
2352 NameNode
4240 ResourceManager
2516 DataNode
2773 SecondaryNameNode
4821 Jps
4747 JobHistoryServer
4414 NodeManager

开始 Yarn 后，可以通过 Web 界面查看任务的运行情况（见图 5-12），用 firefox 打开页面 http://localhost:8088/cluster。

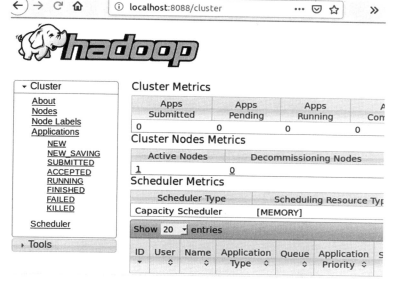

图 5-12 运行情况

【扩展练习】读者可以尝试安装 Hive、Spark、MongoDB 等广泛使用的 NoSQL 数据库，掌握常用 NoSQL 数据库及大数据分析平台的安装配置方法。

小结

本章介绍了管理进程和作业的命令、进程调度命令、实施系统监视的命令、系统日志管理、网络配置命令和软件包安装管理命令。然后，举了一个数据库和 Hadoop 环境搭建的实例，使同学们熟悉大数据处理相关软件的环境并复习所学的 Linux 命令。

第 2 篇
Python 程序设计基础

  计算机程序设计就是针对特定问题，采用某种编程语言编写解决问题的程序，是软件开发过程中的重要组成元素。大数据时代的到来，对数据的分析和处理任务提出了更高的要求，从数据的获取，到数据的预处理，再到数据的深度挖掘，甚至最终结果的展示，单纯靠手工运算来实现基本是不可能的。这就要求相关人员具备很强的编程能力，Python 语言相较其他的计算机编程语言，具有简洁、优美、易于掌握的特点。不需要具备很深厚的计算机编程背景，能够很快地自己动手编写程序代码。同时，Python 语言是一种开源的编程语言，除了语言本身提供的功能强大的标准库之外，全世界 Python 语言的爱好者还在源源不断地充实着 Python 语言扩展库的功能。采用 Python 语言进行数据分析和处理，可以使我们将更多的精力投入问题的分析和理解中。

  本篇主要介绍 Python 语言编程基础，包括 Python 语言的数据结构、控制流程、模块、函数和类，以及 Python 语言的基础应用，使得读者能够尽快掌握 Python 语言的编程特点，并采用 Python 语言进行数据的分析和处理。

第 6 章　Python 基础知识

本章要点与学习目标

计算机编程语言的程式结构、基本语法和基本结构是采用该语言进行程序设计的核心要素，只有采用正确的编码格式和编程语言特定的数据结构，程序代码符合语言的语法规范，才能编写出可以编译通过的程序代码。

本章的学习目标是掌握 Python 语言的基本概念和基本要素，包括 Python 语言的编码风格、基本控制结构和数据结构，学习采用 Python 语言编写基本程序。

第 1 节　Python 简介

大数据时代的到来，给各个领域的研究人员和从业人员带来了巨大的机遇和挑战。结构复杂、维度超高、规模巨大的数据集合仿佛一夜之间涌入大家的眼球，占据了大家的视野。众多的数据集合对于人们来讲到底意味着什么？其中蕴藏着什么有用的信息？几乎每一个人都意识到，在大数据的背景下，想要从数据集合中获取有用的信息，单靠手动计算是根本不可能的。人们需要借助计算机的能力来帮助分析数据，那么应该采用什么编程语言来告诉计算机去完成分配给它们的任务？Python 语言成为绝大多数用户的首选。

一、初识 Python

其实，Python 语言并不是大数据时代的产物。Python 语言的创始人 Guido van Rossum 早在 1989 年就设计了这种编程语言。当时，Guido van Rossum 为了在阿姆斯特丹打发无聊的圣诞假期，决心开发一种新的脚本解释程序，作为其之前曾参与设计的解释性语言 ABC 的一种继承。Guido van Rossum 在开发 Python 语言时，克服了原有 ABC 语言非开放性的缺点，并且在开发过程中受到 Modula-3（另一种相当优美且强大的语言，为小型团体所设计）的影响，结合了 Unix shell 和 C 语言的习惯，取得了非常好的效果。目前，Guido van Rossum 仍然是 Python 语言的主要开发者，决定了整个 Python 语言的发展方向。Python 社区经常称呼他是"仁慈的独裁者"。有关 Python 语言和 Python 社区更多更详细的内容可以参见 Python 的官方网站：https://www.python.org。

2000 年 10 月 16 日，Python 2.0 版本发布。这一版本增加了完整的垃圾回收功能，并且开始支持 Unicode。2008 年 12 月 3 日，Python 3.0 版本发布。虽然此版本并没有完全兼容之前的 Python 源代码，但是很多新特性也被移植到旧的 Python 2.6/2.7 版本中。目前，Python 官网提供的主要发行版本为 Python 3.7.3（2019 年 2 月 25 日发布）和 Python 2.7.16（2019 年 3 月 4 日发布）两种，该语言未来发展的趋势是 Python 3.X 版本。

Python 语言现如今已经成为最受大家欢迎的动态编程语言之一。早在 2011 年 1 月，Python 语言被 TIOBE 编程语言排行榜评为"2010 年度语言"。2015 年 5 月，TIOBE 公布的基于全球技术工程师统计的每月更新一次的编程社区流行指数中，Python 语言排名第六，并且以 3.725% 的排名增长率递增。

2019 年 3 月，TIOBE 公布的编程社区流行指数中，Python 语言的排名上升到第三位，仅次于 Java 和 C 语言，并且 Python 以 8.262% 的排名增长率递增。图 6-1 所示为 2019 年 TIOBE 公布的编程社区指数。

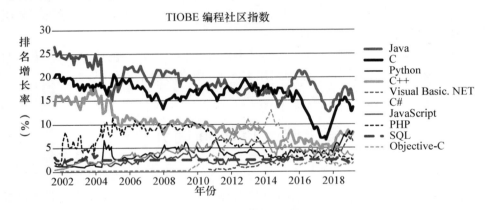

图 6-1　2019 年 TIOBE 公布的编程社区指数

资料来源：www.tiobe.com。

Python 语言可以用来编写简短而粗糙的小程序（脚本），因此从某种意义上说，Python 语言可以定义为"脚本语言"（script language）。事实上，如 Zope、Mnet 及 BitTorrent 等一些大规模软件开发项目也使用了 Python 语言，著名的 Google 在开发过程中也广泛地使用了 Python 语言。如 shell script、VBScript 等脚本语言只能处理简单任务的编程，这与 Python 语言的强大功能无法相提并论，所以，Python 语言的支持者更加喜欢称之为"高级动态编程语言"。

Python 语言是一种可扩充的计算机编程语言，很多的特性和功能都未集成到 Python 语言的核心部分。相反，Python 语言为开发人员提供了丰富的 API 和工具，程序员能够轻松地使用 C、C++ 等其他计算机语言来编写扩充模块，丰富 Python 语言的功能。Python 语言编译器本身也可以被集成到其他需要脚本语言的程序内，开发人员可以采用 Python 语言将其他语言编写的程序进行集成和封装。因此，很多编程人员习惯上把 Python 语言称作"胶水语言"（glue language）。其实，在诸如 Google App Engine 在内的很多 Google 内部开发项目中都采用了一种模式，即首先采用 C++编写性能要求极高的部分，然后采用 Python 或 Java/Go 调用相应的模块。《Python 技术手册》的作者 Alex Martelli 曾经说过："这很难讲，不过，2004 年，Python 已在 Google 内部使用，Google 招募许多 Python 高手，但在这之前就已决定使用 Python。它的目的是尽量使用 Python，在不得已时改用 C++；在操控硬件的场合使用 C++，在快速开发时使用 Python。"

鉴于 Python 语言的简洁性、易读性以及可扩展性，国外用 Python 语言来做科学计算和数据分析的研究机构日益增多，一些知名大学已经采用 Python 语言来教授程序设计课程。例如卡耐基梅隆大学的编程基础、麻省理工学院的计算机科学及编程导论就使用 Python 语言进行讲授。同时，众多开源的科学计算软件包也都提供 Python 语言的调用接口，例如著名的计算机视觉库 OpenCV、三维可视化库 VTK、医学图像处理库 ITK 等。此外，Python 语言专用的科学计算扩展库也很多，例如 NumPy、SciPy、Pandas 和 Matplotlib 等，它们分别为 Python 语言提供了快速数组处理、数值运算、数据分析以及绘图功能。从这个角度讲，Python 语言及其众多的扩展库所构成的开发环境十分适合工程技术人员、科研人员处理实验数据和制作图表，甚至开发科学计算应用程序。

二、Python 的特点

"优雅""简单""明确"的风格是 Python 语言在设计上坚持的一贯原则，这使得 Python 语言成为一种易读、易维护，并且被大量用户所欢迎、用途广泛的计算机编程语言。"用一种方法，最好是只有一种方法来做一件事"（There should be one and preferably only one obvious way to do it）是 Python 语言开发者的哲学理念。在设计 Python 语言时，如果面临多种选择，Python 开发者一般会选择明确的、没有或者很少有歧义的语法，而拒绝花哨、晦涩的语法。正是由于这个原因，Python 语言的源代码通常具备很好的可读性，并且能够支撑大规模的软件开发。Tim Peters 称这些准则为"Python 格言"（The Zen of Python），在 Python 编译器内运行"import this"可以获得 Python 格言的完整列表如图 6-2 所示。

>>>import this

图 6-2　Python 格言

大数据背景下，面对众多的计算机编程语言，为什么Python语言会脱颖而出，赢得大家的青睐呢？Python语言的优势在哪里？在这里，我们综合了Wesley J. Chun（2008）和Wes McKinney（2014）的观点，对Python语言的主要优点进行了归纳。

1. Python语言的优点

（1）简单易学。其实，对于众多的研究人员和编程人员来讲，他们希望将主要精力集中在需要解决的问题上面，而不用花费太多的力气去选择工具，并学习如何使用它。就这一点来讲，Python语言是一种渗透着简单主义思想的语言。令人难以置信的是，阅读一个良好的用Python语言编写的程序，可以简单到像是在读英语一样。这样可以使得人们更加专注于解决问题，而不是去搞明白编程语言本身。因为Python语言配备了极其简练的说明文档，从而使用起来极易上手。

（2）强大的标准库。一种编程语言仅仅是简单易学肯定是不够的，总不能动不动就需要编程人员去自己动手编写各种各样的程序来实现其他常用的功能。一种强大的编程语言必须有功能完善的标准库来支撑，Python语言在这方面也做得很好。数字、字符串、列表、元组、字典、文件等常见数据类型和函数由Python语言的核心部分给出，而系统管理、网络通信、文本处理、数据库接口、图形系统、XML处理等额外的功能，则是由Python语言的标准库来提供，这些功能完备的标准库通常被形象地称为"内置电池"（batteries included）。不仅如此，Python语言的标准库还具有命名接口清晰、文档良好的优点，很容易学习和使用。这样一来，如果采用Python语言进行软件编程，许多常用的、必备的功能便不必从零编写，可直接使用现成的程序代码。多年从事编程工作的程序员都知道，对于混杂数组（Python语言中的列表）和哈希表（Python语言中的字典），C语言还没有提供相应的标准库。因此，在采用C语言编程时，它们经常被重复实现，并在每个新项目中不断地去重复实现。正是因为这样，其后的C++语言使用标准模板库对这种情况做了改进，然而这仍旧很难与Python语言的简洁和易读相媲美。

Python语言提供的标准库的主要功能包括：

1）文本处理功能：文本格式化、正则表达式匹配、文本差异计算与合并、Unicode支持、二进制数据处理等功能。

2）文件处理功能：文件操作、创建临时文件、文件压缩与归档、操作配置文件等功能。

3）操作系统功能：线程与进程支持、IO复用、日期与时间处理、调用系统函数、日志（logging）等功能。

4）网络通信功能：网络套接字、SSL加密通信、异步网络通信等功能。

5）网络协议功能：支持HTTP、FTP、SMTP、POP、IMAP、NNTP、XMLRPC等多种网络协议，并提供了编写网络服务器的框架。

6）W3C格式支持功能：包含HTML、SGML、XML的处理。

7）其他功能：国际化支持、数学运算、HASH、Tkinter等。

（3）良好的可拓展性。Python语言还具备良好的可拓展性，Python语言可以使用的模块随着时间的推移也在逐步地发展和完善。在Python的官方网站，我们可以看到，除了内置的标准库，Python社区还为编程人员提供了大量的第三方模块，并且这些模块的使用方式与标准库相类似。然而，这些第三方模块的功能却是无所不包，覆盖了科学计算、Web 开发、数据库接口、图形系统等众多领域，并且大多成熟稳定。其实，第三方模块的开发有的采用 Python 语言，有的采用 C 语言。不难看出，Python 语言为我们提供了基本的开发模块，编程人员可以开发自己的软件，而当使用者需要对其进行扩展和升级时，Python 语言可插入的特性和模块化可以使编程的任务变得更为简单。

（4）面向对象。作为一种高级编程语言，Python 语言既支持面向过程的编程，也支持面向对象的编程。无论是由过程或仅仅是可重用代码的函数构建起来的"面向过程"的程序的开发，还是程序是由数据和功能组合而成的对象构建起来的"面向对象"的程序的编写，Python 语言同样是应用自如。

（5）胶水语言。Python 语言是一种开源的编程语言，它可以移植到许多不同的平台上（经过改动使它能够在不同平台上工作），这些平台包括 Linux、Windows、FreeBSD、Macintosh、Solaris、OS/2、Amiga、AROS、AS/400、BeOS、OS/390、z/OS、Palm OS、QNX、VMS、Psion、Acom RISC OS、VxWorks、PlayStation、Sharp Zaurus、Windows CE、PocketPC、Symbian 以及 Google 基于 Linux 开发的 Android 平台。

（6）免费、开源。提到科学计算，很多人可能会想到 MATLAB 软件。诸如 MAT-LAB 在内的很多高级程序语言也允许用户执行矩阵操作，在 MATLAB 2015a 版本中，甚至允许用户非常轻松地进行机器学习，速度也比较快。但是，不可否认的是，它们并不能像 Python 语言一样提供免费开源的环境供编程人员使用和学习。

（7）强大的数据分析功能。Python 语言正以强大的生命力在数据分析和交互、探索性研究以及数据的可视化方面，向包括 R、MATLAB、SAS 等软件在内的其他开源的和特定领域商业的编程语言接近。随着时间的推移，Python 语言不断改良的库使其成为数据处理领域的一枝新秀，附之以在编程方面的非凡能力，越来越多从事数据分析的研究人员开始转向 Python 语言的学习和使用。

（8）良好的内存管理器。内存管理在 Python 语言中由 Python 编译器负责，因此软件开发人员就可以从内存事务中解脱出来，将全部精力专注于最直接的目标，致力于开发计划中首要的应用程序编写。这会使得代码编写错误更少、程序更稳健、软件开发周期更短。

（9）规范的代码。为了使得代码具有较好可读性，Python 语言采用强制缩进的方式来规范代码的编写，同时，采用 Python 语言编写的程序代码不需要编译成二进制代码来执行。

2. Python 语言的不足

（1）缩进规则。Python 语言的设计者有意在语法设定时加入严格的限制性，这就使得很多编程人员需要改正不好的编程习惯。Python 语言的缩进规则就是其中很重要的一项，例如，if 语句的下一行不向右缩进，编译时则会报错。根据 PEP 的规定，必须使用 4 个空格来表示每级缩进（在实际编写中可以自定义空格数，但是要满足每级缩进空格数相等）。虽然使用 Tab 字符和其他数目的空格也可以编译通过，但这并不符合编码规范。其实，Python 语言支持 Tab 字符和其他数目的空格仅仅是为兼容旧版本的 Python 程序和某些有问题的编译程序。

与其他大多数语言（如 C 语言）相比，Python 语言最大的特点就是，一个模块的界限完全是由每行的首字符在这一行的位置来决定的（而 C 语言是用一对花括号 {} 来明确地界定模块的边界，与字符的位置毫无关系）。因为自从 C 这类语言诞生后，语言的语法含义与字符的排列方式分离开来，这曾经被认为是一种程序语言的进步，所以，Python 语言的模块界定规则曾经引起过争议。不过不可否认的是，通过强制程序员们缩进（包括 if、for 和函数定义等所有需要使用模块的地方），Python 语言确实使得程序代码更加清晰和美观。

（2）速度慢。与 C、C++语言相比，Python 语言编写的代码执行速度比较慢。这是因为 Python 语言是一种解释型语言，代码在执行时会一行一行地翻译成 CPU 能理解的机器码，而这个翻译过程非常耗时。与此不同，C 语言编写的程序是执行前直接编译成 CPU 能执行的机器码，从而在执行过程中速度非常快。由于大量的应用程序不需要这么快的运行速度，使用者往往感觉不到这较小的速度差异。

（3）单个进程中不能多线程。全局解释器锁（Global Interpreter Lock）是计算机程序设计语言解释器用于同步线程的工具，正是由于它的存在，使得任何时刻仅有一个线程在执行。全局解释器锁在 Python 语言中也存在，而这直接导致代码不能在单个 Python 进程中执行。因此，对于高并发、多线程的应用程序而言，采用 Python 语言编程存在较大的缺点。

（4）不能加密。采用 C 语言编写程序时，如果要发布相应的程序，是不用发布源代码的，而只需要把编译后的机器码（也就是 Windows 平台上常见的 .exe 文件）发布出去。如果要发布采用 Python 语言编写的程序，实际上是发布自己的源代码。其实，要从机器码反推出 C 语言编写的源代码是不可能的，所以，凡是编译型的编程语言都不存在这个问题，而解释型的编程语言必须把源代码发布出去。

第 2 节　Python 编程的基本概念及基本原则

Python 语言是一种计算机编程语言，在开始使用 Python 语言编写程序之前，首先介绍一些基本概念，以帮助大家更快地熟悉 Python 语言以及计算机编程的基本思想。

一、编程的基本概念

计算机程序代码编写及软件开发过程中常用的基本概念包括：

（1）code or source code：程序中的指令语句集，是采用一种编程语言编写的指令集合。

（2）syntax：语法，即一种编程语言可以使用的合法的结构和命令。每一种编程语言都有自己的语法特点，规定了各个指令的合法结构。Python 语言的程序编译器会对程序员编写的代码进行语法检查，如果出现语法错误，会抛出语法错误的异常。Python 语言中的 SyntaxError 抛出的错误异常即表示语法错误，该错误异常是常见的 Python 语言异常错误类型中的一种，一般在检查代码发现错误时才会抛出。比如，Python 语言中打印的正确语法为 print，如果程序员将该语句打成 pprint，Python 则会抛出 SyntaxError 错误异常，同时还会提示程序员哪里出了问题，如图 6-3 所示。

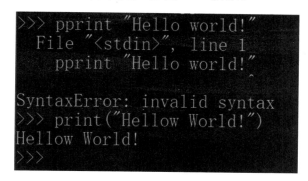

图 6-3　语法错误

（3）output：程序的输出。通常情况下，计算机程序的输出包括两种形式：一种是以诸如文本文件（.txt）的形式将程序执行的结果保存到硬盘等媒体介质；另一种则是直接将程序执行结果在诸如控制台等界面呈现出来，并未将结果保存到存储器中。

（4）console：控制台，即结果的输出平台。结果的呈现方式对于不同的输出平台也存在较大的差异，有些是弹出窗口的形式（如图 6-4 中使用的是 IPython console），有些是嵌入式窗口的形式（如图 6-5 所示直接在 cmd 中运行）。

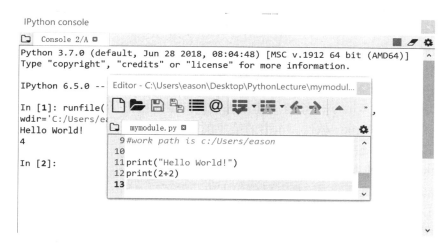

图 6-4　弹出窗口输出

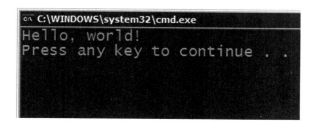

图 6-5　命令行输出

二、Python 语言的运行环境

截止到 2019 年 4 月，Python 的官网发布了两个版本的系统，Python 3.5.3 和 Python 2.7.16。对于 Python 语言的初学者来讲，面临的第一个选择就是该采用哪个版本的 Python 系统来编写程序。Python 官网对上述两个版本的描述原文为："Python 2.x is legacy, Python 3.x is the present and future of the language"（Python 2.x 版本是传统的语言，Python 3.x 版本代表着现在和未来的语言）。其实，早在 2008 年，Python 官网就发布了 3.0 版本。而 2010 年发布的 2.7 版本意味着 Python 2.x 版本只是修正以前的 bug，并未再添加新的功能和特性。然而，相比较而言，Python 3.x 版本可使用的标准库要比 Python 2.x 版本的少很多，这就使得在单机应用时 Python 3.x 版本会稍显不足。关于二者之间差异的详细描述，Python 官网给出了详细的解释，读者可以参考具体信息，根据自己的实际需求选择适合自己的版本。

1. Python 软件的安装

如何安装 Python 软件呢？Python 官网提供了针对不同操作系统的版本，读者可以非常方便地免费下载，同时，官网上还提供了对各个不同版本的说明。Python 官网发布的较新版本都是针对 Windows、Unix、MacOS X 这三个操作系统的。如果读者使用的计算机操作系统是 Linux 或者 MacOS X 系统，那么系统中可能已经装好了 Python 软件，读者需要做的就是查看所对应的版本是 2.x 还是 3.x 即可。（如果想要查看 Python 软件的版本，只需要在对应终端中输入命令"python"，就可看到系统所装 Python 的版本。）如果读者使用的计算机系统是 Windows 系统，则需要首先到 Python 的官网（https://www.python.org）下载自己所需要版本的 msi 文件，然后在本机系统上执行该文件安装 Python 软件。或者，也可以在 Windows 系统下使用虚拟机，在虚拟机下安装 Ubuntu 系统，并在 Ubuntu 系统中运行 Python 软件。本书的第 1 版中出现的源代码都是在 Ubuntu 系统下，基于 Python 2.x 版本编写的。

2. Python 语言的集成开发环境

现在很多的计算机开发语言都有相应的集成开发环境（Integrated Development Environment：IDE），比如适合很多种语言的 Notepad++，集成开发环境提供了很多便利的功能，可以提高学习计算机语言的效率。当然，Python 语言也不例外。如果对 Python 语言有过一些接触，或者周围有人在用 Python 语言，你就会发现很多人都采用集成开发环境，比如"Ipython+文本编辑器（如 Notepad++）"。那么，Ipython 是到底什么呢？简言之，Ipython 就是 Python 语言的一种交互式 shell，相比较而言，它要比默认的 Python shell 好用得多，提供了支持变量自动补全、自动缩进、支持 bash shell 命令等很多功能，同时还内置了许多很有用的功能和函数。

如果读者想要在更加高级的图形化界面中执行 Python 语言的程序语句，可以考虑使用界面更加友好的集成开发工具，这将为 Python 语言的学习带来极大的方便。本书的第 1 版中，我们给读者介绍了一种 Python 语言的集成开发工具 Eric Python IDE，图 6-6 所示即为 Eric Python IDE 开发工具的界面。

图 6-6 Eric Python IDE 开发工具

其实，Python 语言的集成开发工具还有很多，在这里再给读者推荐两个工具：一个推荐的集成开发工具是 Enthought Canopy。软件工具的相关下载可在对应官网上获得，官网的网址为：https://store.enthought.com。软件工具的详细介绍和安装方法官网都有说明，这里不再赘述。另外一个推荐的集成开发工具是 Anaconda Python。该软件工具的相关下载可在其官网上获得，官网的网址为：http://www.continuum.io/downloads。Anaconda Python 是 Python 语言科学技术包的合集，其中包的管理是采用 conda，图形化界面是基于 PySide 设计。它包含 NumPy、Scipy、Pandas、Matplotlib 等科学计算包，软件工具中所有的包基本上都是对应的最新版本，但是并不包含 PyQt 和 wxpython。该软件工具容量适中，并且是完全免费的、企业级的 Python 大规模数据处理、预测分析和科学计算的工具。目前提供支持 Windows、Linux、MacOS 三个操作系统的安装软件，内置的 Python 语言支持 Python 2.7.X 和 Python 3.7.X 两个系列发行包。官网给出的安装软件的版本信息如图 6-7 所示。

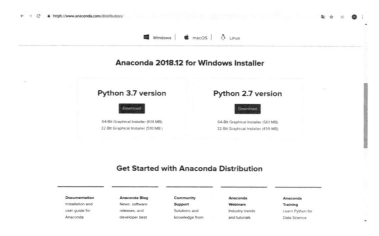

图 6-7 Anaconda 安装软件支持 Python 的版本

同时，Anaconda 对 Python 语言的编译和运行提供了非常方便、有效、友好的界面工具：一种是 Spyder 的界面化编译环境，如图 6-8 所示，在 Windows 下安装 Anaconda 后在 Anaconda3 程序组中运行 Spyder 即可；另一种是 Jupyter 的界面化编译环境，需要运行 Anaconda3 程序组中的 Anaconda Navigator，然后点击 launch 按钮，或在程序组中直接运行 Jupyter Notebook，在窗口中执行"New"窗口中的 Python 3，启动 Jupyter 的界面化编译环境，如图 6-9 所示。

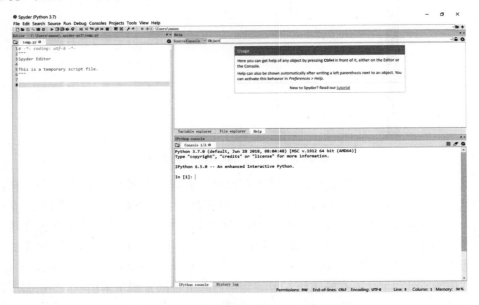

图 6-8 Anaconda 集成的 Spyder 的主界面

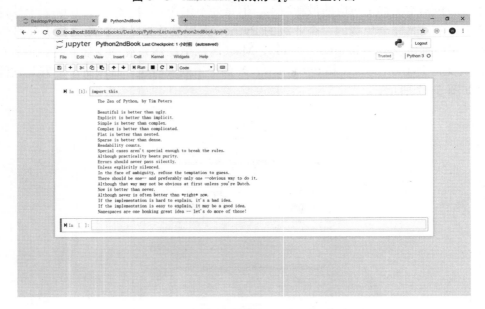

图 6-9 Anaconda 集成的 Jupyter 的主界面

一般来讲，Spyder 的界面化编译环境更加适用于编写完整的脚本语言，同时也提供了命令执行的编译环境。而 Jupyter 的界面化编译环境更加适合调试式的程序编写，能够随时提供代码模块的编译、执行结果,有点所见即所得的味道,因而为广大 Python 语言编程人员所青睐。本书以后的示例代码将主要在 Jupyter 界面化编译环境中实现,其内置的 Python 语言版本为 3.7.X。关于 Anaconda 的详细介绍,读者可以参阅 Anaconda 官网。

3. Python 语言的语法特点

Python 语言的主提示符为"＞＞＞",从属提示符为"…"。主提示符的意思为开始等待输入命令语句,从属提示符的意思为等待继续输入未完成的命令语句内容。

(1) 注释。注释的内容用来记录相关信息,并不会在程序执行过程中被解释执行。每一种语言都有自己的注释符号,Python 语言常用的注释方法包括:

1) 单行注释。Python 语言中单行注释以"#"开头,后面跟需要注释的内容,如图 6-10 所示。从执行结果可以看到,注释符后面的内容未被显示到结果中。

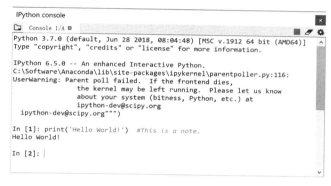

图 6-10 单行注释

2) 多行注释。在 Python 语言中,对于需要注释的多行内容,可以采用三引号"'''"将注释括起来进行注释,如图 6-11 所示。

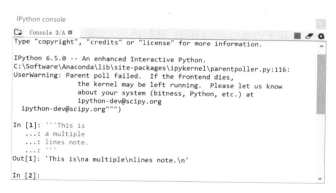

图 6-11 多行注释

3) 中文注释。通常情况下 Python 语言只支持英文注释,如果需要在代码中添加中文注释,则需要在文件头上注明编码方式。输入:

＞＞＞# coding=gbk

或

＞＞＞# coding=utf-8

虽然"#"这个符号在 Python 语言中表示注释，但在某些集成开发环境中编写程序代码的时候，源代码文件默认使用 ASCII 码保存。因此，如果在代码文件开头不声明保存编码格式，代码中出现的中文内容就会出现问题，即使对应的中文内容是出现在注释里面。

（2）继续（…）。采用 Python 语言编写代码语句时，如果一行代码尚未输完当前语句，则可以使用从属提示符"…"在下一行继续完成语句的输入。

（3）多个语句构成的代码组。如果需要多行代码构成一个代码组，Python 语言采用冒号":"来表示代码组，如图 6-12 所示。

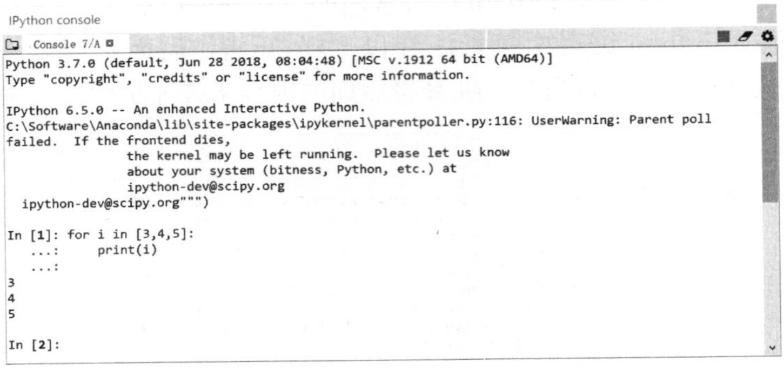

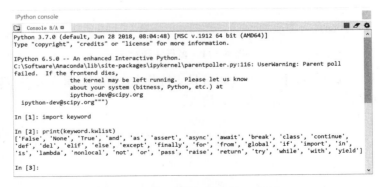

图 6-12 代码组

本书将会在下面的章节详细介绍 for 语句行最后的"："，读者此时只需要知道该冒号表示后面的代码是一个代码组即可。

（4）缩进分隔（□□□□或者 Tab 键）。Python 语言代码模块的划分是根据缩进来确定的，通常情况下采用 4 个空格表示一个模块的缩进，相同缩进的代码表示位于相同的模块。这些内容在第 1 节中已详细说明，此处不再赘述。

（5）模块（相同缩进的代码块）。前面已经提到 Python 语言通过缩进对齐表达代码逻辑，程序的可读性更强。在 Python 语言中相同缩进表示属于相同的模块。

4. Python 语言的变量命名规则

Python 语言的变量命名规则包括：第一个字符必须是字母或下划线"_"；其他字符可以是字母、数字或下划线；大小写敏感。同时，Python 语言本身保留了一些关键字，编程人员在编写程序时不能作为变量名来使用。这些关键字可以通过 import keyword; print（keyword.kwlistl）来查看，如图 6-13 所示。

图 6-13 Python 语言的关键字

第 3 节　Python 语言的控制结构

通常，一种编程语言的执行需要语句代码控制其运行的方向和模式，Python 语言中两种重要的控制结构为判断控制结构和循环控制结构。判断控制结构根据判断条件的真伪决定程序的执行方向，而循环控制结构则是根据循环条件决定代码块是否继续重复循环执行。

一、判断控制

Python 语言采用 if 语句模块来控制条件判断流程，if 语句会根据给定的变量或者表达式来检查一个条件，如果判断条件为真（true），则运行一个语句块（称为 if 块）；否则 (else)，将执行另一个语句块（称为 else 块）。类似于其他编程语言，在 Python 语言中 else 子语句也是可选的。

if 语句的语法结构为：

   if 条件 1：#条件 1 为真
    模块 1　#执行 if 块
   elif 条件 2：#条件 2 为真
    模块 2　#执行 else if 块
   else：#条件 1 和条件 2 都为假
    模块 3　#执行 else 块

下面通过几个例子来说明 if 语句的使用方法。

1. 比较两个数字的大小

首先从键盘输入两个整数，然后判断两个数字的大小关系，并根据判断结果给出结论。具体代码及执行结果如图 6-14 所示，代码在 Jupyter Notebook 环境中运行。

```
#条件判断,比较两个数字的大小
x=int(input("Input number x:"))
y=int(input("Input number y:"))
```
```
Input number x:1000
Input number y:10
```
```
if x>y:
    print("x is larger.")
elif x<y:
    print("y is larger.")
else:
    print('x is equals to y.')
```
```
y is larger.
```

图 6-14　if 语句判断数字大小

条件判断控制结构中，模块的执行与否是根据逻辑判断的结果来实现的，逻辑判断的结果只有真(true)和假(false)两个。在 Python 语言中，None/False/空字符串("")/0/空列表[]/空字典{}/空元组()都等同于逻辑判断的结果 false。

类似于其他编程语言，Python 语言中的逻辑运算也存在优先次序，按优先级从高到低排列的次序依次为：

(1) <，<=，>，>=，!=，==：这些比较运算比所有其他的逻辑运算优先级都高。

(2) is，is not：两个是判断。

(3) in，not in：判断是否属于。

(4) not：非在逻辑运算里优先级最高。

(5) and：与运算。

(6) or：或运算。

2. 再看数字大小比较

在 if 语句中，elif 语句和 else 语句都是可选的，也就是说在 if 语句块中可以不用其中的一个，或者两个都不用。例如，图 6-15 所示为不出现 elif 语句块的例子；图 6-16 为不出现 else 语句块的例子；图 6-17 所示为二者都不出现的例子。

```
if x>y:
    print('x is larger.')
else:
    print('x is no more than y.')
x is larger.
```

图 6-15　不使用 elif 语句

```
if x>y:
    print("x is larger.")
elif x<y:
    print("x is smaller.")
x is smaller.
```

图 6-16　不使用 else 语句

```
if x>y:
    print("x is larger.")
x is larger.
```

图 6-17　仅使用 if 语句

3. Python 语言实现 switch 功能

不同于其他编程语言，Python 语言并没有提供 switch 语句功能。但是我们可以通过 Python 语言的字典来实现类似于 switch 语句的功能。首先，定义一个字典。字典是由键值对组成的集合，相关概念我们会在后续章节详细介绍。其次，调用字典的 get()获取相应的表达式。

例如，首先定义一个字典，其中 1 表示 Python 语言，2 表示 java 语言，3 表示 lisp 语言；然后从键盘输入一个数字，根据输入的数字来判断应该输出的结果。具体代码及执行结果如图6-18所示。

```
#实现switch功能
mydict={1:'Python',2:'Java',3:'C'}
x=int(input('Input a number: '))
print(mydict.get(x))

Input a number: 2
Java
```

图6-18　实现switch功能

4. 三元表达式

if/else 三元表达式在 Python 语言中也可以使用，if/else 三元表达式的具体意义如下：

　　if X：
　　　　A=Y
　　else：
　　　　A=Z

上述语句等价于：

　　A= Y if X else Z

即当判断条件 X 为真则执行表达式 Y，如果判断条件 X 为假，则执行表达式 Z（Y if X else Z）。

例如，首先从键盘输入两个数字，然后根据两个数字的大小判断，将大的数字赋值给第三个变量。具体代码及执行结果如图6-19所示。

```
#三元表达式
x=int(input('Input 1st number: '))
y=int(input('Input 2nd number: '))
z=x if x>y else y
print('The larger number is ',z)

Input 1st number: 120
Input 2nd number: 89
The larger number is  120
```

图6-19　三元表达式

二、循环控制

Python 语言采用 for 和 while 语句来实现循环控制。for 语句循环是 Python 语言中通用的一个序列迭代器，可以遍历任何有序的序列和一些无序对象（如字典、文件等）。for 语句的首行定义了赋值目标以及遍历对象，运行时会逐个将遍历对象的元素赋值给目标，然后为目标执行循环主体模块。

　　for 语句的语法结构为：

```
for 循环变量 in 遍历范围:
    循环主体模块
        if 条件 1: break  #退出当前循环,省略以下的代码
        if 条件 2: continue  #省略以下的代码,直接回到循环的顶端,继续下一次循环
    else:
        else 模块   #当循环没有退出时,执行该模块
```

下面通过几个例子来说明 for 语句的用法。

1. 遍历列表内容

首先创建一个列表,内容为水果名称;然后,遍历列表内容,并将其中的具体水果名称及名字的长度打印出来。有关列表的概念会在后续章节详细介绍。具体代码以及执行结果如图 6-20 所示。

```
#遍历列表
lfruit=['apple','banana','pear','watermelon']
for item in lfruit:
    print('The fruit is: ',item,'.')
    print('The length is:',len(item),'.')
    print('\n')   #打印空行(回车)

The fruit is:  apple .
The length is:  5 .

The fruit is:  banana .
The length is:  6 .

The fruit is:  pear .
The length is:  4 .

The fruit is:  watermelon .
The length is:  10 .
```

图 6-20　遍历列表

从上面的例子可以看出,Python 语言中 for 语句的执行是按照循环变量在列表中出现的顺序依次执行,并不一定是按照等差数列的形式来实现。

2. 等差数值序列遍历

如果读者想要实现数值序列的遍历,则可以采用 Python 语言中的 range() 内置函数。range() 函数的语法结构如下:

  range(start, end, scan)

其中:start 表示数值序列计数的开始值,默认是从 0 开始;end 表示数值序列计数的结束,但 end 并不包括在数值序列中;scan 表示数值序列每次跳跃的间距,默认为 1。

例如,遍历数值序列 1 到 5,并打印各个数值的平方。具体代码及执行结果如图 6-21 所示。

```
#遍历数值序列
for i in range(1,8):
    print('Square of ',i,'is ',i*i,'.')
```
Square of 1 is 1 .
Square of 2 is 4 .
Square of 3 is 9 .
Square of 4 is 16 .
Square of 5 is 25 .
Square of 6 is 36 .
Square of 7 is 49 .

图 6 – 21　遍历数值序列

再比如，遍历数值序列−15 到 15，跳跃间隔为 3，并将对应数字的 2 倍打印出来，具体代码及执行结果如图 6 – 22 所示。

```
#遍历数值序列
for i in range(−15,16,3):
    print('Two times of ',i,'is ',2*i,'.')
```
Two times of −15 is −30 .
Two times of −12 is −24 .
Two times of −9 is −18 .
Two times of −6 is −12 .
Two times of −3 is −6 .
Two times of 0 is 0 .
Two times of 3 is 6 .
Two times of 6 is 12 .
Two times of 9 is 18 .
Two times of 12 is 24 .
Two times of 15 is 30 .

图 6 – 22　遍历非 1 跳跃间隔序列

3. 遍历元组内容

首先创建一个元组，内容为 1 到 10 之间的奇数，然后打印元组各个元素的具体内容。关于元组的概念会在后续章节中详细介绍。具体代码及执行结果如图 6 – 23 所示。

```
#遍历元组
mytuple=(1,3,5,7,9)
for i in mytuple:
    print('The item is:',i,'.')
```
The item is: 1 .
The item is: 3 .
The item is: 5 .
The item is: 7 .
The item is: 9 .

图 6 – 23　遍历元组

4. 遍历字典内容

Python 语言中单个的循环变量只能遍历字典的键。关于字典的概念会在后续章节中详细介绍。例如，首先创建一个字典，按照读者的喜爱程度对水果进行排序，然后打印循环变量的内容。具体代码及执行结果如图 6-24 所示。

```
#遍历字典的键
dicfruit={1:'apple',2:'banana',3:'pear',4:'watermelon'}
for key in dicfruit:
    print('The key is: ',key,'.')

The key is:  1 .
The key is:  2 .
The key is:  3 .
The key is:  4 .
```

图 6-24 遍历字典的键

但是，如果想要知道各个键值该怎么办呢？在 Python 语言中，采用元组可以同时遍历字典的键和键值。如果想要知道具体的水果名称，可采用如图 6-25 所示的代码来实现。

```
#遍历字典的内容
dicfruit={1:'apple',2:'banana',3:'pear',4:'watermelon'}
for (key,value) in dicfruit.items():
    print('The key is: ',key,'.')
    print('The value is: ',value,'.')
    print('\n')

The key is:  1 .
The value is:  apple .

The key is:  2 .
The value is:  banana .

The key is:  3 .
The value is:  pear .

The key is:  4 .
The value is:  watermelon .
```

图 6-25 遍历字典的键和键值

5. 跳出循环

类似于其他编程语言，Python 语言中也是采用 break 语句来跳出循环控制。需要注意的是 break 语句只能跳出 break 语句所在的最近的循环体，即停止执行 break 语句后面的代码，即使循环条件还没有成为 False 或序列的项目没有被完全遍历。

例如，打印数字序列 1 到 10 之间小于 7 的所有数字。具体代码及执行结果如图 6-26

所示。

```
#break 跳出循环
for i in range(1,10):
    if i>7:
        break;
    print('Number is: ',i,'.')
```
Number is: 1 .
Number is: 2 .
Number is: 3 .
Number is: 4 .
Number is: 5 .
Number is: 6 .
Number is: 7 .

图 6-26 跳出循环

再来看个例子，在数字序列 1 到 5 之间，打印出两个数字之和小于 5 的所有序对组合的数字之和。具体代码及执行结果如图 6-27 所示。

```
#break 跳出内层循环
for i in range(1,6):
    for j in range(1,6):
        if i+j>5:
            break
        print('Sum of ',i,'and ',j,'is: ',i+j,'.')
```
Sum of 1 and 1 is: 2.
Sum of 1 and 2 is: 3.
Sum of 1 and 3 is: 4.
Sum of 1 and 4 is: 5.
Sum of 2 and 1 is: 3.
Sum of 2 and 2 is: 4.
Sum of 2 and 3 is: 5.
Sum of 3 and 1 is: 4.
Sum of 3 and 2 is: 5.
Sum of 4 and 1 is: 5.

图 6-27 跳出内层循环

从结果可以看到，每次遇到 break 语句时，程序只是跳出内层循环，外层循环则继续执行。

6. 跳转控制

在 Python 语言中可以采用 continue 语句来跳转执行循环结构。当程序遇到 continue 语句时，将会跳转到 continue 语句所在的最近的循环结构体的首行，即跳过当前循环块中其余的语句，继续循环的下一次迭代。

例如，在数字序列 1 到 10 之间找出两个数字之和等于 8 的数字序对，并将它们打印出来。具体代码及执行结果如图 6-28 所示。

```
#continue 跳转循环
for i in range(1,11):
    for j in range(1,11):
        if i+j!=8:
            continue
        print('8 can be partitioned into ',i,'and ',j,'.')
8 can be partitioned into  1 and  7 .
8 can be partitioned into  2 and  6 .
8 can be partitioned into  3 and  5 .
8 can be partitioned into  4 and  4 .
8 can be partitioned into  5 and  3 .
8 can be partitioned into  6 and  2 .
8 can be partitioned into  7 and  1 .
```

图 6-28　continue 语句

在 Python 语言中，另外一个用来实现循环体控制的语句是 while 语句。while 语句会一直在循环体结构的顶端测试判断条件，如果条件为真，则执行循环体结构内的语句，然后再返回到循环体结构的顶端继续进行测试，直到条件测试返回结果为假为止，然后执行 while 语句块后的语句。简单来讲，当顶端测试为真则重复执行 while 循环体语句块，否则，执行后面的语句块。

while 语句的语法结构为：
　　while 循环判断条件：
　　　　while 循环模块

下面通过几个例子来说明 while 语句的用法。

例如，在数字序列中找出所有不大于 8 的数字，并将结果打印出来。具体代码及执行结果如图 6-29 所示。

```
#while 循环
i=1
while i<=8:
    print('Number which is no more than 8 is: ',i,'.')
    i=i+1
Number which is no more than 8 is:  1 .
Number which is no more than 8 is:  2 .
Number which is no more than 8 is:  3 .
Number which is no more than 8 is:  4 .
Number which is no more than 8 is:  5 .
Number which is no more than 8 is:  6 .
Number which is no more than 8 is:  7 .
Number which is no more than 8 is:  8 .
```

图 6-29　while 循环

在 Python 语言中，while 语句也可以与 break 语句、continue 语句、if 语句和 else 语句结合使用，用法与 for 循环体类似，本书不再举例说明。在 Python 语言中，还有一个 pass 语句，该语句不进行任何运算，遇到该语句程序通过继续执行。因此，在下面的代码中虽然添加了 pass 语句，但是该语句只是空占位，不影响程序的执行。结果如图 6-30 所示。

```
#while 循环
i=1
while i<=8:
    print('Number which is no more than 8 is: ',i,'.')
    pass
    i=i+1
Number which is no more than 8 is:  1 .
Number which is no more than 8 is:  2 .
Number which is no more than 8 is:  3 .
Number which is no more than 8 is:  4 .
Number which is no more than 8 is:  5 .
Number which is no more than 8 is:  6 .
Number which is no more than 8 is:  7 .
Number which is no more than 8 is:  8 .
```

图 6-30　pass 语句

第 4 节　Python 语言的基本数据结构

Python 语言支持的基本数据结构包括 Number（数值）、String（字符串）、List（列表）、Tuple（元组）、Set（集合）、Dictionary（字典），其中 Number（数值）、String（字符串）、Tuple（元组）类型的变量一旦赋值，其内容就不允许修改了，而 List（列表）、Set（集合）、Dictionary（字典）类型的变量虽然被赋予初值，但是其内容在后来可以进行修改。

一、数值类型

Python 语言支持的数值类型包括整型数字（int）、浮点型数字（float）、布尔型数字（bool）和复数型数字（complex）。类似于其他编程语言，Python 语言中数值类型变量的赋值和计算都比较简单，可以通过内置的 type（）函数来查询变量所指的对象类型。

例如，分别为变量赋值各种类型的数值，如图 6-31 所示。

```
#数值型变量
aint=35
bfloat=23.678
cbool=True
dcom=2+3j
print('Type of ', aint,' is ', type(aint),'.')
print('Type of ', bfloat,' is ', type(bfloat),'.')
print('Type of ', cbool,' is ', type(cbool),'.')
print('Type of ', dcom,' is ', type(dcom),'.')
```

```
Type of  35  is  <class 'int'>.
Type of  23.678  is  <class 'float'>.
Type of  True  is  <class 'bool'>.
Type of  (2+3j)  is  <class 'complex'>.
```

图 6-31　数值型变量

数值型变量的运算可以直接采用相应的运算符计算，但需要注意的是 Python 语言会将变量的类型升级成更高的那种变量的类型，如图 6-32 所示。

```
#数值型变量的运算
e=aint+bfloat
f=bfloat+cbool
g=cbool+dcom
h=aint+dcom
print('Type of ', e,' is ', type(e),'.')
print('Type of ', f,' is ', type(f),'.')
print('Type of ', g,' is ', type(g),'.')
print('Type of ', h,' is ', type(h),'.')
```

```
Type of  58.678  is  <class 'float'>.
Type of  24.678  is  <class 'float'>.
Type of  (3+3j)  is  <class 'complex'>.
Type of  (37+3j)  is  <class 'complex'>.
```

图 6-32　数值型变量的运算

二、字符串类型

在 Python 语言中，字符串是采用单引号或者双引号括起来的内容，在 Python 语言的字符串中采用反斜杠(\)来表示转义字符。

字符串变量的赋值类似于数值型变量，如图 6-33 所示。

```
#字符串变量
str1='Hello world!'
str2="It\'s my favorite food!"
print(str1)
print('\n')
print(str2)
```

Hello world!

It's my favorite food!

图 6-33　字符串变量赋值

Python 语言中支持的转义字符及其转义格式如表 6-1 所示。

表 6-1　字符串转义字符

转义字符	描述
\ （在行尾时）	续行符
\ \	反斜杠符号
\ '	单引号
\ "	双引号
\ a	响铃
\ b	退格（Backspace）
\ e	转义
\ 000	空
\ n	换行
\ v	纵向制表符
\ t	横向制表符
\ r	回车
\ f	换页
\ oyy	八进制数，yy 代表的字符，例如：\ o12 代表换行
\ xyy	十六进制数，yy 代表的字符，例如：\ x0a 代表换行
\ other	其他的字符以普通格式输出

Python 语言支持丰富的字符串运算，如图 6-34 所示。

```
#字符串变量的运算
str1='Hello world!'
str2="It\'s my favorite food!"
print('Stitching of strings is: \000', str1+str2)
print('\n')
print('Repeat of string is: \000', str2 * 3)
print('\n')
print('Part of string is:\000', str2[2:7])
print('\n')
x=True if ('w' in str1) else False
print('Result is\000:', x)
```

图 6-34　字符串的运算

```
Stitching of strings is:Hello world!It's my favorite food!

Repeat of string is:It's my favorite food!It's my favorite food!It's my favorite food!

Part of string is: 's my

Result is: True
```

图 6-34 字符串的运算（续）

Python 语言支持的字符串运算如表 6-2 所示。

表 6-2 字符串运算操作符

操作符	描述
+	字符串连接
*	重复输出同一个字符串
[ ]	通过索引获取字符串中的部分字符
[:]	截取字符串中的部分字符，遵循左闭右开原则
in	成员运算符，如果字符串中包含给定的字符，返回 True
not in	成员运算符，如果字符串中不包含给定的字符，返回 True
r/R	所有的字符串都是直接按照字面的意思来使用，没有转义特殊或不能打印的字符
%	格式化字符串的输出

Python 语言还内建了很多字符串操作函数，用于增强字符串的操作，读者可以通过 Python 提供的内建函数方便地操作字符串，如图 6-35 所示。

```
#字符串的内建函数
str1='hello world!'
str2="it\'s my favorite food!"
print('Capitalize function of ',str1,' is: \000',str1.capitalize())
print('\n')
print('Number of o in ',str2,' is: \000',str2.count('t'))
print('\n')
print('Position of \'or\' in ',str2,' is: \000',str2.find('or'))
print('\n')
print('Title string ',str2,' is: \000',str2.title())
print('\n')
print('Title string ',str1,' is: \000',str1.title())
```

图 6-35 字符串的内建函数

```
Capitalize function of  hello world!  is:  Hello world!

Number of o in  it's my favorite food!  is:  2

Position of 'or' in  it's my favorite food!  is:  11

Title string  it's my favorite food!  is:  It'S My Favorite Food!

Title string  hello world!  is:  Hello World!
```

图 6-35　字符串的内建函数（续）

Python 的字符串内建函数及其含义如表 6-3 所示。

表 6-3　字符串内建函数

内建函数	含义
capitalize()	将字符串的第一个字符转换为大写
count(str, start=0, end=len(string))	返回 str 在 string 里面出现的次数，如果 start 或者 end 指定则返回指定范围内 str 出现的次数
encode(encoding='UTF-8', errors='strict')	以 encoding 指定的编码格式编码字符串，如果出现错误，则抛出一个 ValueError 异常，除非 errors 为'ignore'或者'replace'
endswith(str, start=0, end=len(string))	检查字符串是否以 obj 结束，如果 start 或者 end 指定，则检查指定的范围内是否以 obj 结束，如果是，则返回 True，否则返回 False
expandtabs(tabsize=8)	把字符串中的 tab 符号转为空格，tab 符号默认的空格数是 8
find(str, start=0, end=len(string))	检测 str 是否包含在字符串中，如果指定范围 start 和 end，则检查是否包含在指定范围内，如果包含返回开始的索引值，否则返回-1
index(str, start=0, end=len(string))	跟 find() 方法一样，但是如果 str 不在字符串中会抛出一个异常
isalnum()	如果字符串至少有一个字符并且所有字符都是字母或数字，则返回 True，否则返回 False
isalpha()	如果字符串至少有一个字符并且所有字符都是字母，则返回 True，否则返回 False
isdigit()	如果字符串只包含数字，则返回 True，否则返回 False
islower()	如果字符串中包含至少一个区分大小写的字符，并且所有这些（区分大小写的）字符都是小写，则返回 True，否则返回 False
isnumeric()	如果字符串中只包含数字字符，则返回 True，否则返回 False
isspace()	如果字符串中只包含空格，则返回 True，否则返回 False
isupper()	如果字符串中包含至少一个区分大小写的字符，并且所有这些（区分大小写的）字符都是大写，则返回 True，否则返回 False
join(seq)	以指定字符串作为分隔符，将 seq 中所有的字符串合并为新的字符串
len(string)	返回字符串长度
ljust(width[, fillchar])	返回一个原字符串左对齐，并使用 fillchar 填充至长度 width 的新字符串，fillchar 默认为空格
lower()	转换字符串中所有大写字符为小写

续表

内建函数	含义
lstrip()	截掉字符串左边的空格
max(str)	返回字符串 str 中最大的字母
min(str)	返回字符串 str 中最小的字母
replace(old, new [, max])	把字符串中的 old 替换成 new，如果 max 指定，则替换不超过 max 次
rfind(str, beg=0, end=len(string))	类似于 find() 函数，不是从右边开始查找
rindex(str, beg=0, end=len(string))	类似于 index()，不是从右边开始
rjust(width,[, fillchar])	返回一个原字符串右对齐，并使用 fillchar（默认空格）填充至长度 width 的新字符串
rstrip()	删除字符串末尾的空格
startswith(substr, start=0, end=len(string))	检查字符串是否以指定的 substr 开头，正确则返回 True，否则返回 False。如果 start 和 end 指定值，则在指定范围内检查
strip([chars])	删除字符串左边和右边的空格
swapcase()	将字符串中大写转换为小写，小写转换为大写
title()	返回字符串，所有单词都是以大写开始，其余字母均为小写
upper()	转换字符串中的小写字母为大写
zfill(width)	返回长度为 width 的字符串，原字符串右对齐，前面填充 0
isdecimal()	检查字符串是否只包含十进制字符，如果是则返回 true，否则返回 false

三、集合

Python 语言中的集合（Set）是由若干个大小各异的对象组成，构成集合的对象称作元素或是成员。集合的基本功能是对成员关系进行测试，并且集合可以删除重复的元素。Python 语言中使用花括号 { } 或者 set() 函数创建集合，然而需要注意的是，空集合的创建必须用 set() 而不是 { }，因为 { } 是用来创建一个空字典，如图 6-36 所示。

```
#集合的创建和操作
setname={'Peter', 'Jack', 'Thomas', 'Vincent', 'Jack', 'Tiger'}
set1=set()
set1.add('hello')
set1.add(200)
print(setname)    #重复的成员会被删除掉
print(set1)
tset1=set('afskdjfaksdfs')
tset2=set('1233542435afd')
print('\n')
print('Set1 is: ', tset1)
```

图 6-36　集合的操作

```
print('Set2 is: ',tset2)
print('Substract of sets: ',tset1-tset2)
print('Sum of sets: ',tset1|tset2)
print('Common of sets: ',tset1&tset2)
print('Not common of sets: ',tset1^tset2)

{'Tiger', 'Vincent', 'Jack', 'Thomas', 'Peter'}
{200, 'hello'}

Set1 is:        {'j', 'f', 'k', 'd', 'a', 's'}
Set2 is:        {'4', '2', '3', 'f', '5', 'd', '1', 'a'}
Substract of sets:   {'j', 'k', 's'}
Sum of sets:     {'4', '2', 'j', '3', 'f', '5', 'k', 'd', '1', 'a', 's'}
Common of sets:    {'d', 'f', 'a'}
Not common of sets:  {'4', '2', 'j', '3', '5', 'k', '1', 's'}
```

图 6-36　集合的操作（续）

四、列表

列表就是一个可以进行修改的序列。简单来说，列表就是一个有序的集合，列表中可以存放不同数量、类型各异的对象，存放对象的数量和内容都可以进行修改，同时对象之间存在排列的次序。对每一个对象都有一个相应的索引来实现对对象的访问，索引值从 0 开始，按照步长 1 递增。一个列表中可以同时包含类型不同的对象，从某种程度上讲，Python 语言的列表类似于 R 语言中的 list。

1. 列表的创建

在 Python 语言中，列表数据结构采用方括号"［］"进行创建，所有的列表数据元素采用方括号进行包裹，不同数据元素之间用逗号"，"进行分割。

列表创建的语法结构为：

　　　　list＝［数据元素 1，数据元素 2，…，数据元素 n］

下面通过几个例子来介绍列表创建的方法。

例如，创建一个列表，包含四个元素，分别为 5，'Hello'，7.24，True。具体代码及执行结果如图 6-37 所示。

```
#创建列表
mylist＝[5,'Hello',7.24,True]
print(mylist)
[5, 'Hello', 7.24, True]
```

图 6-37　创建列表

从程序的执行结果来看，列表的内容可以通过 print 语句来查看。这个例子中创建的列表一共包含 4 个数据元素，并且 4 个数据元素的数据类型各不相同，分别是整型数字、字符串、浮点型数字和布尔型数字。

  Python 语言中，可以采用 type 语句来获取一个对象的类型。如果想要查看列表对象中每一个数据元素的类型，则可以利用列表解析的方法来返回列表中每个位置数据元素的数据类型。如果要查看上面创建的列表中每一个数据元素的数据类型，可以采用如下方法，具体代码及执行结果如图 6-38 所示。

```
#查看列表中元素的数据类型
[type(mylist[i]) for i in range(len(mylist))]
[int, str, float, bool]
```

图 6-38　查看列表元素类型

  从程序的执行结果来看，前面创建的列表"mylist"中同时包含了 4 种类型的数据对象，对应的数据类型分别是"int""str""float""bool"。这说明列表可以同时存放不同数据类型的数据元素，对于列表解析的具体运用方法将在后续章节进行介绍。

  这里还用到了我们之前提到的 range 函数，Python 语言中的 range 函数能够用于生成整数类型的等差数列，在 Python 语言 2.7.X 版本中，range 函数的结果被存放到列表结构当中。

  此时，range 函数的语法结构为：

    a=range（起始值，终止值，步长）

  其实，range 函数生成的对象在 2.7.X 版本中就是一个列表，range 函数中共有 3 个参数，第一个参数表示起始数字（包含），第二个参数表示结束数字（不包含），第三个参数表示等差数列的步长。但是在 3.7.X 版本对这一函数进行了改进，range 函数生成的对象不再是列表，而是 range 对象，这一点可以从如图 6-39 所示的结果中看到。

```
#range 函数
a=range(-1,8,2)
print(a)
print(type(a))

range(-1, 8, 2)
<class 'range'>
```

图 6-39　range 函数生成的对象

  在 Python 语言的 3.7.X 版本中，如果想要采用 range 生成一个列表对象，可以采用 list 进行强制类型转换来实现。

  此时，采用 range 函数创建列表的语法结构为：

    a=list（range（起始值，终止值，步长））

  其中，range 函数的参数意义与 2.7.X 版本相同，只是在外层增加了强制类型转换，如图 6-40 所示。

```
# range 函数
b=list(range(-1,8,2))
print(b)
print(type(b))
[-1, 1, 3, 5, 7]
<class 'list'>
```

图 6-40 range 函数生成列表

此时，从程序运行的结果来看，type 函数返回的结果是"list"，这就表明强制类型转换后，range 函数生成的对象变成了一个列表数据结构。当然，range 函数的三个参数中只有第二个参数是必须输入的。如果只提供两个参数，那么 Python 编译器就会认为第三个参数步长为 1，当只提供一个参数的时候，则认为起始数字为 0，步长为 1，如图 6-41 所示。

```
# 列表强制类型转换
c=list(range(10))
print(c)
print(type(c))
[0, 1, 2, 3, 4, 5, 6, 7, 8, 9]
<class 'list'>
```

图 6-41 range 函数生成列表（示例）

2. 列表的访问

在 Python 语言中，列表这一数据结构的访问是依赖于索引这个概念的。形象一点说，索引就相当于一个人在一个队列当中依次报数时的编号，它代表了一个数据元素在一个数据结构中的位置。因此，我们通过索引就可以找到数据元素的位置，进而把对应的数据元素取出来。索引赋予了列表等数据结构强大的访问功能，使用方法非常简单。其语法结构为：

列表名称［索引号］

如果想要获取列表中第 n 个位置的数据元素，则只需要输入"列表名称［n］"的代码即可。需要注意的是，Python 语言中所有的索引号都从 0 开始计数，即第一个位置上的索引号为 0，第 2 个位置上的索引号为 1，因此第 n 个位置上的索引号为在 n 的基础上减 1。

下面通过几个例子来介绍列表的访问方法。例如，创建一个列表，内容为数字"35"、字符串"abcde"、浮点数"23.7"、布尔型数据"False"（注意大小写敏感）；然后，访问列表的所有数据元素，返回所有数据元素的索引号及数据元素的值。具体代码及执行结果如图 6-42 所示。

```
# 列表的访问
list_1=[35,'abcde',23.7,False]
for i in list(range(len(list_1))):
    print('Index of ',list_1[i],' is :',i)
Index of  35  is : 0
Index of  abcde  is : 1
Index of  23.7  is : 2
Index of  False  is : 3
```

图 6-42 列表的访问

从程序执行的结果来看，本例中创建的列表名称为 list_1，列表第一个数据元素的索引号为 0，数据元素的值为数字 35；第二个数据元素的索引号为 1，数据元素的值为字符串 "abcde"，之后以此类推。

Python 语言中的索引同样支持切片功能。所谓的切片功能就是指一次性获得多个索引位置上的数据，同时这多个索引位置主要呈现一种等差数列的规律。切片访问的语法结构为：

列表名称［最初位置的索引号：最后位置的索引号：步长］

需要注意的是，切片访问的索引号同样遵守包前不包后的原则，即最初位置的索引号是包含在访问范围内的，最后位置的索引号是不包含在访问范围内的。

例如，访问上例中创建的列表 list_1 的第 2 个和第 3 个位置的数据元素，并返回访问结果。具体代码及执行结果如图 6-43 所示。

```
#列表的切片访问
print(list_1[1:3:1])
['abcde', 23.7]
```

图 6-43 切片访问

从程序执行的结果来看，如果想要访问列表 list_1 的第 2 个和第 3 个位置上的数据元素，切片的起始索引号为 1，而终止索引号为 3，并不是 2。这是因为终止索引号是不包含在访问的范围内的，也即 Python 语言中的切片服从前包含、后不包含的规则。从程序运行的结果还可以看到，利用切片选取出的所有数据元素也被放到了一个新的列表当中。

切片中"最初位置的索引号（包含）：最后位置的索引号（不包含）：步长"的使用方法与 range 函数中的使用方法基本一致，最初位置的默认值为 0，最后位置索引号的默认值为元组长度，步长默认值为 1。三个参数和第二个冒号都可以省略，但是第一个冒号绝对不能省略。切片访问对应参数的各种形式及执行结果如图 6-44 所示。

```
#列表访问的模式
my_list=[35,'abcde',23.7,False]
print('2nd and 3rd components are: ',my_list[1:3:1])
print('All components are:',my_list[:])
print('From 2nd to the end:',my_list[1:])
print('All components are:',my_list[::])
print('Reverse order are:',my_list[4:1:-1])

2nd and 3rd components are: ['abcde', 23.7]
All components are: [35, 'abcde', 23.7, False]
From 2nd to the end: ['abcde', 23.7, False]
All components are: [35, 'abcde', 23.7, False]
Reverse order are: [False, 23.7]
```

图 6-44 切片访问的各种模式

3. 列表对象的增减

在 Python 语言中，列表这一数据结构是可以修改的。我们可以利用加号"＋"轻松实现向已有的列表中添加数据元素，或者将两个列表进行合并的功能。

例如，向上例中创建的列表 my_list 中添加两个数据元素，分别是字符串"append"和浮点数"78.2"，返回列表的所有数据元素。具体代码及执行结果如图 6-45 所示。

```
#列表访问的增减
my_list=[35,'abcde',23.7,False]
my_list=my_list+['append',78.2]
print(my_list)

[35, 'abcde', 23.7, False, 'append', 78.2]
```

图 6-45　列表添加数据元素

从程序的执行结果来看，两个数据元素都被添加到列表中，并且是从原来列表的结尾处开始添加的。

再来看一个例子，创建一个新的列表 my_list1，对应的数据元素为字符串"second list"和数字 100；然后将两个列表合并生成一个新的列表 my_list2，并返回列表 my_list2 的内容。具体代码及执行结果如图 6-46 所示。

```
#列表的合并
my_list1=['second list',100]
my_list2=my_list+my_list1
print('my_list+my_list1 is',my_list2)
print('\n')
my_list3=my_list1+my_list
print('my_list1+my_list is',my_list3)

my_list+my_list1 is [35, 'abcde', 23.7, False, 'append', 78.2, 'second list', 100]

my_list1+my_list is ['second list', 100, 35, 'abcde', 23.7, False, 'append', 78.2]
```

图 6-46　列表的合并生成新的列表

从程序执行的结果来看，两个列表合并成立一个新的列表。但是，列表合并的顺序不同，得到的新列表也是不同的。在列表合并操作中，总是后一个列表的内容被添加到前一个列表的末尾位置。

在 Python 语言中，还可以通过 append 方法直接在一个列表的末尾位置添加数据元素。append 方法的语法结构为：

　　列表名称.append(数据元素)

例如，在上例中创建的列表 my_list 后面添加数据元素。具体代码及执行结果如图 6-47 所示。

```
#append 方法添加元素
my_list.clear()
my_list=['second list',100]
```

图 6-47　列表添加数据元素

```
print('Original list is:', my_list)
print('\n')
my_list.append(['addition', 2])
print('Append element:', my_list)
print('\n')
my_list.append(3000)
print('Append element:', my_list)
```

Original list is: ['second list', 100]

Append element: ['second list', 100, ['addition', 2]]

Append element: ['second list', 100, ['addition', 2], 3000]

图 6-47 列表添加数据元素（续）

从程序的执行结果来看，append 方法一次只能在原有列表的末尾位置添加一个数据元素。如果想要添加两个数据元素，必须执行两次 append 方法。

在 Python 语言中，append 函数只能在列表的末尾位置添加数据元素。如果想要在任意位置添加数据元素，可以通过 insert 函数来实现。insert 函数利用索引可以实现在特定的位置上插入数据元素，而在原插入位置及其后的数据元素依次后推一个索引号。insert 方法的语法结构为：

列表名称.insert（索引位置号，数据元素）

例如，在上例中创建的列表 my_list 的第 2 个位置插入字符串 "hello"。具体代码及执行结果如图 6-48 所示。

```
#插入元素
print('Original list is:', my_list)
print('\n')
my_list.insert(1, 'hello')
print('New list is:', my_list)
```

Original list is: ['second list', 100, ['addition', 2], 3000]

New list is: ['second list', 'hello', 100, ['addition', 2], 3000]

图 6-48 insert 函数

从程序执行的结果来看，insert 函数一次只能在指定的位置插入一个数据元素。如果想要插入多个数据元素，必须执行多次操作。

在 Python 语言中，del 函数可以删除列表中指定索引位置上的数据元素。del 函数的语法结构为：

del 列表名称［索引位置号］

例如，删除上例中列表 my_list 中的第 3 个位置上的数据元素。具体代码及执行结果如图 6-49 所示。

```
#删除元素
print('Original list is:',my_list)
print('\n')
del my_list[2]
print('Delete the 3rd element',my_list)
```

Original list is: ['second list', 'hello', 100, ['addition', 2], 3000]

Delete the 3rd element ['second list', 'hello', ['addition', 2], 3000]

图 6-49 删除数据元素

需要说明的是，del方法还支持切片删除，即一次可以删除多个指定位置上的数据元素。具体示例代码及执行结果如图6-50所示。

```
#删除多个元素
print('Original list is:',my_list)
print('\n')
del my_list[2:5:2]
print('Delete multiple elements',my_list)
```

Original list is: ['second list', 'hello', ['addition', 2], 3000]

Delete multiple elements ['second list', 'hello', 3000]

图 6-50 删除多个数据元素

在Python语言中，另外一种删除列表中数据元素的方法是采用remove函数。不同于del函数，remove函数这种删除方法不是依据索引号，而是依据给定的数据元素内容进行相应数据元素的删除，它将根据给定的删除内容，按索引号从低到高依次进行查询比对，并删除第一个与给定删除内容一致的对象。但是，指定的删除内容必须在列表当中，否则会报错。remove函数的语法结构为：

　　　　列表名称.remove（数据元素值）

例如，创建一个新的列表my_list5，列表的数据元素为两个数字2、三个数字3和四个数字4；然后删除数据元素值为3的对象。具体代码及执行结果如图6-51所示。

```
#remove函数
my_list5=[2,2,3,3,3,4,4,4,4]
print('Original list is:',my_list5)
print('\n')
my_list5.remove(3)
print('New list is:',my_list5)
```

Original list is: [2, 2, 3, 3, 3, 4, 4, 4, 4]

New list is: [2, 2, 3, 3, 4, 4, 4, 4]

图 6-51 remove函数删除数据（示例）

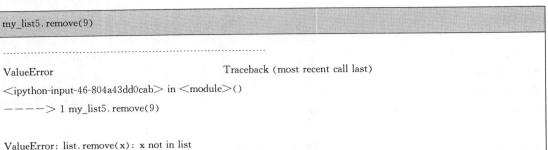

图 6-51　remove 函数删除数据（示例）（续）

从程序的执行结果来看，remove 函数会将列表中第一个与指定数据元素值相同的数据元素删除。同时，如果指定的数据元素值在列表中并不存在，则编译器会报错，说要删除的内容并不在列表中（如图 6-51 中下面的单元所示）。

4. 列表解析

在介绍列表解析的含义之前，先思考一个问题，对于一个只有数值型数据元素的列表，是否能够直接进行数值运算？比如，对于上例中创建的列表 my_list5，在每个数据元素上都增加 1。可否在列表上直接运算呢？具体代码及执行结果如图 6-52 所示。

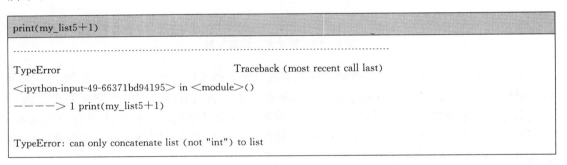

图 6-52　列表的运算

从程序运行的结果来看，Python 编译器报错。看来不能在数值型的数据元素上直接运算。可以看到，Python 语言中，列表这一数据结构不支持直接的数值运算。其实，不仅仅是数值运算，大部分针对单个数据元素对象的函数运算，列表都不能将它广播到每个数据元素对象中，即这些函数都不能够"穿透"列表这个数据结构，作用到每个列表中的数据元素对象上。如果想要实现对列表中的每一个数据元素进行相同的函数操作或者运算操作，就需要使用列表解析。

所谓列表解析，就是将列表中的数据元素取出，并进行相同的运算操作，然后将运算后的结果重新放回到一个列表中。列表解析的语法结构为：

列表名称=[列表名称[索引号]的运算 for 索引号 in list(range(len(列表名称)))]

例如，还是要实现上述操作，采用列表解析的方法的具体代码及执行结果如图 6-53 所示。

```
#列表的解析运算
my_list5=[2,2,3,3,3,4,4,4,4]
print('Original list is:',my_list5)
print('\n')
my_list6=[my_list5[i]+1 for i in list(range(len(my_list5)))]
print('New list is:',my_list6)

Original list is: [2, 2, 3, 3, 3, 4, 4, 4, 4]

New list is: [3, 3, 4, 4, 4, 5, 5, 5, 5]
```

图 6-53　列表的解析运算

从程序执行的结果来看，例子中[my_list5[i]+1 for i in list(range(len(my_list5)))]即为列表解析。其中，最外侧的方括号"[ ]"表示建立一个列表，my_list5[i]+1 表示新建列表中的每一个数据元素都是 my_list5[i]+1 的形式，而索引号"i"从一个循环结构 for i in list(range(len(my_list5)))当中得到，"i"依次取 list(range(len(my_list5)))这个列表中的数值，len(my_list5)函数返回的是 my_list5 列表的长度。因此 list(range(len(my_list5)))是 my_list5 列表所有索引号的列表，"i"能够遍历 my_list5 列表的所有索引，因而 my_list5 [i]+1 就表示一次对 my_list5 每个索引下的数据元素对象加 1，并放入一个新的列表当中，所以列表解析的结果是产生了一个在 my_list5 每个数据元素对象上加 1 的新列表。

列表解析同样可以运用到很多函数当中，例如前面使用 type 函数的时候也运用到了列表解析。需要注意的是，列表解析中的列表是指最外边的方括号所定义的列表，而并不是指列表 my_list5 或者循环中的 range 函数生成的列表。my_list5 和 range 函数的部分都可以换成其他的数据结构，如元组、字典，但是列表解析最外边的括号必须为方括号"[ ]"。

五、元组

在 Python 语言中，元组与列表相似，都是一种序列。元组这种数据结构也可以在不同位置存放类型各异的数据元素对象，但是元组与列表的最大区别在于，元组的大小和元组中存放的数据元素对象是不可以修改的（虽然对象本身的内容可以修改），而列表则是可以修改的。

1. 元组的创建

在 Python 语言中，列表是采用方括号"[ ]"来包裹，而元组是采用圆括号"( )"对数据元素进行包裹的。其实，在 Python 语言中，括号是识别一种数据结构为列表还是元组的重要判断依据。元组创建的语法结构为：

　　元组名称=（数据元素）

元组中的数据元素类型可以不同，不同的数据元素之间采用逗号","进行分割。例如，创建一个元组，数据元素分别为浮点数"2.6"、字符串"tuple"、整数"8"和布尔型数据"True"。具体代码及执行结果如图 6-54 所示。

```
#元组的创建
my_tuple=(2.6,'tuple',8,True)
print("The tuple is:",my_tuple)
```
```
The tuple is: (2.6, 'tuple', 8, True)
```

图 6-54　创建元组

同样,我们也可以采用列表解析的方式查看元组中各个元素的数据类型。具体代码及执行结果如图 6-55 所示。

```
#查看元组元素的数据类型
[type(my_tuple[i]) for i in list(range(len(my_tuple)))]
```
```
[float, str, int, bool]
```

图 6-55　查看元组元素的数据类型

2. 元组的访问

在 Python 语言中,对元组这一数据结构的访问也是完全依赖于索引,并且所有索引语句的用法都与列表的索引语句完全一致,且索引号为实际位置减 1。元组访问的语法结构为:

　　元组名称［索引号］

例如,访问上例中创建的元组 my_tuple 中的第 3 个数据元素。具体代码及执行结果如图 6-56 所示。

```
#元组的访问
my_tuple=(2.6,'tuple',8,True)
print("The tuple is:",my_tuple)
print('\n')
print('3rd element is:',my_tuple[2])
```
```
The tuple is: (2.6, 'tuple', 8, True)

3rd element is: 8
```

图 6-56　元组的访问

切片访问同样适用于元组,使用方式也是一样。

　　元组名称［最初位置的索引号：最后位置的索引号：步长］

其中,最初位置的索引号是包含在访问范围内的,最后位置的索引号是不包含在访问范围内的。最初位置的索引号默认值为 0,最后位置索引的索引号默认值为元组长度,步长的默认值为 1。

例如,访问上例中创建的元组 my_tuple 的第 1 个和第 3 个数据元素。具体代码及执行结果如图 6-57 所示。

```
#元组的切片访问
my_tuple=(2.6,'tuple',8,True)
print("The tuple is:",my_tuple)
print('\n')
print('1st and 3rd elements are:',my_tuple[0:4:2])
```

```
The tuple is: (2.6, 'tuple', 8, True)

1st and 3rd elements are: (2.6, 8)
```

图 6-57 切片访问元组

3. 元组对象的增减

在 Python 语言中，元组的索引只具备访问功能，并不具备修改的功能。要注意，元组是不能被修改的，这是元组与列表的一个重要区别。如果试图修改元组的数据元素的内容，Python 编译器会报错，如图 6-58 所示。

```
#修改元组的内容
my_tuple=(2.6,'tuple',8,True)
print("The tuple is:",my_tuple)
my_tuple[2]=100
```

```
The tuple is: (2.6, 'tuple', 8, True)
.............................................................
TypeError                                Traceback (most recent call last)
<ipython-input-61-0f3c19dafa2c> in <module>()
      2 my_tuple=(2.6,'tuple',8,True)
      3 print("The tuple is:",my_tuple)
----> 4 my_tuple[2]=100

TypeError: 'tuple' object does not support item assignment
```

图 6-58 修改元组内容

虽然元组的数据元素内容不能被修改，但是元组之间仍然可以通过加号"+"来实现元组之间的合并。例如，创建一个元组 my_tuple1，数据元素为数字 2、4、6 和 8。然后将元组 my_tuple1 与 my_tuple 合并成一个新的元组。具体代码及执行结果如图 6-59 所示。

```
#元组的合并
my_tuple=(2.6,'tuple',8,True)
print("The my_tuple is:",my_tuple)
my_tuple1=(2,4,6,8)
print("The my_tuple1 is:",my_tuple1)
print('\n')
my_tuple2=my_tuple+my_tuple1
```

图 6-59 元组的合并

```
print("The my_tuple+my_tuple1 is:",my_tuple2)
print('\n')
my_tuple3=my_tuple1+my_tuple
print("The my_tuple1+my_tuple is:",my_tuple3)
```

```
The my_tuple is: (2.6, 'tuple', 8, True)
The my_tuple1 is: (2, 4, 6, 8)

The my_tuple+my_tuple1 is: (2.6, 'tuple', 8, True, 2, 4, 6, 8)

The my_tuple1+my_tuple is: (2, 4, 6, 8, 2.6, 'tuple', 8, True)
```

图 6-59 元组的合并（续）

从程序执行的结果来看，元组的合并与顺序也有关系，是将后面一个元组的内容添加到前面一个元组的最后位置。

对于元组来讲，不存在 append、insert、del 等方法和函数来实现元组中对象的增减。如果试图这样操作，Python 编译器会报错，如图 6-60 所示。

```
# 元组的操作
my_tuple.append(23)
```

```
AttributeError                            Traceback (most recent call last)
<ipython-input-66-83ad583d1ef0> in <module>()
      1 # 元组的操作
----> 2 my_tuple.append(23)

AttributeError: 'tuple' object has no attribute 'append'
```

```
my_tuple.insert(2,100)
```

```
AttributeError                            Traceback (most recent call last)
<ipython-input-67-363596cbbd6b> in <module>()
----> 1 my_tuple.insert(2,100)

AttributeError: 'tuple' object has no attribute 'insert'
```

```
del my_tuple[2]
```

```
TypeError                                 Traceback (most recent call last)
<ipython-input-68-3cef92bcdcf5> in <module>()
----> 1 del my_tuple[2]

TypeError: 'tuple' object doesn't support item deletion
```

图 6-60 元组的操作

六、字典

在 Python 语言中，字典是由键和键值对构成的一种序列。字典也是一种用来存放数据元素对象的容器，但字典与元组和列表的区别在于，字典中的数据元素是无序的，它并不通过索引这种有序的编码方式对其中的数据对象进行编号。字典是通过查找键来实现查找数据元素对象的功能。

其实，Python 语言中字典的含义如同现实生活中的字典一样。当我们需要查找一个单词的含义（相当于键值）的时候，是通过查找这个单词（相当于键）找到这个单词的含义所在的位置，然后获取到单词的含义。在字典中对于单词（键）的查找要比直接对单词含义（键值）的查找快得多，这也正好反映了字典的特性。但是，需要注意的是，字典的键必须是唯一的，键值可以不唯一，原因就是键是字典用来访问一个数据元素对象的唯一标识。

1. 字典的创建

字典的数据元素是由键和键值的序对组成，Python 语言中，字典的数据元素通过花括号"{}"来包裹，不同的数据元素之间采用逗号","分割，键和键值之间采用冒号":"来连接。字典创建的语法结构为：

    字典名称＝{键1：键值1，键2：键值2，…，键n：键值n}

自此可以看到元组、列表和字典分别使用圆括号、方括号和花括号进行包裹，这也是正确识别它们的重要依据。同样，字典的数据元素可以取不同类型的数值。

例如，创建一个字典，记录某个顾客在商店中购买商品的种类和花费。具体代码及执行结果如图 6-61 所示。

```
#字典的创建
my_dic={'apple':15,'watermelon':300.9,'cloth':890,'beer':20}
print('The dictionary is:',my_dic)

The dictionary is: {'apple': 15, 'watermelon': 300.9, 'cloth': 890, 'beer': 20}
```

图 6-61　字典的创建

从程序的执行结果可以看到，字典中数据元素的存储是无序的。

在 Python 语言中，还可以采用列表和元组来创建字典。示例的具体代码及执行结果如图 6-62 所示。

```
#字典的创建
my_list=[(1,'milk'),(2,'fruits'),(3,'juice'),(4,'toys')]
my_dic1=dict(my_list)
print('List is:',my_list)
print('\n')
print('Dictionary is:',my_dic1)
```

图 6-62　列表和元组创建字典

```
List is: [(1, 'milk'), (2, 'fruits'), (3, 'juice'), (4, 'toys')]

Dictionary is: {1: 'milk', 2: 'fruits', 3: 'juice', 4: 'toys'}
```

图 6-62 列表和元组创建字典（续）

从程序的执行结果可以看到，我们首先以元组为数据元素对象，创建了一个列表，然后采用 dict 函数将对应的列表 my_list 转换成了字典 my_dic1。

2. 字典的访问

Python 语言中，字典的访问不是通过索引，而是通过字典的键来实现。字典访问方法的语法结构为：

　　　　字典名称［键］

例如，查询上例中创建的字典 my_dic 中顾客买啤酒花费的钱数。具体代码及执行结果如图 6-63 所示。

```
#字典的访问
my_dic={'apple':15,'watermelon':300.9,'cloth':890,'beer':20}
print('The dictionary is:',my_dic)
print('------------------------')
print('Money for beer is:',my_dic['beer'])

The dictionary is: {'apple': 15, 'watermelon': 300.9, 'cloth': 890, 'beer': 20}
------------------------
Money for beer is: 20
```

图 6-63 字典的访问

如果事先并不知道一个字典中有什么键，可以采用 keys 方法返回一个字典当中的所有的键。Python 语言中也可以判断一个字典中是否包含某一个键，在 Python 2.7.X 版本中采用的方法是 has_key(键)，而在 Python 3.7.X 版本中不再支持 has_key 函数，替代的是_contains_(键) 的方法。

返回字典中所有键的语法结构为：

　　　　字典名称.keys（）

判断字典中是否包含某个给定键的语法结构为：

　　　　字典名称._contains_（键）

例如，访问上例中创建的字典 my_dic 的所有键。判断键 shoes 是否包含在该字典的键中。具体代码及执行结果如图 6-64 所示。

```
#字典的键
my_dic={'apple':15,'watermelon':300.9,'cloth':890,'beer':20}
print('The dictionary is:',my_dic)
print('------------------------')
print('All keys are:',my_dic.keys())
```

图 6-64 字典的键

```
print('++++++++++++++++++++++++++++++++++++')
print('Has shoes as key, or not:',my_dic.__contains__('shoes'))
```

The dictionary is: {'apple': 15, 'watermelon': 300.9, 'cloth': 890, 'beer': 20}

All keys are: dict_keys(['apple', 'watermelon', 'cloth', 'beer'])
++++++++++++++++++++++++++++++++++++
Has shoes as key, or not: False

图 6-64 字典的键（续）

从程序的执行结果可以看到，keys 方法可以返回一个字典包含的所有键，并且将结果保存到一个列表中。

其实，有些时候为了程序的简便，在程序中想要省去判断一个字典中是否包含某个键的麻烦，又或者根本不关心在字典中是否存在某个键，只是想输出给定的键对应的键值。当然，如果字典中包含给定的键，输出结果应该是字典中存储的键值；如果字典中不存在这个键值，也不希望编译器报错，这时直接设定一个默认的键值即可。在 Python 语言中可以使用 setdefault 方法来实现这样的操作，具体的语法结构为：

字典名称.setdeaulf（键，键值）

例如，查询上例中创建的字典 my_dic 中顾客购买某种商品花费的钱数，事先并不知道这种商品是否在顾客的购买清单中，如果是顾客购买的某种商品，则返回正确的花费，如果不在顾客的购买清单中，则返回 2019。具体代码及执行结果如图 6-65 所示。

```
#字典的默认值
my_dic={'apple':15,'watermelon':300.9,'cloth':890,'beer':20}
print('The dictionary is:',my_dic)
print('--------------------')
print('All keys are:',my_dic.keys())
print('++++++++++++++++++++++++++++++++++++')
my_dic.setdefault('beer',2019)
print('If has key, the original value:',my_dic['beer'])
print('\n')
my_dic.setdefault('shoes',2019)
print('If hasn\'t key, default value:',my_dic['shoes'])
```

The dictionary is: {'apple': 15, 'watermelon': 300.9, 'cloth': 890, 'beer': 20}

All keys are: dict_keys(['apple', 'watermelon', 'cloth', 'beer'])
++++++++++++++++++++++++++++++++++++
If has key, the original value: 20

If hasn't key, default value: 2019

图 6-65 设定默认值函数

从程序执行的结果可以看到，当字典中包含查询的键时，程序返回的是字典中存储的键值；当字典中不包含查询的键时，程序返回的是设定的默认键值。但是，值得注意的是，在使用 setdefault 方法之后，"'shoes'：2019"这一数据元素将会自动添加到原有的字典当中，结果如图 6-66 所示。

```
#字典的默认值
my_dic={'apple':15,'watermelon':300.9,'cloth':890,'beer':20}
print('The dictionary is:',my_dic)
print('------------------')
print('All keys are:',my_dic.keys())
print('++++++++++++++++++++++++++++++++')
my_dic.setdefault('beer',2019)
print('If has key, the original value:',my_dic['beer'])
print('\n')
my_dic.setdefault('shoes',2019)
print('If hasn\'t key, default value:',my_dic['shoes'])
```

The dictionary is: {'apple': 15, 'watermelon': 300.9, 'cloth': 890, 'beer': 20}

All keys are: dict_keys(['apple', 'watermelon', 'cloth', 'beer'])
++++++++++++++++++++++++++++++++
If has key, the original value: 20

If hasn't key, default value: 2019

print(my_dic)

{'apple': 15, 'watermelon': 300.9, 'cloth': 890, 'beer': 20, 'shoes': 2019}

图 6-66　自动添加数据元素

除了可以一次提取字典中所有的键以外，Python 语言中也可以采用 values 函数去提取一个字典中包含的所有键值。返回字典中包含的所有键值的语法结构为：

　　字典名称.values()

例如，返回上例中创建的字典 my_dic 的所有键值。具体代码及执行结果如图 6-67 所示。

```
#字典的键值
my_dic={'apple':15,'watermelon':300.9,'cloth':890,'beer':20}
print('The dictionary is:',my_dic)
print('------------------------------')
print('All keys are:',my_dic.values())
```

The dictionary is: {'apple': 15, 'watermelon': 300.9, 'cloth': 890, 'beer': 20}

All keys are: dict_values([15, 300.9, 890, 20])

图 6-67　返回所有键值

从程序的执行结果可以看到，values 函数返回了字典 my_dic 中所有的键值，并将结果保存到一个新的列表中。

Python 语言中可以使用 items 方法输出一个字典中的所有的键、键值序对。items 函数将返回一个列表，列表的每一个对象是一个元组，元组中依次包含键与键值。返回键、键值序对的语法结构为：

　　字典名称.items()

例如，返回上例中创建的字典 my_dic 的所有键和键值序对。具体代码及执行结果如图 6-68 所示。

```
#字典的内容
my_dic={'apple':15,'watermelon':300.9,'cloth':890,'beer':20}
print('The dictionary is:',my_dic)
print('--------------------')
print('All contents are:',my_dic.items())

The dictionary is: {'apple': 15, 'watermelon': 300.9, 'cloth': 890, 'beer': 20}
--------------------
All contents are: dict_items([('apple', 15), ('watermelon', 300.9), ('cloth', 890), ('beer', 20)])
```

图 6-68　返回所有键值序对

由代码的执行结果可以看到，字典的 items 方法返回的结果为一个列表，其中列表的每一个元素为一个元组。因此，在 Python 语言中，还可以采用 items 方法来实现对字典对象的遍历。具体示例如图 6-69 所示。

```
#字典的遍历
my_dic={'apple':15,'watermelon':300.9,'cloth':890,'beer':20}
print('The dictionary is:',my_dic)
print('--------------------')
for (key,value) in my_dic.items():
    print('Key is ',key,' and value is ',value)

The dictionary is: {'apple': 15, 'watermelon': 300.9, 'cloth': 890, 'beer': 20}
--------------------
Key is  apple  and value is  15
Key is  watermelon  and value is  300.9
Key is  cloth  and value is  890
Key is  beer  and value is  20
```

图 6-69　字典的遍历

3. 字典的增减

由于字典这一数据结构中的数据元素是由键和键值序对构成，因此，对字典数据元素的增加和修改也要成对进行。在 Python 语言中，增加或者修改字典数据元素的语法结构为：

　　字典名称[键]＝键值

如果当前字典中没有这个要修改的键，那么Python语言会在这个字典中自动添加这个键，并定义对应的键值为给定值；如果字典中有这个键，那么这个键的键值将会被新给定的键值所替代。

例如，在上例中创建的字典my_dic中修改键及对应的键值。具体代码及执行结果如图6-70所示。

```
#字典的修改
my_dic={'apple':15,'watermelon':300.9,'cloth':890,'beer':20}
print('The dictionary is:',my_dic)
print('------------------------------')
my_dic['beer']=2018
my_dic['pear']=2019
print('New dictionary is:',my_dic)
```

The dictionary is: {'apple': 15, 'watermelon': 300.9, 'cloth': 890, 'beer': 20}

New dictionary is: {'apple': 15, 'watermelon': 300.9, 'cloth': 890, 'beer': 2018, 'pear': 2019}

图6-70 修改字典的数据元素

从程序的执行结果可以看到，如果给定的键并不包含在原有字典中，则会将给定的键和键值序对添加到原有字典中（如'pear':2019）。如果给定的键包含在原有字典中，则会根据键修改相应的键值（如'beer':2018）。

Python语言中，删除字典中数据元素的方法是采用del语句，具体的语法结构为：

　　del 字典名称［键］

Python编译器将会根据给定的键，在字典中将给定的键以及对应的键值从字典中删除。

例如，在上例中创建的字典my_dic中删除给定的键及对应的键值。具体代码及执行结果如图6-71所示。

```
#字典内容的删除
my_dic={'apple':15,'watermelon':300.9,'cloth':890,'beer':20}
print('The dictionary is:',my_dic)
print('------------------------------')
del my_dic['cloth']
print('New dictionary is:',my_dic)
```

The dictionary is: {'apple': 15, 'watermelon': 300.9, 'cloth': 890, 'beer': 20}

New dictionary is: {'apple': 15, 'watermelon': 300.9, 'beer': 20}

图6-71 删除字典中的数据元素

第5节　Python 语言的输入与输出

即时输入、输出就是在程序运行过程中接受数据的输入，同时将结果输出到控制台的模式。

一、输入操作

Python 语言的 2.7.X 版本中，采用内建函数 input 和 raw_input 来从诸如键盘等标准输入设备直接接受数据输入。raw_input 函数从标准输入设备读取一行数据，并返回一个字符串，同时去掉结尾的换行符。raw_input 函数的语法结构为：

　　raw_input（提示信息）

通常情况下，raw_input 函数会提供输入数据的提示信息，当然这一选项也是可以不给出的。如果在调用 raw_input 函数时提供提示信息，则 raw_input 函数在执行时将会显示提示信息。但是，在 Python 语言的 3.7.X 版本中，raw_input 函数被遗弃了，如果调用此函数，会抛出异常，如图 6-72 所示。

```
# 从键盘输入数据-raw_input
a=raw_input('Please input a number:')
print('You have input a number:',a)
```
```
NameError                                 Traceback (most recent call last)
<ipython-input-87-f8ab42b18923> in <module>()
      1 # 从键盘输入数据-raw_input
----> 2 a=raw_input('Please input a number:')
      3 print('You have input a number:',a)

NameError: name 'raw_input' is not defined
```

图 6-72　新版本遗弃了 raw_input 函数

Python 语言的 2.7.X 版本和 3.7.X 版本中，input 函数均被保留下来。在 Python 语言的 2.7.X 版本中，input 函数从标准输入设备读取数据，而且 input 函数总是假设输入的内容是一个有效的 Python 表达式，并返回计算结果。在 Python 语言的 3.7.X 版本中，input 函数也是从标准输入设备读取数据，只是 input 函数总是假设输入的内容是一个字符串。input 函数的语法结构为：

　　input（提示信息）

通常情况下 input 函数会提供输入数据的提示信息，当然这一选项也是可以不给的。

例如，调用 input 函数从键盘接收数据。具体代码及执行结果如图 6-73 所示。

```
# 从键盘输入数据-input
a=input('Pleaseinput a number:')
print('You have input a number',type(a),':',a)
print('\n')
a=input('Please you content:')
print('You have input',type(a),' : ',a)
print('\n')
a=input('Please you content:')
print('You have input',type(a),' : ',a)
print('\n')
a=input('Please you content:')
print('You have input',type(a),' : ',a)
print('\n')
```

```
Please input a number:35
You have input a number <class 'str'> : 35

Please you content:Hello Python!
You have input <class 'str'>  :   Hello Python!

Please you content:[2,3,4,5]
You have input <class 'str'>  :   [2,3,4,5]

Please you content:[2*i for i in list(range(10))]
You have input <class 'str'>  :   [2*i for i in list(range(10))]
```

图 6-73　input 函数

从程序的执行结果可以看到，input 函数会将输入的内容全部转换成字符串。

二、输出操作

Python 语言提供了多种方式展现输出结果，进行输出操作最简单的方法是使用 print 语句。在 Python 语言的 2.7.X 版本中，print 语句的语法结构为：

　　　　print 变量 1，变量 2，…，变量 n

在 Python 语言的 3.7.X 版本中，print 语句必须在变量名的外面加圆括号，print 语句的语法结构为：

　　　　print（变量 1，变量 2，…，变量 n）

print 语句可以同时输出多个变量的内容，各个变量之间用逗号","分割。print 语句将输出结果传递到一个字符串表达式，并将结果输出到标准的输出平台。

例如，同时输出数字、字符串和布尔型变量的内容。具体代码及执行结果如图 6-74 所示。

第 6 章　Python 基础知识

```
#输出到控制台
x1=25
x2=34.68
x3=[i * 3 for i in list(range(5))]
x4='Hello world!'
x5=True
x6={1:'apple',2:'banana',3:'strawberry'}
print(x1,';',x2,';',x3,';',x4,';',x5,';',x6)

25 ; 34.68 ; [0, 3, 6, 9, 12] ; Hello world! ; True ; {1: 'apple', 2: 'banana', 3: 'strawberry'}
```

图 6-74　print 函数

从程序执行的结果可以看到，print 语句可以同时输出多个不同类型变量的内容，这些变量可以是数值、字符串、布尔型变量，甚至是列表、字典等。

Python 语言中还可以格式化自己的输出方式，将相同类型的数据以统一的格式输出。

1. 格式化输出整数

print 语句格式化输出整数的语法结构为：

　　print（"%d" % var）

其中，百分号"%"为格式化输出转换标记的开始符，字符"d"表示需要格式化输出的类型为整数类型数值，字符"var"表示要输出的变量。

例如，格式化输出整数 4589。具体代码及执行结果如图 6-75 所示。

```
#格式化输出整数
x1=4589
print('Normalization of integer is: %d' %(x1))

Normalization of integer is: 4589
```

图 6-75　格式化输出整数

如果想要格式化输出整数，所有的输出数值中长度不能满足一定要求的数值前面要用 0 补齐，则可以在字符"d"前面加上格式化的要求。具体代码及执行结果如图 6-76 所示。

```
#格式化输出整数
x1=4589
print('Normalization of integer is: %d' %(x1),'\n')
print('Normalization of integer is: %08d' %(x1),'\n')
print('Normalization of integer is: %03d' %(x1),'\n')

Normalization of integer is: 4589

Normalization of integer is: 00004589

Normalization of integer is: 4589
```

图 6-76　整数补齐输出

从程序执行的结果可以看到，当需要输出的变量长度没有满足长度要求时，会在数值的前面用 0 补齐（如'%08d'）；当需要输出的变量长度超过了长度要求时，仍然按照原来的数值输出（如'%03d'）。

Python 语言中，还可以按照不同的进制来输入整数数值，比如按照十进制、十六进制、八进制输出，默认情况是按照十进制输出，如图 6-77 所示。

```
#格式化输出整数
x1=4589
print('Normalization of integer is:%d' %(x1),'\n') #十进制
print('Normalization of integer is:%08x' %(x1),'\n') #十六进制
print('Normalization of integer is:%03o' %(x1),'\n') #八进制

Normalization of integer is: 4589

Normalization of integer is: 000011ed

Normalization of integer is: 10755
```

图 6-77 整数的不同进制形式输出

2. 格式化输出浮点数

print 语句格式化输出浮点数的语法结构为：

  print（'%f' % var)

其中，百分号"%"为格式化输出转换标记的开始符，字符"f"表示需要格式化输出的类型为整型数值，字符"var"表示要输出的变量。

例如，格式化输出浮点数 135.732。具体代码及执行结果如图 6-78 所示。

```
#格式化输出浮点数
x1=135.732
print('Normalization of integer is:%f' %(x1),'\n')
Normalization of integer is: 135.732000
```

图 6-78 格式化输出浮点数

从程序的执行结果可以看到，格式化输出浮点数时，数值的精度为小数点后 6 位，不足的部分会以 0 补齐。但是，如果不采用格式化输出，则不会出现用 0 补齐的情况。同时，如果浮点数的精度超出了小数点以后 6 位，格式化输出会截断输出，只是输出到小数点以后 6 位的精度。具体示例的代码及执行结果如图 6-79 所示。

```
#格式化输出浮点数
from math import pi
x1=pi
x2=45.67
print('Float number is:', x2, end='\n')
print('Float number is:', x1, end='\n')
```

图 6-79 浮点数的输出结果

```
print('Normalization of float number is: %f' %(x1),end='\n')    #截断
print('Normalization of float number is: %f' %(x2),end='\n')    #补齐
Float number is: 45.67
Float number is: 3.141592653589793
Normalization of float number is: 3.141593
Normalization of float number is: 45.670000
```

图 6-79　浮点数的输出结果（续）

如果想要规定格式化输出的浮点数的整体长度及精度，则可以采用如下的语法格式：

　　　print（'%w.pf'% var)

其中，百分号"%"为格式化输出转换标记的开始符，字符"w"表示格式化输出的浮点数的长度，字符"p"表示格式化输出的浮点数的精度为小数点后 p 位，字符"f"表示需要格式化输出的类型为整型数值，字符"var"表示要输出的变量。同时，在字符"w"的前面添加加号"＋"，表示显示数值的正负号。在字符"w"的前面添加减号"－"，表示右对齐。各个符号之间可以组合使用。具体示例的代码及执行结果如图 6-80 所示。

```
#格式化输出浮点数
from math import pi
x1=pi
x2=-23.689
print('Float number is:',x1,end='\n')
print('Normalization of float number is: %010.3f' %(x1),end='\n')
print('Normalization of float number is: %+10.5f' %(x1),end='\n')
print('Normalization of float number is: %-8.4f' %(x1),end='\n')
print('Normalization of float number is: %-7.5f' %(x2),end='\n')

Float number is: 3.141592653589793
Normalization of float number is: 000003.142
Normalization of float number is:   +3.14159
Normalization of float number is: 3.1416
Normalization of float number is: -23.68900
```

图 6-80　浮点数的格式化输出结果

3. 格式化输出字符串

Python 语言中格式化输出字符串的模式与格式化输出浮点数的模式有些类似，具体语法结构为：

　　　print（'%w.ps'%var)

其中，百分号"%"为格式化输出转换标记的开始符，字符"w"表示格式化输出字符串的长度，字符"p"表示格式化输出字符串的个数，字符"s"表示需要格式化输出的类型为字符串类型，字符"var"表示要输出的变量。同时，在字符"w"的前面添加减号"－"，表示右对齐。各个符号之间可以组合使用。具体示例的代码及执行结果如图 6-81 所示。

```
#格式化输出字符串
#coding=utf-8
str1='Python is a kind of easy-use programming language!'
print('Test1 string is: %s' %str1,'\n')
print('Test1 string is: %10.6s' %str1,'\n')
print('Test1 string is: %-10.6s' %str1,'\n')
```

Test1 string is: Python is a kind of easy-use programming language!
Test1 string is: Python
Test1 string is: Python

图 6-81 字符串的格式化输出

Python 语言支持的格式化输出的转义字符及其意义如表 6-4 所示。

表 6-4 格式化转义符及其意义

转义字符	意义
%c	格式化字符及其 ASCII 码
%s	格式化字符串
%d	格式化整数
%u	格式化无符号整型
%o	格式化无符号八进制数
%x	格式化无符号十六进制数
%X	格式化无符号十六进制数（大写）
%f	格式化浮点数，可指定小数点后的精度
%e	用科学计数法格式化浮点数
%E	作用同%e，用科学计数法格式化浮点数
%g	%f 和%e 的简写
%G	%f 和%E 的简写

4. 多个输出内容不换行

Python 语言中 print 语句在输出多行内容时，默认状态总是换行。示例代码及执行结果如图 6-82 所示。

```
#换行输出
for i in list(range(10)):
    print('Number %d' %i,'is: ',i)
```

Number 0 is: 0
Number 1 is: 1
Number 2 is: 2
Number 3 is: 3
Number 4 is: 4
Number 5 is: 5
Number 6 is: 6
Number 7 is: 7
Number 8 is: 8
Number 9 is: 9

图 6-82 默认输出换行

如果采用 print 语句输出多行内容时想要不换行，对于 Python 语言 2.7.X 版本可以通过在 print 语句末尾加上逗号","来实现。在 Python 语言的 3.7.X 版本中,可以通过在 print 语句中指定参数 end 等于空来实现。例如,针对上面例子中的列表,采用 print 语句在一行输出所有元素的示例代码及执行结果如图 6-83 所示。

```
#不换行输出
for i in list(range(10)):
    print('Number %d' %i, 'is: ', i, ';', end='')
Number 0 is:  0 ;Number 1 is:  1 ;Number 2 is:  2 ;Number 3 is:  3 ;Number 4 is:  4 ;Number 5 is:  5 ;Number 6 is:  6 ;Number 7 is:  7 ;Number 8 is:  8 ;Number 9 is:  9 ;
```

图 6-83 输出多行不换行

三、文件的读取

Python 语言的即时输入适合输入数量较少的数据,在大数据时代,想要将大小为几百 GB 的数据靠人工输入,简直是不可能的任务。而且,数据量巨大,人工输入很难保证准确性。而即时输出只是在程序运行时有效,计算机关闭再重启后,输出的内容将不复存在。如果想要直接从数据文件读入数据,或者是想要将程序输出的数据保存到存储介质,就需要采用 Python 语言的文件系统来实现。Python 语言的 2.7.X 版本提供一个称为 file 的类,通常也称为文件类。这个类里面提供了关于文件操作的很多命令和方法,可以通过这个类的对象来实现文件的输入和输出,关于类的相关知识和 file 类的更加详细的内容,我们会在后面的章节详细介绍。但是,在 Python 语言的 3.7.X 版本中,file 类被遗弃了,如图 6-84 所示。

```
help('file')
No Python documentation found for 'file'.
Use help() to get the interactive help utility.
Use help(str) for help on the str class.
```

图 6-84 file 类的信息

在 Python 语言的 3.7.X 版本中,如果想要采用类似的方法读取文件数据,需要采用 open 函数来实现,具体的函数信息可以通过 help 命令来查看,如图 6-85 所示。

```
help('open')
Help on built-in function open in module io:

open(file, mode='r', buffering=-1, encoding=None, errors=None, newline=None, closefd=True, opener=None)
    Open file and return a stream.    Raise OSError upon failure.

    file is either a text or byte string giving the name (and the path
```

图 6-85 open 函数的信息

if the file isn't in the current working directory) of the file to
be opened or an integer file descriptor of the file to be
wrapped. (If a file descriptor is given, it is closed when the
returned I/O object is closed, unless closed is set to False.)

mode is an optional string that specifies the mode in which the file
is opened. It defaults to 'r' which means open for reading in text
mode. Other common values are 'w' for writing (truncating the file if
it already exists), 'x' for creating and writing to a new file, and
'a' for appending (which on some Unix systems, means that all writes
append to the end of the file regardless of the current seek position).
In text mode, if encoding is not specified the encoding used is platform
dependent: locale.getpreferredencoding(False) is called to get the

图 6-85 open 函数的信息（续）

为了采用 file 类的对象来实现文件内容的读取，首先需要创建一个 file 类的对象实例。在 Python 语言的 3.7.X 版本中，可以采用 open 函数来创建 file 类的实例对象，具体语法结构为：

  实例对象名称＝open（文件名，模式）

其中，文件名为实例对象名称的具体文件载体，模式为 file 类对象创建的模式，大小为具体文件的大小。后面两个参数为可选参数。默认情况下，file 类对象的创建模式为读取模式（'r'）。

例如，在当前目录中有一个关于鸢尾花数据的文件 iris.txt，创建一个 file 类的实例对象，并将该对象指向文件 iris.txt，然后采用对象类的方法读取文件的内容，并逐行显示。具体代码及执行结果如图 6-86 所示。

```
#file 类读取文件内容
filename='iris.txt'
my_f=open(filename,'r')  #打开一个文件,并获取文件句柄
i=1;
while True:
    fl=my_f.readline()   #读取文件的一行内容
    if len(fl)==0:
        break
    print('Row number %d' %i, ':',my_f.readline())  #打印输出文件的内容
    i=i+1
my_f.close()  #关闭文件
```

Row number 1 : 4.9,3.0,1.4,0.2,setosa

Row number 2 : 4.6,3.1,1.5,0.2,setosa

图 6-86 open 函数读取文件数据

```
Row number 3 : 5.4,3.9,1.7,0.4,setosa

Row number 4 : 5.0,3.4,1.5,0.2,setosa

Row number 5 : 4.9,3.1,1.5,0.1,setosa

Row number 6 : 4.8,3.4,1.6,0.2,setosa

Row number 7 : 4.3,3.0,1.1,0.1,setosa

Row number 8 : 5.7,4.4,1.5,0.4,setosa

Row number 9 : 5.1,3.5,1.4,0.3,setosa

Row number 10 : 5.1,3.8,1.5,0.3,setosa
```

图 6-86　open 函数读取文件数据（续）

从程序执行的结果可以看到，open 函数创建的 file 对象实例 my_f 已经被成功地创建。my_f 文件对象具体指向 "iris.txt" 文件，创建时的模式为读取模式。采用 dir 语句还可以看到 my_f 文件对象的属性和方法，如图 6-87 所示。

```
dir(my_f)
['_CHUNK_SIZE',
 '__class__',
 '__del__',
 '__delattr__',
 '__dict__',
 '__dir__',
 '__doc__',
 '__enter__',
 '__eq__',
 '__exit__',
 '__format__',
 '__ge__',
 '__getattribute__',
 '__getstate__',
 '__gt__',
 '__hash__',
 '__init__',
 '__init_subclass__',
 '__iter__',
```

图 6-87　类实例的属性和函数

```
'__le__',
'__lt__',
'__ne__',
'__new__',
'__next__',
'__reduce__',
'__reduce_ex__',
'__repr__',
'__setattr__',
'__sizeof__',
'__str__',
'__subclasshook__',
'_checkClosed',
'_checkReadable',
'_checkSeekable',
'_checkWritable',
'_finalizing',
'buffer',
'close',
'closed',
'detach',
'encoding',
'errors',
'fileno',
'flush',
'isatty',
'line_buffering',
'mode',
'name',
'newlines',
'read',
'readable',
'readline',
'readlines',
'reconfigure',
'seek',
'seekable',
'tell',
'truncate',
'writable',
'write',
'write_through',
'writelines']
```

图 6-87 类实例的属性和函数（续）

需要说明的是，如果 file 类对象以读取的模式创建，那么该文件对象指向的具体文件必须真实存在，否则，Python 编译器会报错说文件不存在，结果如图 6-88 所示。

```
#创建新的文件对象
my_f1=open('testfile.txt','r')
····················································
FileNotFoundError                    Traceback (most recent call last)
<ipython-input-43-57643fc1e866> in <module>()
     1 #创建新的文件对象
----> 2 my_f1=open('testfile.txt','r')

FileNotFoundError: [Errno 2] No such file or directory: 'testfile.txt'
```

图 6-88　类实例不存在

如果想要创建一个新的 file 类实例对象，并且将该对象指向一个新创建的磁盘文件，则应该采用写入模式来创建。具体代码及执行结果如图 6-89 所示。

```
#创建新的文件对象
try:
    my_f1=open('testfile.txt','w')    #写的模式
    print('File is created successfully!')
    my_f1.close()
except(FileNotFoundError):
    print('File is not created!')
File is created successfully!
```

图 6-89　写的模式创建文件

一旦创建了 file 类对象，就可以通过该实例对象来实现对文件内容的读取操作。Python 语言的 3.7.X 版本可以读取多种格式的数据文件，相关内容将在后续章节详细介绍。

四、文件的写入

通过 file 类的实例对象来实现把数据写入磁盘文件，首先需要创建一个 file 类的实例对象。创建了 file 类的实例对象后，就可以通过该实例对象来实现将数据写入磁盘文件的操作了。具体实例代码及执行结果如图 6-90 和图 6-91 所示。

```
#把数据写入文件
my_list=[i*2 for i in list(range(20))]
try:
    my_file=open('wdata2file.txt','w')
```

图 6-90　write 方法写数据

```
        for i in list(range(len(my_list))):
            my_file.write(str(my_list[i])+'\n')
    my_file.close()
except Exception as e:
    print('The error information is:', e)
```

图 6-90 write 方法写数据（续）

图 6-91 写入数据的文件内容

从程序的执行结果可以看到，为了将数据写入磁盘文件中，file 类的实例对象 my_file 在创建时需要采用写入模式 'w'。此时需要注意的是，不论文件存在与否，这种创建数据文件的方法都会创建一个新的文件，也就是说，如果原来磁盘上存在同名的文件，则原文件的内容将会被清除，并将新的内容写入文件中。此处采用了 Python 语言中异常的处理，详细内容会在后续章节详细介绍。

要将数据写入具体的磁盘文件，在 Python 语言中可以采用 file 类的实例对象的 write 方法来实现。例如，上例中就是首先创建一个列表，然后将列表内容写入磁盘文件。从程序执行的结果来看，列表 my_list 中的数据已经被成功地写入 "wdata2file.txt" 文件中。但是，需要说明的是，file 类的实例对象的 write 方法只能写入字符串数据，因此，在向磁盘文件中写入数据之前需要将数据的类型转换成字符串，然后再写入磁盘文件中。同时，write 方法在写入数据时不会自动换行，是将所有数据写入一行。如果想要将数据分行写入磁盘文件，需要在 write 方法写入数据的末尾添加转义字符换行符 "\n"。在资源管理器中可以看到文件 "wdata2file.txt" 已经被创建，采用文本编辑工具打开文件，即可查看其中的数据内容。

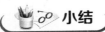

小结

Python 是一种独立的计算机编程语言，具备自己特有的编码风格、数据结构，其特点就是简洁、易用，Python 语言的代码更加优美，易于理解。

第 7 章　Python 语言的模块

 本章要点与学习目标

模块是 Python 语言的重要组成部分，其中提供了已经封装好的可供使用的各种各样功能各异的工具。Python 语言的标准安装包括一组标准库，这些标准库就是 Python 语言模块的一部分。

本章的学习目标是了解 Python 语言的基本模块及使用方法，并学会采用 Python 语言编写自己定义的函数模块。

第 1 节　Python 语言的模块简介

由前面的章节可以看到，我们可以方便地在 Python 的编译环境中定义自己的变量和函数，编写自己的代码和程序。当我们关闭 Python 编译器，所有的一切都将消失。重新启动 Python 编译器后，一切都要从头开始。我们当然不希望自己的劳动成果就这样白白消失，因此，需要将自己编写的代码放在一个文件中，以便重新启动 Python 编译器之后能够再次载入，重新编辑和修改执行，这样的文件就是脚本文件。

如果要开发规模很大的软件，程序员就需要编写大量的脚本文件。同时，在程序员编写代码的过程中，会发现这样一种情况：代码的行数超过了一定的数量，代码中包含大量的变量和函数，并且某些代码的可重复使用率很高。聪明的程序员肯定不希望代码的规模无限扩大，这将给代码的维护带来极大的困难，也不希望重复使用率很高的代码在程序开发时被重复地拷贝。这个时候，采用 Python 语言的模块功能将是一个明智的选择。

形象一点讲，Python 语言的模块就是一个工具箱，里面存放着已经封装好的可供使用的各种工具。具体来说，Python 语言的模块就是一个以 .py 为扩展名的脚本文件，文件中存放着编译好的 Python 语言源代码，其中包括变量与函数。因此，一个 Python 语言的脚本文件可以看作一个模块，一个模块也可以看作一个 Python 语言的脚本文件。Py-

thon 语言的模块具有如下特点：
(1) 模块中的内容可以在其他程序中重复调用。
(2) 一个模块中的内容可以导入（import）到另外一个模块中。
(3) 模块的文件名必须以.py 为扩展名。

一、Python 语言模块的导入

想要使用模块中封装好的变量和函数，首先必须把模块导入对应的程序中。Python 语言模块的导入方式有两种：一种是采用 import 语句；另一种是采用 from-import 语句。

采用 import 语句导入 Python 语言模块的语法结构为：

  import 模块名称1，模块名称2，…，模块名称 n

其中，需要导入的多个模块名称之间以逗号","分割。

例如，导入 Python 语言的标准库模块 math，并采用其中的指数运算函数计算2的3次方。具体代码及执行结果如图7-1所示。

#导入 Python 的模块 import math print('Power computing using math module:',math.pow(2,3))
Power computing using math module: 8.0

图 7-1　导入 math 模块

从程序的执行结果可以看到，math 模块被成功地导入。如果想要调用模块中的函数，就可以采用"模块名.函数名（参数）"的形式来实现。

Python 语言中有些模块的名称很长，如果想要在调用的时候不用每次都输入很长的模块名称，可以通过 Python 语言的 import-as 语句将原有模块的名称定义为一个便于输入的模块简称。采用 import-as 语句导入模块的语法结构为：

  import 模块名称 as 简称

例如，重新导入 Python 语言的标准库模块 math，并将模块名称简记为 mh；然后调用其中的正弦三角函数计算1弧度的正弦值。具体代码及执行结果如图7-2所示。

#用别名导入模块 import math as mh print('Sin computing: sin(1)=',mh.sin(1))
Sin computing: sin(1)= 0.8414709848078965

图 7-2　重新命名式导入模块

如果想要知道当前已经导入了哪些模块，或者是想知道导入的某个模块的变量和函数，则可以采用 dir 语句来查看。dir 语句的语法结构为：

  dir（模块名称）

其中，模块名称是可选的参数。如果参数为空，则返回当前已导入的模块，并将模块名称放入一个列表中；如果参数不为空，则返回对应模块名称中包含的那些名字。dir 语句的一个使用实例的代码及执行结果如图 7-3 所示。

#查看导入的模块
print(dir())

['In', 'Out', '_', '_5', '_6', '__', '___', '__builtin__', '__builtins__', '__doc__', '__loader__', '__name__', '__package__', '__spec__', '_dh', '_i', '_i1', '_i10', '_i11', '_i2', '_i3', '_i4', '_i5', '_i6', '_i7', '_i8', '_i9', '_ih', '_ii', '_iii', '_oh', 'exit', 'get_ipython', 'math', 'mh', 'quit']

#查看具体导入的模块
print(dir(math))

['__doc__', '__loader__', '__name__', '__package__', '__spec__', 'acos', 'acosh', 'asin', 'asinh', 'atan', 'atan2', 'atanh', 'ceil', 'copysign', 'cos', 'cosh', 'degrees', 'e', 'erf', 'erfc', 'exp', 'expm1', 'fabs', 'factorial', 'floor', 'fmod', 'frexp', 'fsum', 'gamma', 'gcd', 'hypot', 'inf', 'isclose', 'isfinite', 'isinf', 'isnan', 'ldexp', 'lgamma', 'log', 'log10', 'log1p', 'log2', 'modf', 'nan', 'pi', 'pow', 'radians', 'remainder', 'sin', 'sinh', 'sqrt', 'tan', 'tanh', 'tau', 'trunc']

图 7-3 查看导入的模块

dir 语句还可以查看模块中具体函数体中定义的那些名字。例如，分别查看 mh 模块的 ceil 以及 pi 函数体中定义的名字。具体代码及执行结果如图 7-4 所示。

#查看函数的内容
print('math.ceil: ',dir(math.ceil))
print('\n')
print('math.pi: ',dir(math.pi))

math.ceil: ['__call__', '__class__', '__delattr__', '__dir__', '__doc__', '__eq__', '__format__', '__ge__', '__getattribute__', '__gt__', '__hash__', '__init__', '__init_subclass__', '__le__', '__lt__', '__module__', '__name__', '__ne__', '__new__', '__qualname__', '__reduce__', '__reduce_ex__', '__repr__', '__self__', '__setattr__', '__sizeof__', '__str__', '__subclasshook__', '__text_signature__'] math.pi: ['__abs__', '__add__', '__bool__', '__class__', '__delattr__', '__dir__', '__divmod__', '__doc__', '__eq__', '__float__', '__floordiv__', '__format__', '__ge__', '__getattribute__', '__getformat__', '__getnewargs__', '__gt__', '__hash__', '__init__', '__init_subclass__', '__int__', '__le__', '__lt__', '__mod__', '__mul__', '__ne__', '__neg__', '__new__', '__pos__', '__pow__', '__radd__', '__rdivmod__', '__reduce__', '__reduce_ex__', '__repr__', '__rfloordiv__', '__rmod__', '__rmul__', '__round__', '__rpow__', '__rsub__', '__rtruediv__', '__set_format__', '__setattr__', '__sizeof__', '__str__', '__sub__', '__subclasshook__', '__truediv__', '__trunc__', 'as_integer_ratio', 'conjugate', 'fromhex', 'hex', 'imag', 'is_integer', 'real']

图 7-4 查看具体函数体定义的名字

细心的读者已经发现，到现在为止，math 这个模块已经被导入两次了。如何删除或者是弹出重复导入的模块或者是不需要的模块呢？在 Python 语言中可以采用 del 语句来实现这一操作。del 语句删除已导入模块的语法结构为：

　　del 模块名称1，模块名称2，…，模块名称n

其中，需要删除的多个模块名称之间以逗号"，"分割。

例如，删除被重复导入的模块 mh。具体代码及执行结果如图 7-5 所示。

```
# 弹出/删除已经导入的模块
print('Before delete:', dir())
print('\n')
del mh    # 删除导入的模块
print('After delete:', dir())
```

Before delete: ['In', 'Out', '_', '_5', '_6', '__', '___', '__builtin__', '__builtins__', '__doc__', '__loader__', '__name__', '__package__', '__spec__', '_dh', '_i', '_i1', '_i10', '_i11', '_i12', '_i13', '_i14', '_i15', '_i2', '_i3', '_i4', '_i5', '_i6', '_i7', '_i8', '_i9', '_ih', '_ii', '_iii', '_oh', 'exit', 'get_ipython', 'math', 'mh', 'quit']

After delete: ['In', 'Out', '_', '_5', '_6', '__', '___', '__builtin__', '__builtins__', '__doc__', '__loader__', '__name__', '__package__', '__spec__', '_dh', '_i', '_i1', '_i10', '_i11', '_i12', '_i13', '_i14', '_i15', '_i2', '_i3', '_i4', '_i5', '_i6', '_i7', '_i8', '_i9', '_ih', '_ii', '_iii', '_oh', 'exit', 'get_ipython', 'math', 'quit']

图 7-5 弹出/删除已导入模块

当然，import 语句也可以一次导入多个模块。具体的示例、代码及执行结果如图 7-6 所示。

```
# 一次导入多个模块
print('Before delete:', dir())
print('\n')
import sys, pprint
print('After multi-import:', dir())
```

Before delete: ['In', 'Out', '_', '_5', '_6', '__', '___', '__builtin__', '__builtins__', '__doc__', '__loader__', '__name__', '__package__', '__spec__', '_dh', '_i', '_i1', '_i10', '_i11', '_i12', '_i13', '_i14', '_i15', '_i16', '_i2', '_i3', '_i4', '_i5', '_i6', '_i7', '_i8', '_i9', '_ih', '_ii', '_iii', '_oh', 'exit', 'get_ipython', 'math', 'quit']

After multi-import: ['In', 'Out', '_', '_5', '_6', '__', '___', '__builtin__', '__builtins__', '__doc__', '__loader__', '__name__', '__package__', '__spec__', '_dh', '_i', '_i1', '_i10', '_i11', '_i12', '_i13', '_i14', '_i15', '_i16', '_i2', '_i3', '_i4', '_i5', '_i6', '_i7', '_i8', '_i9', '_ih', '_ii', '_iii', '_oh', 'exit', 'get_ipython', 'math', 'pprint', 'quit', 'sys']

图 7-6 一次导入多个模块

采用 import 语句导入 Python 模块是将整个模块导入现在的程序当中，通常情况下，每一个模块中都包含了大量的函数和方法，如果我们在编程时只需使用某个模块的某些方法时，也可以只导入相应的方法，而忽略模块其余的内容。Python 语言中采用 from-import 语句来导入模块的部分内容，其语法结构为：

　　　　from 模块名称 import 函数名称1，函数名称2，…，函数名称n

采用这种方式导入模块的内容，一方面可以保持程序的简洁性，另一方面可以增强程序的可读性。

例如，从 sys 模块中导入 path 列表，从 pprint 模块中导入 pprint 函数，并采用 pprint 函数打印 path 列表的内容。具体代码及执行结果如图 7-7 所示。

```
#导入模块的部分内容
from sys import path
from pprint import pprint
pprint(sys.path)
```

```
['',
'C:\\Users\\eason\\Desktop\\PythonLecture',
'C:\\Software\\Anaconda\\python37.zip',
'C:\\Software\\Anaconda\\DLLs',
'C:\\Software\\Anaconda\\lib',
'C:\\Software\\Anaconda',
'C:\\Software\\Anaconda\\lib\\site-packages',
'C:\\Software\\Anaconda\\lib\\site-packages\\win32',
'C:\\Software\\Anaconda\\lib\\site-packages\\win32\\lib',
'C:\\Software\\Anaconda\\lib\\site-packages\\Pythonwin',
'C:\\Software\\Anaconda\\lib\\site-packages\\IPython\\extensions',
'C:\\Users\\eason\\.ipython']
```

图7-7 导入模块的部分内容

当然，我们也可以采用dir语句来查看相应的内容是否已经成功导入。具体代码及执行结果如图7-8所示。

```
#检查是否导入成功
print(dir())
```

```
['In', 'Out', '_', '_18', '_5', '_6', '__', '___', '__builtin__', '__builtins__', '__doc__', '__loader__', '__name__', '__package__', '__spec__', '_dh', '_i', '_i1', '_i10', '_i11', '_i12', '_i13', '_i14', '_i15', '_i16', '_i17', '_i18', '_i19', '_i2', '_i3', '_i4', '_i5', '_i6', '_i7', '_i8', '_i9', '_ih', '_ii', '_iii', '_oh', 'exit', 'get_ipython', 'math', 'path', 'pprint', 'quit', 'sys']
```

图7-8 查看导入结果

在Python语言中，可以采用help语句来查看导入模块中具体目标的相关信息，具体的语法结构为：

　　help（具体目标）

例如，想要查看上例中导入的path列表的相关信息。具体代码及执行结果如图7-9所示。

```
#查看帮助
help(path)
```

```
Help on list object:

class list(object)
 |  list(iterable=(), /)
```

图7-9 查看具体内容相关信息

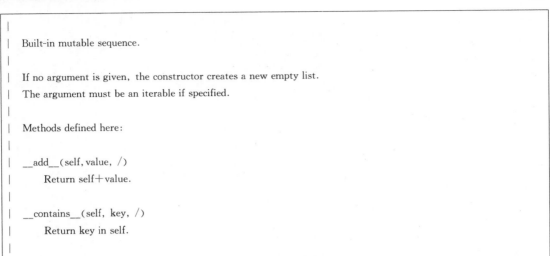

图 7-9　查看具体内容相关信息（续）

二、Python 语言模块的编写

除了可以导入 Python 语言提供的已经编译好的模块、调用模块的函数之外，读者也可以自己编写 Python 语言模块，并在后续的程序中调用模块。其实，我们编写的任何一个以 .py 为扩展名的文件都是一个 Python 模块。

如果想要编写自己的 Python 语言模块，在 Anaconda 环境下可以调用 Spyder 可视化界面编程工具来编写自己的程序脚本。Spyder 的主界面如图 7-10 所示。

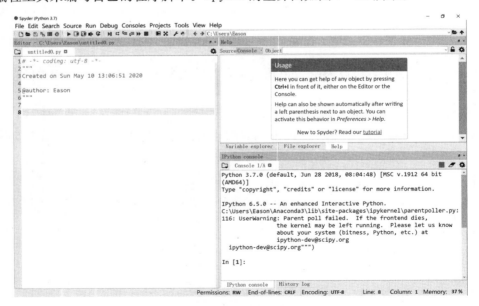

图 7-10　Spyder 的主界面

可以看到，Spyder 的主界面大致分为左右两个部分，左边部分是脚本文件编写区域（Editor）；右边部分的上半部分是变量、文件和帮助信息的显示区域（Help），右边部分的下半部分是命令行编译（IPython console）区域。

要编写自己的 Python 脚本文件，首先要新建一个以 .py 为扩展名的文件。单击菜单"File"选项，在下拉菜单中选择"New file…"选项来创建一个新的文件。如图 7-11 所示。

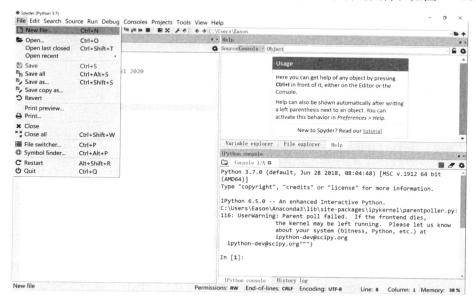

图 7-11　创建新文件

然后，将会在 Spyder 集成编译环境命令行的上面看到创建的名称为 untitile0.py 的空文件。结果如图 7-12 所示。

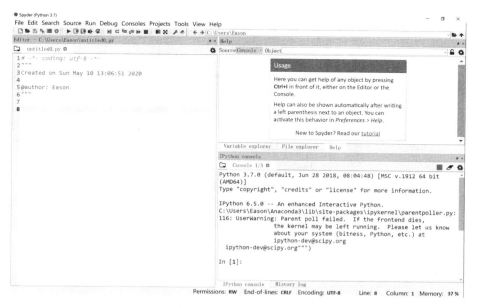

图 7-12　新文件编译

现在读者就可以在新文件中编写自己的模块代码了。例如，我们想要编写一个简单的模块，实现的功能就是根据输入的数字不同，打印不同的信息内容。具体源代码如图 7-13 所示。

```
# -*- coding: utf-8 -*-
"""
Created on Sun May 10 13:06:51 2020

@author: Eason
"""

#Create a file of mine

def my_print():
    x=int(input('Please input a number:'))
    if x>3:
        print('Ooh, the number is bigger than 3. It\'s ', x)
    else:
        print('Ooh, the number is no bigger than 3. It\'s ', x)
    print("Thank you for your kindly corresponding.")
```

图 7-13　编写模块代码

编写完成模块源代码后，单击"保存"按钮，将会弹出保存文件的窗口，选择文件保存的目录，并输入要保存的文件名称（以 .py 为扩展名），单击"保存"按钮即可保存模块文件，如图 7-14 所示。

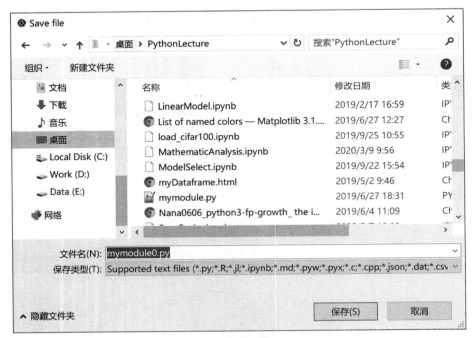

图 7-14　保存代码文件

保存好脚本文件，就可以准备在程序中调用该模块了。如果此时直接调用刚才编译好的脚本文件模块，在 Spyder 集成开发环境的命令行环境中导入该模块，编译器会报错，说没有该模块。结果如图 7-15 所示。

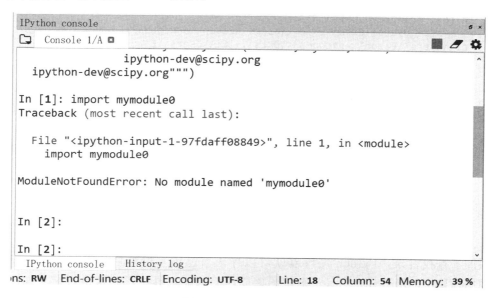

图 7-15 导入模块失败

这是因为 Python 编译器存在默认的查找文件的目录，如图 7-16 所示。

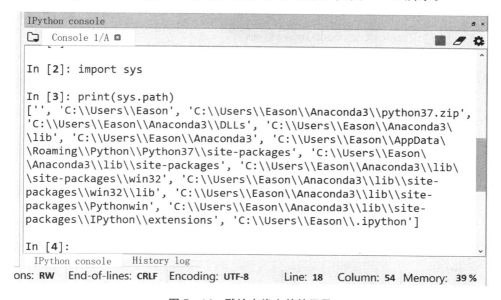

图 7-16 默认查找文件的目录

将前面编辑好的模块文件 mymodule.py 拷贝到任何一个目录即可正确地导入程序中。另外一种方式就是告诉编译器到哪里去查找文件。因为我们通常习惯于将自己的文件存放在自己定义的目录下面。在 Python 语言中，可以采用 path 列表的 append 函数将自己存放文件的目录添加到编译器自动查找的目录。具体代码及执行结果如图 7-17 所示。

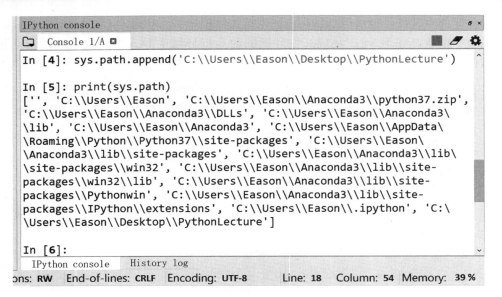

图 7-17　添加查找文件目录

添加了查找目录，Python 编译器就可以导入自己编写的模块文件了。导入模块后，即可调用模块中的函数 my_print 来使用该模块的功能。具体代码及执行结果如图 7-18 所示。

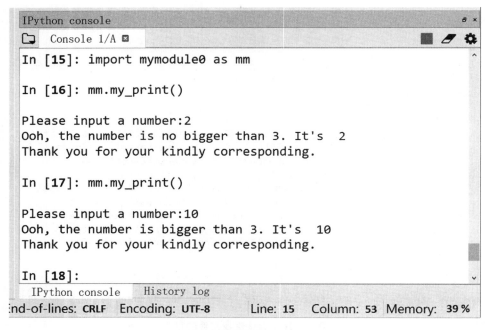

图 7-18　调用模块功能

需要说明的是，读者也可以在其他文本编辑器中编写自己的模块源代码，然后将文件保存为以 .py 为扩展名的文件。之后就可以导入模块，调用模块的功能了。而模块源代码的编写需要根据自身的需要来实现，读者可以根据自己的要求自行编写。

第 2 节　Python 语言常用模块简介

Python 语言中包含很多常用的模块，模块的功能涵盖了各个领域，这些模块对于大多数读者都非常有用，下面选择一些标准的模块简单介绍一下。

一、系统模块 sys

该模块包含与 Python 编译器密切相关的变量和函数。其中包含的内容如图 7-19 所示。

```
#常用模块介绍
import sys
print(dir(sys),end='')
['__breakpointhook__', '__displayhook__', '__doc__', '__excepthook__', '__interactivehook__', '__loader__', '__name__', '__package__', '__spec__', '__stderr__', '__stdin__', '__stdout__', '_clear_type_cache', '_current_frames', '_debugmallocstats', '_enablelegacywindowsfsencoding', '_framework', '_getframe', '_git', '_home', '_xoptions', 'api_version', 'argv', 'base_exec_prefix', 'base_prefix', 'breakpointhook', 'builtin_module_names', 'byteorder', 'call_tracing', 'callstats', 'copyright', 'displayhook', 'dllhandle', 'dont_write_bytecode', 'exc_info', 'excepthook', 'exec_prefix', 'executable', 'exit', 'flags', 'float_info', 'float_repr_style', 'get_asyncgen_hooks', 'get_coroutine_origin_tracking_depth', 'get_coroutine_wrapper', 'getallocatedblocks', 'getcheckinterval', 'getdefaultencoding', 'getfilesystemencodeerrors', 'getfilesystemencoding', 'getprofile', 'getrecursionlimit', 'getrefcount', 'getsizeof', 'getswitchinterval', 'gettrace', 'getwindowsversion', 'hash_info', 'hexversion', 'implementation', 'int_info', 'intern', 'is_finalizing', 'maxsize', 'maxunicode', 'meta_path', 'modules', 'path', 'path_hooks', 'path_importer_cache', 'platform', 'prefix', 'ps1', 'ps2', 'ps3', 'set_asyncgen_hooks', 'set_coroutine_origin_tracking_depth', 'set_coroutine_wrapper', 'setcheckinterval', 'setprofile', 'setrecursionlimit', 'setswitchinterval', 'settrace', 'stderr', 'stdin', 'stdout', 'thread_info', 'version', 'version_info', 'warnoptions', 'winver']
```

图 7-19　sys 模块

二、操作系统模块 os

该模块包含很多与操作系统进行交互的接口。其中包含的内容如图 7-20 所示。

```
#常用模块介绍
import os
print(dir(os),end='')
['DirEntry', 'F_OK', 'MutableMapping', 'O_APPEND', 'O_BINARY', 'O_CREAT', 'O_EXCL', 'O_NOINHERIT', 'O_RANDOM', 'O_RDONLY', 'O_RDWR', 'O_SEQUENTIAL', 'O_SHORT_LIVED', 'O_TEMPORARY', 'O_TEXT',
```

图 7-20　os 模块

'O_TRUNC', 'O_WRONLY', 'P_DETACH', 'P_NOWAIT', 'P_NOWAITO', 'P_OVERLAY', 'P_WAIT', 'PathLike', 'R_OK', 'SEEK_CUR', 'SEEK_END', 'SEEK_SET', 'TMP_MAX', 'W_OK', 'X_OK', '_Environ', '__all__', '__builtins__', '__cached__', '__doc__', '__file__', '__loader__', '__name__', '__package__', '__spec__', '_execvpe', '_exists', '_exit', '_fspath', '_get_exports_list', '_putenv', '_unsetenv', '_wrap_close', 'abc', 'abort', 'access', 'altsep', 'chdir', 'chmod', 'close', 'closerange', 'cpu_count', 'curdir', 'defpath', 'device_encoding', 'devnull', 'dup', 'dup2', 'environ', 'error', 'execl', 'execle', 'execlp', 'execlpe', 'execv', 'execve', 'execvp', 'execvpe', 'extsep', 'fdopen', 'fsdecode', 'fsencode', 'fspath', 'fstat', 'fsync', 'ftruncate', 'get_exec_path', 'get_handle_inheritable', 'get_inheritable', 'get_terminal_size', 'getcwd', 'getcwdb', 'getenv', 'getlogin', 'getpid', 'getppid', 'isatty', 'kill', 'linesep', 'link', 'listdir', 'lseek', 'lstat', 'makedirs', 'mkdir', 'name', 'open', 'pardir', 'path', 'pathsep', 'pipe', 'popen', 'putenv', 'read', 'readlink', 'remove', 'removedirs', 'rename', 'renames', 'replace', 'rmdir', 'scandir', 'sep', 'set_handle_inheritable', 'set_inheritable', 'spawnl', 'spawnle', 'spawnv', 'spawnve', 'st', 'startfile', 'stat', 'stat_result', 'statvfs_result', 'strerror', 'supports_bytes_environ', 'supports_dir_fd', 'supports_effective_ids', 'supports_fd', 'supports_follow_symlinks', 'symlink', 'sys', 'system', 'terminal_size', 'times', 'times_result', 'truncate', 'umask', 'uname_result', 'unlink', 'urandom', 'utime', 'waitpid', 'walk', 'write']

图 7-20 os 模块（续）

三、数学处理模块 math

该模块包含很多与数学操作有关的函数。其中包含的内容如图 7-21 所示。

```
# 常用模块介绍
import math
print(dir(math), end='')
```

['__doc__', '__loader__', '__name__', '__package__', '__spec__', 'acos', 'acosh', 'asin', 'asinh', 'atan', 'atan2', 'atanh', 'ceil', 'copysign', 'cos', 'cosh', 'degrees', 'e', 'erf', 'erfc', 'exp', 'expm1', 'fabs', 'factorial', 'floor', 'fmod', 'frexp', 'fsum', 'gamma', 'gcd', 'hypot', 'inf', 'isclose', 'isfinite', 'isinf', 'isnan', 'ldexp', 'lgamma', 'log', 'log10', 'log1p', 'log2', 'modf', 'nan', 'pi', 'pow', 'radians', 'remainder', 'sin', 'sinh', 'sqrt', 'tan', 'tanh', 'tau', 'trunc']

图 7-21 math 模块

四、文件系统模块 fileinput

该模块包含很多与文件读写操作相关的内容。其中包含的内容如图 7-22 所示。

```
# 常用模块介绍
import fileinput as fi
print(dir(fi), end='')
```

['FileInput', '__all__', '__builtins__', '__cached__', '__doc__', '__file__', '__loader__', '__name__', '__package__', '__spec__', '_state', '_test', 'close', 'filelineno', 'filename', 'fileno', 'hook_compressed', 'hook_encoded', 'input', 'isfirstline', 'isstdin', 'lineno', 'nextfile', 'os', 'sys']

图 7-22 fileinput 模块

五、互联网处理模块 urllib

该模块封装了与互联网操作相关的很多功能。其中包含的内容如图 7-23 所示。

```
#常用模块介绍
import urllib
print(dir(urllib),end='')
```

['__builtins__', '__cached__', '__doc__', '__file__', '__loader__', '__name__', '__package__', '__path__', '__spec__','error', 'parse', 'request', 'response']

图 7-23 urllib 模块

Python 提供的标准模块还有很多，读者可以在 Python 语言的官网找到详细的说明文档。

当然，Python 语言还有功能强大的第三方模块的支持，使得 Python 语言可以方便地应用于科学计算和大数据的分析及处理，下面介绍几个常用的第三方模块。

六、科学计算模块 NumPy

NumPy 是采用 Python 语言进行科学计算的基本模块。NumPy 这个词来源于两个单词——Numerical 和 Python。NumPy 提供了大量的库函数和操作，可以帮助程序员轻松地进行科学计算。NumPy 模块包含以下主要内容：

（1）一个功能强大的 N 维数组对象。
（2）复杂而完善的（广播）函数功能。
（3）与 C/C++ 和 FORTRAN 语言代码进行集成的工具。
（4）非常有用的线性代数、傅立叶变换和随机数等相关功能。

除了可以服务于科学计算外，NumPy 还可以用作有效的通用数据多维容器，可以定义任意的数据类型，从而使得 NumPy 能够无缝、快速地与各种数据库集成。

导入 NumPy 模块，可以查看当前版本下模块提供的函数和功能，如图 7-24 所示。

```
#NumPy 模块
import numpy as np
print(dir(np))
```

['ALLOW_THREADS ', 'AxisError', 'BUFSIZE', 'CLIP', 'ComplexWarning', 'DataSource', 'ERR_CALL', 'ERR_DEFAULT', 'ERR_IGNORE', 'ERR_LOG', 'ERR_PRINT', 'ERR_RAISE ', 'ERR_WARN', 'FLOATING_POINT_SUPPORT', 'FPE_DIVIDEBYZERO', 'FPE_INVALID', 'FPE_OVERFLOW', 'FPE_UNDERFLOW', 'False_', 'Inf', 'Infinity', 'MAXDIMS', 'MAY_SHARE_BOUNDS', 'MAY_SHARE_EXACT', 'FPE_INVALID', 'FPE_OVERFLOW', 'FPE_UNDERFLOW', 'False_', 'Inf', 'Infinity', 'MAXDIMS', 'MAY_SHARE_BOUNDS', 'MAY_SHARE_EXACT', 'MachAr', 'ModuleDeprecationWarning', 'NAN', 'NINF', 'NZERO', 'NaN', 'PINF', 'PZERO', 'PackageLoader', 'RAISE',

图 7-24 NumPy 模块

'RankWarning', 'SHIFT_DIVIDEBYZERO', 'SHIFT_INVALID', 'SHIFT_OVERFLOW', 'SHIFT_UNDERFLOW ', 'ScalarType', 'Tester', 'TooHardError', 'True_', 'UFUNC_BUFSIZE_DEFAULT', 'UFUNC_PYVALS_NAME ', 'VisibleDeprecationWarning', 'WRAP', '_NoValue', '__NUMPY_SETUP__', '__all__', '__builtins__', '__cached__', '__config__', '__doc__', '__file__', '__git_revision__', '__loader__', '__mkl_version__', '__name__', '__package__', '__path__', '__spec__', '__version__', '_distributor_init', '_globals', '_import_tools', '_mat', '_mklinit', 'abs', 'absolute', 'absolute_import', 'add', 'add_docstring', 'add_newdoc', 'add_newdoc_ufunc', 'add_newdocs', 'alen', 'all', 'allclose', 'alltrue', 'amax', 'amin', 'angle', 'any', 'append', 'apply_along_axis', 'apply_over_axes', 'arange', 'arccos', 'arccosh', 'arcsin', 'arcsinh', 'arctan', 'arctan2', 'arctanh', 'argmax', 'argmin', 'argpartition', 'argsort', 'argwhere', 'around', 'array', 'array2string', 'array_equal', 'array_equiv', 'array_repr', 'array_split', 'array_str', 'asanyarray', 'asarray', 'asarray_chkfinite', 'ascontiguousarray', 'asfarray', 'asfortranarray', 'asmatrix', 'asscalar', 'atleast_1d', 'atleast_2d', 'atleast_3d', 'average', 'bartlett', 'base_repr', 'binary_repr', 'bincount', 'bitwise_and', 'bitwise_not', 'bitwise_or', 'bitwise_xor', 'blackman', 'block', 'bmat', 'bool', 'bool8', 'bool_', 'broadcast', 'broadcast_arrays', 'broadcast_to', 'busday_count', 'busday_offset', 'busdaycalendar', 'byte', 'byte_bounds', 'bytes0', 'bytes_', 'c_', 'can_cast', 'cast', 'cbrt', 'cdouble', 'ceil', 'cfloat', 'char', 'character', 'chararray', 'choose', 'clip', 'clongdouble', 'clongfloat', 'column_stack', 'common_type', 'compare_chararrays', 'compat', 'complex', 'complex128', 'complex64', 'complex_', 'complexfloating', 'compress', 'concatenate', 'conj', 'conjugate', 'convolve', 'copy', 'copysign', 'copyto', 'core', 'corrcoef', 'correlate', 'cos', 'cosh', 'count_nonzero', 'cov', 'cross', 'csingle', 'ctypeslib', 'cumprod', 'cumproduct', 'cumsum', 'datetime64', 'datetime_as_string', 'datetime_data', 'deg2rad', 'degrees', 'delete', 'deprecate', 'deprecate_with_doc', 'diag', 'diag_indices', 'diag_indices_from', 'diagflat', 'diagonal', 'diff', 'digitize', 'disp', 'divide', 'division', 'divmod', 'dot', 'double', 'dsplit', 'dstack', 'dtype', 'e', 'ediff1d', 'einsum', 'einsum_path', 'emath', 'empty', 'empty_like', 'equal', 'erf', 'errstate', 'euler_gamma', 'exp', 'exp2', 'expand_dims', 'expm1', 'extract', 'eye', 'fabs', 'fastCopyAndTranspose', 'fft', 'fill_diagonal', 'find_common_type', 'finfo', 'fix', 'flatiter', 'flatnonzero', 'flexible', 'flip', 'fliplr', 'flipud', 'float', 'float16', 'float32', 'float64', 'float_', 'float_power', 'floating', 'floor', 'floor_divide', 'fmax', 'fmin', 'fmod', 'format_float_positional', 'format_float_scientific', 'format_parser', 'frexp', 'frombuffer', 'fromfile', 'fromfunction', 'fromiter', 'frompyfunc', 'fromregex', 'fromstring', 'full', 'full_like', 'fv', 'gcd', 'generic', 'genfromtxt', 'geomspace', 'get_array_wrap', 'get_include', 'get_printoptions', 'getbufsize', 'geterr', 'geterrcall', 'geterrobj', 'gradient', 'greater', 'greater_equal', 'half', 'hamming', 'hanning', 'heaviside', 'histogram', 'histogram2d', 'histogram_bin_edges', 'histogramdd', 'hsplit', 'hstack', 'hypot', 'i0', 'identity', 'iinfo', 'imag', 'in1d', 'index_exp', 'indices', 'inexact', 'inf', 'info', 'infty', 'inner', 'insert', 'int', 'int0', 'int16', 'int32', 'int64', 'int8', 'int_', 'int_asbuffer', 'intc', 'integer', 'interp', 'intersect1d', 'intp', 'invert', 'ipmt', 'irr', 'is_busday', 'isclose', 'iscomplex', 'iscomplexobj', 'isfinite', 'isfortran', 'isin', 'isinf', 'isnan', 'isnat', 'isneginf', 'isposinf', 'isreal', 'isrealobj', 'isscalar', 'issctype', 'issubclass_', 'issubdtype', 'issubsctype', 'iterable', 'ix_', 'kaiser', 'kron', 'lcm', 'ldexp', 'left_shift', 'less', 'less_equal', 'lexsort', 'lib', 'linalg', 'linspace', 'little_endian', 'load', 'loads', 'loadtxt', 'log', 'log10', 'log1p', 'log2', 'logaddexp', 'logaddexp2', 'logical_and', 'logical_not', 'logical_or', 'logical_xor', 'logspace', 'long', 'longcomplex', 'longdouble', 'longfloat', 'longlong', 'lookfor', 'ma', 'mafromtxt', 'mask_indices', 'mat', 'math', 'matmul', 'matrix', 'matrixlib', 'max', 'maximum', 'maximum_sctype', 'may_share_memory', 'mean', 'median', 'memmap', 'meshgrid', 'mgrid', 'min', 'min_scalar_type', 'minimum', 'mintypecode', 'mirr', 'mod', 'modf', 'moveaxis', 'msort', 'multiply', 'nan', 'nan_to_num', 'nanargmax', 'nanargmin', 'nancumprod', 'nancumsum', 'nanmax', 'nanmean', 'nanmedian', 'nanmin', 'nanpercentile', 'nanprod', 'nanquantile', 'nanstd', 'nansum', 'nanvar', 'nbytes', 'ndarray', 'ndenumerate', 'ndfromtxt', 'ndim', 'ndindex', 'nditer', 'negative', 'nested_iters', 'newaxis', 'nextafter', 'nonzero', 'not_equal', 'nper', 'npv', 'numarray', 'number', 'obj2sctype', 'object', 'object0', 'object_', 'ogrid', 'oldnumeric', 'ones', 'ones_like', 'outer', 'packbits', 'pad', 'partition', 'percentile', 'pi', 'piecewise', 'pkgload', 'place', 'pmt', 'poly', 'poly1d', 'polyadd', 'polyder', 'polydiv', 'polyfit', 'polyint', 'polymul', 'polynomial', 'polysub', 'polyval', 'positive', 'power', 'ppmt', 'print_function', 'printoptions', 'prod', 'product', 'promote_types', 'ptp', 'put', 'put_along_axis', 'putmask', 'pv', 'quantile', 'r_', 'rad2deg', 'radians', 'random', 'rank',

图 7-24 NumPy 模块（续）

'rate', 'ravel', 'ravel_multi_index', 'real', 'real_if_close', 'rec', 'recarray', 'recfromcsv', 'recfromtxt', 'reciprocal', 'record', 'remainder', 'repeat', 'require', 'reshape', 'resize', 'result_type', 'right_shift', 'rint', 'roll', 'rollaxis', 'roots', 'rot90', 'round', 'round_', 'row_stack', 's_', 'safe_eval', 'save', 'savetxt', 'savez', 'savez_compressed', 'sctype2char', 'sctypeDict', 'sctypeNA', 'sctypes', 'searchsorted', 'select', 'set_numeric_ops', 'set_printoptions', 'set_string_function', 'setbufsize', 'setdiff1d', 'seterr', 'seterrcall', 'seterrobj', 'setxor1d', 'shape', 'shares_memory', 'short', 'show_config', 'sign', 'signbit', 'signedinteger', 'sin', 'sinc', 'single', 'singlecomplex', 'sinh', 'size', 'sometrue', 'sort', 'sort_complex', 'source', 'spacing', 'split', 'sqrt', 'square', 'squeeze', 'stack', 'std', 'str', 'str0', 'str_', 'string_', 'subtract', 'sum', 'swapaxes', 'sys', 'take', 'take_along_axis', 'tan', 'tanh', 'tensordot', 'test', 'testing', 'tile', 'timedelta64', 'trace', 'tracemalloc_domain', 'transpose', 'trapz', 'tri', 'tril', 'tril_indices', 'tril_indices_from', 'trim_zeros', 'triu', 'triu_indices', 'triu_indices_from', 'true_divide', 'trunc', 'typeDict', 'typeNA', 'typecodes', 'typename', 'ubyte', 'ufunc', 'uint', 'uint0', 'uint16', 'uint32', 'uint64', 'uint8', 'uintc', 'uintp', 'ulonglong', 'unicode', 'unicode_', 'union1d', 'unique', 'unpackbits', 'unravel_index', 'unsignedinteger', 'unwrap', 'ushort', 'vander', 'var', 'vdot', 'vectorize', 'version', 'void', 'void0', 'vsplit', 'vstack', 'warnings', 'where', 'who', 'zeros', 'zeros_like']

图 7-24　NumPy 模块（续）

其实，NumPy 模块的主要数据类型是多维数组 Array，可以将其理解为 Python 语言的高级数据结构，对于数组操作的各种功能函数使得 NumPy 非常适合于很多的数值计算模型。例如，NumPy 模块的数组可以用于存储机器学习的训练数据和机器学习的模型参数，在编写机器学习的相关算法时，需要对矩阵数据进行各种复杂的数值计算（如矩阵的乘法、换位、加法等），而 NumPy 模块提供了功能强大的对数组进行操作的函数，使得相关代码的编写更加简单，代码的运算速度更加快速。关于数组的详细介绍将在后续章节给出。

NumPy 模块中提供了简单的线性代数运算、快速傅立叶变换（FFT）函数，函数列表如图 7-25 所示。

Optionally Scipy-accelerated routines (numpy.dual)

Aliases for functions which may be accelerated by Scipy.

Scipy can be built to use accelerated or otherwise improved libraries for FFTs, linear algebra, and special functions. This module allows developers to transparently support these accelerated functions when scipy is available but still support users who have only installed NumPy.

Linear algebra

cholesky(a)	Cholesky decomposition.
det(a)	Compute the determinant of an array.
eig(a)	Compute the eigenvalues and right eigenvectors of a square array.
eigh(a[, UPLO])	Return the eigenvalues and eigenvectors of a complex Hermitian (conjugate symmetric) or a real symmetric matrix.
eigvals(a)	Compute the eigenvalues of a general matrix.
eigvalsh(a[, UPLO])	Compute the eigenvalues of a complex Hermitian or real symmetric matrix.
inv(a)	Compute the (multiplicative) inverse of a matrix.
lstsq(a, b[, rcond])	Return the least-squares solution to a linear matrix equation.
norm(x[, ord, axis, keepdims])	Matrix or vector norm.
pinv(a[, rcond, hermitian])	Compute the (Moore-Penrose) pseudo-inverse of a matrix.
solve(a, b)	Solve a linear matrix equation, or system of linear scalar equations.
svd(a[, full_matrices, compute_uv, hermitian])	Singular Value Decomposition.

FFT

fft(a[, n, axis, norm])	Compute the one-dimensional discrete Fourier Transform.
fft2(a[, s, axes, norm])	Compute the 2-dimensional discrete Fourier Transform.
fftn(a[, s, axes, norm])	Compute the N-dimensional discrete Fourier Transform.
ifft(a[, n, axis, norm])	Compute the one-dimensional inverse discrete Fourier Transform.
ifft2(a[, s, axes, norm])	Compute the 2-dimensional inverse discrete Fourier Transform.
ifftn(a[, s, axes, norm])	Compute the N-dimensional inverse discrete Fourier Transform.

Other

i0(x)	Modified Bessel function of the first kind, order 0.

图 7-25　NumPy 模块的线性代数、FFT 功能

NumPy 模块中提供了离散快速傅立叶变换函数，函数列表如图 7-26 所示。

Discrete Fourier Transform (numpy.fft)

Standard FFTs

fft(a[, n, axis, norm])	Compute the one-dimensional discrete Fourier Transform.
ifft(a[, n, axis, norm])	Compute the one-dimensional inverse discrete Fourier Transform.
fft2(a[, s, axes, norm])	Compute the 2-dimensional discrete Fourier Transform
ifft2(a[, s, axes, norm])	Compute the 2-dimensional inverse discrete Fourier Transform.
fftn(a[, s, axes, norm])	Compute the N-dimensional discrete Fourier Transform.
ifftn(a[, s, axes, norm])	Compute the N-dimensional inverse discrete Fourier Transform.

Real FFTs

rfft(a[, n, axis, norm])	Compute the one-dimensional discrete Fourier Transform for real input.
irfft(a[, n, axis, norm])	Compute the inverse of the n-point DFT for real input.
rfft2(a[, s, axes, norm])	Compute the 2-dimensional FFT of a real array.
irfft2(a[, s, axes, norm])	Compute the 2-dimensional inverse FFT of a real array.
rfftn(a[, s, axes, norm])	Compute the N-dimensional discrete Fourier Transform for real input.
irfftn(a[, s, axes, norm])	Compute the inverse of the N-dimensional FFT of real input.

Hermitian FFTs

hfft(a[, n, axis, norm])	Compute the FFT of a signal that has Hermitian symmetry, i.e., a real spectrum.
ihfft(a[, n, axis, norm])	Compute the inverse FFT of a signal that has Hermitian symmetry.

Helper routines

fftfreq(n[, d])	Return the Discrete Fourier Transform sample frequencies.
rfftfreq(n[, d])	Return the Discrete Fourier Transform sample frequencies (for usage with rfft, irfft).
fftshift(x[, axes])	Shift the zero-frequency component to the center of the spectrum.
ifftshift(x[, axes])	The inverse of fftshift.

图 7-26 NumPy 模块的离散 FFT 功能

NumPy 模块中提供了简单的金融函数功能，函数列表如图 7-27 所示。

Financial functions

Simple financial functions

fv(rate, nper, pmt, pv[, when])	Compute the future value.
pv(rate, nper, pmt[, fv, when])	Compute the present value.
npv(rate, values)	Returns the NPV (Net Present Value) of a cash flow series.
pmt(rate, nper, pv[, fv, when])	Compute the payment against loan principal plus interest.
ppmt(rate, per, nper, pv[, fv, when])	Compute the payment against loan principal.
ipmt(rate, per, nper, pv[, fv, when])	Compute the interest portion of a payment.
irr(values)	Return the Internal Rate of Return (IRR).
mirr(values, finance_rate, reinvest_rate)	Modified internal rate of return.
nper(rate, pmt, pv[, fv, when])	Compute the number of periodic payments.
rate(nper, pmt, pv, fv[, when, guess, tol, ...])	Compute the rate of interest per period.

图 7-27 NumPy 模块的金融函数功能

NumPy 模块中提供了线性代数功能，部分函数列表如图 7-28 所示。
NumPy 模块中提供了丰富的数学函数功能，部分函数列表如图 7-29 所示。
NumPy 模块中提供了丰富的随机采样函数，部分函数列表如图 7-30 所示。

Linear algebra (numpy.linalg)

Matrix and vector products

dot(a, b[, out])	Dot product of two arrays.
linalg.multi_dot(arrays)	Compute the dot product of two or more arrays in a single function call, while automatically selecting the fastest evaluation order.
vdot(a, b)	Return the dot product of two vectors.
inner(a, b)	Inner product of two arrays.
outer(a, b[, out])	Compute the outer product of two vectors.
matmul(x1, x2, /[, out, casting, order, ...])	Matrix product of two arrays.
tensordot(a, b[, axes])	Compute tensor dot product along specified axes.
einsum(subscripts, *operands[, out, dtype, ...])	Evaluates the Einstein summation convention on the operands.
einsum_path(subscripts, *operands[, optimize])	Evaluates the lowest cost contraction order for an einsum expression by considering the creation of intermediate arrays.
linalg.matrix_power(a, n)	Raise a square matrix to the (integer) power n.
kron(a, b)	Kronecker product of two arrays.

Decompositions

linalg.cholesky(a)	Cholesky decomposition.
linalg.qr(a[, mode])	Compute the qr factorization of a matrix.
linalg.svd(a[, full_matrices, compute_uv, ...])	Singular Value Decomposition.

Matrix eigenvalues

linalg.eig(a)	Compute the eigenvalues and right eigenvectors of a square array.
linalg.eigh(a[, UPLO])	Return the eigenvalues and eigenvectors of a complex Hermitian (conjugate symmetric) or a real symmetric matrix.
linalg.eigvals(a)	Compute the eigenvalues of a general matrix.
linalg.eigvalsh(a[, UPLO])	Compute the eigenvalues of a complex Hermitian or real symmetric matrix.

Norms and other numbers

linalg.norm(x[, ord, axis, keepdims])	Matrix or vector norm.
linalg.cond(x[, p])	Compute the condition number of a matrix.
linalg.det(a)	Compute the determinant of an array.

图 7 – 28　NumPy 模块的线性代数功能

Mathematical functions

Trigonometric functions

sin(x, /[, out, where, casting, order, ...])	Trigonometric sine, element-wise.
cos(x, /[, out, where, casting, order, ...])	Cosine element-wise.
tan(x, /[, out, where, casting, order, ...])	Compute tangent element-wise.
arcsin(x, /[, out, where, casting, order, ...])	Inverse sine, element-wise.
arccos(x, /[, out, where, casting, order, ...])	Trigonometric inverse cosine, element-wise.
arctan(x, /[, out, where, casting, order, ...])	Trigonometric inverse tangent, element-wise.
hypot(x1, x2, /[, out, where, casting, ...])	Given the "legs" of a right triangle, return its hypotenuse.
arctan2(x1, x2, /[, out, where, casting, ...])	Element-wise arc tangent of $x1/x2$ choosing the quadrant correctly.
degrees(x, /[, out, where, casting, order, ...])	Convert angles from radians to degrees.
radians(x, /[, out, where, casting, order, ...])	Convert angles from degrees to radians.
unwrap(p[, discont, axis])	Unwrap by changing deltas between values to 2*pi complement.
deg2rad(x, /[, out, where, casting, order, ...])	Convert angles from degrees to radians.
rad2deg(x, /[, out, where, casting, order, ...])	Convert angles from radians to degrees.

Hyperbolic functions

sinh(x, /[, out, where, casting, order, ...])	Hyperbolic sine, element-wise.
cosh(x, /[, out, where, casting, order, ...])	Hyperbolic cosine, element-wise.
tanh(x, /[, out, where, casting, order, ...])	Compute hyperbolic tangent element-wise.
arcsinh(x, /[, out, where, casting, order, ...])	Inverse hyperbolic sine element-wise.
arccosh(x, /[, out, where, casting, order, ...])	Inverse hyperbolic cosine, element-wise.
arctanh(x, /[, out, where, casting, order, ...])	Inverse hyperbolic tangent element-wise.

Rounding

around(a[, decimals, out])	Evenly round to the given number of decimals.
round_(a[, decimals, out])	Round an array to the given number of decimals.
rint(x, /[, out, where, casting, order, ...])	Round elements of the array to the nearest integer.
fix(x[, out])	Round to nearest integer towards zero.
floor(x, /[, out, where, casting, order, ...])	Return the floor of the input, element-wise.
ceil(x, /[, out, where, casting, order, ...])	Return the ceiling of the input, element-wise.
trunc(x, /[, out, where, casting, order, ...])	Return the truncated value of the input, element-wise.

图 7 – 29　NumPy 模块的数学函数功能

Random sampling (numpy.random)

Simple random data

rand(d0, d1, ..., dn)	Random values in a given shape.
randn(d0, d1, ..., dn)	Return a sample (or samples) from the "standard normal" distribution.
randint(low[, high, size, dtype])	Return random integers from *low* (inclusive) to *high* (exclusive).
random_integers(low[, high, size])	Random integers of type np.int between *low* and *high*, inclusive.
random_sample([size])	Return random floats in the half-open interval [0.0, 1.0).
random([size])	Return random floats in the half-open interval [0.0, 1.0).
ranf([size])	Return random floats in the half-open interval [0.0, 1.0).
sample([size])	Return random floats in the half-open interval [0.0, 1.0).
choice(a[, size, replace, p])	Generates a random sample from a given 1-D array
bytes(length)	Return random bytes.

Permutations

shuffle(x)	Modify a sequence in-place by shuffling its contents.
permutation(x)	Randomly permute a sequence, or return a permuted range.

Distributions

beta(a, b[, size])	Draw samples from a Beta distribution.
binomial(n, p[, size])	Draw samples from a binomial distribution.
chisquare(df[, size])	Draw samples from a chi-square distribution.
dirichlet(alpha[, size])	Draw samples from the Dirichlet distribution.
exponential([scale, size])	Draw samples from an exponential distribution.
f(dfnum, dfden[, size])	Draw samples from an F distribution.
gamma(shape[, scale, size])	Draw samples from a Gamma distribution.
geometric(p[, size])	Draw samples from the geometric distribution.
gumbel([loc, scale, size])	Draw samples from a Gumbel distribution.
hypergeometric(ngood, nbad, nsample[, size])	Draw samples from a Hypergeometric distribution.
laplace([loc, scale, size])	Draw samples from the Laplace or double exponential distribution with specified location (or mean) and scale (decay).

图 7-30 NumPy 模块的随机采样功能

NumPy 模块中提供了丰富的数据排序、搜索和计数函数，函数列表如图 7-31 所示。

Sorting, searching, and counting

Sorting

sort(a[, axis, kind, order])	Return a sorted copy of an array.
lexsort(keys[, axis])	Perform an indirect stable sort using a sequence of keys.
argsort(a[, axis, kind, order])	Returns the indices that would sort an array.
ndarray.sort([axis, kind, order])	Sort an array in-place.
msort(a)	Return a copy of an array sorted along the first axis.
sort_complex(a)	Sort a complex array using the real part first, then the imaginary part.
partition(a, kth[, axis, kind, order])	Return a partitioned copy of an array.
argpartition(a, kth[, axis, kind, order])	Perform an indirect partition along the given axis using the algorithm specified by the *kind* keyword.

Searching

argmax(a[, axis, out])	Returns the indices of the maximum values along an axis.
nanargmax(a[, axis])	Return the indices of the maximum values in the specified axis ignoring NaNs.
argmin(a[, axis, out])	Returns the indices of the minimum values along an axis.
nanargmin(a[, axis])	Return the indices of the minimum values in the specified axis ignoring NaNs.
argwhere(a)	Find the indices of array elements that are non-zero, grouped by element.
nonzero(a)	Return the indices of the elements that are non-zero.
flatnonzero(a)	Return indices that are non-zero in the flattened version of a.
where(condition, [x, y])	Return elements chosen from *x* or *y* depending on *condition*.
searchsorted(a, v[, side, sorter])	Find indices where elements should be inserted to maintain order.
extract(condition, arr)	Return the elements of an array that satisfy some condition.

Counting

count_nonzero(a[, axis])	Counts the number of non-zero values in the array a.

图 7-31 NumPy 模块的排序、搜索和计数功能

NumPy 模块中提供了丰富的统计函数，部分函数列表如图 7-32 所示。

第 7 章　Python 语言的模块

```
Statistics
Order statistics
    amin(a[, axis, out, keepdims, initial, where])      Return the minimum of an array or minimum along an axis.
    amax(a[, axis, out, keepdims, initial, where])      Return the maximum of an array or maximum along an axis.
    nanmin(a[, axis, out, keepdims])                    Return minimum of an array or minimum along an axis, ignoring any NaNs.
    nanmax(a[, axis, out, keepdims])                    Return the maximum of an array or maximum along an axis, ignoring any NaNs.
    ptp(a[, axis, out, keepdims])                       Range of values (maximum - minimum) along an axis.
    percentile(a, q[, axis, out, ...])                  Compute the q-th percentile of the data along the specified axis.
    nanpercentile(a, q[, axis, out, ...])               Compute the qth percentile of the data along the specified axis, while ignoring
                                                        nan values.
    quantile(a, q[, axis, out, overwrite_input, ...])   Compute the q-th quantile of the data along the specified axis.
    nanquantile(a, q[, axis, out, ...])                 Compute the qth quantile of the data along the specified axis, while ignoring
                                                        nan values.

Averages and variances
    median(a[, axis, out, overwrite_input, keepdims])   Compute the median along the specified axis.
    average(a[, axis, weights, returned])               Compute the weighted average along the specified axis.
    mean(a[, axis, dtype, out, keepdims])               Compute the arithmetic mean along the specified axis.
    std(a[, axis, dtype, out, ddof, keepdims])          Compute the standard deviation along the specified axis.
    var(a[, axis, dtype, out, ddof, keepdims])          Compute the variance along the specified axis.
    nanmedian(a[, axis, out, overwrite_input, ...])     Compute the median along the specified axis, while ignoring NaNs.
    nanmean(a[, axis, dtype, out, keepdims])            Compute the arithmetic mean along the specified axis, while ignoring NaNs.
    nanstd(a[, axis, dtype, out, ddof, keepdims])       Compute the standard deviation along the specified axis, while ignoring
                                                        NaNs.
    nanvar(a[, axis, dtype, out, ddof, keepdims])       Compute the variance along the specified axis, while ignoring NaNs.

Correlating
    corrcoef(x[, y, rowvar, bias, ddof])                Return Pearson product-moment correlation coefficients.
    correlate(a, v[, mode])                             Cross-correlation of two 1-dimensional sequences.
    cov(m[, y, rowvar, bias, ddof, fweights, ...])      Estimate a covariance matrix, given data and weights.

Histograms
    histogram(a[, bins, range, normed, weights, ...])   Compute the histogram of a set of data.
```

图 7 - 32　NumPy 模块的统计功能

关于各部分的详细介绍，读者可以参见网站：http://www.numpy.org。

七、科学计算模块 SciPy

SciPy 模块可以看作数学算法和各种功能函数的集合，它是建立在 Python 语言的 NumPy 模块的扩展基础之上。SciPy 模块使得 Python 语言可用于开发复杂的程序和专门的应用程序。使用 SciPy 模块的科学应用程序受益于世界各地的开发人员在众多领域提供的各种功能。

导入 SciPy 模块，可以查看当前版本下模块提供的功能函数，如图 7 - 33 所示。

```
# SciPy 模块
import scipy as sp
print(dir(sp))
```

['ALLOW_THREADS', 'AxisError', 'BUFSIZE', 'CLIP', 'ComplexWarning', 'DataSource', 'ERR_CALL', 'ERR_DEFAULT', 'ERR_IGNORE', 'ERR_LOG', 'ERR_PRINT', 'ERR_RAISE', 'ERR_WARN', 'FLOATING_POINT_SUPPORT', 'FPE_DIVIDEBYZERO', 'FPE_INVALID', 'FPE_OVERFLOW', 'FPE_UNDERFLOW', 'False_', 'Inf', 'Infinity', 'LowLevelCallable', 'MAXDIMS', 'MAY_SHARE_BOUNDS', 'MAY_SHARE_EXACT', 'MachAr', 'ModuleDeprecationWarning', 'NAN', 'NINF', 'NZERO', 'NaN', 'PINF', 'PZERO', 'PackageLoader', 'RAISE', 'RankWarning', 'SHIFT_DIVIDEBYZERO', 'SHIFT_INVALID', 'SHIFT_OVERFLOW', 'SHIFT_UNDERFLOW', 'ScalarType', 'TooHardError', 'True_', 'UFUNC_BUFSIZE_DEFAULT', 'UFUNC_PYVALS_NAME', 'VisibleDeprecationWarning', 'WRAP', '__SCIPY_SETUP__', '__all__', '__builtins__', '__cached__', '__config__', '__doc__', '__file__', '__loader__', '__name__', '__numpy_version__', '__package__', '__path__', '__spec__', '__version__', '_distributor_init', '_lib', 'absolute', 'absolute_import', 'add', 'add_docstring', 'add_newdoc', 'add_newdoc_ufunc', 'add_newdocs', 'alen', 'all', 'allclose',

图 7 - 33　SciPy 模块

'alltrue', 'amax', 'amin', 'angle', 'any', 'append', 'apply_along_axis', 'apply_over_axes', 'arange', 'arccos', 'arccosh', 'arcsin', 'arcsinh', 'arctan', 'arctan2', 'arctanh', 'argmax', 'argmin', 'argpartition', 'argsort', 'argwhere', 'around', 'array', 'array2string', 'array_equal', 'array_equiv', 'array_repr', 'array_split', 'array_str', 'asanyarray', 'asarray', 'asarray_chkfinite', 'ascontiguousarray', 'asfarray', 'asfortranarray', 'asmatrix', 'asscalar', 'atleast_1d', 'atleast_2d', 'atleast_3d', 'average', 'bartlett', 'base_repr', 'binary_repr', 'bincount', 'bitwise_and', 'bitwise_not', 'bitwise_or', 'bitwise_xor', 'blackman', 'block', 'bmat', 'bool8', 'bool_', 'broadcast', 'broadcast_arrays', 'broadcast_to', 'busday_count', 'busday_offset', 'busdaycalendar', 'byte', 'byte_bounds', 'bytes0', 'bytes_', 'c_', 'can_cast', 'cast', 'cbrt', 'cdouble', 'ceil', 'cfloat', 'char', 'character', 'chararray', 'choose', 'clip', 'clongdouble', 'clongfloat', 'column_stack', 'common_type', 'compare_chararrays', 'complex128', 'complex64', 'complex_', 'complexfloating', 'compress', 'concatenate', 'conj', 'conjugate', 'convolve', 'copy', 'copysign', 'copyto', 'corrcoef', 'correlate', 'cos', 'cosh', 'count_nonzero', 'cov', 'cross', 'csingle', 'ctypeslib', 'cumprod', 'cumproduct', 'cumsum', 'datetime64', 'datetime_as_string', 'datetime_data', 'deg2rad', 'degrees', 'delete', 'deprecate', 'deprecate_with_doc', 'diag', 'diag_indices', 'diag_indices_from', 'diagflat', 'diagonal', 'diff', 'digitize', 'disp', 'divide', 'division', 'divmod', 'dot', 'double', 'dsplit', 'dstack', 'dtype', 'e', 'ediff1d', 'einsum', 'einsum_path', 'emath', 'empty', 'empty_like', 'equal', 'erf', 'errstate', 'euler_gamma', 'exp', 'exp2', 'expand_dims', 'expm1', 'extract', 'eye', 'fabs', 'fastCopyAndTranspose', 'fft', 'fill_diagonal', 'find_common_type', 'finfo', 'fix', 'flatiter', 'flatnonzero', 'flexible', 'flip', 'fliplr', 'flipud', 'float16', 'float32', 'float64', 'float_', 'float_power', 'floating', 'floor', 'floor_divide', 'fmax', 'fmin', 'fmod', 'format_float_positional', 'format_float_scientific', 'format_parser', 'frexp', 'frombuffer', 'fromfile', 'fromfunction', 'fromiter', 'frompyfunc', 'fromregex', 'fromstring', 'full', 'full_like', 'fv', 'gcd', 'generic', 'genfromtxt', 'geomspace', 'get_array_wrap', 'get_include', 'get_printoptions', 'getbufsize', 'geterr', 'geterrcall', 'geterrobj', 'gradient', 'greater', 'greater_equal', 'half', 'hamming', 'hanning', 'heaviside', 'histogram', 'histogram2d', 'histogram_bin_edges', 'histogramdd', 'hsplit', 'hstack', 'hypot', 'i0', 'identity', 'ifft', 'iinfo', 'imag', 'in1d', 'index_exp', 'indices', 'inexact', 'inf', 'info', 'infty', 'inner', 'insert', 'int0', 'int16', 'int32', 'int64', 'int8', 'int_', 'int_asbuffer', 'intc', 'integer', 'interp', 'intersect1d', 'intp', 'invert', 'ipmt', 'irr', 'is_busday', 'isclose', 'iscomplex', 'iscomplexobj', 'isfinite', 'isfortran', 'isin', 'isinf', 'isnan', 'isnat', 'isneginf', 'isposinf', 'isreal', 'isrealobj', 'isscalar', 'issctype', 'issubclass_', 'issubdtype', 'issubsctype', 'iterable', 'ix_', 'kaiser', 'kron', 'lcm', 'ldexp', 'left_shift', 'less', 'less_equal', 'lexsort', 'linspace', 'little_endian', 'load', 'loads', 'loadtxt', 'log', 'log10', 'log1p', 'log2', 'logaddexp', 'logaddexp2', 'logical_and', 'logical_not', 'logical_or', 'logical_xor', 'logn', 'logspace', 'long', 'longcomplex', 'longdouble', 'longfloat', 'longlong', 'lookfor', 'ma', 'mafromtxt', 'mask_indices', 'mat', 'math', 'matmul', 'matrix', 'maximum', 'maximum_sctype', 'may_share_memory', 'mean', 'median', 'memmap', 'meshgrid', 'mgrid', 'min_scalar_type', 'minimum', 'mintypecode', 'mirr', 'mod', 'modf', 'moveaxis', 'msort', 'multiply', 'nan', 'nan_to_num', 'nanargmax', 'nanargmin', 'nancumprod', 'nancumsum', 'nanmax', 'nanmean', 'nanmedian', 'nanmin', 'nanpercentile', 'nanprod', 'nanquantile', 'nanstd', 'nansum', 'nanvar', 'nbytes', 'ndarray', 'ndenumerate', 'ndfromtxt', 'ndim', 'ndindex', 'nditer', 'negative', 'nested_iters', 'newaxis', 'nextafter', 'nonzero', 'not_equal', 'nper', 'npv', 'number', 'obj2sctype', 'object0', 'object_', 'ogrid', 'ones', 'ones_like', 'outer', 'packbits', 'pad', 'partition', 'percentile', 'pi', 'piecewise', 'pkgload', 'place', 'pmt', 'poly', 'poly1d', 'polyadd', 'polyder', 'polydiv', 'polyfit', 'polyint', 'polymul', 'polysub', 'polyval', 'positive', 'power', 'ppmt', 'print_function', 'printoptions', 'prod', 'product', 'promote_types', 'ptp', 'put', 'put_along_axis', 'putmask', 'pv', 'quantile', 'r_', 'rad2deg', 'radians', 'rand', 'randn', 'random', 'rank', 'rate', 'ravel', 'ravel_multi_index', 'real', 'real_if_close', 'rec', 'recarray', 'recfromcsv', 'recfromtxt', 'reciprocal', 'record', 'remainder', 'repeat', 'require', 'reshape', 'resize', 'result_type', 'right_shift', 'rint', 'roll', 'rollaxis', 'roots', 'rot90', 'round_', 'row_stack', 's_', 'safe_eval', 'save', 'savetxt', 'savez', 'savez_compressed', 'sctype2char', 'sctypeDict', 'sctypeNA', 'sctypes', 'searchsorted', 'select', 'set_numeric_ops', 'set_printoptions', 'set_string_function', 'setbufsize', 'setdiff1d', 'seterr', 'seterrcall', 'seterrobj', 'setxor1d', 'shape', 'shares_memory', 'short', 'show_config', 'show_numpy_config', 'sign', 'signbit', 'signedinteger', 'sin', 'sinc', 'single', 'singlecomplex', 'sinh', 'size', 'sometrue', 'sort', 'sort_complex', 'source', 'spacing', 'split', 'sqrt', 'square', 'squeeze', 'stack', 'std', 'str0', 'str_', 'string_', 'subtract', 'sum',

图 7-33 SciPy 模块（续）

'swapaxes', 'take', 'take_along_axis', 'tan', 'tanh', 'tensordot', 'test', 'tile', 'timedelta64', 'trace', 'tracemalloc_domain', 'transpose', 'trapz', 'tri', 'tril', 'tril_indices', 'tril_indices_from', 'trim_zeros', 'triu', 'triu_indices', 'triu_indices_from', 'true_divide', 'trunc', 'typeDict', 'typeNA', 'typecodes', 'typename', 'ubyte', 'ufunc', 'uint', 'uint0', 'uint16', 'uint32', 'uint64', 'uint8', 'uintc', 'uintp', 'ulonglong', 'unicode', 'unicode_', 'union1d', 'unique', 'unpackbits', 'unravel_index', 'unsignedinteger', 'unwrap', 'ushort', 'vander', 'var', 'vdot', 'vectorize', 'version', 'void', 'void0', 'vsplit', 'vstack', 'where', 'who', 'zeros', 'zeros_like']

图 7-33 SciPy 模块（续）

SciPy 模块提供了诸如微积分、优化计算、插值计算、傅立叶变换、信号处理、线性代数、统计学、空间数据结构和算法、多维图像处理等相关领域的功能，具体列表如图 7-34 所示。

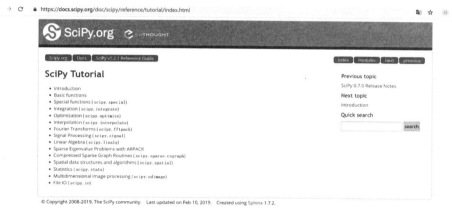

图 7-34 SciPy 模块的内容

SciPy 模块提供了微积分函数，具体函数列表如图 7-35 所示。

```
>>> help(integrate)
Methods for Integrating Functions given function object.

   quad          -- General purpose integration.
   dblquad       -- General purpose double integration.
   tplquad       -- General purpose triple integration.
   fixed_quad    -- Integrate func(x) using Gaussian quadrature of order n.
   quadrature    -- Integrate with given tolerance using Gaussian quadrature.
   romberg       -- Integrate func using Romberg integration.

Methods for Integrating Functions given fixed samples.

   trapz         -- Use trapezoidal rule to compute integral from samples.
   cumtrapz      -- Use trapezoidal rule to cumulatively compute integral.
   simps         -- Use Simpson's rule to compute integral from samples.
   romb          -- Use Romberg Integration to compute integral from
                    (2**k + 1) evenly-spaced samples.

See the special module's orthogonal polynomials (special) for Gaussian
   quadrature roots and weights for other weighting factors and regions.

Interface to numerical integrators of ODE systems.

   odeint        -- General integration of ordinary differential equations.
   ode           -- Integrate ODE using VODE and ZVODE routines.
```

图 7-35 SciPy 模块的微积分函数

SciPy 模块提供了优化计算和函数求根功能，包括标量函数的优化计算、局部优化和全局优化、最小二乘法和曲线拟合、函数求根、线性规划等，部分函数列表如图 7-36 所示。

图 7-36　SciPy 模块的优化计算函数

SciPy 模块提供了统计学函数，包括连续随机变量的分布、多维随机变量的分布、离散随机变量的分布、描述性统计、相关性函数、假设检验、一元和多元变量核密度估计等，部分函数列表如图 7-37 所示。

图 7-37　SciPy 模块的统计学函数

SciPy 模块提供了多维图像处理功能，包括滤波函数、插值函数、生态学函数、距离变换、图像分割与标记、目标度量等，部分函数列表如图 7-38 所示。

图 7-38 SciPy 模块的多维图像处理函数

关于各部分的详细介绍，读者可以参见网站：http://www.scipy.org。

八、数据分析模块 Pandas

Pandas 模块是采用 Python 语言进行数据分析的核心模块。Pandas 这个词来源于经济学领域的 Panel Data 和数据分析领域的 Data Analysis。Pandas 模块为采用 Python 语言进行大数据分析提供了强有力的支撑。Pandas 模块包含了大量的库和丰富的数据结构，以及进行数据处理的函数和方法。导入 Pandas 模块，可以查看当前版本下模块提供的函数和功能，如图 7-39 所示。

```
#Pandas 模块
import pandas as pd
print(dir(pd))
```

['Categorical', 'CategoricalIndex', 'DataFrame', 'DateOffset', 'DatetimeIndex', 'ExcelFile', 'ExcelWriter', 'Expr', 'Float64Index', 'Grouper', 'HDFStore', 'Index', 'IndexSlice', 'Int64Index', 'Interval', 'IntervalIndex', 'MultiIndex', 'NaT', 'Panel', 'Period', 'PeriodIndex', 'RangeIndex', 'Series', 'SparseArray', 'SparseDataFrame', 'SparseSeries', 'Term', 'TimeGrouper', 'Timedelta', 'TimedeltaIndex', 'Timestamp', 'UInt64Index', 'WidePanel', '_DeprecatedModule', '__builtins__', '__cached__', '__doc__', '__docformat__', '__file__', '__loader__', '__name__', '__package__', '__path__', '__spec__', '__version__', '_hashtable', '_lib', '_libs', '_np_version_under1p10', '_np_version_under1p11', '_np_version_under1p12', '_np_version_under1p13', '_np_version_under1p14', '_np_version_under1p15', '_tslib', '_version', 'api', 'bdate_range', 'compat', 'concat', 'core', 'crosstab', 'cut', 'date_range', 'datetime', 'datetools', 'describe_option', 'errors', 'eval', 'factorize', 'get_dummies', 'get_option', 'get_store', 'groupby', 'infer_freq', 'interval_range', 'io', 'isna', 'isnull', 'json', 'lib', 'lreshape', 'match', 'melt', 'merge', 'merge_asof', 'merge_ordered', 'notna', 'notnull', 'np', 'offsets', 'option_context', 'options', 'pandas', 'parser', 'period_range', 'pivot', 'pivot_table', 'plot_params', 'plotting', 'pnow', 'qcut', 'read_clipboard', 'read_csv', 'read_excel', 'read_feather', 'read_fwf', 'read_gbq', 'read_hdf', 'read_html', 'read_json', 'read_msgpack', 'read_parquet', 'read_pickle', 'read_sas', 'read_sql', 'read_sql_query', 'read_sql_table', 'read_stata', 'read_table', 'reset_option', 'scatter_matrix', 'set_eng_float_format', 'set_option', 'show_versions', 'test', 'testing', 'timedelta_range', 'to_datetime', 'to_msgpack', 'to_numeric', 'to_pickle', 'to_timedelta', 'tools', 'tseries', 'tslib', 'unique', 'util', 'value_counts', 'wide_to_long']

图 7-39 Pandas 模块的函数和功能

Pandas 模块中定义了 Python 语言的高级数据结构，其中包括：

(1) 一维数组 Series。Series 与 NumPy 模块中的数据结构一维 Array 类似。而且，二者与 Python 语言的基本数据结构 List 也很相近，主要区别是 List 中的元素可以是不同的数据类型，而 Array 和 Series 中只允许存储相同的数据类型，这样可以更有效地使用内存，提高运算效率。

(2) 时间序列数据结构 Time-Series。它是以时间为索引的 Series 数据结构。

(3) 数据框 Dataframe。它是二维的表格型数据结构，Dataframe 的很多功能与 R 语言中的 data.frame 类似。其实我们可以将 Dataframe 理解为 Series 的容器。

(4) 面板数据结构 Panel。面板数据结构是三维的数组，我们可以将其理解为 Dataframe 的容器。

关于这些数据结构的详细内容本书将会在后续章节进行介绍。

Pandas 模块中提供了丰富的文件数据读取和写入函数，支持文本、二进制和数据库类型的文件，具体函数的描述如图 7-40 所示。

IO Tools (Text, CSV, HDF5, …)

The pandas I/O API is a set of top level reader functions accessed like pandas.read_csv() that generally return a pandas object. The corresponding writer functions are object methods that are accessed like DataFrame.to_csv(). Below is a table containing available readers and writers.

Format Type	Data Description	Reader	Writer
text	CSV	read_csv	to_csv
text	JSON	read_json	to_json
text	HTML	read_html	to_html
text	Local clipboard	read_clipboard	to_clipboard
binary	MS Excel	read_excel	to_excel
binary	HDF5 Format	read_hdf	to_hdf
binary	Feather Format	read_feather	to_feather
binary	Parquet Format	read_parquet	to_parquet
binary	Msgpack	read_msgpack	to_msgpack
binary	Stata	read_stata	to_stata
binary	SAS	read_sas	
binary	Python Pickle Format	read_pickle	to_pickle
SQL	SQL	read_sql	to_sql
SQL	Google Big Query	read_gbq	to_gbq

Here is an informal performance comparison for some of these IO methods.

图 7-40　Pandas 模块的文件操作

Pandas 还提供了灵活的数据索引和获取功能，如图 7-41 所示。

Object Type	Indexers
Series	s.loc[indexer]
DataFrame	df.loc[row_indexer, column_indexer]
Panel	p.loc[item_indexer, major_indexer, minor_indexer]

Object Type	Selection	Return Value Type
Series	series[label]	scalar value
DataFrame	frame[colname]	Series corresponding to colname
Panel	panel[itemname]	DataFrame corresponding to the itemname

图 7-41　Pandas 模块的数据索引和获取操作

Pandas 模块还对序列 Series、数据框 Dataframe 和面板数据结构 Panel 提供了融合、合并以及级联操作。Pandas 模块中的数据结构还可以方便地转换数据的存储形状，同时 Seires 数据结构提供了对于文本数据的操作。Pandas 模块中对于缺失数据、分类数据也做了很好的处理。在 Pandas 模块中还提供了类似于 Matplotlib 模块的数据可视化功能。此外，Pandas 模块提供了基本的统计计算函数、数据分组函数和窗口函数。对于日期类型的数据和时间序列数据，Pandas 模块也提供了支持和丰富的操作函数，如图 7-42 所示。

Concept	Scalar Class	Array Class	pandas Data Type	Primary Creation Method
Date times	Timestamp	DatetimeIndex	datetime64[ns] or datetime64[ns, tz]	to_datetime or date_range
Time deltas	Timedelta	TimedeltaIndex	timedelta64[ns]	to_timedelta or timedelta_range
Time spans	Period	PeriodIndex	period[freq]	Period or period_range
Date offsets	DateOffset	None	None	DateOffset

图 7-42　Pandas 模块对日期及时间序列数据的操作

以上各部分的详细内容请参见 http://pandas.pydata.org。

九、符号计算模块 SymPy

SymPy 模块是 Python 语言的一个符号计算模块。它的主要作用就是完成全功能的计算机代数系统，同时保持代码简洁、易于理解和扩展。SymPy 模块完全由 Python 写成，不依赖于任何外部的模块。SymPy 模块支持符号计算、高精度计算、模式匹配、绘图、解方程、微积分、组合数学、离散数学、几何学、概率与统计、物理学等方面的功能。导入 SymPy 模块，可以查看当前版本下模块提供的函数和功能，如图 7-43 所示。

```
#SymPy 模块
import sympy as sp
print(dir(sp))
```

['Abs', 'AccumBounds', 'Add', 'Adjoint', 'AlgebraicField', 'AlgebraicNumber', 'And', 'AppliedPredicate', 'Array', 'AssumptionsContext', 'Atom', 'AtomicExpr', 'BasePolynomialError', 'Basic', 'BlockDiagMatrix', 'BlockMatrix', 'C', 'CC', 'CRootOf', 'Catalan', 'Chi', 'Ci', 'Circle', 'ClassRegistry', 'CoercionFailed', 'Complement', 'ComplexField', 'ComplexRegion', 'ComplexRootOf', 'ComputationFailed', 'ConditionSet', 'Contains', 'CosineTransform', 'Curve', 'DeferredVector', 'DenseNDimArray', 'Derivative', 'Determinant', 'DiagonalMatrix', 'DiagonalOf', 'Dict', 'DiracDelta', 'Domain', 'DomainError', 'DotProduct', 'Dummy', 'E', 'E1', 'EPath', 'EX', 'Ei', 'Eijk', 'Ellipse', 'EmptySequence', 'EmptySet', 'Eq', 'Equality', 'Equivalent', 'EulerGamma', 'EvaluationFailed', 'ExactQuotientFailed', 'Expr', 'ExpressionDomain', 'ExtraneousFactors', 'FF', 'FF_gmpy', 'FF_python', 'FU', 'FallingFactorial', 'FiniteField', 'FiniteSet', 'FlagError', 'Float', 'FourierTransform', 'FractionField', 'Function', 'FunctionClass', 'FunctionMatrix', 'GF', 'GMPYFiniteField', 'GMPYIntegerRing', 'GMPYRationalField', 'Ge', 'GeneratorsError', 'GeneratorsNeeded', 'GeometryError', 'GoldenRatio', 'GramSchmidt', 'GreaterThan', 'GroebnerBasis', 'Gt', 'HadamardProduct', 'HankelTransform', 'Heaviside', 'HeuristicGCDFailed', 'HomomorphismFailed', 'I', 'ITE', 'Id', 'Identity', 'Idx', 'ImageSet', 'ImmutableDenseMatrix', 'ImmutableDenseNDimArray', 'ImmutableMatrix', 'ImmutableSparseMatrix', 'ImmutableSparseNDimArray', 'Implies', 'Indexed', 'IndexedBase', 'Integer', 'IntegerRing', 'Integral', 'Intersection', 'Interval', 'Inverse', 'InverseCosineTransform', 'InverseFourierTransform', 'InverseHankelTransform', 'InverseLaplaceTransform', 'InverseMellinTransform', 'InverseSineTransform', 'IsomorphismFailed', 'KroneckerDelta', 'LC', 'LM', 'LT', 'Lambda', 'LambertW', 'LaplaceTransform', 'Le', 'LessThan', 'LeviCivita', 'Li', 'Limit', 'Line', 'Line2D', 'Line3D', 'Lt', 'MatAdd', 'MatMul', 'MatPow', 'Matrix', 'MatrixBase', 'MatrixExpr', 'MatrixSlice', 'MatrixSymbol', 'Max', 'MellinTransform', 'Min', 'Mod', 'Monomial', 'Mul', 'MultivariatePolynomialError', 'MutableDenseMatrix', 'MutableDenseNDimArray', 'MutableMatrix', 'MutableSparseMatrix', 'MutableSparseNDimArray', 'N', 'NDimArray', 'Nand', 'Ne', 'NonSquareMatrixError', 'Nor', 'Not', 'NotAlgebraic',

图 7-43　SymPy 模块的部分函数和功能

'NotInvertible', 'NotReversible', 'Number', 'NumberSymbol', 'O', 'OperationNotSupported', 'OptionError', 'Options', 'Or', 'Order', 'POSform', 'Parabola', 'Piecewise', 'Plane', 'Point', 'Point2D', 'Point3D', 'PoleError', 'PolificationFailed', 'Poly', 'Polygon', 'PolynomialDivisionFailed', 'PolynomialError', 'PolynomialRing', 'Pow', 'PrecisionExhausted', 'Predicate', 'Product', 'ProductSet', 'PurePoly', 'PythonFiniteField', 'PythonIntegerRing', 'PythonRationalField', 'Q', 'QQ', 'QQ_gmpy', 'QQ_python', 'RR', 'Range', 'Rational', 'RationalField', 'Ray', 'Ray2D', 'Ray3D', 'RealField', 'RealNumber', 'RefinementFailed', 'RegularPolygon', 'Rel', 'RisingFactorial', 'RootOf', 'RootSum', 'S', 'SOPform', 'SYMPY_DEBUG', 'Segment', 'Segment2D', 'Segment3D', 'SeqAdd', 'SeqFormula', 'SeqMul', 'SeqPer', 'Set', 'ShapeError', 'Shi', 'Si', 'Sieve', 'SineTransform', 'SingularityFunction', 'SparseMatrix', 'SparseNDimArray', 'StrictGreaterThan', 'StrictLessThan', 'Subs', 'Sum', 'Symbol', 'SymmetricDifference', 'SympifyError', 'TableForm', 'Trace', 'Transpose', 'Triangle', 'Tuple', 'Unequality', 'UnevaluatedExpr', 'UnificationFailed', 'Union', 'UnivariatePolynomialError', 'Wild', 'WildFunction', 'Xor', 'Ynm', 'Ynm_c', 'ZZ', 'ZZ_gmpy', 'ZZ_python', 'ZeroMatrix', 'Znm', '__builtins__', '__cached__', '__doc__', '__file__', '__loader__', '__name__', '__package__', '__path__', '__spec__', '__sympy_debug', '__version__', 'acos', 'acosh', 'acot', 'acoth', 'acsc', 'acsch', 'add', 'adjoint', 'airyai', 'airyaiprime', 'airybi', 'airybiprime', 'apart', 'apart_list', 'apply_finite_diff', 'are_similar', 'arg', 'array', 'as_finite_diff', 'asec', 'asech', 'asin', 'asinh', 'ask', 'ask_generated', 'assemble_partfrac_list', 'assoc_laguerre', 'assoc_legendre', 'assume', 'assuming', 'assumptions', 'atan', 'atan2', 'atanh', 'basic', 'bell', 'bernoulli', 'besseli', 'besselj', 'besselk', 'besselsimp', 'bessely', 'beta', 'binomial', 'binomial_coefficients', 'binomial_coefficients_list', 'bivariate', 'block_collapse', 'blockcut', 'bool_map', 'boolalg', 'bottom_up', 'bspline_basis', 'bspline_basis_set', 'cache', 'cacheit', 'calculus', 'cancel', 'capture', 'cartes', 'casoratian', 'catalan', 'cbrt', 'ccode', 'ceiling', 'centroid', 'chebyshevt', 'chebyshevt_poly', 'chebyshevt_root', 'chebyshevu', 'chebyshevu_poly', 'chebyshevu_root', 'check_assumptions', 'checkodesol', 'checkpdesol', 'checksol', 'class_registry', 'classify_ode', 'classify_pde', 'closest_points', 'codegen', 'cofactors', 'collect', 'collect_const', 'combinatorial', 'combsimp', 'common', 'comp', 'compatibility', 'compose', 'composite', 'compositepi', 'concrete', 'conditionset', 'conjugate', 'construct_domain', 'containers', 'contains', 'content', 'continued_fraction', 'continued_fraction_convergents', 'continued_fraction_iterator', 'continued_fraction_periodic', 'continued_fraction_reduce', 'convex_hull', 'core', 'coreerrors', 'cos', 'cosh', 'cosine_transform', 'cot', 'coth', 'count_ops', 'count_roots', 'csc', 'csch', 'cse', 'cse_main', 'cse_opts', 'curve', 'cycle_length', 'cyclotomic_poly', 'decomposegen', 'decompose', 'decorator', 'decorators', 'default_sort_key', 'deg', 'degree', 'degree_list', 'denom', 'dense', 'deprecated', 'derive_by_array', 'det', 'det_quick', 'deutils', 'diag', 'dict_merge', 'diff', 'difference_delta', 'differentiate_finite', 'digamma', 'diophantine', 'dirichlet_eta', 'discrete_log', 'discriminant', 'div', 'divisor_count', 'divisor_sigma', 'divisors', 'doctest', 'dsolve', 'egyptian_fraction', 'elementary', 'ellipse', 'elliptic_e', 'elliptic_f', 'elliptic_k', 'elliptic_pi', 'entity', 'enumerative', 'epath', 'epathtools', 'erf', 'erf2', 'erf2inv', 'erfc', 'erfcinv', 'erfi', 'erfinv', 'euler', 'euler_equations', 'evalf', 'evaluate', 'exceptions', 'exp', 'exp_polar', 'expand', 'expand_complex', 'expand_func', 'expand_log', 'expand_mul', 'expand_multinomial', 'expand_power_base', 'expand_power_exp', 'expand_trig', 'expint', 'expr', 'expr_with_intlimits', 'expr_with_limits', 'expressions', 'exprtools', 'exptrigsimp', 'exquo', 'external', 'eye', 'factor', 'factor_', 'factor_list', 'factor_nc', 'factor_terms', 'factorial', 'factorial2', 'factorint', 'factorrat', 'facts', 'false', 'fancysets', 'farthest_points', 'fcode', 'ff', 'fibonacci', 'field', 'field_isomorphism', 'filldedent', 'finite_diff_weights', 'flatten', 'floor', 'fourier_series', 'fourier_transform', 'fps', 'frac', 'fraction', 'fresnelc', 'fresnels', 'fu', 'function', 'functions', 'gamma', 'gcd', 'gcd_list', 'gcd_terms', 'gcdex', 'gegenbauer', 'generate', 'genocchi', 'geometry', 'get_contraction_structure', 'get_indices', 'gff', 'gff_list', 'gosper', 'grevlex', 'grlex', 'groebner', 'ground_roots', 'group', 'gruntz', 'hadamard_product', 'half_gcdex', 'hankel1', 'hankel2', 'hankel_transform', 'harmonic', 'has_dups', 'has_variety', 'hermite', 'hermite_poly', 'hessian', 'hn1', 'hn2', 'homogeneous_order', 'horner', 'hyper', 'hyperexpand', 'hypersimilar', 'hypersimp', 'idiff', 'igcd', 'igrevlex', 'igrlex', 'ilcm', 'ilex', 'im', 'imageset', 'immutable', 'index_methods', 'indexed', 'inequalities', 'inference', 'init_printing', 'init_session', 'integer_nthroot', 'integrals', 'integrate', 'interactive', 'interactive_traversal', 'interpolate', 'interpolating_poly', 'intersection', 'intervals', 'inv_quick', 'inverse_cosine_transform', 'inverse_fourier_transform', 'inverse_

图 7-43 SymPy 模块的部分函数和功能（续）

'hankel_transform', 'inverse_laplace_transform', 'inverse_mellin_transform', 'inverse_sine_transform', 'invert', 'is_decreasing', 'is_increasing', 'is_monotonic', 'is_nthpow_residue', 'is_primitive_root', 'is_quad_residue', 'is_strictly_decreasing', 'is_strictly_increasing', 'is_zero_dimensional', 'isolate', 'isprime', 'iterables', 'itermonomials', 'jacobi', 'jacobi_normalized', 'jacobi_poly', 'jacobi_symbol', 'jn', 'jn_zeros', 'jordan_cell', 'jscode', 'julia_code', 'laguerre', 'laguerre_poly ', 'lambdify', 'laplace_transform', 'latex', 'lcm', 'lcm_list', 'legendre', 'legendre_poly', 'legendre_symbol', 'lerchphi', 'lex', 'li', 'limit', 'limit_seq', 'line', 'line_integrate', 'linear_eq_to_matrix', 'linsolve', 'list2numpy', 'ln', 'log', 'logcombine', 'loggamma', 'logic', 'lowergamma', 'lucas', 'magic', 'manualintegrate', 'mathematica_code', 'mathieuc', 'mathieucprime', 'mathieus', 'mathieusprime', 'matrices', 'matrix2numpy', 'matrix_multiply_elementwise', 'matrix_symbols', 'meijerg ', 'meijerint', 'mellin_transform', 'memoization', 'memoize_property', 'minimal_polynomial', 'minpoly', 'misc', 'mobius', 'mod', 'mod_inverse', 'monic', 'mul', 'multidimensional', 'multinomial', 'multinomial_coefficients', 'multiplicity', 'n_order', 'nan', 'nextprime', 'nfloat', 'nonlinsolve', 'not_empty_in', 'npartitions', 'nroots', 'nsimplify', 'nsolve', 'nth_power_roots_poly', 'ntheory', 'nthroot_mod', 'numbered_symbols', 'numbers', 'numer', 'octave_code', 'ode', 'ode_order', 'ones', 'oo', 'operations', 'ordered', 'pager_print', 'parabola', 'parallel_poly_from_expr', 'parsing', 'partitions_', 'pde', 'pde_separate', 'pde_separate_add', 'pde_separate_mul', 'pdiv', 'pdsolve', 'perfect_power', 'periodic_argument', 'periodicity', 'permutedims', 'pexquo', 'pi', 'piecewise_fold', 'plane', 'plot', 'plot_backends', 'plot_implicit', 'plotting', 'point', 'polar_lift', 'polarify', 'pollard_pm1', 'pollard_rho', 'poly', 'poly_from_expr', 'polygamma', 'polygon', 'polylog', 'polys', 'polysys', 'posify', 'postfixes', 'postorder_traversal', 'powdenest', 'power', 'powsimp', 'pprint', 'pprint_try_use_unicode', 'pprint_use_unicode', 'pquo', 'prefixes', 'prem', 'preorder_traversal', 'pretty', 'pretty_print', 'preview', 'prevprime', 'prime', 'primefactors', 'primenu', 'primeomega', 'primepi', 'primerange', 'primetest', 'primitive', 'primitive_element', 'primitive_root', 'primorial', 'principal_branch', 'print_gtk', 'print_python', 'print_tree', 'printing', 'prod', 'product', 'products', 'public', 'python', 'quadratic_residues', 'quo', 'rad', 'radsimp', 'randMatrix', 'random_poly', 'randprime', 'rational_interpolate', 'ratsimp', 'ratsimpmodprime', 'rcode', 'rcollect', 're', 'real_root', 'real_roots', 'recurr', 'reduce_abs_inequalities', 'reduce_abs_inequality', 'reduce_inequalities', 'reduced', 'reduced_totient', 'refine', 'refine_root', 'register_handler', 'relational', 'release', 'rem', 'remove_handler', 'reshape', 'residue', 'residue_ntheory', 'resultant', 'rf', 'ring', 'root', 'rootof', 'roots', 'rot_axis1', 'rot_axis2', 'rot_axis3', 'rsolve', 'rsolve_hyper', 'rsolve_poly', 'rsolve_ratio', 'rules', 'runtests', 'rust_code', 'satisfiable', 'sec', 'sech', 'separatevars', 'sequence', 'series', 'seterr', 'sets', 'sfield', 'sieve', 'sift', 'sign', 'signsimp', 'simplify', 'simplify_logic', 'sin', 'sinc', 'sine_transform', 'singleton', 'singularities', 'singularityfunctions', 'singularityintegrate', 'sinh', 'solve', 'solve_linear', 'solve_linear_system', 'solve_linear_system_LU', 'solve_poly_inequality', 'solve_poly_system', 'solve_rational_inequalities', 'solve_triangulated', 'solve_undetermined_coeffs', 'solve_univariate_inequality', 'solvers', 'solveset', 'source', 'sparse', 'special', 'sqf', 'sqf_list', 'sqf_norm', 'sqf_part', 'sqrt', 'sqrt_mod', 'sqrt_mod_iter', 'sqrtdenest', 'srepr', 'sring', 'sstr', 'sstrrepr', 'stieltjes', 'strategies', 'sturm', 'subfactorial', 'subresultants', 'subsets', 'substitution', 'summation', 'summations', 'swinnerton_dyer_poly', 'symarray', 'symbol', 'symbols', 'symmetric_poly', 'symmetrize', 'sympify', 'take', 'tan', 'tanh', 'tensor', 'tensorcontraction', 'tensorproduct', 'terms_gcd', 'test', 'textplot', 'threaded', 'timed', 'timeutils', 'to_cnf', 'to_dnf', 'to_nnf', 'to_number_field', 'together', 'topological_sort', 'totient', 'trace', 'trailing', 'transforms', 'transpose', 'traversaltools', 'trigamma', 'trigonometry', 'trigsimp', 'true', 'trunc', 'unbranched_argument', 'unflatten', 'unpolarify', 'uppergamma', 'use', 'util', 'utilities', 'var', 'variations', 'vectorize', 'vfield', 'viete', 'vring', 'wronskian', 'xfield', 'xring', 'xthreaded', 'yn', 'zeros', 'zeta', 'zoo']

图 7 - 43　SymPy 模块的部分函数和功能（续）

关于符号计算模块 SymPy 的详细介绍请参见 https://www.sympy.org/en/index.html。

十、数据可视化模块 Matplotlib

Matplotlib 模块是 Python 语言用于数据可视化的模块，它可以生成各种硬拷贝格式和跨平台交互式环境的数据可视化图像。同时，Matplotlib 模块还可用于 Python 脚本、

Python 和 IPython shell、Jupyter 笔记本、Web 应用程序服务器和图形用户界面工具包。Matplotlib 模块试图让简单易行的事情成为可能，程序员只需几行代码即可生成绘图、直方图、功率谱、条形图、误差图、散点图等。导入 Matplotlib 模块，可以查看当前版本下模块提供的函数和功能，如图 7-44 所示。

```
# Matplotlib 模块
import matplotlib as mp
print(dir(mp))
```
['MutableMapping', 'RcParams', 'URL_REGEX', 'Verbose', '_DATA _DOC_APPENDIX', '__bibtex__', '__builtins__', '__cached__', '__doc__', '__file__', '__loader__', '__name__', '__package__', '__path__', '__spec__', '__version__', '__version__numpy__', '__warningregistry__', '_add_data_doc', '_all_deprecated', '_backports', '_color_data', '_create_tmp_config_dir', '_decode_filesystem_path', '_deprecated_ignore_map', '_deprecated_map', '_deprecated_set', '_error_details_fmt', '_get_cachedir', '_get_config_or_cache_dir', '_get_configdir', '_get_data_path', '_get_data_path_cached', '_get_home', '_get_xdg_cache_dir', '_get_xdg_config_dir', '_init_tests', '_is_writable_dir', '_log', '_obsolete_set', '_open_file_or_url', '_parse_commandline', '_preprocess_data', '_python27', '_python34', '_rc_params_in_file', '_replacer', '_set_logger_verbose_level', '_url_lines', '_use_error_msg', '_verbose_msg', '_version', '_wrap', 'absolute_import', 'atexit', 'cbook', 'checkdep_dvipng', 'checkdep_ghostscript', 'checkdep_inkscape', 'checkdep_pdftops', 'checkdep_ps_distiller', 'checkdep_tex', 'checkdep_usetex', 'checkdep_xmllint', 'colors', 'compare_versions', 'compat', 'contextlib', 'cycler', 'dateutil', 'dedent', 'defaultParams', 'default_test_modules', 'distutils', 'division', 'font_config_pattern', 'functools', 'get_backend', 'get_cachedir', 'get_configdir', 'get_data_path', 'get_home', 'get_label', 'get_py2exe_datafiles', 'inspect', 'interactive', 'io', 'is_interactive', 'is_url', 'itertools', 'locale', 'logging', 'matplotlib_fname', 'mplDeprecation', 'numpy', 'os', 'print_function', 'pyparsing', 'rc', 'rcParams', 'rcParamsDefault', 'rcParamsOrig', 'rc_context', 'rc_file', 'rc_file_defaults', 'rc_params', 'rc_params_from_file', 'rcdefaults', 'rcsetup', 're', 'reload', 'sanitize_sequence', 'shutil', 'six', 'stat', 'subprocess', 'sys', 'tempfile', 'test', 'testing', 'tk_window_focus', 'urlopen', 'use', 'validate_backend', 'verbose', 'warnings']

图 7-44　Matplotlib 模块的函数和功能

Matplotlib 模块中对于一副图形定义了标题、轴等各个部分，具体示意如图 7-45 所示。

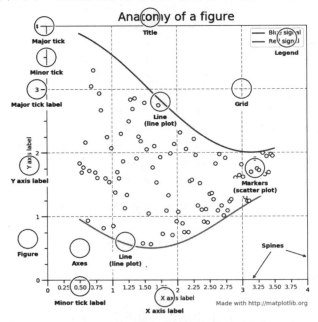

图 7-45　Matplotlib 模块定义的图形元素

关于数据可视化的内容将在后续章节详细介绍，具体内容请参考 https://matplotlib.org/index.html。

第3节 Python 语言的函数

在 Python 语言中，函数是通过 def 关键字来定义的。其实，形象一点来讲，定义函数就是给一段代码模块定义一个名称，然后可以在程序的任何地方任意次地执行该代码模块。因此，从某种意义上来讲，def 语句就是一个可以执行的代码块。当程序运行到 def 语句时，def 语句将会创建一个新的函数，然后将其代码块的内容赋值给 def 语句定义好的函数名称。def 语句创建的函数可以在 if 语句、for 循环语句中执行，也可以在其他 def 语句中嵌套或者模块文件中编写。

一、简单函数

简单函数 def 语句的语法结构：
　　def 函数名（）：
　　#函数说明文档
　　函数体模块

类似于 Python 语言中其他的多行语句，函数定义 def 语句包括三个部分：首行、函数说明文档（注释部分的内容）以及函数主体代码模块。def 语句首行包括 def 关键字、函数名称以及括号中的参数集合（如果有参数的话）。在前面的章节中我们曾经给出了 Python 语言的命名规则以及保留字，在命名函数名称时需要注意避免与 Python 语言的内置函数重名，这样可以避免在调用函数时出现错误。函数说明文档是指在创建函数时可以对该函数所实现的功能进行说明（这里不是必须但往往是推荐的），这样不仅有利于在编写函数代码的过程中理清思路，而且便于在重复调用函数时进行少许的改动。至于函数主体代码模块，它是一个函数的精髓所在，需要根据读者具体的要求进行编写。

下面通过几个例子来介绍简单的函数的定义和用法。

例如，定义一个函数，函数功能就是打印一句话："Hello world!"具体代码和执行结果如图 7-46 所示。在 Python 语言中，函数被定义好以后，就如同函数体的代码模块被赋予了一个标签，标签的名字就是函数名称，当需要使用这一段代码模块时，只需给出标签的名字就可以了，这就是函数的调用。也就是说，当我们需要调用该函数时，直接给出函数的名称就可以了。如图 7-46 所示，最后一行代码"my_fun1()"就是函数调用命令。

```
#定义函数
def my_fun1():
    print('Hello world!')
```

图 7-46　定义简单函数

```
#调用函数
my_fun1()

Hello world!
```

图 7-46 定义简单函数（续）

如果我们想要将函数的执行结果赋值给一个变量，该如何处理呢？一个直观的想法是采用赋值语句"a = my_fun1()"，但是这样能否将函数的执行结果，也即将"Hello world!"字符串赋值给变量 a 呢？显然不可以。具体代码及执行结果如图 7-47 所示。

```
#定义函数
def my_fun1():
    print('Hello world!')
#直接赋值运算
a=my_fun1()
print('Value of a is:', a)

Hello world!
Value of a is: None
```

图 7-47 赋值运算

从程序的执行结果可以看到，变量 a 仍然为空"None"，并没有将函数的执行结果赋值给变量 a。其实，将函数的执行结果赋值给一个变量，在 Python 语言中是通过函数值返回来实现的。在 Python 语言中，可以采用 return 语句来返回一个对象。当调用函数时，return 语句可以将函数代码块中计算得出的值返回给调用对象，并终止函数的执行。因此，我们可以对原来的函数做些修改，并将对应的执行结果返回给调用对象。具体代码及执行结果如图 7-48 所示。

```
#定义函数
def my_fun2():
    return 'Hello world!'
#函数赋值运算
a=my_fun2()
print('Value of a is:', a)

Value of a is: Hello world!
```

图 7-48 带有返回值的函数

仔细观察函数代码，我们不难发现，第二个函数只是将 print 语句变成了 return 语句，即可将函数执行结果"Hello world!"字符串返回给调用对象 a，从而变量 a 被赋值成了字符串"Hello world!"。

在 Python 语言中，还有一种函数的定义方式，就是采用 lambda 关键字来定义。lambda 语句可以创建一个函数对象，并将其作为结果返回给创建对象，它可以使函数运用到 def 语句不能实现的地方。需要注意的是，lambda 语句（有时也称为匿名函数）创建了一个可以在之后调用的函数，但是它返回一个函数而不是将这个函数赋值给一个变量名，这也是将 lambda 语句称作匿名函数的原因。

lambda 语句的语法结构：

　　lambda 参数集合：表达式

lambda 语句由 lambda 关键字、参数集合和表达式组成。需要注意的是，与 def 语句定义函数不同，lambda 语句是一个表达式。前面提到 lambda 语句定义的函数可以出现在 def 语句无法使用的地方，这是因为 lambda 语句返回的是一个值，从而可以有选择地将其赋值给一个变量名，而 def 语句必须将函数赋值给一个变量名。另外，lambda 语句的主体是表达式，而不是代码模块，这一点要和 def 语句区分开来。其实，lambda 语句的设计思路是为了编写短小简单的函数，而 def 语句的功能更全面，处理的任务更复杂。

例如，给定两个数字，返回这两个数字的和。具体代码及执行结果如图 7-49 所示。

```
#lamda 函数
a=lambda x,y:x+y
print('2 plus 3 is;',a(2,3))
print('\n')
print('99 plus 25 is;',a(25,99))

2 plus 3 is; 5

99 plus 25 is; 124
```

图 7-49　lambda 语句

二、带有参数的函数

一个函数的参数通常称为 argument 或是 parameter，函数的参数是指函数中输入端赋值的载体。对于带有参数的函数，是通过赋予参数各种实际值的方法来实现函数的调用。一般将函数定义时创建的参数称作形参，将函数调用时传入的参数称作实参。

1. 带有默认参数的函数

在一个函数中，默认参数是指函数在创建的时候就为参数设定了默认值，这样在调用函数的时候就可以选择不给出参数的具体值。其语法结构为：

　　def 函数名称（默认参数集合）：#默认参数在创建时就要给出默认值
　　　　#函数说明文档
　　函数体模块

例如，定义一个函数，有两个输入参数，返回这两个参数的乘积。但是，函数在设定时给出了默认值。具体代码及执行结果如图 7-50 所示。

```
#带有默认参数的函数
def my_fun3(x=3,y=8):
    print('%d multiply %d is: %d'%(x,y,x*y))
```

图 7-50　默认参数函数

```
my_fun3()    #默认参数
print('\n')
my_fun3(25,7) #新赋值参数
```

```
3 multiply 8 is: 24

25 multiply 7 is: 175
```

图 7-50 默认参数函数（续）

从程序运行结果来看，带有默认参数的函数在调用时可以不给函数传递实参，函数将采用默认参数值执行运算。也可以在调用时给带有默认参数的函数传递实参，此时函数将按照实际传递的实参值来执行运算。也可以在调用时只给部分参数传递实参，但是需要注意传递的参数次序。

2. 带有强制参数的函数

在一个函数中，强制参数是指函数在创建的时候不为参数设定默认值，这样在调用函数的时候就必须给出参数对应的实参值。其语法结构为：

  def 函数名称（强制参数集合）：#强制参数在创建时不需要给出默认值
   #函数说明文档
  函数体模块

例如，定义一个函数，有两个输入参数，返回这两个参数的和。函数在设定时并没有给出参数的默认值。具体代码及执行结果如图 7-51 所示。

```
#带有强制参数的函数
def my_fun4(x,y):
    #强制参数在定义时参数无默认值
    print('x=%d plus y=%d is: z=%d'%(x,y,x+y))
my_fun4(8,23)   #给参数赋值
print('\n')
my_fun4() #不赋值参数
```

```
x=8 plus y=23 is: z=31
------------------------------------------------
TypeError                                 Traceback(most recent call last)
<ipython-input-25-396aeeb1fac1> in <module>()
      6 my_fun4(8,23)    #给参数赋值
      7 print('\n')
----> 8 my_fun4() #不赋值参数

TypeError: my_fun4() missing 2 required positional arguments: 'x' and 'y'
```

图 7-51 强制参数函数

从程序运行结果来看，带有强制参数的函数由于定义是没有给形参赋予默认值，所以调用时必须给出实参值。如果不给出实参值，函数调用时就会报错，告诉我们一共有几个

强制参数没有被赋值。

3. 带有混合参数的函数

在一个函数中，混合参数是指函数在创建的时候有一部分参数设定了默认值，而其余参数没有设定默认值。这样在调用函数时必须给出没有设定默认值的实参值。其语法结构为：

  def 函数名称（混合参数集合）：#混合参数包括了默认参数和强制参数
   #函数说明文档
  函数体模块

例如，定义一个函数，有 3 个输入参数，返回前两个参数的乘积与第 3 个参数的和。函数在设定时，一个参数给定了默认值，其余两个参数并没有给出参数的默认值。具体代码及执行结果如图 7-52 所示。

```
#带有混合参数的函数
def my_fun5(x=6,y,z):
    #混合参数包括默认参数和强制参数
    print('x=%d multiply y=%d and plus z=%d is: w=%d'%(x,y,z,x*y+z))
my_fun5(8,23)    #给强制参数赋值
print('\n')
my_fun5(5,6,9)  #给所有参数赋值

File "<ipython-input-27-238bed100438>", line 2
    def my_fun5(x=6,y,z):
                      ^
SyntaxError: non-default argument follows default argument
```

图 7-52 混合参数的函数

从程序执行结果来看，当我们定义一个带有混合参数的函数时，如果将默认参数放在强制参数之前，则会报出语法错误。出错的原因正是强制参数出现在默认参数的后面，这样 Python 编译器就难以准确地识别调用对象传入的实参是属于哪个形参。也即形参是按照顺序传递实参的。

正确的定义和调用实例如图 7-53 所示。

```
#带有混合参数的函数
def my_fun5(y,z,x=6):
    #混合参数包括默认参数和强制参数
    print('x=%d multiply y=%d and plus z=%d is: w=%d'%(x,y,z,x*y+z))
my_fun5(8,23)    #给强制参数赋值
print('\n')
my_fun5(5,6,9) #给所有参数赋值

x=6 multiply y=8 and plus z=23 is: w=71

x=9 multiply y=5 and plus z=6 is: w=51
```

图 7-53 混合参数的函数传值

4. 带有关键参数的函数

在一个函数中,带有关键参数的函数在形式上和带有混合参数的形式是一致的,二者的区别在于带有关键参数的函数在调用的时候通过参数名称赋值,而不是通过顺序赋值。其语法结构为:

  def 函数名称(带有关键参数的集合): #关键参数赋值是通过名称实现

   #函数说明文档

  函数体模块

例如,定义一个函数,有 4 个输入参数,返回前两个参数的乘积与第 3 个参数的和同第 4 个参数的差。函数在设定时,两个参数给定了默认值,其余两个参数并没有给出参数的默认值。具体代码及执行结果如图 7-54 所示。

```
#带有关键参数的函数
def my_fun6(y,z,x=6,w=9):
    #关键参数包括默认参数和强制参数,传值是根据参数名称
    print('x=%d multiply y=%d , plus z=%d and minus w=%d is: u=%d'%(x,y,z,w,x*y+z-w))

my_fun6(x=9,y=4,z=7,w=200)    #给关键参数赋值
print('\n')
my_fun6(z=7,w=200,x=9,y=4) #给所有参数赋值,跟顺序无关

x=9 multiply y=4 , plus z=7 and minus w=200 is: u=-157

x=9 multiply y=4 , plus z=7 and minus w=200 is: u=-157
```

图 7-54　带有关键参数的函数

从程序执行结果来看,带有关键参数的函数在函数调用时,对于形参的参数传递是根据参数的名称来实现的,而不是根据参数的顺序传递实参。因此,在调用函数时,参数的传递顺序可以与函数定义时给出的参数顺序不一样。

最后,介绍一下函数中变量的作用域问题。其实,变量的作用域指的就是变量可以产生作用的范围,也就是说变量在哪个范围内是有效的。下面先来看个例子,以便对作用域的问题有个大致的了解。具体代码以及执行结果如图 7-55 所示。

```
#变量的作用域
x=100
def my_fun7():
    x=10
    print('Value of x is x=', x)
my_fun7()   #调用函数
print('\n')
print('x=', x)

Value of x is x= 10
x= 100
```

图 7-55　局部变量的作用域

从程序的执行结果来看，我们首先给变量 x 赋值为 100，然后，定义了一个函数 my_fun7()，在函数体模块中，我们再次给变量 x 赋值为 10。当我们调用函数时，函数将变量 x 的值打印了出来，结果为 10。但是，当我们再次查看变量 x 的值时，显示的结果却是 100。同一个变量，怎么拥有两个不同的数值呢？其实，这就是变量的作用域不同而产生的结果。函数体模块中的变量 x，只在函数体模块中起作用，在函数体模块之外就不起作用了。

在 Python 语言中，变量的作用域决定于变量的形式。一般来讲，变量的形式有两种：本地变量和全局变量。本地变量指的是在函数内部定义的变量。而全局变量指的是在单个文件中也可以执行的变量。本地变量可以作用的范围叫做本地作用域，一般来讲就是函数内部；全局变量可以作用的范围叫做全局作用域，一般来讲就是整个文件。

Python 语言中采用 global 语句来声明全局变量。通常情况下，在函数中被赋值的对象只可在函数内部调用，如果想在整个程序或者模块中调用某个变量，则可以通过在函数内部使用 global 语句对某该变量进行声明。

下面再来看个例子，首先定义一个变量 x，并赋值 100；然后在函数体中定义一个全局变量 x，赋值为 20，并且返回该变量的值。具体代码及执行结果如图 7-56 所示。

```
#变量的作用域
x=100
def my_fun8():
    global x    #全局变量
    x=20
    print('Value of x is x=', x)
my_fun8()    #调用函数
print('\n')
print('x=', x)

Value of x is x= 20

x= 20
```

图 7-56 全局变量的作用域

从程序执行结果来看，在函数执行之前查看变量 x 的值，结果仍然是 100，执行函数之后，再次查看变量 x 的值，给出的结果却变成了 20。这就说明函数体模块中定义的变量 x 在函数体模块之外仍然是起作用的。

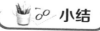 小结

Python 语言的模块提供了功能强大的分析和处理工具，可以方便地将这些模块导入自己的程序中，不必重新编写代码而实现想要的功能。当然，也可以编写自己特有的函数模块，以便在程序中重复使用。

第 8 章 Python 语言的类

 本章要点与学习目标

类的概念是面向对象编程的核心。无论采用何种编程语言，如果只是根据操作数据的命令语句模块或者函数来设计自己的软件程序，那么这种开发模式就是面向程序的编程模式。而面向对象的编程模式是将数据和与之相关的功能结合为一体，包裹起来组成程序。Python 语言是一种面向对象的编程语言，类机制当然是其不可缺少的重要组成部分。

本章的学习目标是了解 Python 语言的类，掌握类的编写和使用方法。

第 1 节 Python 语言的类简介

类这个概念实际上就是对现实世界中事物的一种抽象。比如说，"人"就是一个类，即"人类"。"人"这个类具有很多的属性，比如有眼睛、有鼻子、有嘴巴、有四肢等。"人"这个类也具有很多的能力（或者说处理问题的方法），比如可以通过眼睛来观察外界的颜色，通过鼻子来嗅出外界的气味，等等。将属性和方法结合为一体，包裹起来就构成了类。与类紧密相关的一个概念就是对象，它是类的一个具体实例。例如，现实世界中的任何一个人都是人类这个类的对象。对象具有类的属性和方法，例如，每一个人都有眼睛、有鼻子、有嘴巴等。

Python 语言的类机制是 C++和 Modula-3 的混合，是在尽可能不增加新的语法和语义的情况下加入类机制的。Python 语言中的类并没有将用户和定义隔离开来，在它们之间建立一个绝对的屏障。恰恰相反，Python 语言中的类依赖于用户自觉地不去"破坏定义"。Python 语言中的类机制完整地保留了类机制应该具有的重要功能，比如类的继承机制允许多继承；基类的派生类可以覆盖其中的任何方法；派生类的方法中可以调用基类中的同名方法；对象可以包含任意数量的私有成员。其实，从广义上讲，Python 语言中的一切数据类型都是对象，这样就形成了语义上的引入和重命名。类似于 C++语言，大多数带有特殊语法的内置操作符（算法运算符、下标等）都可以针对类的特殊需要进行重新定义。从另外一个角度来看，类其实也是 Python 语言的模块。因此，类也可以在需要的时候被动态地创建，类被创建完之后也可以修改。

一、类的创建

类似于 Python 语言中的函数，在使用类之前，必须首先创建类。创建类的语法结构为：

    class 类名称：
        类主体模块

其中，类主体模块是读者需要定义的类的属性和方法。其实，类主体模块中的代码语句包括类成员变量的定义和类成员函数的定义。在类的主体模块中创建的函数有着特殊形式的参数列表。因此，类主体模块中定义的函数也称为类的方法。类的第一个特点就是封装，将相关的变量和函数组合在一起。

例如，定义一个类，名称为 Humanbing，成员变量包括身高 height、体重 weight、名字 name。还有一个方法为给定人的名字 SetName，一个方法为见面问候 Greet。具体代码如图 8-1 所示。

```
#定义类
class Humanbing:
    #类的成员变量
    height='Height of the person.'
    weight='Weight of the person.'
    name='Name of the person.'
    #类的成员函数
    def SetName(self,name):
        self.name=name
    def Greet(self):
        print('Hello, my name is %s'%self.name)
```

图 8-1　创建类 Humanbing

从程序执行的结果可以看到，在类的方法的定义中出现了一个特殊的参数 self，该参数是对于类对象本身的调用。在函数（如 SetName 和 Greet）的调用中，函数会自动地将类对象自己作为第一个参数传递给函数自己。

类创建成功之后，还不能直接使用，这只是一个抽象的概念。例如，我们不能说"人类来吃饭吧"，我们可以说"小明来吃饭吧"。也就是说，想要使用类，首先必须将类实例化，得到具体的类的对象之后才能使用。类实例化的语法结构为：

    对象名称＝类名称（）

类实例化之后的对象具备了类的所有属性和方法。例如，我们采用上面创建的类 Humanbing，实例化一个对象 person1。然后采用该实例化之后的对象进行相关的操作。具体代码及执行结果如图 8-2 所示。

```
#实例化类,使用类
person1=Humanbing()
print('Variable name is:',person1.name)    #调用成员变量
print('\n')
print('Variable height is:',person1.height)    #调用成员变量
print('\n')
print('Variable weight is:',person1.weight)    #调用成员变量
print('\n')
person1.SetName('Peter')    #调用成员函数
person1.Greet()    #调用成员函数
print('\n')
person1.SetName('Michle')    #调用成员函数
person1.Greet()    #调用成员函数
```

Variable name is: Name of the person.

Variable height is: Height of the person.

Variable weight is: Weight of the person.

Hello, my name is Peter

Hello, my name is Michle

图 8-2 类实例化

从程序的执行结果可以看到,类的实例化对象 person 的属性和方法可以成功地调用。当然,我们也可以看到,实例化之后的对象 person1 具备了类中定义的所有的属性和方法,如图 8-3 所示。

```
#实例与类的属性对比
print('Humanbing: ',dir(Humanbing))
print('\n')
print('Person1: ',dir(person1))
```

Humanbing: ['Greet', 'SetName', '__class__', '__delattr__', '__dict__', '__dir__', '__doc__', '__eq__', '__format__', '__ge__', '__getattribute__', '__gt__', '__hash__', '__init__', '__init_subclass__', '__le__', '__lt__', '__module__', '__ne__', '__new__', '__reduce__', '__reduce_ex__', '__repr__', '__setattr__', '__sizeof__', '__str__', '__subclasshook__', '__weakref__', 'height', 'name', 'weight']

Person1: ['Greet', 'SetName', '__class__', '__delattr__', '__dict__', '__dir__', '__doc__', '__eq__', '__format__', '__ge__', '__getattribute__', '__gt__', '__hash__', '__init__', '__init_subclass__', '__le__', '__lt__', '__module__', '__ne__', '__new__', '__reduce__', '__reduce_ex__', '__repr__', '__setattr__', '__sizeof__', '__str__', '__subclasshook__', '__weakref__', 'height', 'name', 'weight']

图 8-3 类与对象

二、成员的私有化

其实在 Python 语言中并不存在所谓的外部无法访问的"私有"变量。然而，在规范化的 Python 语言代码编写中存在一个约定，以双下划线（＿＿）开头来命名的类成员应该是私有的成员。私有成员在类的内部是可以访问的，而在类的外部是不能访问的。

例如，将上面例子中的 Humanbing 类的身高 height 变量定义为私有变量，并在类的内部和外部分别访问该变量。具体代码及执行结果如图 8-4 所示。

```
#定义类的私有变量
class Humanbing1:
    #类的成员变量,双下划线定义私有变量
    __height=175.3
    weight='Weight of the person.'
    name='Name of the person.'
    #类的成员函数
    def SetName(self,name):
        self.name=name
    def Greet(self):
        print('Hello, my name is %s, and my heightis %f'%(self.name,self.__height))
```

图 8-4 定义私有变量

从如图 8-4 所示的脚本文件中可以看到，我们将 Humanbing1 类的成员变量 height 修改为私有成员变量，并且在类的内部 Greet 成员函数中调用了该成员变量。经过编译后的 Humanbing1 类现在可以直接进行实例化。例如，我们创建一个 Humanbing1 类的实例化对象 person2，具体代码及执行结果如图 8-5 所示。

```
#实例化
person2=Humanbing1()
```

图 8-5 实例化对象

从程序的执行结果可以看到，我们成功地创建了一个 Humanbing1 类的实例化对象 person2，下面就可以对 person2 对象进行操作。具体示例代码及执行结果如图 8-6 所示。

```
#访问私有变量
print('Variable name is:',person2.name)    #调用成员变量
print('\n')
print('Variable weight is:',person2.weight)    #调用成员变量
print('\n')
person2.SetName('Kaven')    #调用成员函数
person2.Greet()    #调用成员函数
```

图 8-6 访问私有成员变量

```
print('\n')
person2.SetName('Jean')    #调用成员函数
person2.Greet()    #调用成员函数
print('Variable height is:',person2.__height)    #访问私有成员变量
```

```
Variable name is: Jean

Variable weight is: Weight of the person.

Hello, my name is Kaven, and my height is 175.300000

Hello, my name is Jean, and my height is 175.300000
--------------------------------------------------
AttributeError                         Traceback (most recent call last)
<ipython-input-20-5f11688826db> in <module>()
     10 person2.Greet()    #调用成员函数
     11
---> 12 print('Variable height is:',person2.__height)    #访问私有成员变量

AttributeError: 'Humanbing1' object has no attribute '__height'
```

图 8-6 访问私有成员变量（续）

从程序的执行结果可以看到，对于实例化对象 person2 的非私有成员变量，在类的外部是可以成功访问的，而对于实例化对象 person2 的私有成员变量，在类的外部是无法成功访问的。而在类的内部访问私有成员变量是可以的。

其实，类似于类的成员变量，类的成员函数即类的方法也可以被私有化，私有化的方法同样为在函数名的前面添加双下划线，如图 8-7 所示。

```
#定义类的私有函数
class Humanbing2:
    #类的成员变量,双下划线定义私有变量
    __height=175.3
    weight='Weight of the person.'
    name='Name of the person.'
    #类的成员函数
    def SetName(self,name):
        self.name=name
    def __Greet(self):
        print('Hello, my name is %s, and my height is %f'%(self.name,self.__height))
```

图 8-7 私有化成员函数

私有化后的成员函数在类的内部可以被调用，在类的外部就不可以被调用了。具体示例代码及执行结果如图 8-8 所示。

```
#调用私有成员函数
person3=Humanbing2()
print('Variable name is:',person3.name)    #调用成员变量
print('\n')
print('Variable weight is:',person3.weight)    #调用成员变量
print('\n')
person3.SetName('Kaven')    #调用成员函数
print('\n')
person3.__Greet()    #访问私有成员函数
```

Variable name is: Name of the person.

Variable weight is: Weight of the person.

....

AttributeError   Traceback (most recent call last)
<ipython-input-23-43091059a1be> in <module>()
      7 person3.SetName('Kaven')   #调用成员函数
      8 print('\n')
————> 9 person3.__Greet()   #访问私有成员函数

AttributeError: 'Humanbing2' object has no attribute '__Greet'

图 8-8 调用私有成员函数

从程序的执行结果可以看到，类的非私有成员函数在类的外部可以被成功调用，而类的私有化成员函数在外部是不能被访问的。

第 2 节 类的继承

面向对象的编程的另外一个重要特征就是类的继承。其实，类的继承表明的是两个或者多个类之间的"父子"关系，子类继承了父类所有的非私有成员变量和成员函数，而子类中不必对继承过来的内容重新编写代码，这样就实现了代码的重用，减少了代码的编写量。

Python 语言中类的继承的语法结构为：

  class 子类名称（父类1，父类2，…，父类 n）：
    子类主体模块

一个子类可以从多个父类（有时也称为超类）进行继承，被继承的父类写在子类名称后面的圆括号内，不同的父类名称之间以逗号分隔。

例如，定义一个父类 People，类的成员变量和成员函数如图 8-9 所示。同样，使用该类之前要先编译类代码。

```
#类的继承
#定义父类
class People:
    #类的成员变量,双下划线定义私有变量
    __height=175.3
    weight='Weight of the person.'
    name='Name of the person.'
    #类的成员函数
    def SetName(self,name):
        self.name=name
    def Greet(self):
        print('Hello, my name is %s, and my height is %f'%(self.name,self.__height))
```

图 8-9 父类 People

然后，定义一个子类 subPeople，类的成员变量和成员函数如图 8-10 所示。

```
#定义子类
class subPeople(People):
    Gender='Male'
    def SetGender(self,Gender):
        self.Gender=Gender
    def Info(self):
        print('My gender is %s'%(self.Gender))
```

图 8-10 子类 subPeople

实例化子类 subPeople 对象 sp，调用实例化对象 sp 的变量和函数。具体代码及执行结果如图 8-11 所示。

```
#子类实例化
sp=subPeople()
print('Name of sp is:', sp.name)
print('\n')
print('Weight of sp is:', sp.weight)
print('\n')
print('Gender of sp is:', sp.Gender)
print('\n')
sp.Greet()
print('\n')
sp.Info()
print('\n')
sp.SetName('Lisa')
sp.SetGender('Female')
```

图 8-11 实例化对象 sp

第 8 章　Python 语言的类

```
sp.Greet();sp.Info()
```
Name of sp is: Name of the person.

Weight of sp is: Weight of the person.

Gender of sp is: Male

Hello, my name is Name of the person., and my height is 175.300000

My gender is Male

Hello, my name is Lisa, and my height is 175.300000
My gender is Female

图 8 - 11　实例化对象 sp（续）

从程序的执行结果可以看到，实例化对象 sp 可以成功地调用类 subPeople 中定义的成员变量和成员函数。同时，可以看到实例化对象 sp 也可以成功地调用父类 People 中定义的非私有成员变量和成员函数。

在类的继承过程中，如果子类中对于父类的某些方法需要做些修改，则可以在子类中对于父类的方法进行重写。例如，我们想要修改父类 People 中的方法 Greet，在其中添加性别信息，则我们可以在子类 subPeople 中重写该函数。具体代码如图 8 - 12 所示。

```
#定义子类,重写父类的函数
class subPeople1(People):
Gender='Male'
    def SetGender(self,Gender):
        self.Gender=Gender
    def Info(self):
        print('My gender is %s'%(self.Gender))
    def Greet(self):    #重写父类的函数
        print('Hello, my name is %s, and my gender is %s'%(self.name,self.Gender))
```

图 8 - 12　类方法的重写

然后，实例化子类 subPeople 对象 sp，调用子类对象 sp 的方法 Greet，具体代码及执行结果如图 8 - 13 所示。

```
#实例化类
sp=subPeople1()
print('Name of sp is:',sp.name)
print('\n')
print('Weight of sp is:',sp.weight)
```

图 8 - 13　调用重写的函数

```
print('\n')
print('Gender of sp is:', sp.Gender)
print('\n')
sp.Greet()
print('\n')
sp.Info()
print('\n')
sp.SetName('Lisa')
sp.SetGender('Female')
sp.Greet()
```

Name of sp is: Name of the person.

Weight of sp is: Weight of the person.

Gender of sp is: Male

Hello, my name is Name of the person., and my gender is Male

My gender is Male

Hello, my name is Lisa, and my gender is Female

图 8-13 调用重写的函数（续）

从程序执行的结果来看，父类 People 中的函数 Greet 在子类 subPeople1 中被重写。因此，调用子类 subPeople1 的实例化对象 sp 的 Greet 函数时，执行的是子类中重写的函数。调用父类 People 的实例化对象 sp 的 Greet 函数时，执行的是父类中原来的函数，如图 8-14 所示。

```
#父类的实例
p=People()
p.Greet()
```
Hello, my name is Name of the person., and my height is 175.300000

图 8-14 调用父类的相同函数

需要注意的是，此处不同于函数的重载，一般来讲，重载是函数或者方法有同样的名称，但是参数列表不相同。

在 Python 语言中，类在实例化的过程中也可以定义自己的初始化方法。但是，该方法有着特殊的定义名称："__init__"。类的初始化方法定义的语法结构为：

  def __init__(self，参数列表)

当然，在类的初始化方法 __init__ 定义中，参数列表除了 self 之外是可选择的。但是，在一个类的主体模块中如果定义了初始化方法 __init__，那么在实例化类的对象时，就会首先调用该函数进行初始化。

例如，修改前面定义的类 People，在类的主体模块中添加初始化方法，具体代码如图 8-15 所示。

```
#定义父类,带有类的初始化函数
class People1:
    #类的成员变量,双下划线定义私有变量
    __height=175.3
    weight='Weight of the person.'
    name='Name of the person.'
    #类的成员函数
    def __init__(self):
        self.weight=58
        self.name='Jordan'
        print('Weight of %s is %d'%(self.name,self.weight))
    def SetName(self,name):
        self.name=name
    def Greet(self):
        print('Hello, my name is %s, and my height is %f'%(self.name,self.__height))
```

图 8-15　初始化方法

从代码中可以看到，在图 8-16 中的脚本文件中添加了类 People1 的初始化方法 __init__(self)。

然后，实例化类 People1 的对象 sp，具体代码及执行结果如图 8-16 所示。

```
#初始化
sp=People1()
Weight of Jordan is 58
```

图 8-16　带初始化方法类的实例化

从程序的执行结果可以看到，不同于没有初始化方法的类的实例化，带有初始化方法的类的实例化，在实例化对象 sp 时会调用类的初始化函数。

需要注意的是，类的初始化方法只是在类实例化时调用一次，以后再也不会被调用，类的实例化对象的使用与没有初始化方法的类的实例化对象的使用是完全一样的。示例代码及执行结果如图 8-17 所示。

```
#实例的调用
print('Name of sp is:',sp.name)
print('\n')
print('Weight of sp is:',sp.weight)
print('\n')
sp.Greet()
print('\n')
```

图 8-17　带初始化方法的类对象的使用

```
sp.SetName('Lisa')
sp.Greet()
```

```
Name of sp is: Jordan

Weight of sp is: 58

Hello, my name is Jordan, and my height is 175.300000

Hello, my name is Lisa, and my height is 175.300000
```

图 8-17　带初始化方法的类对象的使用（续）

如果类的初始化方法中除了 self 参数外还有其他参数，则初始化方法会不同。修改前面定义的类 People1，在类的主体模块中添加初始化方法，具体代码如图 8-18 所示。

```
#定义父类,带有类的初始化函数
class People2:
    #类的成员变量,双下划线定义私有变量
    __height=175.3
    weight='Weight of the person.'
    name='Name of the person.'
    #类的成员函数
    def __init__(self,wt):
        self.weight=wt
        self.name='Jordan'
        print('Weight of %s is %d'%(self.name,self.weight))
    def SetName(self,name):
        self.name=name
    def Greet(self):
        print('Hello, my name is %s, and my height is %f'%(self.name,self.__height))
```

图 8-18　带初始化方法的类对象

实例化类 People2，此时根据初始化方法的定义，需要在实例化时给定参数的值。否则，编译器会抛出异常，如图 8-19 所示。

```
#实例化
sp=People2(74)
sp=People2()
```

```
Weight of Jordan is 74
..................................................
TypeError                    Traceback (most recent call last)
```

图 8-19　带初始化方法的类对象的实例化

```
<ipython-input-54-c3159d42f431> in <module>()
    2 sp=People2(74)
    3
----> 4 sp=People2()

TypeError: __init__() missing 1 required positional argument: 'wt'
```

图 8－19　带初始化方法的类对象的实例化（续）

类似地，在类的继承中需要注意，如果父类中定义了类的初始化方法__init__，并且初始化方法__init__的参数列表中除了 self 之外还有其他参数，那么子类在继承过程中必须显示调用父类的初始化方法。否则，系统会在子类实例化时报错。

例如，定义上例中带有初始化方法__init__的父类 People1 的子类，示例代码及执行结果如图 8－20 所示。

```
#定义父类,带有类的初始化函数
class People1:
    #类的成员变量,双下划线定义私有变量
    __height=175.3
    weight='Weight of the person.'
    name='Name of the person.'
    #类的成员函数
    def __init__(self):
        self.weight=58
        self.name='Jordan'
        print('Weight of %s is %d'%(self.name,self.weight))
    def SetName(self,name):
        self.name=name
    def Greet(self):
        print('Hello, my name is %s, and my height is %f'%(self.name,self.__height))

#定义子类
class subPeople1(People1):
    Gender='Male'
    def SetGender(self,Gender):
        self.Gender=Gender
    def Info(self):
        print('My gender is %s'%(self.Gender))
```

图 8－20　定义子类

需要注意的是，我们此时并未在子类 subPeople1 中显示调用父类 People 的初始化方法。

下面实例化子类 subPeople1 的对象 sp，其示例代码及执行结果如图 8－21 所示。

```
#实例化子类
sp=subPeople1()
Weight of Jordan is 58
```

图 8-21 实例化子类（一）

从程序的执行结果可以看到，如果父类中定义了初始化方法__init__，并且该方法的参数只有 self 一个，那么子类中即便是没有显示的调用父类的初始化方法，子类在实例化对象时也会自动调用父类的初始化方法。

现在重新修改父类 People1 的初始化方法__init__，示例代码及执行结果如图 8-22 所示。

```
#定义父类,带有类的初始化函数
class People1:
    #类的成员变量,双下划线定义私有变量
    __height=175.3
    weight='Weight of the person.'
    name='Name of the person.'
    #类的成员函数
    def __init__(self,name,weight):
        self.weight=58
        self.name='Jordan'
        print('Weight of %s is %d'%(self.name,self.weight))
    def SetName(self,name):
        self.name=name
    def Greet(self):
        print('Hello, my name is %s, and my height is %f'%(self.name,self.__height))
```

图 8-22 修改父类的初始化方法

从程序执行的结果可以看到，父类 People1 的初始化方法的参数除了 self 之外，还需要两个参数 name 和 weight，因此，在类 People1 实例化过程中就需要输入这两个参数的实参值。

此时，重新定义上例中带有初始化方法__init__的父类 People1 的子类，示例代码及执行结果如图 8-23 所示。

```
#定义子类
class subPeople1(People1):
    Gender='Male'
    def SetGender(self,Gender):
        self.Gender=Gender
    def Info(self):
        print('My gender is %s'%(self.Gender))
```

图 8-23 定义父类 People 的子类

需要注意的是，我们此时并未在子类 subPeople1 中显示调用父类 People1 的初始化方法。

下面实例化子类 subPeople1 的对象 sp，示例代码及执行结果如图 8-24 所示。

```
#实例化子类
sp=subPeople1()
```

```
TypeError                    Traceback (most recent call last)
<ipython-input-6-a39d4f99b699> in <module>()
      1 #实例化子类
----> 2 sp=subPeople1()

TypeError: __init__() missing 2 required positional arguments: 'name' and 'weight'
```

图 8-24　实例化子类（二）

从程序的执行结果可以看到，如果父类中定义了初始化方法 __init__，并且该方法的参数除了 self 之外，还有别的参数，那么子类中如果没有显示的调用父类的初始化方法，子类在实例化对象时就会报错，说初始化函数需要两个强制参数。

想要处理好这个问题，我们可以在子类 subPeople1 中添加初始化方法 __init__，并在该方法的函数体中显示调用父类 People1 的初始化方法即可。示例代码及执行结果如图 8-25 所示。

```
#定义子类
class subPeople1(People1):
    Gender='Male'
    name='Kobe'
    weight=89
    def __init__(self):
        People1.__init__(self,self.name,self.weight)
    def SetGender(self,Gender):
        self.Gender=Gender
    def Info(self):
        print('My gender is %s'%(self.Gender))
```

图 8-25　显示调用父类的初始化方法

从程序的执行结果可以看到，子类 subPeople1 中添加了显示调用父类 People1 的初始化方法之后，子类 subPeople1 的实例化及实例化对象的操作就没有问题了。示例代码及执行结果如图 8-26 所示。

```
#实例化子类
sp=subPeople1()
Weight of Jordan is 58
```

图 8-26　实例化子类（三）

第 3 节　Python 语言的异常类

Python 语言的编译器会在代码编译时检测其中的语法错误，如果源代码中存在语法错误，编译器就会指出首先检测到的语法错误出现的位置，并给出提示信息。出现语法错误，程序将不会被执行，直至语法错误被修正为止。

一、异常简介

在介绍 Python 语言的异常之前，我们先来看几个例子。

例如，输入两个数字，并比较两个数字的大小，给出相应的判断信息。示例代码及执行结果如图 8-27 所示。

```
#异常类,编译错误
x=int(input('Input 1st number:'))
y=int(input('Input 2nd number:'))
if x>y print('1st number is bigger.')
```

```
File "<ipython-input-24-ba22a3c9cdab>", line 4
    if x>y print('1st number is bigger.')
              ^
SyntaxError: invalid syntax
```

图 8-27　编译错误

从代码编译的结果可以看到，如果输入的源代码存在语法错误，那么编译器将会在相应的代码语句后面报错，并指出检测到错误的位置。此例的语法错误为 if 语句模块后面缺少了冒号 "："，添加冒号后即可修正该错误。示例代码及执行结果如图 8-28 所示。

```
#异常类,编译错误
x=int(input('Input 1st number:'))
y=int(input('Input 2nd number:'))
if x>y: print('1st number is bigger.')
```

```
Input 1st number:12
Input 2nd number:5
1st number is bigger.
```

图 8-28　修正编译错误

除了在编译时检测语法错误之外，Python 语言也允许在程序运行时检测错误。其实，即使 Python 语言中一句代码或者表达式在语法上是正确的，在试图执行它时也可能会引发错误，这种在程序运行期间检测到的错误通常称为异常。当检测到一个错误，Python 语言的编译器就引发一个异常，并给出异常的详细信息。程序员可以根据这些信息在程序的源代码中找到出现错误的代码语句、定位问题并进行调试，以找出处理错误的正确办法。

例如，定义两个数值，其中一个为 0，然后计算二者之商，示例代码及执行结果如图 8-29 所示。

```
#除数为零异常
x=12
y=0
print(x/y)
```

```
ZeroDivisionError                         Traceback (most recent call last)
<ipython-input-26-2bab38cc8ce9> in <module>()
      2 x=12
      3 y=0
----> 4 print(x/y)

ZeroDivisionError: division by zero
```

图 8-29 零除异常

从程序执行的结果可以看到，计算两个数值的商时，如果除数为 0，Python 语言的编译器就会抛出异常"ZeroDivsionError"，提示说 0 做除数了。

Python 语言的编译器会根据具体代码执行过程中检测的错误，抛出相应的异常，并给出详细的异常信息。其实，在 Python 语言中，异常也是一个类，称为异常类。在 Python 语言的官方网站 www.python.org 中可以查到 Python 语言中异常类的层次结构，如表 8-1 所示。

表 8-1 异常类的层次结构

```
BaseException
 +-- SystemExit
 +-- KeyboardInterrupt
 +-- GeneratorExit
 +-- Exception
      +-- StopIteration
      +-- StopAsyncIteration
      +-- ArithmeticError
      |    +-- FloatingPointError
      |    +-- OverflowError
      |    +-- ZeroDivisionError
      +-- AssertionError
      +-- AttributeError
      +-- BufferError
      +-- EOFError
      +-- ImportError
      |    +-- ModuleNotFoundError
```

续表

```
            +-- LookupError
            |       +-- IndexError
            |       +-- KeyError
            +-- MemoryError
            +-- NameError
            |       +-- UnboundLocalError
            +-- OSError
            |       +-- BlockingIOError
            |       +-- ChildProcessError
            |       +-- ConnectionError
            |       |       +-- BrokenPipeError
            |       |       +-- ConnectionAbortedError
            |       |       +-- ConnectionRefusedError
            |       |       +-- ConnectionResetError
            |       +-- FileExistsError
            |       +-- FileNotFoundError
            |       +-- InterruptedError
            |       +-- IsADirectoryError
            |       +-- NotADirectoryError
            |       +-- PermissionError
            |       +-- ProcessLookupError
            |       +-- TimeoutError
            +-- ReferenceError
            +-- RuntimeError
            |       +-- NotImplementedError
            |       +-- RecursionError
            +--SyntaxError
            |       +-- IndentationError
            |               +-- TabError
            +-- SystemError
            +-- TypeError
            +-- ValueError
            |       +-- UnicodeError
            |               +-- UnicodeDecodeError
            |               +-- UnicodeEncodeError
            |               +-- UnicodeTranslateError
            +-- Warning
                    +-- DeprecationWarning
                    +-- PendingDeprecationWarning
                    +-- RuntimeWarning
                    +-- SyntaxWarning
                    +-- UserWarning
                    +-- FutureWarning
                    +-- ImportWarning
                    +-- UnicodeWarning
                    +-- BytesWarning
                    +-- ResourceWarning
```

Python 语言中常见的异常类及其用途如表 8-2 所示。

表 8-2 常见异常类

异常名称	描述
BaseException	所有异常类的基类
SystemExit	Python 编译器请求退出
KeyboardInterrupt	用户中断执行（通常是输入 Ctrl+C）
Exception	常规错误的基类
StopIteration	迭代器没有更多的值
GeneratorExit	生成器（generator）发生异常来通知退出
StandardError	所有内建标准异常类的基类
ArithmeticError	所有数值计算错误的基类
FloatingPointError	浮点数计算错误
OverflowError	数值运算超出最大限制
ZeroDivisionError	除（或取模）零（所有数据类型）
AssertionError	断言语句失败
AttributeError	对象没有这个属性
EOFError	没有内建输入，到达 EOF 标记
EnvironmentError	操作系统错误的基类
IOError	输入/输出操作失败
OSError	操作系统错误
WindowsError	Windows 系统调用失败
ImportError	导入模块/对象失败
LookupError	无效数据查询的基类
IndexError	序列中没有此索引（index）
KeyError	映射中没有这个键
MemoryError	内存溢出错误
NameError	未声明/初始化对象
UnboundLocalError	访问未初始化的本地变量
RuntimeError	一般的运行时错误
NotImplementedError	尚未实现的方法
SyntaxError	Python 语言的语法错误
IndentationError	缩进错误
TabError	Tab 和空格混用
SystemError	一般的编译器系统错误
TypeError	对类型无效的操作
ValueError	传入无效的参数
UnicodeError	Unicode 相关的错误
UnicodeDecodeError	Unicode 解码时的错误
UnicodeEncodeError	Unicode 编码时错误
UnicodeTranslateError	Unicode 转换时错误
Warning	警告的基类
DeprecationWarning	关于被弃用的特征的警告
FutureWarning	关于构造将来语义会有改变的警告

续表

异常名称	描述
OverflowWarning	旧的关于自动提升为长整型的警告
PendingDeprecationWarning	关于特性将会被废弃的警告
RuntimeWarning	可疑的运行时行为的警告
SyntaxWarning	可疑语法的警告
UserWarning	用户代码生成的警告

二、异常的用户自定义

在 Python 语言中，既然异常是一个类，那么这个类就可以继承。同时，虽然 Python 语言定义了很多类型的异常类，但是，读者在编写程序的过程中还是有可能需要定义自己特殊的异常，此时，用户就可以自己定义需要的异常类，并在程序中应用它。

用户自定义的异常类都要从基类 Exception 中派生，也就是说用户自己定义的异常类要直接或者间接地继承基类 Exception。自定义异常类的语法结构为：

  class 异常类名称（父类1，父类2，…，父类n）
    异常类主体模块

其中，参数列表为用户自定义的异常类的父类，自定义的异常类可以从多个父类中继承而来。异常类主体模块为用户对于异常的处理方法代码。

例如，定义自己的异常类，示例代码及执行结果如图 8-30 所示。

```
#定义自己的异常类
class my_Excp(Exception):
    print('Ohoo, this is a user\'s test error class.')
Ohoo, this is a user's test error class.
```

图 8-30　自定义异常类

从程序执行的结果可以看到，自定义的异常类为类 Exception 的子类，异常处理中的代码很简单，只是打印一条信息。

1. Python 语言异常的捕获

在 Python 语言中，可以采用 try 语句来检测程序代码中的异常，任何出现在 try 语句模块里的 Python 语言源代码都会被监测，以检查程序运行时有无异常发生。

常用的 Python 异常捕获的语法结构为：

  try：
    try 主体模块
  except（异常1，异常2，…，异常n）：
    异常处理模块

其中，位于 try 主体模块中的代码为需要检测异常的代码语句，except 异常处理模块会根据检测到异常的情况进行处理。

例如，从标准输入设备接收两个数字，计算两个数字的商，捕获其中的异常，示例代码及执行结果如图8-31所示。

```
#捕获异常
try:
    x=int(input('Input the 1st number:'))
    y=int(input('Input the 2nd number:'))
    z=x/y
except(ZeroDivisionError,ValueError):
    print('You have input wrong number!')
```

```
Input the 1st number:12
Input the 2st number:0
You have input wrong number!
```

```
#捕获异常
try:
    x=int(input('Input the 1st number:'))
    y=int(input('Input the 2nd number:'))
    z=x/y
except(ZeroDivisionError,ValueError):
    print('You have input wrong number!')
```

```
Input the 1st number:12
Input the 2st number:adfjas
You have input wrong number!
```

图 8-31　捕获异常

从程序的代码及执行结果可以看到，将需要检测异常的代码语句放到 try 主体模块中，编译器则会在程序执行时自动检测可能出现的异常，并在异常出现时进行处理。其中，图 8-31 中上半部分的示例为捕获到除数为 0 的异常，下半部分的示例为捕获到数值错误异常。

当然，一个 try 语句也可以对应多个 except 语句，具体的语法结构为：

　　try:
　　　　try 主体模块
　　except（异常 1，异常 2，…，异常 n）：
　　　　异常处理模块
　　　　…………
　　except（异常 1，异常 2，…，异常 n）：
　　　　异常处理模块

其实，对应多个 except 语句的一个好处就是可以给出不同的异常提示信息。

例如，修改上面例子中的异常捕获代码，针对不同的异常类型给出不同的提示信息。具体代码及执行结果如图 8-32 所示。

```
#捕获异常
try:
    x=int(input('Input the 1st number:'))
    y=int(input('Input the 2nd number:'))
    z=x/y
except(ZeroDivisionError):
    print('The 2nd number is 0. Zero can\'t be divisor.')
except(ValueError):
    print('x or y must be number, not else!')
```

```
Input the 1st number:12
Input the 2nd number:poui
x or y must be number, not else!
```

```
#捕获异常
try:
    x=int(input('Input the 1st number:'))
    y=int(input('Input the 2nd number:'))
    z=x/y
except(ZeroDivisionError):
    print('The 2nd number is 0. Zero can\'t be divisor.')
except(ValueError):
    print('x or y must be number, not else!')
```

```
Input the 1st number:12
Input the 2nd number:as
x or y must be number, not else!
```

图 8-32　分别捕获异常

从程序代码及执行结果可以看到，将需要检测异常的代码语句放到 try 主体模块中，而将异常捕获后处理的方式变为分别处理，编译器则会在程序执行时自动检测可能出现的异常，并在异常出现时进行处理。其中，图 8-32 中上半部分的示例为捕获到除数为 0 的异常，下半部分的示例为捕获到数值错误异常。

此外，一个 try 语句除了可以对应多个 except 语句，还可以对应一个 else 语句，用来处理没有异常发生时的情况，具体的语法结构为：

```
try:
    try 主体模块
except (异常1，异常2，…，异常n):
    异常处理模块
    …………
except (异常1，异常2，…，异常n):
    异常处理模块
else:
    无异常处理模块
```

其实，else 语句主体模块的代码只有在所有的异常都未发生时才会被执行。

例如，修改上面例子中的异常捕获代码，针对不同的异常类型给出不同的提示信息，当没有异常发生时，也进行相应的处理，示例代码及执行结果如图 8-33 所示。

```
#捕获异常
try:
    x=int(input('Input the 1st number:'))
    y=int(input('Input the 2nd number:'))
    z=x/y
except(ZeroDivisionError):
    print('The 2nd number is 0. Zero can\'t be divisor.')
except(ValueError):
    print('x or y must be number, not else!')
else:
    print('Congratulations, you got it!')
```

```
Input the 1st number:12
Input the 2nd number:6
Congratulations, you got it!
```

图 8-33　无异常时的处理

从程序代码及执行结果可以看到，将需要检测异常的代码语句放到 try 主体模块中，而将异常捕获后处理的方式变为分别处理，当无异常发生时，也进行简单处理。编译器则会在程序执行时自动检测可能出现的异常，并根据异常出现的情况进行处理。当程序执行过程中无异常出现时，执行 else 模块中的代码语句。

Python 还提供了 finally 语句用来处理所有异常的情况，即无论异常发生与否，都会执行 finally 语句的内容。

具体的语法结构为：

  try:
    try 主体模块
  except（异常1，异常2，…，异常n）：
    异常处理模块
    …………
  except（异常1，异常2，…，异常n）：
    异常处理模块
  else：
    无异常处理模块
  finally：
    无论是否发生异常，都会处理的模块

finally 语句考虑到了所有的异常情况，将会无条件执行模块中的代码。

例如，修改上面例子中的异常捕获代码，针对不同的异常类型给出不同的提示信息，当没有异常发生时，也进行相应的处理，最后添加无论异常是否发生都会执行的模块，示例代码及执行结果如图 8-34 所示。

```
#捕获异常
try:
    x=int(input('Input the 1st number:'))
    y=int(input('Input the 2nd number:'))
    z=x/y
except(ZeroDivisionError):
    print('The 2nd number is 0. Zero can\'t be divisor.')
except(ValueError):
    print('x or y must be number, not else!')
else:
    print('Congratulations, you got it!')
finally:
    print('Anyway, you have done the work!')
```

```
Input the 1st number:12
Input the 2nd number:0
The 2nd number is 0. Zero can't be divisor.
Anyway, you have done thework!
```

```
#捕获异常
try:
    x=int(input('Input the 1st number:'))
    y=int(input('Input the 2nd number:'))
    z=x/y
except(ZeroDivisionError):
    print('The 2nd number is 0. Zero can\'t be divisor.')
except(ValueError):
    print('x or y must be number, not else!')
else:
    print('Congratulations, you got it!')
finally:
    print('Anyway, you have done the work!')
```

```
Input the 1st number:12
Input the 2nd number:6
Congratulations, you got it!
Anyway, you have done the work!
```

图 8-34　finally 语句

从程序执行结果可以看到,将需要检测异常的代码语句放到 try 主体模块中,而将异常捕获后处理的方式变为分别处理,当无异常发生时,也进行了简单处理,最后添加了无论异常发生与否都会进行处理的模块。编译器会在程序执行时自动检测可能出现的异常,并根据异常出现的情况进行处理。当程序执行过程中无异常出现时,执行 else 模块中的代码语句。但是,无论异常是否发生,finally 模块中的代码语句都被执行了。图 8-34 中上半部分的示例为捕获到异常时执行异常处理和 finally 模块处理,下半部分的示例为没有捕获到异常时执行无异常处理和 finally 模块处理。

2. Python 异常的触发

细心的读者也许已经看到，在前面的例子当中，所有的异常都是由 Python 语言的编译器触发的，都是在程序执行期间因为错误的产生而引发。编程人员在编写程序代码时，有时也希望在遇到错误的情况时触发异常，正是出于这一考虑，Python 语言提供了一种机制让程序员明确地触发异常，那就是 raise 语句。

raise 语句触发异常常用的语法结构为：

  raise 异常类名称（触发时的提示信息）

其中，触发时的提示信息是可选择的，如果不给，则为空。

例如，触发一些 Python 语言内嵌的异常类，示例代码及执行结果如图 8-35 所示。

```
#触发异常
raise NameError('This is a NameError class!')
```
....
```
NameError                                 Traceback (most recent call last)
<ipython-input-12-9154f2f34bbe> in <module>()
      1 #触发异常
————> 2 raise NameError('This is a NameError class!')

NameError: This is a NameError class!
```
```
raise TypeError()
```
....
```
TypeError                                 Traceback (most recent call last)
<ipython-input-13-67f5e653bf74> in <module>()
————> 1 raise TypeError()

TypeError:
```

图 8-35 触发异常

从程序执行的结果可以看到，采用 raise 语句触发异常时，如果提供了触发时的提示信息，那么在异常触发时将会显示提示信息，如图 8-35 中上半部分示例所示。否则，显示为空，如图 8-35 中下半部分示例所示。

其实，Python 语言的内建异常类有很多，并且不同的版本之间稍有差别。如果想要知道这些内建异常类的提示信息，可以采用如图 8-36 所示的方式。

```
#显示 Python 内建的异常类的提示信息
try:
    x=0
    y=1/x
except ZeroDivisionError as ve:    #输出内建异常类的提示信息
        print('Message of ZeroDivisionError is:', str(ve))

Message of ZeroDivisionError is: division by zero
```

图 8-36 显示内建异常类的提示信息

小结

类是 Python 语言的重要组成部分,是面向对象编程的核心要素。类的继承是实现类重用和扩展的重要途径。

第 9 章 利用 Python 获取数据——网络爬虫介绍

本章要点与学习目标

在大数据时代，进行数据分析的前提是获取数据，而数据的主要来源是互联网。互联网在当今世界无限广大，其中记载了各种各样的数据信息，诸如微博网站上的状态与留言信息，网购商店主页上关于商品的价格、属性、销售情况的信息，气象网站上关于气温、湿度、污染情况等信息。从某种角度来讲，这些信息都是非常宝贵、非常重要的数据来源，利用它们可以进行各种各样的统计分析，挖掘其中隐藏的巨大价值。但是，来自网络的这些数据往往是非结构化的，并且无法直接从相关网站的页面上下载。同时，一般来说，这些数据体量巨大，如果采用手工复制、粘贴的方式进行数据的获取，会耗费巨大的体力和精力，或者说根本就是不可能的。

网络爬虫正是解决这一难题的有力工具，所谓的网络爬虫（WebCrawler），也称为网络蜘蛛（WebSpider）、蚂蚁（Ant）、自动检索工具（AutomaticIndexer）或者网络疾走（WebScutter），它是一种"自动化浏览网络"的程序，被形象地称为网络机器人。互联网搜索引擎或其他类似网站都广泛地应用网络爬虫技术来获取或更新相关网站的内容和检索方式。网络爬虫能够自动地采集所有访问到的网页内容，以便搜索引擎或者用户在此基础上做进一步的分析和处理（分析下载后的页面内容）。

本章的学习目标是掌握 Python 语言的网络爬虫技术。

第 1 节 Python 网络爬虫的基本框架

如果采用人工操作的方法从网页上提取数据，只能是在浏览器中打开需要提取数据的网页，然后定位到目标数据所在的位置，手工采用复制、粘贴的方式将所需要的数据从网页上拷贝下来，存储到目标文件中。这种方式的基本步骤如下：

（1）在浏览器中打开需要提取数据的网页。网页一旦在浏览器中加载成功，即可获得对应网页上的内容。

(2) 从网页内容中定位目标数据的位置。一个网页中包含的内容往往很多，需要从中准确地找到目标数据所在的位置。

(3) 从网页上选中目标数据的内容，采用拷贝的方式将该位置上的数据复制下来，然后采用粘贴的方式将目标数据存储到目标文件中。

(4) 针对网页中需要提取的不同数据，重复步骤(2)和步骤(3)，依次定位目标数据的位置，并采用复制、粘贴的方式将数据存储到目标文件中。

(5) 在浏览器中打开相同架构的新的网页，重复步骤(1)到步骤(4)，从所有的目标网页中提取想要的网页数据。

下面，我们通过一个具体的例子来详细说明这一过程。例如，用户现在想要从某网店网站上的网页中获取最近发布的所有关于新手机产品的信息，目标数据包括产品的名称和产品的价格这两个方面的信息。

首先，在浏览器中打开该网店网站的主页，并链接到新手机发布的网页。网页加载成功后，界面如图9-1所示。

图9-1　某网店网站的页面

从浏览器加载的网页界面中可以看到，该网页提供了很多不同的信息，包括手机的图片、手机的名称、手机的特性、手机的价格等等。而本例中用户感兴趣的目标数据为手机的名称和手机的价格信息。需要注意的是，该网页中虽然每个手机产品信息的位置结构是一样的，但是信息的存储方式并不是列表结构。

然后，定位到第一个手机的名称位置，选中对应的内容，复制相应的数据，并粘贴到目标文件中。接着，定位到第一个手机的价格位置，选中对应的内容，复制相应的数据，并粘贴到目标文件中，结果如图9-2所示。

存储完第一个手机的相关信息，需要按照上面的操作，拷贝、粘贴第二个手机的信息，并将数据存储到目标文件中。重复上述操作，将该网页所有手机的信息都拷贝、粘贴并存储到目标文件中。接下来，在浏览器中加载第二个相同架构、内容类似的网页，重复

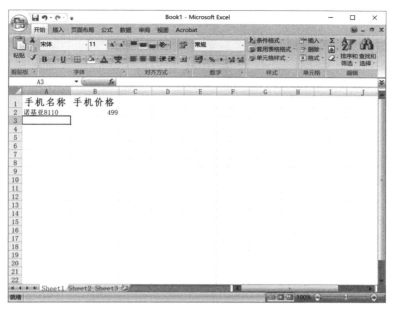

图 9-2 存储数据到目标文件

上述操作。完成后，再在浏览器中加载第三个相同架构、内容类似的网页，以此类推，直到所有网页中相关的数据全部存储下来为止。不难想象，这项工作相当烦琐，费时、费力，并且极有可能出现操作错误，获取错误的信息。

采用 Python 语言编写一个网络爬虫程序（以下简称"Python 网络爬虫"）可以帮助我们完成上述烦琐的工作。其实，Python 网络爬虫从网页中提取目标数据的步骤与上面介绍的手工提取数据的步骤几乎没有什么区别，只是将手动的操作转化为程序的自动行为，具体步骤如下：

（1）Python 网络爬虫在互联网上定位到包含目标数据的网页，并将该网页的内容下载到 Python 网络爬虫指定的位置。

（2）Python 网络爬虫从下载得到的网页内容中确定目标数据所在字段的位置，并一次性提取所有目标字段的数据。

（3）Python 网络爬虫将步骤（2）中提取到的目标数据存储到目标文件当中；

（4）确定下一个架构相同、内容类似的网页，重复步骤（1）到步骤（3）的操作，直到所有的网页全都遍历为止。

从 Python 网络爬虫的具体步骤可以看到，步骤（3）在 Python 网络爬虫程序中只是数据赋值、文件存储的过程。而步骤（4）在 Python 网络爬虫程序中其实就是循环控制的过程。Python 网络爬虫的效果与手动操作中的复制、粘贴最大的不同在于步骤（2），即通过某种方法一次性地提取出所有需要的目标字段的数据。需要说明的是，Python 网络爬虫的这种一次性提取操作是有前提条件的，即要求网页上的目标字段在结构上是一致的。例如，本例中用户感兴趣的数据是手机的名称和手机的价格，在提取目标数据的过程中，网页上所有手机的名称和手机的价格都是存放在如图 9-1 所示的相同页面结构当中，所以可以通过某种方式一次性从相同的结构当中提取出所有需要的数据信息。Python 网络爬虫的基本框架如图 9-3 所示。

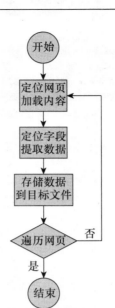

图 9-3 Python 网络爬虫的基本框架

同时，步骤（1）和步骤（2）是利用 Python 语言执行网络爬虫的关键步骤，下面重点对这两部分的内容作进一步的介绍。

第 2 节　Python 语言加载网页

通常情况下，如果采取手动操作获取网页上的数据，首先需要利用浏览器来加载网页的内容。如果采用 Python 网络爬虫获取网页上的数据，则是利用 Python 语言的 urllib 包进行网页的加载和内容的读取。具体示例代码及执行结果如图 9-4 所示。

```
#采用Python编写网络爬虫
'''1、读取目标网页的内容'''
import urllib
url='http://detail.zol.com.cn/cell_phone_index/subcate57_list_0_1.html'    #要读取数据的网页地址
response=urllib.request.urlopen(url)    #打开网页
html=response.read()    #读取网页的内容
print(html)    #显示读取的网页内容
```

b'<!DOCTYPE   html>\r\n<html>\r\n<head>\r\n<meta   charset="GBK" />\n\t<title>\xa1\xbe500\xd4\xaa\xd2\xd4\xcf\xc2\xca\xd6\xbb\xfa\xb4\xf3\xc8\xab\xa1\xbf500\xd4\xaa\xd2\xd4\xcf\xc2\xca\xd6\xbb\xfa\xb1\xa8\xbc\xdb\xbc\xb0\xcd\xbc\xc6\xac\xb4\xf3\xc8\xab-ZOL\xd6\xd0\xb9\xd8\xb4\xe5\xd4\xda\xcf\xdf</title>\n\t<meta   name="keywords" content="500\xd4\xaa\xd2\xd4\xcf\xc2\xca\xd6\xbb\xfa,500\xd4\xaa\xd2\xd4\xcf\xc2\xca\xd6\xbb\xfa\xb1\xa8\xbc\xdb,500\xd4\xaa\xd2\xd4\xcf\xc2\xca\xd6\xbb\xfa\

图 9-4 在 Python 网络爬虫程序中加载网页内容

```
xfa\xbc\xdb\xb8\xf1,500\xd4\xaa\xd2\xd4\xcf\xc2\xca\xd6\xbb\xfa\xb4\xf3\xc8\xab,500\xd4\xaa\xd2\xd4\
xcf\xc2\xca\xd6\xbb\xfa\xd7\xee\xd0\xc2\xb1\xa8\xbc\xdb" />\n\t<meta name="description" content="ZOL\
xd6\xd0\xb9\xd8\xb4\xe5\xd4\xda\xcf\xdf\xcc\xe1\xb9\xa9500\xd4\xaa\xd2\xd4\xcf\xc2\xca\xd6\xbb\xfa\xd7\
xee\xd0\xc2\xbc\xdb\xb8\xf1\xbc\xb0\xbe\xad\xcf\xfa\xc9\xcc\xb1\xa8\xbc\xdb,\xb0\xfc\xc0\xa8500\xd4\
xaa\xd2\xd4\xcf\xc2\xca\xd6\xbb\xfa\xb4\xf3\xc8\xab,500\xd4\xaa\xd2\xd4\xcf\xc2\xca\xd6\xbb\xfa\xb2\xce\
xca\xfd,500\xd4\xaa\xd2\xd4\xcf\xc2\xca\xd6\xbb\xfa\xc6\xc0\xb2\xe2,500\xd4\xaa\xd2\xd4\xcf\xc2\xca\xd6\
xbb\xfa\xcd\xbc\xc6\xac,500\xd4\xaa\xd2\xd4\xcf\xc2\xca\xd6\xbb\xfa\xc2\xdb\xcc\xb3\xb5\xc8\xcf\xea\xcf\
xb8\xc4\xda\xc8\xdd,\xce\xaa\xc4\xfa\xb9\xba\xc2\xf2500\xd4\xaa\xd2\xd4\xcf\xc2\xca\xd6\xbb\xfa\xcc\xe1\
xb9\xa9\xc8\xab\xc3\xe6\xb2\xce\xbf\xbc" />\n<meta http-equiv="Cache-Control" content="no-
siteapp"/>\n\t<meta http-equiv="Cache-Control" content="no-transform"/>\n\t<meta name="appli-
cable-device" content="pc">\n\t<meta http-equiv="mobile-agent" content="format=xhtml;url=https://
wap.zol.com.cn/list/57_v_0.html?j=simple"/>\n<meta http-equiv="mobile-agent" content="format=
html5;url=https://wap.zol.com.cn/list/57_v_0.html"/>\n<meta name="mobile-agent" content="format=
wml;url=https://wap.zol.com.cn/list/57_v_0.html"/>\n<meta name="mobile-agent" content="format=xhtml;
url=https://wap.zol.com.cn/list/57_v_0.html"/>\n<link rel="alternate" media="only screen and (max-width:
640px)" href="https://wap.zol.com.cn/list/57_v_0.html"/>\n<script>(function(){var a=1,d="http
```

图9-4 在Python网络爬虫程序中加载网页内容（续）

从程序的执行结果可以看到，一旦包含目标数据的网页地址被定位，Python语言的urllib模块的request子模块的urlopen方法就可以将目标网页加载到Python网络爬虫程序中来，进而通过read函数一次性将目标网页的所有内容都读取出来，存放到一个字符串html中，当然，其中也包含用户感兴趣的手机产品的名称和手机产品的价格信息。从图9-4所示的网页内容中可以看到，网页内容被作为一个字符串放到了一起，看起来非常凌乱。为了将网页内容按照网页编辑时的样式显示出来，可以将网页内容解码后再显示，如图9-5所示。

```
#采用Python编写网络爬虫
'''1、读取目标网页的内容'''
import urllib
url='http://detail.zol.com.cn/cell_phone_index/subcate57_list_0_1.html'    #要读取数据的网页地址
response=urllib.request.urlopen(url)    #打开网页
html=response.read()    #读取网页的内容
html=html.decode("GBK")    #解码网页内容
print(html)    #显示读取的网页内容
```

```
<!DOCTYPE html>
<html>
<head>
<meta charset="GBK" />
  <title>【500元以下手机大全】500元以下手机报价及图片大全-ZOL中关村在线</title>
  <meta name="keywords" content="500元以下手机,500元以下手机报价,500元以下手机价格,500元以下手机大全,500元以下手机最新报价" />
```

图9-5 解码显示网页内容

```
<meta name="description" content="ZOL 中关村在线提供 500 元以下手机最新价格及经销商报价,包括 500 元以
下手机大全,500 元以下手机参数,500 元以下手机评测,500 元以下手机图片,500 元以下手机论坛等详细内容,为您购
买 500 元以下手机提供全面参考" />
<meta http-equiv="Cache-Control" content="no-siteapp"/>
<meta http-equiv="Cache-Control" content="no-transform"/>
<meta name="applicable-device" content="pc"/>
<meta http-equiv="mobile-agent" content="format=xhtml;url=https://wap.zol.com.cn/list/57_v_0.html?j=simple"/>
<meta http-equiv="mobile-agent" content="format=html5;url=https://wap.zol.com.cn/list/57_v_0.html"/>
<meta name="mobile-agent" content="format=wml;url=https://wap.zol.com.cn/list/57_v_0.html"/>
<meta name="mobile-agent" content="format=xhtml;url=https://wap.zol.com.cn/list/57_v_0.html"/>
```

图 9-5 解码显示网页内容（续）

从程序的执行结果可以看到，解码后网页内容的显示方式就和网页编辑时一样了。

需要说明的是，Python 网络爬虫程序读取到的网页信息是一种区别于 Python 语言标记的代码，这种语言代码即为网页的 HTML 语言。如果想要从网页的 HTML 语言代码中定位用户感兴趣的目标数据的位置，首先要了解这种网页标记语言的含义。

第 3 节　网页的 HTML 代码

HTML 就是超文本标记语言，它是标准通用标记语言下的一个应用，是现在流行的网页标记语言。本书不想过多地介绍 HTML 的内容，感兴趣的读者可以参阅相关的材料。我们首先来看一下上例中网页的 HTML 代码到底是什么样的。在浏览器中加载目标网页（本书采用的是 Firefox 浏览器），然后单击鼠标右键，在弹出的选项卡中选择"ViewPage-Source"选项，即可查看到对应网页的 HTML 代码，结果如图 9-6 所示。注意，此处已将敏感信息屏蔽，具体网页不同，显示的网页 HTML 代码也会有差异。

因为在这里我们只想从网页内容中定位目标数据的位置，也就是 Python 网络爬虫要准确地找到目标数据所在的字段，而达到这一目标并不需要完全掌握 HTML 代码的内容及含义，只需要了解定位目标数据位置的方法和技巧即可。以上述网页为例，具体而言：

（1）在网页的 HTML 代码中，有很多类似于<ab="…" c="…">…</a>的结构，该结构中尖括号"<>"中的第一个字母 a 表示该结构语句的标签，而"</a>"则表示名称为 a 的结构的结尾。后面的等式 b="…" c="…"表示名称为 b、c 等各种参数的赋值。需要注意的是，在网页的 HTML 代码中，标签和参数值都是非常重要的定位信息。这主要是因为在编写网页的 HTML 代码的过程中，只有结构类似的语句才会使用相同的标签和参数值，因此，通常情况下，只要知道要提取的目标数据所在结构的标签和参数值，就能够定位到目标数据字段的位置了。

（2）网页的 HTML 具有层级结构。在前面所述的<ab="…" c="…">…</a>结构当中，两个尖括号<>…<>中间的内容为该语句结构的子内容，也就是包含在这个

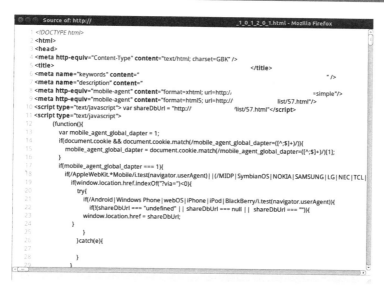

图 9-6 网页的 HTML 代码

结构中的网页内容。因此，在网页中进行信息位置查询的时候，就可以按照 HTML 的层级结构从上到下进行查询。首先通过标签和参数值找到上级的层级结构，然后在该结构下再利用标签和参数值寻找下级的层级结构。

例如，在如图 9-7 所示的网页 HTML 代码中，我们可以先寻找 class 为"pro-intro"的标签为"div"的结构，然后再寻找 target 为"_blank"的标签为"a"的结构，该结构的内容即为手机产品的名称信息"酷派 5263s（电信 4G）"。

```
<div class="pro-intro">
    <h3>
<a href="/cell_phone/index1275176.shtml" target="_blank">酷派5263S（电信4G）</a>
        <ul class="param clearfix">
            <li title="电信TD-LTE, 电信TD-LTE">
                <span>4G网络：</span>电信TD-LTE, 电信TD-LTE
            <li title="5英寸, 854X480像素">
                <span>主屏尺寸：</span>5英寸, 854X480像素
```

图 9-7 定位目标数据

由于在同一个网页的 HTML 代码中，不同位置结构的数据在底层结构中可能会具有完全相同的属性与参数值，但是不同数据的上层结构的属性和参数值却不一样，因此通过上层属性和参数值，结合底层结构中的属性和参数值往往能够更加精准地定位到目标数据。

（3）正如前面提到的那样，在一个网页中，具有相同结构的数据往往会具有相同的属性和 HTML 代码结构，如图 9-8 所示。

```
<div class="pro-intro">
    <h3>
<a href="/cell_phone/index1275176.shtml" target="_blank">酷派5263S（电信4G）</a>
        <ul class="param clearfix">
            <div class="special clearfix">
                <div class="grade">
            </div>
            <div class="prioe-box">
<div class="pro-intro">
    <h3>
<a href="/cell_phone/index1275664.shtml" target="_blank">酷派锋尚Air（Y71-511/电信4G）
        <ul class="param clearfix">
```

图 9-8 HTML 代码

从示例网页的 HTML 代码中可以看到，手机产品的名称信息出现的位置具有类似的特征，均可以通过首先定位 class 为"pro-intro"的标签为"div"的结构，然后再寻找 target 为"_blank"的标签为"a"的结构，对应结构的内容即为手机产品的名称信息（见图 9-7 中的第 3 行）。因此利用网页 HTML 代码数据结构的相似性能够快速提取出一个网页中所有的目标数据的信息。

需要说明的是，上面的例子只是针对目标网页中手机产品的名称的位置特征进行的分析和说明，对于不同的网页和不同的目标数据，其位置特征会有差异，但是，上面介绍的定位目标数据位置的思想是不变的。

第 4 节 Python 网络爬虫定位目标数据

知道了如何在网页的 HTML 代码中准确定位目标数据的位置之后，程序员需要做的就是将上述思想通过 Python 网络爬虫加以实践。当然，采用正则表达式的方法也能够实现目标数据的定位和数据信息的提取，但是，这种方法需要掌握更多的知识，还要经过很多的训练（主要用到 Python 语言的 Re 模块）。不但如此，程序员还要对网页的 HTML 有更加深入的了解才可以，感兴趣的读者可以自己了解相关内容。本书在这里介绍另外一种实现方法，那就是利用 bs4 包进行目标数据的定位和数据信息的提取。

bs4 包是 BeautifulSoup4 包的简写。BeautifulSoup 是 Python 语言的一个第三方库，其最主要的功能为抓取网页中的目标数据。官方对它的解释为：BeautifulSoup 提供了一些简单的、Python 语言模式的函数，这些函数可以用来处理导航、搜索、修改分析树等功能。它本身就是一个工具箱，能够通过解析文档，为用户提供从网页抓取数据的功能。应用方法简单，不需要太多代码就可以写出一个完整的应用程序。BeautifulSoup 已成为一种出色的 Python 语言网页解析器，为用户灵活地提供不同的解析策略或强劲的速度。它提供了解析网页 HTML 代码的功能，根据网页代码中的标签名称、属性名称就能够准确地定位并提取目标数据，导入 bs4 包并解析网页的具体代码及执行结果如图 9-9 所示。

```
# 导入 BeautifulSoup
import bs4
webpage=bs4.BeautifulSoup(html)
```

图 9-9　导入 bs4 包

有关 BeautifulSoup 的详细介绍，读者可以参考其官方网站（网址为：http://www.crummy.com/software/BeautifulSoup/bs4/doc），下载软件并安装后即可使用。从程序的执行结果可以看到，利用短短两句代码，Python 语言就可以采用 BeautifulSoup 实现对 HTML 代码的解析。

当然，BeautifulSoup 包的功能有很多，具体的用法和相关信息在其官方网站上都有详细的介绍。本书在这里只介绍如何通过网页 HTML 代码中的标签和属性，在网页中搜寻用户感兴趣的目标数据。实现这一功能常用的方法有 find 和 find_all 两种，这两种方法都可以根据输入的目标数据的标签和属性，在网页 HTML 代码中匹配相应的代码，然后将满足搜寻要求的代码结构返回给用户，其中 find 方法只返回第一个符合条件的代码结构，而 find_all 将返回所有符合条件的代码结构，并将返回的结果依次存放到一个列表对象中。

例如，解析前面的网页 HTML 语言代码，搜寻符合条件的代码结构。具体代码及执行结果如图 9-10 所示。

```
#解析网页并定位需要的内容
webpage.find('a')
<a class="sitenav-weixin" href="http://service.zol.com.cn/user/api/weixin/jump.php?from=220" target="_self" title="使用微信登录"></a>
```

图 9-10　目标数据定位

从程序的执行结果可以看到，网页 HTML 代码经过解析之后，如图 9-10 中上半部分代码所示，即可调用 find 方法在网页 HTML 代码中搜寻到第一个符合搜寻条件的代码结构，下半部分的代码执行结果即为搜寻网页 HTML 代码中第一个标签为 a 的代码结构。除了可以定位单个目标数据，还可以增加定位目标数据的条件，具体代码及执行结果如图 9-11 所示。

```
#解析网页并定位需要的内容
webpage.find('a', class_="icon-hot")
<a class="icon-hot" href="http://www.zol.com.cn/topic/7043442.html" target="_blank">产品入库<i></i></a>
```

图 9-11　多个条件定位数据

从程序的执行结果可以看到，网页 HTML 代码经过解析之后，可以通过多个条件来定位目标数据。这里需要说明的是，由于 class 为 Python 语言保留字，因此在查询时用到的输入形式为"class_"。

如果想要一次将满足条件的所有目标数据定位出来，则需要采用 find_all 函数。例如，定位目标网页中标签为"'b', class_="price-type""的所有数据，并将结果保存到变量 price 中，具体代码及执行结果如图 9-12 所示。

```
#解析网页并定位需要的内容
url='http://detail.zol.com.cn/cell_phone_index/subcate57_list_0_1.html'    #要读取数据的网页地址
response=urllib.request.urlopen(url)    #打开网页
html=response.read()    #读取网页的内容
webpage=bs4.BeautifulSoup(html)
price=webpage.find_all('b', class_="price-type")
price

[<b class="price-type">499</b>,
<b class="price-type">149</b>,
```

图 9-12　定位所有数据

```
<b class="price-type">500</b>,
<b class="price-type">369</b>,
<b class="price-type">80</b>,
<b class="price-type">449</b>,
<b class="price-type">349</b>,
<b class="price-type">399</b>,
<b class="price-type">429</b>,
<b class="price-type">399</b>,
<b class="price-type">299</b>,
<b class="price-type">159</b>,
<b class="price-type">498</b>,
<b class="price-type">288</b>,
<b class="price-type">199</b>,
<b class="price-type">459</b>,
<b class="price-type">409</b>,
<b class="price-type">268</b>,
<b class="price-type">369</b>,
<b class="price-type">458</b>,
<b class="price-type">249</b>,
<b class="price-type">368</b>,
<b class="price-type">369</b>,
<b class="price-type">499</b>,
<b class="price-type">499</b>,
<b class="price-type">299</b>,
<b class="price-type">399</b>,
<b class="price-type">288</b>,
<b class="price-type">338</b>,
<b class="price-type">299</b>,
<b class="price-type">240</b>,
<b class="price-type">450</b>,
<b class="price-type">399</b>,
<b class="price-type">465</b>,
<b class="price-type">499</b>,
<b class="price-type">399</b>,
<b class="price-type">299</b>,
<b class="price-type">299</b>,
<b class="price-type">299</b>,
<b class="price-type">369</b>,
<b class="price-type">399</b>,
<b class="price-type">288</b>,
<b class="price-type">299</b>,
<b class="price-type">399</b>,
<b class="price-type">375</b>,
<b class="price-type">399</b>]
```

图 9-12 定位所有数据（续）

从程序代码及执行结果来看，目标网页 HTML 代码中标签为 b，并且 class 参数值为"price-type"的所有代码结构都被准确地定位到了，结果被保存到列表 price 中。这里需要说明的是，在前面的示例中我们为了显示的好看，对读取到的网页内容进行了解码，如果想要准确地定位所有的目标数据，需要采用解码前的数据格式。

Python 网络爬虫通过 BeautifulSoup 的 find 和 find_all 函数，根据目标数据的标签及属性参数，就能够在网页的 HTML 代码中定位目标数据的位置。接下来，根据搜寻结果的数据特点，采用列表的相关操作即可得到目标数据。

例如，从搜寻结果 price 列表中提取所有手机产品的价格信息，具体示例代码及执行结果如图 9-13 所示。

```
#提取目标数据
for i in range(len(price)):
    print('Price of %d-th is %s.'%(i,price[i].string))
```

Price of 0-th is 499.
Price of 1-th is 149.
Price of 2-th is 500.
Price of 3-th is 369.
Price of 4-th is 80.
Price of 5-th is 449.
Price of 6-th is 349.
Price of 7-th is 399.
Price of 8-th is 429.
Price of 9-th is 399.
Price of 10-th is 299.
Price of 11-th is 159.
Price of 12-th is 498.
Price of 13-th is 288.
Price of 14-th is 199.
Price of 15-th is 459.
Price of 16-th is 409.
Price of 17-th is 268.
Price of 18-th is 369.
Price of 19-th is 458.
Price of 20-th is 249.
Price of 21-th is 368.
Price of 22-th is 369.
Price of 23-th is 499.
Price of 24-th is 499.
Price of 25-th is 299.
Price of 26-th is 399.
Price of 27-th is 288.
Price of 28-th is 338.

图 9-13　提取目标数据

```
Price of 29-th is 299.
Price of 30-th is 240.
Price of 31-th is 450.
Price of 32-th is 399.
Price of 33-th is 465.
Price of 34-th is 499.
Price of 35-th is 399.
Price of 36-th is 299.
Price of 37-th is 299.
Price of 38-th is 299.
Price of 39-th is 369.
Price of 40-th is 299.
Price of 41-th is 288.
Price of 42-th is 299.
Price of 43-th is 399.
Price of 44-th is 375.
Price of 45-th is 399.
```

图 9-13　提取目标数据（续）

从程序的执行结果来看，前面满足搜寻条件的所有代码结构的结果保存在 price 列表中，该列表中的元素为一种数据代码，采用 string 函数即可提取数据代码中的文本部分，其中输出结果为 utf-8 编码格式。

需要说明的是，在调用 BeautifulSoup 的 find 和 find_all 函数的时候也可以分层级进行数据提取，即先提取高层级的代码结构，然后再在每个高层级的代码结构中提取子层级的代码结构。其实，从图 9-12 的结果可以看到，列表 price 的每个元素仍然是一种代码结构，因此，每个元素本身仍然可以调用 BeautifulSoup 的 find 和 find_all 函数来定位子层级的代码结构。

在目标网页中定位到了需要提取的数据位置之后，就可以将相应部分的数据信息读取并保存下来，如果需要更加精细的内容，就可以对事先读取的数据进行更进一步的加工处理。图 9-14 为提取目标网页中目标产品的名称信息的示例。

```
#解析网页并提取需要的内容
url='http://detail.zol.com.cn/cell_phone_index/subcate57_list_0_1.html'    #要读取数据的网页地址
response=urllib.request.urlopen(url)    #打开网页
html=response.read()    #读取网页的内容
webpage=bs4.BeautifulSoup(html)
product=webpage.find_all('h3')    #定位手机名称的位置
prodname=[]
prodname1=[]
for i in range(len(product)):
```

图 9-14　提取更精细的目标数据

```
        if (i>=1 and i<=46):
            prodname.append(product[i].text)    #读取对应标记的文本

for i in range(len(prodname)):
    st=0
    while(True):
        if prodname[i][st]!=' ':
            st=st+1
        else:
            prodname1.append(prodname[i][:(st)])    #读取需要的文本内容
            break;
for i in range(len(prodname1)):
    print('Name of %d-th is %s.'%(i,prodname1[i]))
```

Name of 0-th is 诺基亚 8110(双 4G).

Name of 1-th is 诺基亚 105.

Name of 2-th is 荣耀畅玩 5(CUN-AL00/全网通).

Name of 3-th is 诺基亚新版 3310.

Name of 4-th is 联想 A396.

Name of 5-th is 国美 Fenmmy.

Name of 6-th is 360.

Name of 7-th is 飞利浦 E289.

Name of 8-th is 天语 8818(2GB.

Name of 9-th is 中兴 Blade.

Name of 10-th is 酷派 5267(全网通).

Name of 11-th is 诺基亚 2017 版 105(移动/联通 2G).

Name of 12-th is 酷派锋尚 3(全网通).

Name of 13-th is 中兴 Blade.

Name of 14-th is 海信 M20-T(电信 4G).

Name of 15-th is 联想 K10(K10e70/全网通).

Name of 16-th is 魅族魅蓝 A5(双 4G).

Name of 17-th is 酷派锋尚 N2M(1GB.

Name of 18-th is 中兴 BA520(移动 4G).

Name of 19-th is 酷派大观铂顿(V1-C/电信 4G).

Name of 20-th is 酷派 5263(电信 4G).

Name of 21-th is SOYES.

Name of 22-th is 小辣椒红辣椒 Q1 国民全网通(全网通).

Name of 23-th is TCL.

Name of 24-th is 中国移动 A3(移动 4G).

Name of 25-th is 诺基亚 3310 复刻版(移动/联通 2G).

Name of 26-th is 天语 X15(全网通).

Name of 27-th is 朵唯 V11(双 4G).

Name of 28-th is 中国移动 A4(移动 4G).

图 9-14　提取更精细的目标数据（续）

Name of 29-th is 飞利浦 E350.
Name of 30-th is 联想 MA388.
Name of 31-th is 中兴 A602(2GB.
Name of 32-th is 天语 X11(2GB.
Name of 33-th is 天语 X7(全网通).
Name of 34-th is 大神 6A(2GB.
Name of 35-th is 朵唯 V15(双 4G).
Name of 36-th is 海信 M30(全网通).
Name of 37-th is 长虹 C01(全网通).
Name of 38-th is 长虹 S09.
Name of 39-th is 酷派 B770(1GB.
Name of 40-th is 诺基亚 216(移动/联通 2G).
Name of 41-th is 酷派 8712(移动 4G).
Name of 42-th is 酷派 8722V(标准版/移动 4G).
Name of 43-th is 酷派 8737(移动 4G).
Name of 44-th is 康佳 D6S(移动 4G).
Name of 45-th is 诺基亚 230(移动/联通 2G).

图 9-14　提取更精细的目标数据（续）

最后，可以将目标网页中提取到的信息融合在一起，如图 9-15 所示。

```
for i in range(len(price)):
    print('Price of %s is ￥%s.'%(prodname1[i],price[i].string))
```

Price of 诺基亚 8110(双 4G) is ￥499.
Price of 诺基亚 105 is ￥149.
Price of 荣耀畅玩 5(CUN-AL00/全网通) is ￥500.
Price of 诺基亚新版 3310 is ￥369.
Price of 联想 A396 is ￥80.
Price of 国美 Fenmmy is ￥449.
Price of 360 is ￥349.
Price of 飞利浦 E289 is ￥399.
Price of 天语 8818(2GB is ￥429.
Price of 中兴 Blade is ￥399.
Price of 酷派 5267(全网通) is ￥299.
Price of 诺基亚 2017 版 105(移动/联通 2G) is ￥159.
Price of 酷派锋尚 3(全网通) is ￥498.
Price of 中兴 Blade is ￥288.
Price of 海信 M20-T(电信 4G) is ￥199.
Price of 联想 K10(K10e70/全网通) is ￥459.
Price of 魅族魅蓝 A5(双 4G) is ￥409.
Price of 酷派锋尚 N2M(1GB is ￥268.

图 9-15　最终提取的目标数据

```
Price of 中兴 BA520(移动 4G) is ￥369.
Price of 酷派大观铂顿(V1-C/电信 4G) is ￥458.
Price of 酷派 5263(电信 4G) is ￥249.
Price of SOYES is￥368.
Price of 小辣椒红辣椒 Q1 国民全网通(全网通) is ￥369.
Price of TCL is￥499.
Price of 中国移动 A3(移动 4G) is ￥499.
Price of 诺基亚 3310 复刻版(移动/联通 2G) is ￥299.
Price of 天语 X15(全网通) is ￥399.
Price of 朵唯 V11(双 4G) is ￥288.
Price of 中国移动 A4(移动 4G) is ￥338.
Price of 飞利浦 E350 is ￥299.
Price of 联想 MA388 is ￥240.
Price of 中兴 A602(2GB is ￥450.
Price of 天语 X11(2GB is ￥399.
Price of 天语 X7(全网通) is ￥465.
Price of 大神 6A(2GB is ￥499.
Price of 朵唯 V15(双 4G) is ￥399.
Price of 海信 M30(全网通) is ￥299.
Price of 长虹 C01(全网通) is ￥299.
Price of 长虹 S09 is ￥299.
Price of 酷派 B770(1GB is ￥369.
Price of 诺基亚 216(移动/联通 2G) is ￥299.
Price of 酷派 8712(移动 4G) is ￥288.
Price of 酷派 8722V(标准版/移动 4G) is ￥299.
Price of 酷派 8737(移动 4G) is ￥399.
Price of 康佳 D6S(移动 4G) is ￥375.
Price of 诺基亚 230(移动/联通 2G) is ￥399.
```

图 9-15 最终提取的目标数据（续）

需要说明的是，精细数据的提取需要根据事先提取到的数据的特点来做进一步的分析，数据存储的特点不同，处理的方式也略有差异。

第5节 Python 网络爬虫提取所有数据

通过前面四个部分的介绍，读者可以看到，目前我们可以采用 Python 网络爬虫一次性地从一个网页中提取该网页中包含的所有目标数据。但是，通常情况下，用户感兴趣的数据不止这么多，类似结构的网页往往还有很多。诸如示例中提到的手机产品介绍的网页往往不止一页，因此，实际操作时，我们还要采用 Python 网络爬虫从其他结构类似的网页中提取用户感兴趣的数据。通常情况下，一个网站中功能相似的网页的 URL 地址也是

类似的,例如,网页的URL地址往往采用循环递增的方式进行编排,第1页的URL地址为:

http：//＊＊＊＊＊＊＊＊＊＊＊subcate57_list_0_1.html

第2页的URL地址为:

http：//＊＊＊＊＊＊＊＊＊＊＊subcate57_list_0_2.html

以此类推,第3页的URL地址为:

http：//＊＊＊＊＊＊＊＊＊＊＊subcate57_list_0_3.html

因此,想要提取所有类似网页上的数据,只需采用Python语言的循环控制即可实现,示例代码及结果如图9-16所示。

```
#爬取多个网页的内容
# coding=utf-8
'''生成多个网页地址'''
pageurl=['http://detail.zol.com.cn/cell_phone_index/subcate57_list_0_'+(i+1).__str__()+'.html' for i in range(5)]print(pageurl)
```

```
['http://detail.zol.com.cn/cell_phone_index/subcate57_list_0_1.html',
'http://detail.zol.com.cn/cell_phone_index/subcate57_list_0_2.html',
'http://detail.zol.com.cn/cell_phone_index/subcate57_list_0_3.html',
'http://detail.zol.com.cn/cell_phone_index/subcate57_list_0_4.html',
'http://detail.zol.com.cn/cell_phone_index/subcate57_list_0_5.html']
```

图9-16 循环得到网页的URL地址

从程序执行的结果可以看到,采用Python语言的循环控制结构可以很方便地得到类似网页的URL地址。只需要针对每一个网页的URL地址采取加载、网页HTML代码解析、目标数据定位、爬取目标数据即可。爬取多个网页上的指定数据的示例如图9-17所示。

```
#爬取多个网页的内容
prodname=[];prodname1=[];price=[]
for i in range(len(pageurl)):
    url=pageurl[i]   #要读取数据的网页地址
    response=urllib.request.urlopen(url)   #打开网页
    html=response.read()   #读取网页的内容
    webpage=bs4.BeautifulSoup(html)
    price1=webpage.find_all('b', class_="price-type")   #读取价格信息
    for i in range(len(price1)):
        price.append(price1[i].string)
    product=webpage.find_all('h3')   #定位手机名称的位置
    for i in range(len(product)):
        if (i>=1 and i<=46):
```

图9-17 爬取多个网页上的内容

```
                prodname.append(product[i].text)    #读取对应标记的文本
        for i in range(len(prodname)):
            st=0
            while(True):
                if prodname[i][st]!=' ':
                    st=st+1
                else:
                    prodname1.append(prodname[i][:(st)])    #读取需要的文本内容
                    break;
        for i in range(len(price)):
            print('Price of %s is￥%s.'%(prodname1[i],price[i]))
```

Price of 诺基亚 8110(双 4G) is ￥499.

Price of 诺基亚 105 is ￥149.

Price of 荣耀畅玩 5(CUN-AL00/全网通) is ￥500.

Price of 诺基亚新版 3310 is ￥369.

Price of 联想 A396 is ￥80.

Price of 国美 Fenmmy is ￥449.

Price of360 is ￥349.

Price of 飞利浦 E289 is ￥399.

Price of 天语 8818(2GB is ￥429.

Price of 中兴 Blade is ￥399.

Price of 酷派 5267(全网通) is ￥299.

Price of 诺基亚 2017 版 105(移动/联通 2G) is ￥159.

Price of 酷派锋尚 3(全网通) is ￥498.

Price of 中兴 Blade is ￥288.

Price of 海信 M20-T(电信 4G) is ￥199.

Price of 联想 K10(K10e70/全网通) is ￥459.

Price of 魅族魅蓝 A5(双 4G) is ￥409.

Price of 酷派锋尚 N2M(1GB is ￥268.

Price of 中兴 BA520(移动 4G) is ￥369.

图 9-17 爬取多个网页上的内容（续）

从程序的执行结果来看，可以首先采用网页地址的循环控制，然后在每一个目标网页上爬取指定的数据内容，最后将所需数据集合在一起。

网络爬虫是数据获取的重要手段，可以根据目标数据的特点，自动从互联网上获取数据，是进行大数据分析的前提。

第 10 章 利用 Python 进行数据处理

 本章要点与学习目标

在前面的章节中介绍了如何利用 Python 语言获取数据、所获得的数据具有哪些特征以及其中蕴含着哪些值得挖掘的有价值的信息，所有这些问题的解决都要通过数据分析来实现，而数据分析的前提是对源数据进行数据处理。在 Python 语言中，与数据处理密切相关的几个模块主要包括 NumPy、SciPy、SymPy、Pandas、Matplotlib，我们要介绍的数据处理的内容都是基于这几个模块实现的。

本章的学习目标是掌握 Python 语言常用的数据处理模块及使用方法。

第 1 节 Python 语言的高级数据结构

在进行数据分析之前，首先要规范数据的结构。数据处理中常用的有代表性的数据结构主要有两种：以 R 为代表的数据框 Dataframe；以 MATLAB 为代表的矩阵 Matrix。下面介绍如何在 Python 语言中构造这两种数据结构，并在此基础上介绍相关的数据操作。

Python 语言中构造 Dataframe 和 Matrix 两种数据结构，对这两种数据结构的操作主要涉及 NumPy、SciPy、SymPy、Pandas 四个模块。其中 NumPy 模块主要提供 Matrix 数据结构的构造以及相关操作功能；SciPy 和 SymPy 主要针对 NumPy 模块中创建的 Matrix 提供统计计算功能；Pandas 模块主要提供 DataFrame 数据结构的构造以及相关操作功能。关于这几个模块的详细介绍，读者可以参考官方网站 http://www.scipy.org。

一、Matrix 数据结构

Matrix 数据结构通常也称为数组（Array），在 NumPy 模块中，数组的维数称为秩

(rank)，例如：一维数组的秩为1，二维数组的秩为2，其他数组的秩以此类推。在NumPy模块中，每个线性的数组称为一个轴（axes），例如：二维数组相当于两个一维数组，其中第一个一维数组中的每个元素又是一个一维数组。所以一维数组就是NumPy模块中的轴（axes），第一个轴相当于底层数组，第二个轴是底层数组里的数组。而轴的数量就是秩，也就是数组的维数。

下面通过具体的示例介绍数组的创建方法。

1. 一维数组的创建

一维数组创建的具体示例代码及执行结果如图10-1所示。

```
#1、高级数据结构 Matrix
import numpy as np
#创建一维数组
aMtrx=np.arange(6)
bMtrx=np.arange(-2,4,0.5)
cMtrx=np.random.randn(5)
print('aMtrx is:',aMtrx,'\n')
print('bMtrx is:',bMtrx,'\n')
print('cMtrx is:',cMtrx,'\n')
```

```
aMtrx is: [0 1 2 3 4 5]
bMtrx is: [-2.  -1.5 -1.  -0.5  0.   0.5  1.   1.5  2.   2.5  3.   3.5]
cMtrx is: [ 0.71108822  0.21652891 -0.81188611  1.13634345  0.54725251]
```

图10-1 一维数组的创建

从程序执行的结果可以看到，NumPy模块中的arange方法可以用来创建一维数组，数组的元素可以是整数，也可以是浮点数。通常情况下，NumPy模块中生成随机数的函数在NumPy.random子模块中。在Python语言中，可以采用*.dtype查看数据结构的类型，*.shape查看数组的形状，*.ndim查看数组的维度，*.size查看数组的大小，示例如图10-2所示。

```
#查看类型
print('Type of Matrix is:',type(aMtrx))
print('Type of data is:',bMtrx.dtype)
print('Shape of Matrix is:',cMtrx.shape)
print('Dimension, size of Matrix is:',cMtrx.ndim,cMtrx.size)
```

```
Type of Matrix is: <class 'numpy.ndarray'>
Type of datais: float64
Shape of Matrix is: (5,)
Dimension, size of Matrix is: 1 5
```

图10-2 查看属性

2. 多维数组的创建

多维数组创建的具体示例代码及执行结果如图10-3所示。

```
#创建多维数组
aMtrx=np.array([[1,2.2,3],[2,5,8]])
bMtrx=np.array(((2.3,4,6),[3,5,7]),dtype=complex)
cMtrx=np.array([np.arange(4),np.arange(3)])
print('aMtrx is:',aMtrx,'\n')
print('bMtrx is:',bMtrx,'\n')
print('cMtrx is:',cMtrx,'\n')
```

```
aMtrx is: [[1.  2.2 3. ]
 [2.  5.  8. ]]
bMtrx is: [[2.3+0.j 4. +0.j 6. +0.j]
 [3. +0.j 5. +0.j 7. +0.j]]
cMtrx is: [array([0, 1, 2, 3]) array([0, 1, 2])]
```

图 10-3 多维数组的创建

从程序执行的结果可以看到，NumPy 模块中的 array 方法可以用来创建多维数组，返回的数据类型为数组对象。在创建数组时，还可以通过 dytpe 参数来指定要创建的数组中数据的类型。图 10-3 中 bMtrx 即是被创建为复数类型的多维数组。

3. Python 语言自带的数组创建方法

Python 语言还自带了很多数组创建的方法，可以创建带有特定属性的数组对象。图 10-4 所示为创建所有元素均为 0 的数组。

```
#自带的数组创建方法
tMtrx=np.zeros([3,4])
print('Zero matrix is: \n',tMtrx)
```

```
Zero matrix is:
[[0. 0. 0. 0.]
 [0. 0. 0. 0.]
 [0. 0. 0. 0.]]
```

图 10-4 零元素数组

如果要创建所有元素均为 1 的数组，可以采用 ones 方法，如图 10-5 所示。

```
#自带的数组创建方法
tMtrx=np.ones([2,5])
print('Ones matrix is: \n',tMtrx)
```

```
Ones matrix is:
[[1. 1. 1. 1. 1.]
 [1. 1. 1. 1. 1.]]
```

图 10-5 元素数组

如果要创建所有元素均为等差数列的数组，可以采用 arange 方法，如图 10-6 所示。

```
#自带的数组创建方法
tMtrx=np.arange(6)
print('Isometric matrix is: \n',tMtrx)
tMtrx=np.arange(2,8,0.6)
print('Isometric matrix is: \n',tMtrx)
```

Isometric matrix is:
[0 1 2 3 4 5]
Isometric matrix is:
[2. 2.6 3.2 3.8 4.4 5. 5.6 6.2 6.8 7.4]

图 10-6　等差数列数组

如果要创建所有元素均为等距数列的数组，可以采用 linspace 方法，如图 10-7 所示。

```
#自带的数组创建方法
tMtrx=np.linspace(2,8,10)    #起始点,终点,份数
print('Equidistant matrix is: \n',tMtrx)
tMtrx=np.linspace(3,9,4)
print('Equidistant matrix is: \n',tMtrx)
```

Equidistant matrix is:
[2.   2.66666667 3.33333333 4.   4.66666667 5.33333333
 6.   6.66666667 7.33333333 8.   ]
Equidistant matrix is:
[3. 5. 7. 9.]

图 10-7　等距数列数组

如果要创建随机数构成的数组，可以采用 random 方法，如图 10-8 所示。

```
#自带的数组创建方法
tMtrx=np.random.rand(2,3,4)  #在[0,1]之间均匀分布的随机样本
print('Random matrix is: \n',tMtrx)
tMtrx=np.random.randn(2,3)   #符合标准正态分布 N(0,1)
print('Random matrix is: \n',tMtrx)
tMtrx=3.1*np.random.randn(2,3)+0.1   #符合正态分布 N(3.1,0.1)
print('Random matrix is: \n',tMtrx)
tMtrx=np.random.randint(low=2,high=8,size=(2,3))   #生成在半开半闭区间[low,high)上离散均匀分布的整数值
print('Random matrix is: \n',tMtrx)
```

Random matrix is:
[[[0.7343977 0.93862795 0.05416411 0.9262786]
  [0.56836095 0.46357976 0.78226018 0.04939191]
  [0.27827671 0.21654353 0.6092547 0.43010662]]

图 10-8　随机数数组

```
[[0.62356513 0.9643566  0.92234848 0.89817415]
 [0.51738027 0.74910109 0.55478688 0.55451575]
 [0.85351139 0.31324117 0.244655820.07714634]]]
Random matrix is:
[[-0.25669839 -1.23823318 -1.17038994]
 [-0.33044323 -0.33673897  0.45830175]]
Random matrix is:
[[-0.85871595  0.87055178  1.58364409]
 [ 5.78362663  2.37116229 -0.12222429]]
Random matrix is:
[[6 6 4]
 [2 4 7]]
```

图 10-8 随机数数组(续)

4. 改变数组形状

在 Python 语言中,数组被创建后还可以采用 reshape 方法来改变数组的形状,如图 10-9 所示。

```
#改变数组的形状
np.set_printoptions(precision=10,threshold=np.inf)    #打印输出的精度,且输出所有的内容
tMtrx=np.arange(2,8,.6)
print('Orig matrix is:',tMtrx)
tMtrx=np.arange(2,8,.6).reshape(2,5)
print('Reshape matrix is: \n',tMtrx)
```

```
Orig matrix is: [2.  2.6 3.2 3.8 4.4 5.  5.6 6.2 6.8 7.4]
Reshape matrix is:
[[2.  2.6 3.2 3.8 4.4]
 [5.  5.6 6.2 6.8 7.4]]
```

图 10-9 改变数组的形状

5. 数组的取值

在 Python 语言中,数组的取值是通过指定轴的索引来实现的,具体示例代码及执行结果如图 10-10 所示。

```
#数组的取值
aMtrx=np.array([[[0,1,2,4],[3,5,7]],[[2.3,4.6,7],[16,77,89]]])
print('aMtrx is: \n',aMtrx)
print('aMtrx[0] is: \n',aMtrx[0])
print('aMtrx[0][1] is: \n',aMtrx[0][1])
print('aMtrx[0][1][2] is: \n',aMtrx[0][1][2])
```

```
aMtrx is:
[[list([0, 1, 2, 4]) list([3, 5, 7])]
```

图 10-10 数组的取值

```
[list([2.3, 4.6, 7]) list([16, 77, 89])]]
aMtrx[0] is:
[list([0, 1, 2, 4]) list([3, 5, 7])]
aMtrx[0][1] is:
[3, 5, 7]
aMtrx[0][1][2] is:
7
```

图 10-10　数组的取值（续）

从程序执行的结果可以看到，Python 语言中数组的取值是按照轴（axes）的方式取值的。

在 Python 语言中，数组的取值也支持切片操作、迭代操作。具体示例代码及执行结果如图 10-11 所示。

```
#矩阵的切片操作
print('Matrix B is:\n', B)
print('B[0,1] is:\n', B[0,1])
print('B[-2,-1] is:\n', B[-2,-1])
print('B[0:1,] is:\n', B[0:1,])
print('B[:,2] is:\n', B[:,2])
for ax0 in B:       #数组的遍历,默认都是按照第一个轴进行
    print('Axis 0 is:', ax0)
for item in B.flat:  #遍历数组的元素
    print('Element of B is:', item)

Matrix B is:
[[ 2  3  4]
 [ 5  6  7]
 [ 8  9 10]]
B[0,1] is:
3
B[-2,-1] is:
7
B[0:1,] is:
[[2 3 4]]
B[:,2] is:
[ 4  7 10]
Axis 0 is: [2 3 4]
Axis 0 is: [5 6 7]
Axis 0 is: [ 8  9 10]
Element of B is: 2
Element of B is: 3
Element of B is: 4
```

图 10-11　数组的切片取值

```
Element of B is: 5
Element of B is: 6
Element of B is: 7
Element of B is: 8
Element of B is: 9
Element of B is: 10
```

图 10-11 数组的切片取值（续）

6. 数组的运算

在 Python 语言中，数组可以支持元素级的算术运算。具体示例代码及执行结果如图 10-12 所示。

```
#数组的运算——元素级的算术运算
aMtrx=np.arange(5)
bMtrx=np.arange(2,7)
print('aMtrx is: ',aMtrx)
print('aMtrx+4 is: ',aMtrx+4)
print('aMtrx-2 is: ',aMtrx-2)
print('aMtrx*3 is: ',aMtrx*3)
print('aMtrx/1.1 is: ',aMtrx/1.1)
print('bMtrx is: ',bMtrx)
print('aMtrx+bMtrx is: ',aMtrx+bMtrx)
print('aMtrx-bMtrx is: ',aMtrx-bMtrx)
print('aMtrx*bMtrx is: ',aMtrx*bMtrx)
print('aMtrx/bMtrx is: ',aMtrx/bMtrx)
print('aMtrx*cos(bMtrx) is: ',aMtrx*np.cos(bMtrx))
print('aMtrx+bMtrx^2 is: ',aMtrx+np.power(bMtrx,2))
```

```
aMtrx is:  [0 1 2 3 4]
aMtrx+4 is:  [4 5 6 7 8]
aMtrx-2 is:  [-2 -1 0 1 2]
aMtrx*3 is:  [0 3 6 9 12]
aMtrx/1.1 is:  [0.         0.9090909091 1.8181818182 2.7272727273 3.6363636364]
bMtrx is:  [2 3 4 5 6]
aMtrx+bMtrx is:  [2 4 6 8 10]
aMtrx-bMtrx is:  [-2 -2 -2 -2 -2]
aMtrx*bMtrx is:  [0 3 8 15 24]
aMtrx/bMtrx is:  [0.         0.3333333333 0.5         0.6         0.6666666667]
aMtrx*cos(bMtrx) is:  [-0.         -0.9899924966 -1.3072872417 0.8509865564 3.8406811466]
aMtrx+bMtrx^2 is:  [4 10 18 28 40]
```

图 10-12 数组的元素级运算

从程序的执行结果可以看到，数组的元素级运算是对数组的对位元素进行算术运算的。

在数组的元素级运算过程中，如果两个数据的形状不一样，则 Python 语言会将小的数组扩展成和大的数据一样的形状进行运算。具体示例代码及执行结果如图 10-13 所示。

```
#广播运算
A=np.arange(16).reshape(4,4)
B=np.arange(4)
print('Matrix A is:',A)
print('Matrix B is:',B)
print('A plus B is:',A+B)
A=np.arange(6).reshape(3,1,2)
B=np.arange(6).reshape(3,2,1)
print('Matrix A is:',A)
print('Matrix B is:',B)
print('A plus B is:',A+B)
```

Matrix A is: [[0 1 2 3]
 [4 5 6 7]
 [8 9 10 11]
 [12 13 14 15]]
Matrix B is: [0 1 2 3]
A plus B is: [[0 2 4 6]
 [4 6 8 10]
 [8 10 12 14]
 [12 14 16 18]]
Matrix A is: [[[0 1]]

 [[2 3]]

 [[4 5]]]
Matrix B is: [[[0]
  [1]]

 [[2]
  [3]]

 [[4]
  [5]]]
A plus B is: [[[0 1]
  [1 2]]

 [[4 5]
  [5 6]]

 [[8 9]
  [9 10]]]

图 10-13 数组的广播运算

在 Python 语言中，数组的运算则是通过 dot 函数来实现的。具体示例代码及执行结果如图 10-14 所示。

```
#数组的运算
A=np.arange(0,9).reshape(3,3)
B=np.arange(2,11).reshape(3,3)
print('A dot B is: ',np.dot(A,B))
print('A dot B is: ',A.dot(B))
print('B dot A is: ',B.dot(A))
```

```
A dot B is:  [[ 21  24  27]
 [ 66  78  90]
 [111 132 153]]
A dot B is:  [[ 21  24  27]
 [ 66  78  90]
 [111 132 153]]
B dot A is:  [[ 33  42  51]
 [ 60  78  96]
 [ 87 114 141]]
```

图 10-14 数组的运算

在 Python 语言中，对数组对象还支持简单的统计计算功能，具体示例代码及执行结果如图 10-15 所示。

```
#数组的统计计算
print('Sum of matrix is:',B.sum())
print('Min of matrix is:',B.min())
print('Max of matrix is:',B.max())
print('Mean of matrix is:',B.mean())
print('Std of matrix is:',B.std())
print('Trace of matrix is:',B.trace())
```

```
Sum of matrix is: 54
Min of matrix is: 2
Max of matrix is: 10
Mean of matrix is: 6.0
Std of matrix is: 2.581988897471611
Trace of matrix is: 18
```

图 10-15 数组的统计运算

前面介绍了可以采用 reshape 来改变数组的形状，在 Python 语言中，我们还可以采用转置操作来实现数组的形状改变，具体示例代码及执行结果如图 10-16 所示。

```
#转置和平滑操作
print('Matrix B is:\n', B)
print('Transpose of B is:\n', B.transpose())
print('Ravel of B is:\n', B.ravel())
```

```
Matrix B is:
[[ 2  3  4]
 [ 5  6  7]
 [ 8  9 10]]
Transpose of B is:
[[ 2  5  8]
 [ 3  6  9]
 [ 4  7 10]]
Ravel of B is:
[ 2  3  4  5  6  7  8  9 10]
```

图 10-16　数组形状的改变

在 Python 语言中，还可以对数组执行自定义的操作，具体示例代码及执行结果如图 10-17 所示。

```
#数组的自定义运算
def half(x):  #自定义函数
    return x/2
print('Matrix B is:', B)
print('Mean along axis0 is:', np.apply_along_axis(np.mean, axis=0, arr=B))
print('Mean along axis1 is:', np.apply_along_axis(np.mean, axis=1, arr=B))
print('User defined function is:', np.apply_along_axis(half, axis=1, arr=B))
print('User defined function is:', np.apply_along_axis(lambda x:np.power(x,2), axis=0, arr=B))
```

```
Matrix B is: [[ 2  3  4]
 [ 5  6  7]
 [ 8  9 10]]
Mean along axis0 is: [5. 6. 7.]
Mean along axis1 is: [3. 6. 9.]
User defined function is: [[1.  1.5 2. ]
 [2.5 3.  3.5]
 [4.  4.5 5. ]]
User defined function is: [[  4   9  16]
 [ 25  36  49]
 [ 64  81 100]]
```

图 10-17　数组的自定义函数运算

7．布尔型数组

在 Python 语言中，也支持布尔型的数组类型，具体示例代码及执行结果如图 10-18 所示。

```
#布尔型数组
print('Matrix B is\n:',B)
print('Bool matrix is\n:',B>5)
print('Sum of bool matrix is:',(B>5).sum())#布尔型数据,1表示True,0表示False
print('Value according to bool matrix is:',B[B>5])#定位符合条件的数据
```

```
Matrix B is
:[[ 2  3  4]
 [ 5  6  7]
 [ 8  9 10]]
Bool matrix is
:[[False False False]
 [False  True  True]
 [ True  True  True]]
Sumof bool matrix is: 5
Value according to bool matrix is: [ 6  7  8  9 10]
```

图 10-18　布尔型数组

从程序的执行结果可以看到,在 Python3.X 版本中,布尔型的数据是以 0-1 来表示的,其中 1 表示 True,0 表示 False。因此,布尔型的数据也可以参与运算,并且我们可以根据布尔型的数组获取相应位置为 True 的数组元素。

8. 数组的操作

在 NumPy 模块中,对于数组类型的数据结构还定义了很多的操作,以方便进行数据的聚合、拆分等,从而提供了丰富的数据处理功能。

如果想要将两个矩阵的数据合并在一起,可以采用 stack 方法,具体示例代码及执行结果如图 10-19 所示

```
#数组的操作
#coding=utf-8
'''合并数组的数据'''
A=np.zeros((3,3))
B=np.ones([3,3])
print('Matrix A is:',A)
print('Matrix B is:',B)
print('A vstack B is:',np.vstack((A,B)))#纵向合并
print('B vstack A is:',np.vstack((B,A)))
print('A hstack B is:',np.hstack((A,B)))#横向合并
print('B hstack A is:',np.hstack((B,A)))
```

```
Matrix A is: [[0. 0. 0.]
 [0. 0. 0.]
 [0. 0. 0.]]
Matrix B is: [[1. 1. 1.]
```

图 10-19　数组数据合并

```
[1. 1. 1.]
[1. 1. 1.]]
A vstack B is: [[0. 0. 0.]
[0. 0. 0.]
[0. 0. 0.]
[1. 1. 1.]
[1. 1. 1.]
[1. 1. 1.]]
B vstack A is: [[1. 1. 1.]
[1. 1. 1.]
[1. 1. 1.]
[0. 0. 0.]
[0. 0. 0.]
[0. 0. 0.]]
A hstack B is: [[0. 0. 0. 1. 1. 1.]
[0. 0. 0. 1. 1. 1.]
[0. 0. 0. 1. 1. 1.]]
B hstack A is: [[1. 1. 1. 0. 0. 0.]
[1. 1. 1. 0. 0. 0.]
[1. 1. 1. 0. 0. 0.]]
```

图 10-19 数组数据合并（续）

从程序执行结果可以看到，我们可以将两个数组的数据横向合并在一起，也可以纵向合并在一起。

同时，我们还可以将多个数组的数据按照行和列来合并数据，具体示例代码及执行结果如图 10-20 所示。

```
#按照轴来合并数据
a=np.array((0,1,2))
b=np.array((3,4,5))
c=np.array((6,7,8))
print('Matrix a is:',a)
print('Matrix b is:',b)
print('Matrix c is:',c)
print('Along column is;',np.column_stack((a,b,c))) #按照列合并
print('Along row is;',np.row_stack((a,b,c))) #按照行合并

Matrix a is: [0 1 2]
Matrix b is: [3 4 5]
Matrix c is: [6 7 8]
Along column is; [[0 3 6]
[1 4 7]
[2 5 8]]
Along row is; [[0 1 2]
[3 4 5]
[6 7 8]]
```

图 10-20 数组数据按照行和列合并

除了可以合并数组的数据之外，我们还可以将大的数组的数据切分成小的单位，具体示例代码及执行结果如图 10-21 所示。

```
#切分数组
A=np.arange(16).reshape(4,4)
print('Matrix A is:',A)
[B,C]=np.hsplit(A,2)  #横向切分,参数为切成几部分
print('One part is:',B)
print('The other part is:',C)
[B,C,D,E]=np.hsplit(A,4)  #横向切分,参数为切成几部分
print('One part is:',B)
print('One part is:',C)
print('One part is:',D)
print('The other part is:',E)
```

```
Matrix A is: [[ 0  1  2  3]
 [ 4  5  6  7]
 [ 8  9 10 11]
 [12 13 14 15]]
One part is: [[ 0  1]
 [ 4  5]
 [ 8  9]
 [12 13]]
The other part is: [[ 2  3]
 [ 6  7]
 [10 11]
 [14 15]]
One part is: [[ 0]
 [ 4]
 [ 8]
 [12]]
One part is: [[ 1]
 [ 5]
 [ 9]
 [13]]
One part is: [[ 2]
 [ 6]
 [10]
 [14]]
The other part is: [[ 3]
 [ 7]
 [11]
 [15]]
```

图 10-21 数组数据横向切分

除了可以按照如图10-21所示的方式横向切分数据之外,我们还可以类似地纵向切分数据,具体示例代码及执行结果如图10-22所示。

```
# 切分数组
print('Matrix A is:',A)
[B,C]=np.vsplit(A,2)  # 纵向切分,参数为切成几部分
print('One part is:',B)
print('The other part is:',C)
[B,C,D,E]=np.vsplit(A,4)  # 纵向切分,参数为切成几部分
print('One part is:',B)
print('One part is:',C)
print('One part is:',D)
print('The other part is:',E)
```

```
Matrix A is: [[ 0  1  2  3]
 [ 4  5  6  7]
 [ 8  9 10 11]
 [12 13 14 15]]
One part is: [[0 1 2 3]
 [4 5 6 7]]
The other part is: [[ 8  9 1011]
 [12 13 14 15]]
One part is: [[0 1 2 3]]
One part is: [[4 5 6 7]]
One part is: [[ 8  9 10 11]]
The other part is: [[12 13 14 15]]
```

图10-22　数组数据纵向切分

除了可以按照上面的方式对数组进行等份切分外,我们还可以根据特定的需要,指定切分数据的位置,进行非等份切分,具体示例代码及执行结果如图10-23所示。

```
# 自己指定切分位置,非均等切分
A=np.arange(25).reshape(5,5)
print('Matrix A is:',A)
[B,C,D]=np.split(A,[1,3],axis=0)   # 根据轴做非等份切分
print('Split A on 1,3 is: \n 1st ',B,';\n 2nd ',C,'; \n 3rd',D)
[B,C,D,E]=np.split(A,[1,2,3],axis=1)   # 根据轴做非等份切分
print('Split A on 1,3 is: \n 1st ',B,';\n 2nd ',C,'; \n 3rd',D,'; \n 4th',E)
```

```
Matrix A is: [[ 0  1  2  3  4]
 [ 5  6  7  8  9]
 [10 11 12 13 14]
 [15 16 17 18 19]
```

图10-23　数组数据非等份切分

```
[20 21 22 23 24]]
Split A on 1,3 is:
1st  [[0 1 2 3 4]] ;
2nd  [[ 5  6  7  8  9]
 [10 11 12 13 14]] ;
3rd [[15 16 17 18 19]
 [20 21 22 23 24]]
Split A on 1,3 is:
1st  [[ 0]
 [ 5]
 [10]
 [15]
 [20]] ;
2nd  [[ 1]
 [ 6]
 [11]
 [16]
 [21]] ;
3rd [[ 2]
 [ 7]
 [12]
 [17]
 [22]] ;
4th [[ 3  4]
 [ 8  9]
 [13 14]
 [18 19]
 [23 24]]
```

图 10-23　数组数据非等份切分（续）

在 NumPy 模块中，所有的数组运算都不会为数组对象创建任何副本，这意味着相同的数组对象指向同一个地址位置，其中一个数组元素的变化将会影响到另外一个数组。具体示例代码及执行结果如图 10-24 所示。

```
#数组的副本
a=np.arange(5)
b=a
print('Matrix a is:',a)
print('Matrix b is:',b)
a[1]=100
print('Matrix a is:',a)
print('Matrix b is:',b)
```

图 10-24　数组指向相同的地址

```
Matrix a is: [0 1 2 3 4]
Matrix b is: [0 1 2 3 4]
Matrix a is: [  0 100   2   3   4]
Matrix b is: [  0 100   2   3   4]
```

图 10 - 24　数组指向相同的地址（续）

从程序的执行结果可以看到，改变其中一个矩阵的元素，其他的矩阵也随之改变。如果想要将两个数组的关联分开，则需要在定义时指定为一个矩阵的副本，具体示例代码及执行结果如图 10 - 25 所示。

```
#数组的副本
a=np.arange(5)
b=a.copy()
print('Matrix a is:',a)
print('Matrix b is:',b)
a[1]=-100
print('Matrix a is:',a)
print('Matrix b is:',b)

Matrix a is: [0 1 2 3 4]
Matrix b is: [0 1 2 3 4]
Matrix a is: [   0 -100    2    3    4]
Matrix b is: [0 1 2 3 4]
```

图 10 - 25　数组的副本

从程序的执行结果可以看到，如果创建的是数组的副本，则改变其中一个矩阵的元素，其他的矩阵将不再随之改变。

9. 结构化数组

在 NumPy 模块中，还有一种数组就是结构化数组，所谓的结构化数组其实就是 np.arrays，其数据类型是由组成一系列命名字段的简单数据类型组成的。创建一个结构化数组的具体示例代码及执行结果如图 10 - 26 所示。

```
#结构化数组
struc_array=np.array([(1,'First',21.2,2+3j),(2,'Second',22.5,1+3j),(3,'Third',100.2,9+3j)], \
                dtype=[('id','i2'),('position','U6'),('value','f4'),('complex','c8')])   #续行写用 空格+\
print('Structure array is:',struc_array)

Structure array is: [(1, 'First',  21.2, 2.+3.j) (2, 'Second',  22.5, 1.+3.j)
 (3, 'Third', 100.2, 9.+3.j)]
```

图 10 - 26　结构化数组的创建

从程序的执行结果可以看到，这里创建了一个结构化数组，数组是长度为 3 的一维数组，其数据类型是具有 4 个字段的结构：名为"id"的整数；名为"position"的字符串；名为"value"的浮点数；名为"complex"的复数。

对于结构化数据，可以方便地按照列名称取值，具体示例代码及执行结果如图 10-27 所示。

```
#结构化数组的访问
print('struc_array[0] is:', struc_array[0])
print('struc_array[:,1] is:', struc_array['position'])    #按照列名称取值

struc_array[0] is: (1, 'First', 21.2, 2.+3.j)
struc_array[:,1] is: ['First' 'Second' 'Third']
```

图 10-27　结构化数组的取值

10. 数组数据的读写

对于数组数据，在 NumPy 模块还提供了方便的数据存储和读取功能。具体示例代码及执行结果如图 10-28 所示。

```
#数组数据的存储和读取
data=np.random.random((4,4))
print('Matrix data is:', data)
np.save('ascii_data', data)    #以二进制文件格式存储，文件后缀为.npy，自动添加

Matrix data is: [[0.3280426368 0.448248531  0.2100570094 0.1560177881]
 [0.0714663926 0.4868313834 0.6773773674 0.3581882815]
 [0.4014377727 0.4355160543 0.0050354474 0.3382604916]
 [0.9823413349 0.9511418006 0.3851396612 0.1753485313]]
```

图 10-28　数组数据的存储

从程序的执行结果可以看到，默认情况下，数组数据将以二进制文件格式进行存储，文件的后缀名为 npy。在当前工作目录下将会创建对应的数据文件，如图 10-29 所示。

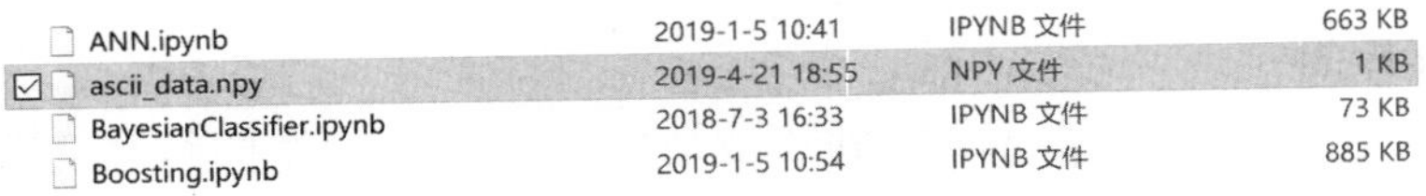

文件名	修改日期	类型	大小
ANN.ipynb	2019-1-5 10:41	IPYNB 文件	663 KB
ascii_data.npy	2019-4-21 18:55	NPY 文件	1 KB
BayesianClassifier.ipynb	2018-7-3 16:33	IPYNB 文件	73 KB
Boosting.ipynb	2019-1-5 10:54	IPYNB 文件	885 KB

图 10-29　数据文件

NumPy 模块还提供了方便的数据读取功能，具体示例代码及执行结果如图 10-30 所示。

```
#数组数据的存储和读取
load_data=np.load('ascii_data.npy')
print('Matrix data is:', load_data)

Matrix data is: [[0.3280426368 0.448248531  0.2100570094 0.1560177881]
 [0.0714663926 0.4868313834 0.6773773674 0.3581882815]
 [0.4014377727 0.4355160543 0.0050354474 0.3382604916]
 [0.9823413349 0.9511418006 0.3851396612 0.1753485313]]
```

图 10-30　读取数据文件

我们还可以以文本文件的格式存储数组数据，具体示例代码及执行结果如图 10－31 所示。

```
#数组数据的存储和读取
data=np.random.random((3,4))
print('Matrix data is:',data)
np.savetxt('txt_data.txt',data)    #以文本文件格式存储,文件后缀为.txt

Matrix data is: [[0.5337690754 0.2711766919 0.2381156038 0.4203182935]
 [0.29081413   0.5922212336 0.6634070789 0.7955044462]
 [0.8585606389 0.1345701231 0.818300551  0.306139286 ]]
```

图 10－31　文本格式存储

在当前工作目录下将会创建对应的数据文件，如图 10－32 所示。

图 10－32　文本数据文件

当然，NumPy 模块还提供了方便的文本数据读取功能，具体示例代码及执行结果如图 10－33 所示。

```
#数组数据的存储和读取
load_data=np.genfromtxt('txt_data.txt')
print('Matrix data is:',load_data)

Matrix data is: [[0.5337690754 0.2711766919 0.2381156038 0.4203182935]
 [0.29081413   0.5922212336 0.6634070789 0.7955044462]
 [0.8585606389 0.1345701231 0.818300551  0.306139286 ]]
```

图 10－33　读取文本数据文件

二、Series 数据结构

Pandas 模块的作用主要是数据的读取和数据的分析，该模块是基于 NumPy 的一个 Python 模块，Pandas 模块提供了高级的数据结构和对数据处理的方法，该模块支持的两个主要的数据结构是 Series 和 Dataframe。

从某种意义上讲，Series 数据结构类似于一维数组对象，也类似于 NumPy 模块中的一维 Array，不同的是，Series 数据结构除了包含一组数据以外，还包含一组索引，因此可以把它理解为一组带索引的数组。

下面通过具体的示例介绍数组的创建和操作方法。

1．Series 的创建

我们可以将 Python 语言中的列表对象转换成 Series 数据结构，也可以将 NumPy 模块中的 Array 转换成 Series 数据结构，还可以将 Python 语言中的字典对象转换成 Series 数据结构，具体示例代码及执行结果如图10-34所示。

```
#高级数据结构 Seiries
import pandas as pd
import numpy as np
#创建Series
mSeries=pd.Series([12,-5,2.1,30])
print('My 1st Series is:\n',mSeries)
mSeries=pd.Series([12,-5,2.1,30],index=['R1','R2','R3','R4'])    #索引参数为可选参数
print('My 2nd Series is:\n',mSeries)
arr=np.array([1,2,3,4])
mSeries1=pd.Series(arr,index=['1st','2nd','3rd','4th'])
print('My 3rd Series is:\n',mSeries1)
mSeries2=pd.Series({'apple':12.5,'pear':24,'peach':100})
print('My 4th Series is:\n',mSeries2)
```

```
My 1st Series is:
0     12.0
1     -5.0
2      2.1
3     30.0
dtype: float64
My 2nd Series is:
R1    12.0
R2    -5.0
R3     2.1
R4    30.0
dtype: float64
My 3rd Series is:
1st    1
2nd    2
3rd    3
4th    4
dtype: int32
My 4th Series is:
apple     12.5
pear      24.0
peach    100.0
dtype: float64
```

图10-34 创建Series数据结构

从程序代码的执行结果可以看到，在创建Series对象时，index参数是可选参数。不指定index的参数值，Pandas模块将默认从0开始创建Series对象的索引。

我们可以通过Series数据结构的values和index属性来查看一个Series对象的数据值和索引值，具体示例代码及执行结果如图10-35所示。

```
#查看值和索引
print('Values of mSeries is:',mSeries.values)
print('\n Index of mSeries is:',mSeries.index)
print('\n')
i=1
for v in mSeries.values:
    print('%d-th values of mSeries is: %f \n'%(i,v))
    i+=1
i=1
for idx in mSeries.index:
    print('%d-th values of mSeries is: %s \n'%(i,idx))
    i+=1
```

Values of mSeries is: [12. -5. 2.1 30.]

Index of mSeries is: Index(['R1', 'R2', 'R3', 'R4'], dtype='object')

1-th values of mSeries is: 12.000000

2-th values of mSeries is: -5.000000

3-th values of mSeries is: 2.100000

4-th values of mSeries is: 30.000000

1-th values of mSeries is: R1

2-th values of mSeries is: R2

3-th values of mSeries is: R3

4-th values of mSeries is: R4

图 10-35　查看 Series 数据和索引

2. Series 的取值

Series 数据结构可以通过索引来读取对应位置的数据值，具体示例代码及执行结果如图 10-36 所示。

```
#取值操作
arry=np.random.randn(20)
mSer1=pd.Series(arry,index=['a','b','c','d','e','f','g','h','i','j','k','l','m','n','o','p','q','r','s','t'])
print('Series is:',mSer1)
print('\n')
print('3rd of mSer1 is:%.6f'%mSer1[2])
```

图 10-36　Series 的取值

```
print('4—th and 7—th of mSer1 are: %.6f and %.6f'%(mSer1[[3,6]].values[0],mSer1[[3,6]].values[1]))  #默认返回为一个Series,需要通过取值来实现
print('12—th and 14—th of mSer1 are: %.6f and %.6f'%(mSer1[['l','n']].values[0],mSer1[['l','n']].values[1]))

Series is: a    1.371098
b   -0.716923
c    0.309231
d    0.132194
e   -1.630534
f    0.150414
g    1.328996
h    0.868655
i    1.901493
j    0.262101
k    0.436922
l   -0.426857
m    0.639668
n   -0.514825
o   -0.015676
p    1.437812
q   -0.598252
r    1.587906
s   -0.101825
t    1.807122
dtype: float64

3rd of mSer1 is:0.309231
4—th and 7—th of mSer1 are: 0.132194 and 1.328996
12—th and 14—th of mSer1 are: -0.426857 and -0.514825
```

图 10-36　Series 的取值（续）

从程序的执行结果可以看到，我们可以通过索引的位置来取值，比如 mSer1[[3,6]]，需要说明的是，此时索引值是从 0 开始计数的，多个索引位置的值采取列表的形式给出。我们也可以通过索引值来取值，比如 mSer1[['l','n']]，多个索引值采取列表的形式给出。当索引值或者索引的位置值多于一个时，默认情况下返回的还是 Series 对象，需要通过 valuse 属性来取值。

Series 数据结构也支持切片操作取值，具体示例代码及执行结果如图 10-37 所示。

```
#切片操作
print('Part of mSer1 are:',mSer1[1:5].values)
print('\n')
print('Part of mSer1 are:',mSer1[3:].values)
```

图 10-37　Series 的切片操作

```
print('\n')
print('Head of mSer1 are:',mSer1.head().values) #从头开始数,默认取5个
print('\n')
print('Tail of mSer1 are:',mSer1.tail().values) #从结尾开始数,默认取5个
print('\n')
print('Head of mSer1 are:',mSer1.head(7).values)
```

Part of mSer1 are: [-0.71692267　0.30923121　0.13219355　-1.6305343]

Part of mSer1 are: [0.13219355　-1.6305343　0.15041431　1.32899553　0.86865523　1.90149319
　0.26210094　0.43692186　-0.42685683　0.63966803　-0.51482504　-0.0156763
　1.43781218　-0.59825206　1.58790551　-0.10182468　1.80712164]

Head of mSer1 are: [1.37109813　-0.71692267　0.30923121　0.13219355　-1.6305343]

Tail of mSer1 are: [1.43781218　-0.59825206　1.58790551　-0.10182468　1.80712164]

Head of mSer1 are: [1.37109813　-0.71692267　0.30923121　0.13219355　-1.6305343　0.15041431
　1.32899553]

图 10-37　Series 的切片操作（续）

我们还可以根据一定的条件来获取 Series 对象的内容，比如从上例中的 Series 对象中获取取值大于 0.5 的所有内容，具体示例代码及执行结果如图 10-38 所示。

```
#条件取值操作
arry=np.random.randn(20)
mSer1=pd.Series(arry,index=['a','b','c','d','e','f','g','h','i','j','k','l','m','n','o','p','q','r','s','t'])
print('Series mSer1 is:',mSer1)
mSer2=mSer1[mSer1>0.5]
print('Conditional series is:',mSer2)
```

Series mSer1 is: a　　-0.101062
b　　-0.021023
c　　-0.770930
d　　-0.194063
e　　 0.013910
f　　 0.994517
g　　-0.637261
h　　 0.714265
i　　 0.862503
j　　 0.013027
k　　-0.790340
l　　 0.348717
m　　 0.492745

图 10-38　Series 的条件取值

```
n    -0.676504
o    -0.297667
p     1.653728
q    -1.795384
r    -0.784116
s    -1.113094
t    -0.957221
dtype: float64
Conditional series is: f    0.994517
h    0.714265
i    0.862503
p    1.653728
dtype: float64
```

图 10-38　Series 的条件取值（续）

3. Series 的赋值

Series 对象是通过索引来赋值的，当然，在赋值的过程中可以指定索引的值，或者指定索引的位置值，具体示例代码及执行结果如图 10-39 所示。

```
# Series 的赋值
print('Content of mSer2 is:\n', mSer2)
mSer2[2]=200       # 根据索引的位置赋值
mSer2['ohoo']=300  # 根据索引值赋值
mSer2['l']=500     # 根据索引值赋值
print('New content of mSer2 is:\n', mSer2)
```

```
Content of mSer2 is:
f    0.994517
h    0.714265
i    0.862503
p    1.653728
dtype: float64
New content of mSer2 is:
f      0.994517
h      0.714265
i    200.000000
p      1.653728
ohoo 300.000000
l    500.000000
dtype: float64
```

图 10-39　Series 的赋值

从程序的执行结果可以看到，如果是根据索引的位置值来对 Series 对象赋值，则不论原来 Series 对象的索引是什么，都将根据位置进行赋值，原来的索引值不变。如果是根据索引值进行赋值，那么原来的索引中如果存在对应的索引值，则直接在对应的索引值处进行赋值。如果原来的索引中并不存在对应的索引值，则 Pandas 模块将会在 Series 对象中增加新的索引，并对其赋值。

在 Pandas 模块中，不但可以方便地修改 Series 对象的数值，还可以修改 Series 对象的索引值，具体示例代码及执行结果如图 10-40 所示。

```
#Series 的索引赋值
print('Index of mSer2 is:',mSer2.index)
print('Values of mSer2 is:',mSer2.values)
mSer2=pd.Series(mSer2,index=['e','f','idx1','idx2','g','h','j','k','l','s'])
#根据原来的索引值进行自动比对,存在则直接取过来,不存在则增加索引,并且赋值 Nan
print('\n')
print('Index of mSer3 is:',mSer2.index)
print('Values of mSer2 is:',mSer2.values)
mSer3=pd.Series([11,22,33])
mSer3.index=['R1','R2','R3']    #直接修改索引值
print('Content of mSer3 is:',mSer3)
mSer3.index=['id1','id2','id3']
print('Content of mSer3 is:',mSer3)
```

```
Index of mSer2 is: Index(['e', 'f', 'idx1', 'idx2', 'g', 'h', 'j', 'k', 'l', 's'], dtype='object')
Values of mSer2 is: [         nan    0.99451691         nan         nan         nan
  0.71426496         nan         nan 500.                nan]

Index of mSer3 is: Index(['e', 'f', 'idx1', 'idx2', 'g', 'h', 'j', 'k', 'l', 's'], dtype='object')
Values of mSer2 is: [         nan    0.99451691         nan         nan         nan
  0.71426496         nan         nan 500.                nan]
Content of mSer3 is: R1    11
R2    22
R3    33
dtype: int64
Content of mSer3 is: id1    11
id2    22
id3    33
dtype: int64
```

图 10-40　Series 的修改索引

从程序的执行结果可以看到，如果采用 Series 数据结构定义的模式修改索引，那么如果新的索引值在原来的 Series 对象的索引值集合中，则直接从中取回对应的索引，如果新的索引值并不在原来的 Series 对象中，则在 Series 对象中增加该新的索引值，并在对应的索引位置赋值 nan。如果采用 Series 对象的索引直接赋值的模式修改索引，则不会再跟原有的索引进行比对，直接在对应的索引位置进行赋值修改。

4. Series 的运算

Python 语言的 Pandas 模块还提供了对于 Series 数据结构中数据值的判别以及 Series 对象本身大小、形状等属性的判别操作,具体示例代码及执行结果如图 10-41 所示。

```
#Series 的运算
mSer=pd.Series([10,21,3,5,10,21,45,5,5,np.nan],index=['r1','r2','r3','r4','r5','r6','r7','r8','r9','r10'])
print('Size of mSer is:',mSer.size)       #元素的个数
print('Shapel of mSer is:',mSer.shape)    #Series 对象的形状
print('Count of mSer is:',mSer.count())   #Series 对象的元素的个数,不包括 Nan
print('Unique value of mSer is:',mSer.unique())  #Series 对象的不重复元素的个数
print('Vaules count of mSer is:',mSer.value_counts())  #Series 对象中每个元素的个数,不包括 Nan
print('Whether values: ',end='')  #不换行输出
for idx,vl in mSer.isin([10,3,5]).items():  #值的列表集合
    print('%s<->%r; '%(idx,vl),end='')    #r 格式化输出原始值
print('\n Whether Nan: ',end='')  #是否为 Nan
for idx,vl in mSer.isna().items():
    print('%s<->%r; '%(idx,vl),end='')
print('\n Whether Nan: ',end='')  #是否为非空
for idx,vl in mSer.notnull().items():
    print('%s<->%r; '%(idx,vl),end='')
```

```
Size of mSer is: 10
Shapel of mSer is: (10,)
Count of mSer is: 9
Unique value of mSer is: [10. 21.  3.  5. 45. nan]
Vaules count of mSer is: 5.0    3
21.0    2
10.0    2
45.0    1
3.0     1
dtype: int64
Whether values: r1<->True; r2<->False; r3<->True; r4<->True; r5<->True; r6<->False; r7<->False; r8<->True; r9<->True; r10<->False;
Whether Nan: r1<->False; r2<->False; r3<->False; r4<->False; r5<->False; r6<->False; r7<->False; r8<->False; r9<->False; r10<->True;
Whether Nan: r1<->True; r2<->True; r3<->True; r4<->True; r5<->True; r6<->True; r7<->True; r8<->True; r9<->True; r10<->False;
```

图 10-41 Series 对象的判别

Python 语言的 Pandas 模块支持对 Series 数据结构的元素级的算术运算,在运算的过程中是对 Series 对象的每一个数据元素执行相同的操作,原来 Series 对象的索引不变。如果执行运算的两个 Series 对象的索引不是完全相同,则 Pandas 模块会自动比对两个 Series 对象的索引值,对于两个 Series 对象共有的索引值,执行对应元素的算术运算,对于两个 Series 对象非共有的索引值,则运算结果中都予以保留,并且重新赋值为 nan,具体示例代码及执行结果如图 10-42 所示。

```python
#Series 的算术操作
print('Original series is: ',end='') #不换行输出
for idx,vl in mSer.items():
    print('%s<->%r; '%(idx,vl),end='')
print('\n Original series+2.5: ',end='')
for idx,vl in (mSer+2.5).items():
    print('%s<->%r; '%(idx,vl),end='')
print('\n Original series-2: ',end='')
for idx,vl in (mSer-2).items():
    print('%s<->%r; '%(idx,vl),end='')
print('\n Original series*5: ',end='')
for idx,vl in (mSer*5).items():
    print('%s<->%r; '%(idx,vl),end='')
print('\n Original series/4: ',end='')
for idx,vl in (mSer/4).items():
    print('%s<->%r; '%(idx,vl),end='')
print('\n Log of original series: ',end='')
for idx,vl in np.log(mSer).items():
    print('%s<->%.2f; '%(idx,vl),end='')
print('\n User\' function on original series: ',end='')
for idx,vl in (mSer.apply(lambda x:x*x)).items():
    print('%s<->%.0f; '%(idx,vl),end='')
mSer1=pd.Series([6,7,9],index=['op1','r2','r3'])
print('\n Sum of two series: ',end='')
for idx,vl in (mSer+mSer1).items():
    print('%s<->%.2f; '%(idx,vl),end='')
```

Original series is: r1<->10.0; r2<->21.0; r3<->3.0; r4<->5.0; r5<->10.0; r6<->21.0; r7<->45.0; r8<->5.0; r9<->5.0; r10<->nan;
Original series+2.5: r1<->12.5; r2<->23.5; r3<->5.5; r4<->7.5; r5<->12.5; r6<->23.5; r7<->47.5; r8<->7.5; r9<->7.5; r10<->nan;
Original series-2: r1<->8.0; r2<->19.0; r3<->1.0; r4<->3.0; r5<->8.0; r6<->19.0; r7<->43.0; r8<->3.0; r9<->3.0; r10<->nan;
Original series*5: r1<->50.0; r2<->105.0; r3<->15.0; r4<->25.0; r5<->50.0; r6<->105.0; r7<->225.0; r8<->25.0; r9<->25.0; r10<->nan;
Original series/4: r1<->2.5; r2<->5.25; r3<->0.75; r4<->1.25; r5<->2.5; r6<->5.25; r7<->11.25; r8<->1.25; r9<->1.25; r10<->nan;
Log of original series: r1<->2.30; r2<->3.04; r3<->1.10; r4<->1.61; r5<->2.30; r6<->3.04; r7<->3.81; r8<->1.61; r9<->1.61; r10<->nan;
User' function on original series: r1<->100; r2<->441; r3<->9; r4<->25; r5<->100; r6<->441; r7<->2025; r8<->25; r9<->25; r10<->nan;
Sum of two series: op1<->nan; r1<->nan; r10<->nan; r2<->28.00; r3<->12.00; r4<->nan; r5<->nan; r6<->nan; r7<->nan; r8<->nan; r9<->nan;

图 10-42　Series 对象的算术操作

三、Dataframe 数据结构

在 Python 语言中，Dataframe 数据结构是 Pandas 模块支持的另外一种重要的数据结构。本质上，创建 Dataframe 数据结构就是传递一个字典来创建 Dataframe 对象。第一列是 Pandas 模块中相应命令自动创建的整型索引，这个索引可通过调整 index 参数进行修改。因此，Dataframe 数据结构可以看作表格型的数据结构，其中含有一组有序的列，类似于共享同一个 index 的 Series 集合。

1. Dataframe 的创建

在 Python 语言中，可以首先创建一个字典对象，然后将其转换成 Dataframe 数据结构。具体示例代码及执行结果如图 10-43 所示。

```
#创建 Dataframe 数据结构
'''从字典创建'''
dict1={'color':['w','g','b','r'],
       'object':['apple','orange','banana','pear'],
       'price':[100.2,300,20,987]}
dfrm=pd.DataFrame(dict1)
print('Construct from dictionary:\n',dfrm)
```

```
Construct from dictionary:
   color  object  price
0    w    apple   100.2
1    g    orange  300.0
2    b    banana   20.0
3    r    pear    987.0
```

图 10-43　由字典创建 Dataframe 数据结构

从程序执行的结果可以看到，Dataframe 数据结构将原来字典数据结构的键转换成了 Dataframe 对象的列名，将字典数据结构的键值转换成对应列的数值，同时在未指定索引名称的情况下，自动添加整数值索引。

如果只是需要字典数据结构中的部分内容，也可以根据部分内容创建 Dataframe 数据结构，具体示例代码及执行结果如图 10-44 所示。

```
#根据部分数据创建
dfrm1=pd.DataFrame(dict1,columns=['object','price'])    #部分数据
print('Construct from part of dictionary:\n',dfrm1)
```

```
Construct from part of dictionary:
   object   price
0  apple    100.2
1  orange   300.0
2  banana    20.0
3  pear     987.0
```

图 10-44　由字典部分内容创建 Dataframe 数据结构

从程序执行的结果可以看到，根据部分内容创建 Dataframe 数据结构时，只需要采用 columns 参数来指定需要的数据列即可。

我们也可以在创建 Dataframe 数据结构时指定索引的名称，具体示例代码及执行结果如图 10-45 所示。

```
#指定索引
dfrm2=pd.DataFrame(dict1,index=['1st','2nd','3rd','4th'])
print('Construct from dictionary with index:\n', dfrm2)
Construct from dictionary with index:
    color object price
1st   w    apple  100.2
2nd   g    orange 300.0
3rd   b    banana  20.0
4th   r    pear   987.0
```

图 10-45　由字典内容创建指定索引的 Dataframe 数据结构

从程序执行的结果可以看到，根据字典创建 Dataframe 数据结构时，只需要采用 index 参数来指定需要的数据索引名称即可。

在 Python 语言中，我们还可以通过多个列表来创建 Dataframe 数据结构，具体示例代码及执行结果如图 10-46 所示。

```
#根据列表创建 Dataframe
x1=['w','g','b','r']
x2=['apple','orange','banana','pear']
x3=[100.2,300,20,987]
col=['color','name','pond']
idx=['R1','R2','R3','R4']
dfrm3=pd.DataFrame(data=np.transpose([x1,x2,x3]),columns=col,index=idx)
print('Construct from list:\n', dfrm3)
Construct from list:
    color name  pond
R1   w    apple 100.2
R2   g    orange 300
R3   b    banana 20
R4   r    pear   987
```

图 10-46　由列表创建 Dataframe 数据结构

从程序执行的结果可以看到，根据多个列表来创建 Dataframe 数据结构时，只需要采用 data 参数来指定数据值，用 columns 参数来指定列的名称，用 index 参数来指定索引名称。

2. Dataframe 数据结构的数据获取

在 Python 语言中，要获取 Dataframe 数据结构的数据，其方法与 R 非常相似，具体示例代码及执行结果如图 10-47 所示。

```
# 获取 Dataframe 数据
dfrm4 = pd.DataFrame(np.arange(16).reshape(4,4),
                    index = ['1st','2nd','3rd','4th'],
                    columns = ['col1','col2','col3','col4'])
print('Original dataframe is:\n', dfrm4)
print('Columns name is:', dfrm4.columns)
print('Index name is:', dfrm4.index)
print('Values are:\n', dfrm4.values)  # 按照行来读取
```

```
Original dataframe is:
     col1  col2  col3  col4
1st    0    1    2    3
2nd    4    5    6    7
3rd    8    9   10   11
4th   12   13   14   15
Columns name is: Index(['col1', 'col2', 'col3', 'col4'], dtype='object')
Index name is: Index(['1st', '2nd', '3rd', '4th'], dtype='object')
Values are:
[[ 0  1  2  3]
 [ 4  5  6  7]
 [ 8  9 10 11]
 [12 13 14 15]]
```

图 10-47 获取 Dataframe 数据结构的数据

Dataframe 数据结构支持按照行和列来获取数据，具体示例代码及执行结果如图 10-48 所示。

```
# 按照行和列来获取数据
print('One col data:', dfrm4['col2'])     # 读取 1 列数据
print('One col data:', dfrm4.col1)        # 读取 1 列数据
print('Two cols data:', dfrm4[['col2','col1']])   # 读取多列数据，通过列表传值
print('\n')
print('One row data:', dfrm4.iloc[0])     # 读取 1 列数据
print('Two rows data:', dfrm4.iloc[[0,2]])  # 读取多行数据，通过列表传值
print('Two rows data:', dfrm4[1:3])       # 读取多行数据，默认情况对于 Dataframe 是按 index 检索
print('Two rows data:', dfrm4.loc[['1st','3rd']])  # 读取多行数据，根据 index 的值来读取
```

```
One col data: 1st    1
2nd    5
3rd    9
4th   13
Name: col2, dtype: int32
```

图 10-48 读取 Dataframe 数据结构的数据

```
One col data: 1st    0
2nd    4
3rd    8
4th    12
Name: col1, dtype: int32
Two cols data:     col2  col1
1st    1    0
2nd    5    4
3rd    9    8
4th    13   12


One row data: col1    0
col2    1
col3    2
col4    3
Name: 1st, dtype: int32
Two rows data:     col1  col2  col3  col4
1st    0    1    2    3
3rd    8    9    10   11
Two rows data:     col1  col2  col3  col4
2nd    4    5    6    7
3rd    8    9    10   11
Two rows data:     col1  col2  col3  col4
1st    0    1    2    3
3rd    8    9    10   11
```

图 10-48 读取 Dataframe 数据结构的数据（续）

从程序执行的结果可以看到，Python 语言支持多种方式读取 Dataframe 对象的数据，可以按照行和列连续地读取数据，也可以按照指定的行或者列读取数据，返回的结构均是 Dataframe 数据结构。

在 Python 语言中，我们可以通过同时给定行和列的位置来读取指定的单个数据值，具体示例代码及执行结果如图 10-49 所示。

```
#交叉获取数据,获取单个数据
print('Data of 1st row and 2nd column is:',dfrm4['col2'][0])
print('Data of 2st row and 1st column is:',(dfrm4.iloc[1]).col1)
print('Data of 2st row and 2nd column is:',(dfrm4.col2)[1])
print('Data of 2st row and 2nd column is:',(dfrm4.iloc[2])['col3']).
```

Data of 1st row and 2nd column is: 1
Data of 2st row and 1st column is: 4
Data of 2st row and 2nd column is: 5
Data of 2st row and 2nd column is: 10

图 10-49 读取 Dataframe 的单个数据

在 Python 语言中，对于 Dataframe 数据结构还可以方便地获取从头部或尾部开始若干行的数据，具体示例代码及执行结果如图 10-50 所示。

```
#获取头部、尾部数据
print('Head data is:\n',dfrm4.head())    #从头数若干行
print('Head data is:\n',dfrm4.head(2))   #从头部数若干行
print('Tail data is:\n',dfrm4.tail())    #从头数若干行
print('Tail data is:\n',dfrm4.tail(3))   #从头部数若干行
```

```
Head data is:
     col1  col2  col3  col4
1st    0    1    2    3
2nd    4    5    6    7
3rd    8    9   10   11
4th   12   13   14   15
Head data is:
     col1  col2  col3  col4
1st    0    1    2    3
2nd    4    5    6    7
Taildata is:
     col1  col2  col3  col4
1st    0    1    2    3
2nd    4    5    6    7
3rd    8    9   10   11
4th   12   13   14   15
Tail data is:
     col1  col2  col3  col4
2nd    4    5    6    7
3rd    8    9   10   11
4th   12   13   14   15
```

图 10-50　读取 Dataframe 的头部/尾部数据

3. Dataframe 数据结构的数据操作

在创建了 Dataframe 数据结构之后，可以修改其对应的索引和列的值，也可以修改索引和列的名称，具体示例代码及执行结果如图 10-51 所示。

```
#Dataframe 数据结构的操作
'''修改行列的名称'''
dfrm5=pd.DataFrame(np.arange(30).reshape(5,6))
print('Original dataframe is:\n',dfrm5)
dfrm5.index=['Row1',"Row2",'Row3','Row4','Row5']   #修改索引的值
dfrm5.columns=['C1','C2','C3','C4','C5','C6']      #修改列的值
print('New dataframe is:\n',dfrm5)
```

图 10-51　修改 Dataframe 的索引和列

```
dfrm5.index.name='Id'    #定义索引的名字
dfrm5.columns.name='Num'    #定义列的名字
print('New dataframe is:\n',dfrm5)
```

```
Original dataframe is:
    0   1   2   3   4
0   0   1   2   3   4
1   6   7   8   9   10  11
2   12  13  14  15  16  17
3   18  19  20  21  22  23
4   24  25  26  27  28  29
New dataframe is:
        C1  C2  C3  C4  C5  C6
Row1    0   1   2   3   4
Row2    6   7   8   9   10  11
Row3    12  13  14  15  16  17
Row4    18  19  20  21  22  23
Row5    24  25  26  27  28  29
New dataframe is:
Num     C1  C2  C3  C4  C5  C6
Id
Row1    0   1   2   3   4
Row2    6   7   8   9   10  11
Row3    12  13  14  15  16  17
Row4    18  19  20  21  22  23
Row5    24  25  26  27  28  29
```

图 10-51　修改 Dataframe 的索引和列（续）

在 Python 语言中，我们可以通过列的值来定位 Dataframe 数据结构中的列数据，然后对相应的数据进行修改。如果赋值中使用的列的值在原 Dataframe 对象中存在，则直接修改对应列的数值；如果赋值中使用的列的值在原 Dataframe 对象中不存在，则直接增加一列，并对新增的列进行赋值。在赋值操作中，如果只是给定一个值，则重复赋值。具体示例代码及执行结果如图 10-52 所示。

```
#Dataframe 数据结构的操作
'''修改列的数据'''
dfrm5.C2='m2'    #如果该列存在,则修改该列的值;只给一个值,则重复赋值
print('Modify one column:\n',dfrm5)
dfrm5['C4']=np.random.randn(5)    #如果该列存在,则修改该列的值
print('Modify one column:\n',dfrm5)
dfrm5['C7']='ohoo7'    #如果该列不存在,则增加 1 列,并赋值
print('Modify one column:\n',dfrm5)
dfrm5['C8']=np.random.randint(low=1,high=8,size=5)    #如果该列不存在,则增加 1 列,并赋值
print('Modify one column:\n',dfrm5)
```

图 10-52　修改 Dataframe 的列数据

```
Modify one column:
Num    C1    C2    C3           C4    C5    C6
Id
Row1   0     m2    2            3     4     5
Row2   6     m2    8            9     10    11
Row3   12    m2    14           15    16    17
Row4   18    m2    20           21    22    23
Row5   24    m2    26           27    28    29
Modify one column:
Num    C1    C2    C3           C4    C5    C6
Id
Row1   0     m2    2   −0.405510    4     5
Row2   6     m2    8   −0.161687    10    11
Row3   12    m2    14  −1.780115    16    17
Row4   18    m2    20  −0.082447    22    23
Row5   24    m2    26   0.027079    28    29
Modify one column:
Num    C1    C2    C3           C4    C5    C6       C7
Id
Row1   0     m2    2   −0.405510    4     5        ohoo7
Row2   6     m2    8   −0.161687    10    11       ohoo7
Row3   12    m2    14  −1.780115    16    17       ohoo7
Row4   18    m2    20  −0.082447    22    23       ohoo7
Row5   24    m2    26   0.027079    28    29       ohoo7
Modify one column:
Num    C1    C2    C3           C4    C5    C6    C7    C8
Id
Row1   0     m2    2   −0.405510    4     5     ohoo7    5
Row2   6     m2    8   −0.161687    10    11    ohoo7    4
Row3   12    m2    14  −1.780115    16    17    ohoo7    2
Row4   18    m2    20  −0.082447    22    23    ohoo7    4
Row5   24    m2    26   0.027079    28    29    ohoo7    6
```

图 10-52 修改 Dataframe 的列数据（续）

在 Python 语言中，我们可以类似地通过行的值来定位 Dataframe 数据结构中的行数据，然后对相应的数据进行修改。如果赋值中使用的行的值在原 Dataframe 对象中存在，则直接修改对应行的数值；如果赋值中使用的行的值在原 Dataframe 对象中不存在，则直接增加一行，并对新增的行进行赋值。在赋值操作中，如果只是给定一个值，则重复赋值。具体示例代码及执行结果如图 10-53 所示。

```
#Dataframe 数据结构的操作
'''修改行的数据'''
dfrm5.iloc[0]='r1'    #如果该行存在,则修改行的值;只给一个值,则重复赋值
```

图 10-53 修改 Dataframe 的行数据

```
print('Modify one row:\n',dfrm5)
dfrm5.loc['Row2']=np.random.randn(8)     #如果该行存在,则修改行的值
print('Modify one row:\n',dfrm5)
dfrm5.loc['Row6']='ah6'    #如果该行不存在,则增加1行,并赋值
print('Modify one row:\n',dfrm5)
dfrm5.loc['Row7']=np.random.randint(low=2,high=10,size=8)    #如果该行不存在,则增加1行,并赋值
print('Modify one row:\n',dfrm5)
```

```
Modify one row:
Num   C1    C2    C3          C4    C5    C6    C7    C8
Id
Row1  r1    r1    r1          r1    r1    r1    r1    r1
Row2  6     m2    8      −0.161687   10    11    ohoo7  4
Row3  12    m2    14     −1.78012    16    17    ohoo7  2
Row4  18    m2    20     −0.0824469  22    23    ohoo7  4
Row5  24    m2    26      0.0270788  28    29    ohoo7  6
Modify one row:
Num       C1         C2         C3         C4         C5         C6         C7       \
Id
Row1      r1         r1         r1         r1         r1         r1         r1
Row2   1.88338    0.489249   −2.74049   −0.505582   0.522647   1.59654   −0.216396
Row3      12         m2         14     −1.78012        16         17       ohoo7
Row4      18         m2         20     −0.0824469      22         23       ohoo7
Row5      24         m2         26      0.0270788      28         29       ohoo7

Num       C8
Id
Row1      r1
Row2   0.499143
Row3      2
Row4      4
Row5      6
Modify one row:
Num       C1         C2         C3         C4         C5         C6         C7       \
Id
Row1      r1         r1         r1         r1         r1         r1         r1
Row2   1.88338    0.489249   −2.74049   −0.505582   0.522647   1.59654   −0.216396
Row3      12         m2         14     −1.78012        16         17       ohoo7
Row4      18         m2         20     −0.0824469      22         23       ohoo7
Row5      24         m2         26      0.0270788      28         29       ohoo7
Row6      ah6        ah6        ah6        ah6         ah6        ah6       ah6

Num       C8
```

图 10-53 修改 Dataframe 的行数据(续)

```
Id
Row1       r1
Row2       0.499143
Row3       2
Row4       4
Row5       6
Row6       ah6
Modify one row:
Num        C1         C2         C3         C4         C5         C6         C7       \
Id
Row1       r1         r1         r1         r1         r1         r1         r1
Row2       1.88338    0.489249   -2.74049   -0.505582  0.522647   1.59654    -0.216396
Row3       12         m2         14         -1.78012   16         17         ohoo7
Row4       18         m2         20         -0.0824469 22         23         ohoo7
Row5       24         m2         26         0.0270788  28         29         ohoo7
Row6       ah6        ah6        ah6        ah6        ah6        ah6        ah6
Row7       5          6          2          9          3          3          6


Num        C8
Id
Row1       r1
Row2       0.499143
Row3       2
Row4       4
Row5       6
Row6       ah6
Row7       7
```

图 10-53　修改 Dataframe 的行数据（续）

在 Python 语言中，我们可以通过 drop 方法来删除 Dataframe 数据结构中的数据，一方面，可以通过指定 columns 参数来定义需要删除的列，另一方面，可以通过指定 index 参数来定义需要删除的行，还可以通过二者的组合来指定同时需要删除的行和列的数据，具体示例代码及执行结果如图 10-54 所示。

```
#Dataframe 数据结构的操作
'''删除行/列数据'''
dfrm6=dfrm5.drop(columns=['C8','C5'])     #删除列
print('Drop column:',dfrm6)
dfrm6=dfrm5.drop(index=['Row6','Row3'])   #删除行
print('Drop row:',dfrm6)
dfrm6=dfrm5.drop(index=['Row1','Row3'],columns=['C2',"C7"])   #删除行和列
print('Drop row and column:',dfrm6)
```

图 10-54　删除 Dataframe 的行/列数据

```
Drop column: Num  C1       C2        C3         C4          C6        C7
Id
Row1              r1       r1        r1         r1          r1        r1
Row2              1.88338  0.489249  -2.74049   -0.505582   1.59654   -0.216396
Row3              12       m2        14         -1.78012    17        ohoo7
Row4              18       m2        20         -0.0824469  23        ohoo7
Row5              24       m2        26         0.0270788   29        ohoo7
Row6              ah6      ah6       ah6        ah6         ah6       ah6
Row7              5        6         2          9           3         6
Drop row: Num  C1       C2        C3         C4          C5        C6       C7         \
Id
Row1           r1       r1        r1         r1          r1        r1       r1
Row2           1.88338  0.489249  -2.74049   -0.505582   0.522647  1.59654  -0.216396
Row4           18       m2        20         -0.0824469  22        23       ohoo7
Row5           24       m2        26         0.0270788   28        29       ohoo7
Row7           5        6         2          9           3         3        6

      Num   C8
Id
Row1        r1
Row2   0.499143
Row4        4
Row5        6
Row7        7
Drop row and column: Num   C1       C3        C4          C5        C6       C8
Id
Row2                       1.88338  -2.74049  -0.505582   0.522647  1.59654  0.499143
Row4                       18       20        -0.0824469  22        23       4
Row5                       24       26        0.0270788   28        29       6
Row6                       ah6      ah6       ah6         ah6       ah6      ah6
Row7                       5        2         9           3         3        7
```

图 10-54 删除 Dataframe 的行/列数据（续）

　　从程序的执行结果可以看到，Dataframe 数据结构的 drop 方法并未修改原来 Dataframe 对象的内容，而是重新生成一个新的 Dataframe 对象。在删除行和列的数据时，对指定的行和列采取的是并集运算。

　　在 Python 语言中，如果想要直接删除创建的 Dataframe 数据结构中的内容，可以采用 del 方法，也可以调用 drop 方法，此时需要将 inplace 参数的值设成 True，具体示例代码及执行结果如图 10-55 所示。

```
dfrm6=dfrm5.copy()    #保留原来 Dataframe 对象的内容
#Dataframe 数据结构的操作
```

图 10-55 直接删除 Dataframe 的行/列数据

```
"""删除行/列数据"""
del dfrm5['C8']     #删除1列
print('Del one column:\n', dfrm5)
dfrm5=dfrm6.copy()
dfrm5.drop(columns=['C6','C3'], inplace=True)   #删除多列
print('Drop inplace two columns:\n', dfrm5)     #执行内部操作,从 Dataframe 中删除数据
dfrm5=dfrm6.copy()
dfrm5.drop(index=['Row6','Row4'], inplace=True)   #删除多行
print('Drop inplace two rows:\n', dfrm5)        #执行内部操作,从 Dataframe 中删除数据
dfrm5=dfrm6.copy()
dfrm5.drop(index=['Row6','Row4'], columns=['C8',"C4"], inplace=True)   #删除多行,多列
print('Drop inplace two rows/columns:\n', dfrm5)    #执行内部操作,从 Dataframe 中删除数据
```

Del one column:

Num Id	C1	C3	C4	C5	C6
Row2	1.88338	−2.74049	−0.505582	0.522647	1.59654
Row5	24	26	0.0270788	28	29
Row7	5	2	9	3	3

Drop inplace two columns:

Num Id	C1	C4	C5	C8
Row2	1.88338	−0.505582	0.522647	0.499143
Row4	18	−0.0824469	22	4
Row5	24	0.0270788	28	6
Row6	ah6	ah6	ah6	ah6
Row7	5	9	3	7

Drop inplace two rows:

Num Id	C1	C3	C4	C5	C6	C8
Row2	1.88338	−2.74049	−0.505582	0.522647	1.59654	0.499143
Row5	24	26	0.0270788	28	29	6
Row7	5	2	9	3	3	7

Drop inplace two rows/columns:

Num Id	C1	C3	C5	C6
Row2	1.88338	−2.74049	0.522647	1.59654
Row5	24	26	28	29
Row7	5	2	3	3

图 10-55　直接删除 Dataframe 的行/列数据（续）

从程序的执行结果可以看到，在调用 drop 方法时，将 inplace 参数的值设成 True，Python 语言将执行内部操作，直接从 Dataframe 对象中删除相应的数据。

4. Dataframe 数据结构的缺失值的处理

在 Python 语言中，Pandas 模块针对 Dataframe 数据结构设计了简单的缺失值处理模式，内容主要涉及：采用 isnull 方法和 isna 方法判断 Dataframe 数据结构中的数据是否为空数据；采用 fillna 方法填补 Dataframe 数据结构中的缺失数据；采用 dropna 方法舍弃 Dataframe 数据结构中的缺失数据，具体示例代码及执行结果如图 10－56 所示。

```
#缺失值的处理
dfrm5=dfrm6.copy()
dfrm5['C3']=[20,60,np.nan,np.nan,20000]
dfrm5.loc['Row6']=np.nan
dfrm5['C5']=[2,99,1000,60,'abc']
dfrm7=dfrm5.isnull()    #判断是否为空
print('Whether is Null:\n',dfrm7)
dfrm7=dfrm5.isna()    #判断是否为空
print('Whether is Null:\n',dfrm7)
dfrm7=dfrm5.notnull()    #判断是否为空
print('Whether is Null:\n',dfrm7)
dfrm7=dfrm5.notna()    #判断是否为空
print('Whether is Null:\n',dfrm7)
dfrm7=dfrm5.fillna('FIn')    #用默认值填充所有的缺失值
print('Fill in nan:\n',dfrm7)
dfrm7=dfrm5.fillna({'C3':33,'C4':44,'C7':77})    #用不同的值填充指定列的缺失值,字典结构
print('Fill in nan:\n',dfrm7)
dfrm7=dfrm5.dropna()    #删除 nan 所在行的数据,至少 1 个 nan
print('Dropnan:\n',dfrm7)
dfrm7=dfrm5.dropna(axis=1)    #删除 nan 所在列的数据,至少 1 个 nan
print('Drop nan:\n',dfrm7)
dfrm7=dfrm5.dropna(axis=1,thresh=4)    #删除 nan 所在列的数据,至少有 4 个非 nan
print('Drop nan:\n',dfrm7)
dfrm5.loc['Row6']=np.nan
dfrm7=dfrm5.dropna(axis=0,how='all')    #删除 nan 所在行的数据,此行全部为 nan
print('Drop nan:\n',dfrm7)
dfrm5.loc['Row6']=np.nan
dfrm7=dfrm5.dropna(axis=0,how='all',inplace=True)    #删除 nan 所在行的数据,此行全部为 nan,执行内部操作,直接修改原 Dataframe
print('Drop nan:\n',dfrm5)
```

Whether is Null:						
Num Id	C1	C3	C4	C5	C6	C8
Row2	False	False	False	False	False	False
Row4	False	False	False	False	False	False
Row5	False	True	False	False	False	False
Row6	True	True	True	False	True	True

图 10－56　缺失值的处理

| Row7 | False | False | False | False | False | False |

Whether is Null:

Num Id	C1	C3	C4	C5	C6	C8
Row2	False	False	False	False	False	False
Row4	False	False	False	False	False	False
Row5	False	True	False	False	False	False
Row6	True	True	True	False	True	True
Row7	False	False	False	False	False	False

Whether is Null:

Num Id	C1	C3	C4	C5	C6	C8
Row2	True	True	True	True	True	True
Row4	True	True	True	True	True	True
Row5	True	False	True	True	True	True
Row6	False	False	False	True	False	False
Row7	True	True	True	True	True	True

Whether is Null:

Num Id	C1	C3	C4	C5	C6	C8
Row2	True	True	True	True	True	True
Row4	True	True	True	True	True	True
Row5	True	False	True	True	True	True
Row6	False	False	False	True	False	False
Row7	True	True	True	True	True	True

Fill in nan:

Num Id	C1	C3	C4	C5	C6	C8
Row2	1.88338	20	−0.505582	2	1.59654	0.499143
Row4	18	60	−0.0824469	99	23	4
Row5	24	FIn	0.0270788	1000	29	6
Row6	FIn	FIn	FIn	60	FIn	FIn
Row7	5	20000	9	abc	3	7

Fill in nan:

Num Id	C1	C3	C4	C5	C6	C8
Row2	1.88338	20.0	−0.505582	2	1.59654	0.499143
Row4	18	60.0	−0.082447	99	23	4
Row5	24	33.0	0.027079	1000	29	6
Row6	NaN	33.0	44.000000	60	NaN	NaN
Row7	5	20000.0	9.000000	abc	3	7

Drop nan:

Num Id	C1	C3	C4	C5	C6	C8

图 10-56 缺失值的处理（续）

Row2	1.88338	20.0	−0.505582	2	1.59654	0.499143
Row4	18	60.0	−0.0824469	99	23	4
Row7	5	20000.0	9	abc	3	7

Drop nan:

Num	C5
Id	
Row2	2
Row4	99
Row5	1000
Row6	60
Row7	abc

Drop nan:

Num	C1	C4	C5	C6	C8
Id					
Row2	1.88338	−0.505582	2	1.59654	0.499143
Row4	18	−0.0824469	99	23	4
Row5	24	0.0270788	1000	29	6
Row6	NaN	NaN	60	NaN	NaN
Row7	5	9	abc	3	7

Drop nan:

Num	C1	C3	C4	C5	C6	C8
Id						
Row2	1.88338	20.0	−0.505582	2	1.59654	0.499143
Row4	18	60.0	−0.0824469	99	23	4
Row5	24	NaN	0.0270788	1000	29	6
Row7	5	20000.0	9	abc	3	7

Drop nan:

Num	C1	C3	C4	C5	C6	C8
Id						
Row2	1.88338	20.0	−0.505582	2	1.59654	0.499143
Row4	18	60.0	−0.0824469	99	23	4
Row5	24	NaN	0.0270788	1000	29	6
Row7	5	20000.0	9	abc	3	7

图 10-56 缺失值的处理（续）

5. Dataframe 数据结构的统计功能

在 Python 语言中，Pandas 模块针对 Dataframe 数据结构设计了简单的统计功能，具体示例代码及执行结果如图 10-57 所示。

```
#统计计算功能
col=['c1','c2','c3','c4','c5']
row=['r1','r2','r3','r4']
dfrm5=pd.DataFrame(np.random.randn(20).reshape(4,5),columns=col,index=row)
print('Describe of dataframe:\n',dfrm5.describe())   #默认情况下是对每一列做统计计算
```

图 10-57 描述统计量

```
Describe of dataframe:
            c1          c2          c3          c4          c5
count   4.000000    4.000000    4.000000    4.000000    4.000000
mean   −0.603478   −0.163183    0.508545    0.704382   −0.400108
std     0.752023    1.595407    0.643176    1.842544    0.757135
min    −1.606012   −2.451478   −0.454753   −1.884395   −1.262645
25%    −0.967228   −0.526012    0.484123    0.307686   −0.874880
50%    −0.411993    0.283962    0.805013    1.113056   −0.396708
75%    −0.048242    0.646791    0.829435    1.509751    0.078063
max     0.016086    1.230822    0.878909    2.475810    0.455626
```

图 10-57 描述统计量（续）

从程序执行的结果可以看到，Pandas 模块对 Dataframe 数据结构的每一列进行了统计计算，给出了样本数量、均值、标准差、最大值、最小值、分位数等统计量。

在 Python 语言中，我们还可以针对 Dataframe 数据结构的行/列数据分别统计各自需要的单个统计量，比如：采用 count 方法计算非 nan 值的数量，分别采用 min/max/sum 方法计算最小值、最大值和总和，分别采用 argmin/argmax 方法获取最小值和最大值的索引位置（整数），分别采用 idxmin/idxmax 方法获取最小值和最大值的索引位值，采用 quantile 方法计算样本的分位数（0 到 1），采用 mean 方法计算值的平均数，采用 median 方法计算值的中位数，采用 mad 方法根据平均值计算平均绝对距离差，采用 var 方法计算样本数值的方差，采用 std 方法计算样本值的标准差，采用 cumsum 方法计算样本值的累计和，采用 cummin/cummax 方法计算样本的累计最小值和最大值，采用 cumprod 方法计算样本值的累计积，采用 pct_change 方法计算百分数变化，采用 corr 方法计算相关系数，采用 cov 方法计算协方差 cov。部分方法的具体示例代码及执行结果如图 10-58 所示。

```
#统计计算
print('Describe of dataframe: Sum\n ',dfrm5.sum(axis=0))        #对每一行做计算
print('Describe of dataframe: Count\n ',dfrm5.count(axis=0))    #对每一行做计算
print('Describe of dataframe: mean\n ',dfrm5.mean(axis=0))      #对每一行做计算
print('Describe of dataframe: median\n ',dfrm5.median(axis=0))  #对每一行做计算
print('Describe of dataframe: std\n ',dfrm5.std(axis=0))        #对每一行做计算
print('Describe of dataframe: cov\n ',dfrm5.cov())              #对列做计算
print('Describe of dataframe: corr\n ',dfrm5.corr())            #对列做计算
print('Describe of dataframe: corr\n ',dfrm5.c2.corr(dfrm5.c5)) #计算2列的
print('Describe of dataframe: cov\n ',(dfrm5.T).cov())          #对行计算,转置运算
print('Describe of dataframe: corr\n ',(dfrm5.T).corr())        #对行做计算
print('Describe of dataframe: min\n ',dfrm5.min(axis=0))        #对每一行做计算
print('Describe of dataframe: max\n ',dfrm5.max(axis=0))        #对每一行做计算
print('Describe of dataframe: quantile\n ',dfrm5.quantile(axis=0,q=.25)) #对每一行做计算
print('Describe of dataframe: quantile\n ',dfrm5.quantile(axis=0,q=.5))  #对每一行做计算
print('Describe of dataframe: quantile\n ',dfrm5.quantile(axis=0,q=.75)) #对每一行做计算
```

图 10-58 统计计算

```
Describe of dataframe: Sum
c1   -2.413911
c2   -0.652732
c3    2.034182
c4    2.817526
c5   -1.600434
dtype: float64
Describe of dataframe: Count
c1    4
c2    4
c3    4
c4    4
c5    4
dtype: int64
Describe of dataframe: mean
c1   -0.603478
c2   -0.163183
c3    0.508545
c4    0.704382
c5   -0.400108
dtype: float64
Describe of dataframe: median
c1   -0.411993
c2    0.283962
c3    0.805013
c4    1.113056
c5   -0.396708
dtype: float64
Describe of dataframe: std
c1    0.752023
c2    1.595407
c3    0.643176
c4    1.842544
c5    0.757135
dtype: float64
Describe of dataframe: cov
           c1         c2         c3         c4         c5
c1   0.565539  -0.759958  -0.206639  -0.642228  -0.077111
c2  -0.759958   2.545323   0.973114   2.432467   0.965001
c3  -0.206639   0.973114   0.413675   1.098717   0.381432
c4  -0.642228   2.432467   1.098717   3.394969   0.692322
c5  -0.077111   0.965001   0.381432   0.692322   0.573254
Describe of dataframe: corr
           c1         c2         c3         c4         c5
```

图 10-58 统计计算（续）

```
c1  1.000000  -0.633413  -0.427219  -0.463489  -0.135428
c2  -0.633413  1.000000   0.948337   0.827480   0.798883
c3  -0.427219  0.948337   1.000000   0.927125   0.783274
c4  -0.463489  0.827480   0.927125   1.000000   0.496268
c5  -0.135428  0.798883   0.783274   0.496268   1.000000
Describe of dataframe: corr
    0.7988830055204854
Describe of dataframe: cov
         r1         r2         r3         r4
r1   0.162147  -0.140491   0.388818   0.475894
r2  -0.140491   0.967125  -0.883275  -0.498143
r3   0.388818  -0.883275   1.413666   1.095807
r4   0.475894  -0.498143   1.095807   1.800830
Describe of dataframe: corr
         r1         r2         r3         r4
r1   1.000000  -0.354774   0.812117   0.880682
r2  -0.354774   1.000000  -0.755407  -0.377465
r3   0.812117  -0.755407   1.000000   0.686790
r4   0.880682  -0.377465   0.686790   1.000000
Describe of dataframe: min
    c1   -1.606012
    c2   -2.451478
    c3   -0.454753
    c4   -1.884395
    c5   -1.262645
dtype: float64
Describe of dataframe: max
    c1    0.016086
    c2    1.230822
    c3    0.878909
    c4    2.475810
    c5    0.455626
dtype: float64
Describe of dataframe: quantile
    c1   -0.967228
    c2   -0.526012
    c3    0.484123
    c4    0.307686
    c5   -0.874880
Name: 0.25, dtype: float64
Describe of dataframe: quantile
    c1   -0.411993
    c2    0.283962
    c3    0.805013
```

图 10-58 统计计算（续）

```
c4    1.113056
c5   -0.396708
Name: 0.5, dtype: float64
Describe of dataframe: quantile
c1   -0.048242
c2    0.646791
c3    0.829435
c4    1.509751
c5    0.078063
Name: 0.75, dtype: float64
```

图 10-58　统计计算（续）

6. Dataframe 数据结构的条件查找

在 Python 语言中，Pandas 模块的 Dataframe 数据结构支持数据的条件查找，其工作机制是首先根据查找条件对 Dataframe 数据结构的每个数据进行判断，并给出逻辑判断值，然后根据逻辑判断值读取相应的数据，具体示例代码及执行结果如图 10-59 所示。

```
#查找满足一定条件的数据
dfrm5['c1']='str1'
dfrm5.loc['r2']=[100,200,300,55,700]
dfrm8=dfrm5.isin(['str1',200,55])    #查找 Dataframe 数据中是否包含指定的数据,列表给出
print('Contain is:\n',dfrm8)
dfrm8=~dfrm5.isin(['str1',200,55])   #查找 Dataframe 数据中是否不包含指定的数据,列表给出
print('Not contain is:\n',dfrm8)
dfrm8=dfrm5>50    #查找 Dataframe 数据中满足条件的数据
print('Larger than 50 is:\n',dfrm8)
dfrm8=dfrm5[['c2','c4']]>50    #查找 Dataframe 部分数据中满足条件的数据
print('Larger than 50 is:\n',dfrm8)
dfrm8=dfrm5.loc[['r2','r4']]>50    #查找 Dataframe 部分数据中满足条件的数据
print('Larger than 50is:\n',dfrm5.loc[['r2','r4']][dfrm8])
dfrm5['c4']=919
dfrm8=(dfrm5['c4']).duplicated(keep=False)  #查找 Dataframe 部分数据中满足重复的数据
print('Duplicated is:\n',dfrm8)
print('Number of duplicated is:',dfrm8.count())
dfrm5['c1']=919
dfrm8=(dfrm5.T).duplicated(keep=False)  #查找 Dataframe 部分数据中满足重复的数据,需要对应轴上的数据完全对位一样
print('Duplicated is:\n',dfrm8)
print('Number of duplicated is:',dfrm8.count())
dfrm8=(dfrm5['c3']).nunique()
print('Number of unique:',dfrm8)    #唯一值的个数
dfrm5['c2']=[111,111,222,222]
dfrm8=(dfrm5['c2']).duplicated()  #查找 Dataframe 部分数据中满足重复的数据
```

图 10-59　条件查找

```
print('Duplicated is:\n',dfrm8)
print('Number of duplicated is:\n',dfrm8.count())
print('Duplicated value is:\n',(dfrm5['c2'])[dfrm8])    #重复的值
```

Contain is:

	c1	c2	c3	c4	c5
r1	True	False	False	False	False
r2	False	True	False	True	False
r3	True	False	False	False	False
r4	True	False	False	False	False

Not contain is:

	c1	c2	c3	c4	c5
r1	False	True	True	True	True
r2	True	False	True	False	True
r3	False	True	True	True	True
r4	False	True	True	True	True

Larger than 50 is:

	c1	c2	c3	c4	c5
r1	True	True	True	True	True
r2	True	True	True	True	True
r3	True	True	True	True	True
r4	True	True	True	True	True

Larger than 50 is:

	c2	c4
r1	True	True
r2	True	True
r3	True	True
r4	True	True

Larger than 50 is:

	c1	c2	c3	c4	c5
r2	100	200	300	55	700
r4	str1	222	0.812944	919	−0.745625

Duplicated is:

r1	True
r2	True
r3	True
r4	True

Name: c4, dtype: bool
Number of duplicated is: 4

Duplicated is:

c1	True
c2	False
c3	False
c4	True
c5	False

图 10-59 条件查找（续）

```
dtype: bool
Number of duplicated is: 5
Number of unique: 4
Duplicated is:
r1    False
r2    True
r3    False
r4    True
Name: c2, dtype: bool
Number of duplicated is:
4
Duplicated value is:
r2    111
r4    222
Name: c2, dtype: int64
```

图 10-59 条件查找（续）

7. 多层索引 Dataframe 数据结构

在 Python 语言中，Pandas 模块对于 Dataframe 数据结构还支持多层次的索引结构，层次化索引结构可以在一个轴上有多个（两个以上）的索引，这就意味着，多层次结构的 Dataframe 能够以低维度形式来表示高维度的数据。层次化索引结构的 Dataframe 对象可以通过多种方式来创建，具体示例代码及执行结果如图 10-60 所示。

```
#创建多层次 Dataframe 数据结构
#采用 list
data=np.random.randint(2,30,size=(4,8))
idx=[['grp1','grp1','grp2','grp2'],['smp1','smp2','smp1','smp2']]
col=[['ppt','ppt','ppt','ppt','doc','doc','doc','doc'],['p1','p2','p3','p4','p1','p2','p3','p4']]
cdfrm=pd.DataFrame(data,columns=col,index=idx)
print('Cascade dataframe is:\n',cdfrm)
#采用 tuple、product、arrays
data=np.random.randint(0,10,size=(4,8))
col=pd.MultiIndex.from_tuples([('C++','1st'),('C++','2nd'),('C++','3rd'),('C++','4th'),\
('Python','1st'),('Python','2nd'),('Python','3rd'),('Python','4th')])
cdfrm1=pd.DataFrame(data,columns=col,index=idx)
print('Cascade dataframe is:\n',cdfrm1)
idx=pd.MultiIndex.from_product([['grad1','grad2'],['class1','class2']])    #相对简单
cdfrm1=pd.DataFrame(data,columns=col,index=idx)
print('Cascade dataframe is:\n',cdfrm1)
arry1=np.array([['grp1','grp1','grp2','grp2'],['smp1','smp2','smp1','smp2']])
arry2=np.array([['ppt','ppt','ppt','ppt','doc','doc','doc','doc'],['q1','q2','q3','q4','q1','q2','q3','q4']])
```

图 10-60 多层次 Dataframe

```
idx=pd.MultiIndex.from_arrays(arry1)
col=pd.MultiIndex.from_arrays(arry2)
cdfrm1=pd.DataFrame(data,columns=col,index=idx)
print('Cascade dataframe is:\n',cdfrm1)
```

Cascade dataframe is:
```
              ppt              doc
              p1   p2   p3  p4   p1   p2   p3  p4
grp1  smp1    5    23   15  2    25   19   4   29
      smp2    14   11   29  28   24   19   22  21
grp2  smp1    3    9    20  19   7    21   11  23
      smp2    11   7    27  10   23   11   20  14
```

Cascade dataframe is:
```
              C++              Python
              1st 2nd 3rd 4th  1st 2nd 3rd 4th
grp1  smp1    0   0   6   8    8   4   9   3
      smp2    4   7   2   8    9   1   3   4
grp2  smp1    9   5   7   4    2   8   1   2
      smp2    5   1   9   0    9   9   1   4
```

Cascade dataframe is:
```
              C++              Python
              1st 2nd 3rd 4th  1st 2nd 3rd 4th
grad1 class1  0   0   6   8    8   4   9   3
      class2  4   7   2   8    9   1   3   4
grad2 class1  9   5   7   4    2   8   1   2
      class2  5   1   9   0    9   9   1   4
```

Cascade dataframe is:
```
              ppt              doc
              q1  q2  q3  q4   q1  q2  q3  q4
grp1  smp1    0   0   6   8    8   4   9   3
      smp2    4   7   2   8    9   1   3   4
grp2  smp1    9   5   7   4    2   8   1   2
      smp2    5   1   9   0    9   9   1   4
```

图 10-60 多层次 Dataframe（续）

在 Python 语言中，可以方便地改变多层次索引的层级次序，具体示例代码及执行结果如图 10-61 所示。

```
#多层次 Dataframe 操作
data=np.random.randint(2,30,size=(4,8))
idx=pd.MultiIndex.from_product([['grad1','grad2'],['class1','class2']])   #相对简单
col=pd.MultiIndex.from_product([['C++','R'],['test1','test2','test3','test4']])
```

图 10-61 改变多层次 Dataframe 索引的层级次序

第 10 章 利用 Python 进行数据处理

```
cdfrm1=pd.DataFrame(data,columns=col,index=idx)
cdfrm1.columns.names=['Language','Quiz']
cdfrm1.index.names=['Horder','Lorder']
print('Cascade dataframe is:\n',cdfrm1)
cdfrm2=cdfrm1.swaplevel('Language','Quiz',axis=1)    #交换层级次序
print('Swap of dataframe is:\n',cdfrm2)
cdfrm2=cdfrm1.swaplevel('Lorder','Horder',axis=0)
print('Swap of dataframe is:\n',cdfrm2)
```

```
Cascade dataframe is:
Language         C++                        R
Quiz         test1 test2 test3 test4  test1 test2 test3 test4
Horder Lorder
grad1  class1   6    17    2     5     18    6    19    5
       class2  16     6   18    10     24   17     8    7
grad2  class1  19    21   22     2     18   10    20   15
       class2  17    25   15     9     18   16    27   22
Swap of dataframe is:
Quiz         test1 test2 test3 test4  test1 test2 test3 test4
Language      C++   C++   C++   C++    R     R     R     R
Horder Lorder
grad1  class1   6    17    2     5     18    6    19    5
       class2  16     6   18    10     24   17     8    7
grad2  class1  19    21   22     2     18   10    20   15
       class2  17    25   15     9     18   16    27   22
Swap of dataframe is:
Language         C++                        R
Quiz         test1 test2 test3 test4  test1 test2 test3 test4
Lorder Horder
class1 grad1    6    17    2     5     18    6    19    5
class2 grad1   16     6   18    10     24   17     8    7
class1 grad2   19    21   22     2     18   10    20   15
class2 grad2   17    25   15     9     18   16    27   22
```

图 10-61 改变多层次 Dataframe 索引的层级次序（续）

在 Python 语言中，Pandas 模块对于层次化索引的 Dataframe 数据结构，可以按照不同的层级来进行排序，还可以按照不同的层级进行求和运算，具体示例代码及执行结果如图 10-62 所示。不仅如此，其他 Dataframe 数据结构可以计算的统计量，在多层次索引的 Dataframe 数据结构中都可以按照不同的层级进行计算。

```
#多层次 Dataframe 操作
print('Cascade dataframe is:\n',cdfrm1)
```

图 10-62 Dataframe 的分层排序与求和

```
cdfrm3=cdfrm1.sort_index(level=['Language','Quiz'],axis=1,ascending=False)    #排序索引的值
print('Sort dataframe is:\n',cdfrm3)
cdfrm3=cdfrm1.sort_index(level=['Horder','Lorder'],axis=0,ascending=False)    #排序索引的值
print('Sort dataframe is:\n',cdfrm3)
cdfrm3=cdfrm1.sum(level=['Horder'],axis=0)    #按照层级求和
print('Sum of dataframe is:\n',cdfrm3)
cdfrm3=cdfrm1.sum(level=['Language'],axis=1)    #按照层级求和
print('Sum of dataframe is:\n',cdfrm3)
cdfrm3=cdfrm1.sum(level=['Quiz','Language'],axis=1)    #按照层级求和
print('Sum of dataframe is:\n',cdfrm3)
cdfrm3=cdfrm1.mean(level=['Language'],axis=1)    #按照层级求均值,其他统计量也可以计算
print('Mean of  dataframe is:\n',cdfrm3)
```

```
Cascade dataframe is:
Language         C++                         R
Quiz          test1 test2 test3 test4 test1 test2 test3 test4
Horder Lorder
grad1  class1   6    17    2    5    18    6    19    5
       class2  16    6    18   10    24   17    8    7
grad2  class1  19   21    22    2    18   10    20   15
       class2  17   25    15    9    18   16    27   22
Sort dataframe is:
Language         R                         C++
Quiz          test4 test3 test2 test1 test4 test3 test2 test1
Horder Lorder
grad1  class1   5    19    6    18    5    2    17    6
       class2   7    8    17    24   10   18    6    16
grad2  class1  15   20    10    18    2   22    21   19
       class2  22   27    16    18    9   15    25   17
Sort dataframe is:
Language         C++                         R
Quiz          test1 test2 test3 test4 test1 test2 test3 test4
Horder Lorder
grad2  class2  17   25    15    9    18   16    27   22
       class1  19   21    22    2    18   10    20   15
grad1  class2  16    6    18   10    24   17    8    7
       class1   6   17     2    5    18    6   19    5
Sum of dataframe is:
Language         C++                         R
Quiz          test1 test2 test3 test4 test1 test2 test3 test4
Horder
grad1   22    23    20    15    42   23    27   12
grad2   36    46    37    11    36   26    47   37
```

图 10-62 Dataframe 的分层排序与求和（续）

```
Sum of dataframe is:
Language         C++    R
Horder Lorder
grad1   class1    30    48
        class2    50    56
grad2   class1    64    63
        class2    66    83
Sum of dataframe is:
Quiz         test1 test2 test3 test4 test1 test2 test3 test4
Language      C++   C++   C++   C++   R     R     R     R
Horder Lorder
grad1   class1   6    17    2     5    18    6    19     5
        class2  16     6   18    10    24   17     8     7
grad2   class1  19    21   22     2    18   10    20    15
        class2  17    25   15     9    18   16    27    22
Mean of  dataframe is:
Language         C++    R
Horder Lorder
grad1   class1    7.5  12.00
        class2   12.5  14.00
grad2   class1   16.0  15.75
        class2   16.5  20.75
```

图 10-62 Dataframe 的分层排序与求和（续）

对于多层索引的 Dataframe 数据结构，我们可以通过层级的索引标签来读取对应的数据内容，需要注意的是，在根据多层次索引来读取 Dataframe 数据结构的内容时，需要根据索引的层级逐层查找。具体示例代码及执行结果如图 10-63 所示。

```
#读取层次化 Dataframe 内容
print('Cascade dataframe is:\n', cdfrm1)
cdfrm4=cdfrm1['C++']     #读取不同层级列的内容
print('Content of C++ is:\n', cdfrm4)
cdfrm4=cdfrm1['C++'][['test1','test3']]    #读取不同层级列的内容
print('Content of C++(test1, test3) is:\n', cdfrm4)
cdfrm4=cdfrm1.loc['grad2']    #读取不同层级列的内容
print('Content of grad2 is:\n', cdfrm4)
cdfrm4=(cdfrm1.loc['grad2'])['R'][['test1','test3']]    #读取不同层级列的内容,按照层级的次序来
print('Content of grad2.R(test1, test3) is:\n', cdfrm4)
cdfrm4=((cdfrm1['R']).loc['grad1'])[['test1','test3']]    #读取不同层级列的内容,按照层级的次序来
print('Content of R.grad1(test1, test3) is:\n', cdfrm4)

Cascade dataframe is:
Language         C++                              R
```

图 10-63 Dataframe 的分层读取数据

Quiz		test1	test2	test3	test4	test1	test2	test3	test4
Horder	Lorder								
grad1	class1	6	17	2	5	18	6	19	5
	class2	16	6	18	10	24	17	8	7
grad2	class1	19	21	22	2	18	10	20	15
	class2	17	25	15	9	18	16	27	22

Content of C++ is:

Quiz		test1	test2	test3	test4
Horder	Lorder				
grad1	class1	6	17	2	5
	class2	16	6	18	10
grad2	class1	19	21	22	2
	class2	17	25	15	9

Content of C++(test1,test3) is:

Quiz		test1	test3
Horder	Lorder		
grad1	class1	6	2
	class2	16	18
grad2	class1	19	22
	class2	17	15

Content of grad2 is:

Language	C++				R			
Quiz	test1	test2	test3	test4	test1	test2	test3	test4
Lorder								
class1	19	21	22	2	18	10	20	15
class2	17	25	15	9	18	16	27	22

Content of grad2.R(test1,test3) is:

Quiz	test1	test3
Lorder		
class1	18	20
class2	18	27

Content of R.grad1(test1,test3) is:

Quiz	test1	test3
Lorder		
class1	18	19
class2	24	8

图 10-63 Dataframe 的分层读取数据（续）

在 Python 语言中，对于多层次索引的 Dataframe 数据结构，可以根据层级索引的层次关系将多层次的层级结构进行扁平化，降低索引的层级数，具体示例代码及执行结果如图 10-64 所示。当然，如果想要增加索引的层级数，采取相反的操作命令即可。

```
#扁平化层次化Dataframe内容
print('Cascade dataframe is:\n', cdfrm1)
print('Stack of dataframe is:\n', cdfrm1.stack())    #扁平化层级结构
print('Stack of dataframe is:\n', cdfrm1.stack(0))
print('Stack of dataframe is:\n', cdfrm1.stack(1))
print('Stack of dataframe is:\n', cdfrm1.stack([0,1]))
```

```
Cascade dataframe is:
Language            C++                      R
Quiz           test1 test2 test3 test4 test1 test2 test3 test4
Horder Lorder
grad1  class1    6    17    2    5   100   100   19    5
       class2   16     6   18   10   100   100    8    7
grad2  class1   19    21   22    2   100   100   20   15
       class2   17    25   15    9   100   100   27   22
Stack of dataframe is:
Language               C++      R
Horder Lorder Quiz
grad1  class1 test1     6    100
              test2    17    100
              test3     2     19
              test4     5      5
       class2 test1    16    100
              test2     6    100
              test3    18      8
              test4    10      7
grad2  class1 test1    19    100
              test2    21    100
              test3    22     20
              test4     2     15
       class2 test1    17    100
              test2    25    100
              test3    15     27
              test4     9     22
Stack of dataframe is:
Quiz                  test1  test2  test3  test4
Horder Lorder Language
grad1  class1 C++        6     17     2      5
              R        100    100    19      5
       class2 C++       16      6    18     10
              R        100    100     8      7
grad2  class1 C++       19     21    22      2
              R        100    100    20     15
```

图 10-64 扁平化 Dataframe 的分层索引

```
            class2 C++          17    25    15     9
                   R           100   100    27    22
Stack of dataframe is:
Language       C++       R
Horder Lorder Quiz
grad1  class1 test1    6    100
              test2   17    100
              test3    2     19
              test4    5      5
       class2 test1   16    100
              test2    6    100
              test3   18      8
              test4   10      7
grad2  class1 test1   19    100
              test2   21    100
              test3   22     20
              test4    2     15
       class2 test1   17    100
              test2   25    100
              test3   15     27
              test4    9     22
Stack of dataframe is:
Horder  Lorder  Language  Quiz
grad1   class1   C++       test1      6
                           test2     17
                           test3      2
                           test4      5
                 R         test1    100
                           test2    100
                           test3     19
                           test4      5
        class2   C++       test1     16
                           test2      6
                           test3     18
                           test4     10
                 R         test1    100
                           test2    100
                           test3      8
                           test4      7
grad2   class1   C++       test1     19
                           test2     21
                           test3     22
                           test4      2
```

图 10-64 扁平化 Dataframe 的分层索引（续）

```
              R      test1    100
                     test2    100
                     test3     20
                     test4     15
       class2 C++    test1     17
                     test2     25
                     test3     15
                     test4      9
              R      test1    100
                     test2    100
                     test3     27
                     test4     22
dtype: int32
```

图 10 - 64　扁平化 Dataframe 的分层索引（续）

8. Dataframe 数据结构的对象操作

在 Pandas 模块中，对于 Dataframe 数据结构我们可以通过替换的方式修改其中部分数据的值，对于重复数据，也可以通过 drop 方法删除，具体示例代码及执行结果如图 10 - 65 所示。

```
#修改 Dataframe 对象的数据
print('Original dataframe is:\n',lfrm1)
lfrm2=lfrm1.copy()
lfrm3=lfrm2.drop(columns=['color','value'],inplace=True)    #删除指定的列,执行内部操作
print('Del row:\n',lfrm2)
lfrm2=lfrm1.copy()
lfrm3=lfrm2.drop(index=[2,3,6,8],inplace=True)    #删除指定的行,执行内部操作
print('Del row:\n',lfrm2)
lfrm2=lfrm1.copy()
lfrm3=lfrm2.drop(index=[2,3,6,8],columns=['color'],inplace=True)    #删除指定的行和列,取并集,执行内部操作
print('Del row:\n',lfrm2)
lfrm2=lfrm1.copy()
mfy={'a':'apple','b':'banana',4:18}    #通过映射来修改部分元素的值,结构:原:新,替换所有相同的值
lfrm2.replace(mfy,inplace=True)
print('Modify element using replace:\n',lfrm2)
'''------------------------------------------修改单个数据的值---------------------------------------------'''
lfrm2.loc[1,'color']='g'       #根据索引和列的名称定位数据
lfrm2.iloc[2,1]='pear'         #根据索引和列的位置定位数据
lfrm2.at[0,'value']=17         #根据索引和列的名称定位数据
lfrm2.iat[6,0]='w'             #根据索引和列的位置定位数据
print('Modify one element using replace:\n',lfrm2)
```

图 10 - 65　修改 Dataframe 的数据值

```
'''------------------------------删除重复数据------------------------------'''
print('Duplicated data is:\n',lfrm2[lfrm2.duplicated(keep=False)])   #查找重复数据
lfrm2.drop_duplicates(inplace=True)
print('Drop duplicated data:\n',lfrm2)
```

```
Original dataframe is:
  color item  value
0   w    a     9
1   w    b     4
2   w    c     9
3   r    a    12
4   r    b    19
5   r    c     6
6   g    a    17
7   g    b    18
8   g    c    19
Del row:
  item
0   a
1   b
2   c
3   a
4   b
5   c
6   a
7   b
8   c
Del row:
  color item  value
0   w    a     9
1   w    b     4
4   r    b    19
5   r    c     6
7   g    b    18
Del row:
  item  value
0   a     9
1   b     4
4   b    19
5   c     6
7   b    18
Modify element using replace:
  color  item value
```

图 10-65 修改 Dataframe 的数据值（续）

```
0    w    apple      9
1    w    banana    18
2    w    c          9
3    r    apple     12
4    r    banana    19
5    r    c          6
6    g    apple     17
7    g    banana    18
8    g    c         19
Modify one element using replace:
     color  item   value
0    w    apple     17
1    g    banana    18
2    w    pear       9
3    r    apple     12
4    r    banana    19
5    r    c          6
6    w    apple     17
7    g    banana    18
8    g    c         19
Duplicated data is:
     color  item   value
0    w    apple     17
1    g    banana    18
6    w    apple     17
7    g    banana    18
Drop duplicated data:
     color  item   value
0    w    apple     17
1    g    banana    18
2    w    pear       9
3    r    apple     12
4    r    banana    19
5    r    c          6
8    g    c         19
```

图 10 - 65　修改 Dataframe 的数据值（续）

除了可以通过替换的模式修改 Dataframe 数据结构中的元素值，我们还可以通过映射的方式修改 Dataframe 数据结构的内容，具体示例代码及执行结果如图 10 - 66 所示。

```
#通过映射来修改数据
print('Original dataframe is:\n',lfrm1)
lfrm2=lfrm1.copy()
```

图 10 - 66　通过映射修改 Dataframe 的数据值

```
reindex={0:'1st',1:'2nd',2:'3rd',4:'4th',5:'5th',6:'6th',7:'7th',8:'8th'};recolumns={'item':'obj'}    #定义新的值
lfrm2.rename(index=reindex,columns=recolumns,inplace=True)    #修改标签值
print('New dataframe is:\n',lfrm2)
price={'a':200,'b':300,'e':1000,'f':2000}    #定义映射值
lfrm2['price']=lfrm2['obj'].map(price)    #通过映射来添加新的值
print('New dataframe using map is:\n',lfrm2)
```

```
Original dataframe is:
   color item  value
0    w    a      9
1    w    b      4
2    w    c      9
3    r    a     12
4    r    b     19
5    r    c      6
6    g    a     17
7    g    b     18
8    g    c     19
New dataframe is:
     color obj  value
1st    w    a      9
2nd    w    b      4
3rd    w    c      9
3      r    a     12
4th    r    b     19
5th    r    c      6
6th    g    a     17
7th    g    b     18
8th    g    c     19
New dataframe using map is:
     color obj  value  price
1st    w    a      9  200.0
2nd    w    b      4  300.0
3rd    w    c      9    NaN
3      r    a     12  200.0
4th    r    b     19  300.0
5th    r    c      6    NaN
6th    g    a     17  200.0
7th    g    b     18  300.0
8th    g    c     19    NaN
```

图 10-66　通过映射修改 Dataframe 的数据值（续）

在 Python 语言中，Pandas 模块对于 Series 数据结构还提供了分段进行数据统计的

功能，分段的依据可以是份数，也可以是个数，具体示例代码及执行结果如图10-67所示。

```
#分段统计数据
wser1=pd.Series(np.random.randn(10))
bins=[0,0.1,0.5,0.9,1]    #定义分段位置
gdata=pd.cut(wser1,bins)    #每个元素被分到了不同的段上面
print('Cut dataset is:\n', pd.concat([wser1,gdata],axis=1))
print('Count of each zone:\n', pd.value_counts(gdata))    #统计各段数据的个数
bins_name=['zone1','zone2','zone3','zone4']
gdata=pd.cut(wser1,bins,labels=bins_name) #每个元素被分到了不同的段上面,并赋予标签
print('Cut dataset with name is:\n', pd.concat([wser1,gdata],axis=1))
gdata=pd.cut(wser1,4)    #将数据平均等份,个数并不一定一样,并赋予标签
print('Cut dataset equal zone is:\n', pd.concat([wser1,gdata],axis=1))
print('Count of each zone:\n', pd.value_counts(gdata))    #统计各段数据的个数
gdata=pd.qcut(wser1,2)    #将数据平均等个数,份数不定,并赋予标签
print('Cut dataset equal count is:\n', pd.concat([wser1,gdata],axis=1))
print('Count of each zone:\n', pd.value_counts(gdata))    #统计各段数据的个数
```

```
Cut dataset is:
           0            1
0   0.068154    (0.0, 0.1]
1  -1.503098           NaN
2   0.902369    (0.9, 1.0]
3  -1.971127           NaN
4  -1.133255           NaN
5  -0.432323           NaN
6  -1.386138           NaN
7   1.689164           NaN
8   1.670233           NaN
9   1.142709           NaN
Count of each zone:
(0.9, 1.0]    1
(0.0, 0.1]    1
(0.5, 0.9]    0
(0.1, 0.5]    0
dtype: int64
Cut dataset with name is:
           0        1
0   0.068154    zone1
1  -1.503098      NaN
2   0.902369    zone4
3  -1.971127      NaN
```

图10-67　分段统计数据值

```
4 -1.133255    NaN
5 -0.432323    NaN
6 -1.386138    NaN
7  1.689164    NaN
8  1.670233    NaN
9  1.142709    NaN
Cut dataset equal zone is:
             0              1
0  0.068154    (-0.141, 0.774]
1 -1.503098    (-1.975, -1.056]
2  0.902369    (0.774, 1.689]
3 -1.971127    (-1.975, -1.056]
4 -1.133255    (-1.975, -1.056]
5 -0.432323    (-1.056, -0.141]
6 -1.386138    (-1.975, -1.056]
7  1.689164    (0.774, 1.689]
8  1.670233    (0.774, 1.689]
9  1.142709    (0.774, 1.689]
Count of each zone:
(0.774, 1.689]      4
(-1.975, -1.056]    4
(-0.141, 0.774]     1
(-1.056, -0.141]    1
dtype: int64
Cut dataset equal count is:
             0              1
0  0.068154    (-0.182, 1.689]
1 -1.503098    (-1.972, -0.182]
2  0.902369    (-0.182, 1.689]
3 -1.971127    (-1.972, -0.182]
4 -1.133255    (-1.972, -0.182]
5 -0.432323    (-1.972, -0.182]
6 -1.386138    (-1.972, -0.182]
7  1.689164    (-0.182, 1.689]
8  1.670233    (-0.182, 1.689]
9  1.142709    (-0.182, 1.689]
Count of each zone:
(-0.182, 1.689]     5
(-1.972, -0.182]    5
dtype: int64
```

图 10-67 分段统计数据值（续）

在 Python 语言中，Pandas 模块对于 Dataframe 数据结构还提供了数据扰动和部分取值的功能，我们可以根据其统计量进行简单的异常值检测，具体示例代码及执行结果如

图 10-68 所示。

```
#异常值检查和部分值获取功能
rfrm=pd.DataFrame(np.random.randn(1000,3))
print('Describe of data is:\n', rfrm.describe())    #数据的描述统计
print('Outlier of data is:\n', rfrm[(np.abs(rfrm)>(3*rfrm.std())).any(1)])    #异常值的检测,any函数的功能
pfrm=pd.DataFrame(np.random.randint(10,20,size=12).reshape(3,4))
print('Original dataframe is:\n', pfrm)
new_order=np.random.permutation(3)    #随机打乱行的排列次序
print('New dataframe is:\n', pfrm.take(new_order, axis=0))
new_order=np.random.permutation(4)    #随机打乱列的排列次序
print('New dataframe is:\n', pfrm.take(new_order, axis=1))
'''------------------获取部分行/列的数据------------------'''
new_order=[2,0,3]    #获取部分列的数据
print('New dataframe is:\n', pfrm.take(new_order, axis=1))
new_order=[2,0]    #获取部分行的数据
print('New dataframe is:\n', pfrm.take(new_order, axis=0))
```

```
Describe of data is:
                 0            1            2
count  1000.000000  1000.000000  1000.000000
mean     -0.018511    -0.029140     0.056653
std       1.006439     1.001362     0.973767
min      -3.595957    -3.095073    -2.784781
25%      -0.699586    -0.741129    -0.601219
50%      -0.028967    -0.025335     0.041789
75%       0.666750     0.645722     0.716506
max       2.928979     3.134494     3.086598
Outlier of data is:
             0          1          2
1    -0.091742   3.134494   0.525919
16   -3.595957  -0.580991  -0.162159
117  -3.531894   1.085081  -0.697753
247   0.096024   1.149857   3.086598
281  -1.203108  -3.053013   1.693939
369  -3.103923   1.182216  -0.363946
504  -1.682065  -3.095073  -0.623075
Original dataframe is:
    0   1   2   3
0  17  11  11  10
1  19  19  11  13
2  18  18  13  18
New dataframe is:
```

图 10-68 异常值检测及部分取值

```
      0   1   2   3
2    18  18  13  18
1    19  19  11  13
0    17  11  11  10
New dataframe is:
      3   0   1   2
0    10  17  11  11
1    13  19  19  11
2    18  18  18  13
New dataframe is:
      2   0   3
0    11  17  10
1    11  19  13
2    13  18  18
New dataframe is:
      0   1   2   3
2    18  18  13  18
0    17  11  11  10
```

图 10-68 异常值检测及部分取值（续）

对于字符串类型的数据元素，Python 语言也提供了较为方便的操作方法，包括字符串的查找、合并，并且提供了正则化表达式来支持字符串的操作，具体示例代码及执行结果如图 10-69 所示。

```
#Series 的字符串操作
import re
ser1=pd.Series(['I live where？   ','9527G Spartan Village, East Lanson, Michigan'])
print('Substr of sentence two is:',(ser1[1]).split(','))    #根据分隔符分割字符串内容
print('Without space:',[s.strip() for s in (ser1[1]).split(',')])    #删除多余空格
addr='My address is: '
for s in (ser1[1]).split(','):
    addr=addr+s    #字符串的连接
print('Concat string:',addr)
print('Join string is:','_'.join('ABCDEF'))    #通过分隔符连接字符串的字符
print('Whether in:','East' in ser1[1])    #判断是否存在子串
print('Find result:',ser1[1].find('East'))    #返回索引位置
print('Find result:',ser1[1].find('east'))    #找不到
print('Count result:',ser1[1].count('a'))    #出现个数
print('Count result:',ser1[1].replace('East','West'))    #替换子串内容
'''----------------正则化表达式----------------'''
print('Word of sentence:',re.split('\s+',ser1[1]))    #根据分隔符分割字符串内容，正则化表达式，1个或多个空格
```

图 10-69 字符串元素的操作方法

```
print('Findall char:', re.findall('a\w+', ser1[1]))     #查找所有满足条件的子串
print('Findall char:', re.findall('[S,s]\w+', ser1[1])) #查找所有满足条件的子串
sr=re.search('[S,s]\w+', ser1[1])
print('Findall 1st:', ser1[1][sr.start():sr.end()])     #查找第一个满足条件的子串
sr=re.match('[9]\w+', ser1[1])                          #从头开始匹配,如果第一个字符匹配不成功,则不会继续往下查找
print('Findall 1st:', ser1[1][sr.start():sr.end()])     #查找第一个满足条件的子串
```

```
Substr of sentence two is: ['9527G Spartan Village', ' East Lanson', ' Michigan']
Without space: ['9527G Spartan Village', 'East Lanson', 'Michigan']
Concat string: My address is: 9527G Spartan Village East Lanson Michigan
Join string is: A_B_C_D_E_F
Whether in: True
Find result: 23
Find result: -1
Count result: 6
Count result: 9527G Spartan Village, West Lanson, Michigan
Word of sentence: ['9527G', 'Spartan', 'Village,', 'East', 'Lanson,', 'Michigan']
Findall char: ['artan', 'age', 'ast', 'anson', 'an']
Findall char: ['Spartan', 'st', 'son']
Findall 1st: Spartan
Findall 1st: 9527G
```

图 10-69　字符串元素的操作方法（续）

在 Python 语言中，Pandas 模块还对 Dataframe 数据结构提供了分组运算的功能，这可以通过 Groupby 函数来实现，具体示例代码及执行结果如图 10-70 所示。

```
#分组运算
frm=pd.DataFrame({'colors':['w','r','b','r','b'],
                  'object':['pen','pencil','pencil','paper','pen'],
                  'price1':[4.56,6,7,8,9],
                  'price2':[9.2,3.5,5.6,7.7,89]})
print('Original dataframe is:\n', frm)
group=frm['price1'].groupby(frm['colors'])    #对某1列按照某1列进行分组统计
print('Group by colors:\n', group.groups)
group1=frm[['price1','price2']].groupby([frm['colors'],frm['object']])  #对某2列按照某2列进行分组统计
print('Group by colors and object:\n', group1.groups)
print('Sum of group:\n', group.sum())         #分组统计和
print('Mean of group:\n', group.mean())       #分组统计均值
print('Median of group:\n', group.median())   #分组统计中位数
print('Count of group:\n', group1.count())    #分组统计个数
print('Cumcount of group:\n', group.cumcount())  #分组统计累计个数
print('Cumsum of group:\n', group.cumsum())   #分组统计累计和
```

图 10-70　分组运算方法

```
print('Quantile of group:\n',group1.quantile(q=.25))    #分组统计分位数
print('Pct_change of group:\n',group1.pct_change().add_prefix('change_'))    #分组统计百分数的变化
```

```
Original dataframe is:
   colors  object  price1  price2
0    w      pen     4.56    9.2
1    r     pencil   6.00    3.5
2    b     pencil   7.00    5.6
3    r     paper    8.00    7.7
4    b      pen     9.00   89.0
Group by colors:
{'b': Int64Index([2, 4], dtype='int64'), 'r': Int64Index([1, 3], dtype='int64'), 'w': Int64Index([0], dtype='int64
')}
Group by colors and object:
{('b', 'pen'): Int64Index([4], dtype='int64'), ('b', 'pencil'): Int64Index([2], dtype='int64'), ('r', 'paper'):
Int64Index([3], dtype='int64'), ('r', 'pencil'): Int64Index([1], dtype='int64'), ('w', 'pen'): Int64Index([0], dtype
='int64')}
Sum of group:
colors
b    16.00
r    14.00
w     4.56
Name: price1, dtype: float64
Mean of group:
colors
b    8.00
r    7.00
w    4.56
Name: price1, dtype: float64
Median of group:
colors
b    8.00
r    7.00
w    4.56
Name: price1, dtype: float64
Count of group:
              price1  price2
colors object
b      pen      1       1
       pencil   1       1
r      paper    1       1
       pencil   1       1
w      pen      1       1
Cumcount of group:
```

图 10-70　分组运算方法（续）

```
0    0
1    0
2    0
3    1
4    1
dtype: int64
Cumsum of group:
0     4.56
1     6.00
2     7.00
3    14.00
4    16.00
Name: price1, dtype: float64
Quantile of group:
0.25           price1    price2
colors object
b      pen      9.00     89.0
       pencil   7.00      5.6
r      paper    8.00      7.7
       pencil   6.00      3.5
w      pen      4.56      9.2
Pct_change of group:
    change_price1   change_price2
0        NaN             NaN
1     0.315789       -0.619565
2     0.166667        0.600000
3     0.142857        0.375000
4     0.125000       10.558442
```

图 10-70 分组运算方法（续）

当然，在 Python 语言中，Pandas 模块支持在 Dataframe 数据结构上应用自定义的函数，同时，也可以一次应用多个函数运算，具体示例代码及执行结果如图 10-71 所示。

```
#应用自定义函数
frm=pd.DataFrame({'colors':['w','r','b','r','b'],
                  'object':['pen','pencil','pencil','paper','pen'],
                  'price1':[4.56,6,7,8,9],
                  'price2':[9.2,3.5,5.6,7.7,89]})
print('Original dataframe is:\n', frm)
frm1=frm[['price1','price2']].groupby(frm['colors']).apply(lambda x: x.max()).add_prefix('app_')    #应用自定义函数,求最大值
```

图 10-71 应用自定义函数

```
print('Apply user-defined func:\n', frm1)
frm1=frm[['price1','price2']].groupby(frm['colors']).agg(['mean','median',lambda x: x.max()]).add_prefix('new_
')     #应用多个函数运算
print('Apply user-defined func:\n', frm1)
frm1=dict(list(frm.groupby(['colors'])))    #分组结果转换成字典结构,键值为dataframe
print('Result of groupby:\n', frm1)
```

```
Original dataframe is:
  colors  object  price1  price2
0    w     pen     4.56    9.2
1    r     pencil  6.00    3.5
2    b     pencil  7.00    5.6
3    r     paper   8.00    7.7
4    b     pen     9.00   89.0
Apply user-defined func:
         app_price1  app_price2
colors
b           9.00       89.0
r           8.00        7.7
w           4.56        9.2
Apply user-defined func:
         new_price1                              new_price2
         new_mean new_median new_<lambda>   new_mean new_median new_<lambda>
colors
b          8.00      8.00       9.00          47.3      47.3      89.0
r          7.00      7.00       8.00           5.6       5.6       7.7
w          4.56      4.56       4.56           9.2       9.2       9.2
Result of groupby:
{'b':    colors  object  price1  price2
2          b     pencil   7.0     5.6
4          b     pen      9.0    89.0, 'r':    colors  object  price1  price2
1          r     pencil   6.0     3.5
3          r     paper    8.0     7.7, 'w':    colors  object  price1  price2
0          w     pen      4.56    9.2}
```

图 10-71　应用自定义函数（续）

四、Dataframe 数据的读写

在数据分析的过程中，我们需要从磁盘文件中读取数据，同时也需要将程序运算处理的结果数据写入磁盘文件。在 Python 语言中，Pandas 模块提供了丰富的数据文件读写功能，可以读取多种格式的数据文件，Pandas 模块支持的文件类型及读写方式如表 10-1 所示，下面通过具体的示例来说明。

表 10-1 读写文件格式

文件类型	数据类型	读取命令	写入命令
text	CSV	read_csv	to_csv
text	JSON	read_json	to_json
text	HTML	read_html	to_html
text	Local clipboard	read_clipboard	to_clipboard
binary	MS Excel	read_excel	to_excel
binary	HDF5 Format	read_hdf	to_hdf
binary	Feather Format	read_feather	to_feather
binary	Parquet Format	read_parquet	to_parquet
binary	Msgpack	read_msgpack	to_msgpack
binary	Stata	read_stata	to_stata
binary	SAS	read_sas	—
binary	Python Pickle Format	read_pickle	to_pickle
SQL	SQL	read_sql	to_sql
SQL	Google Big Query	read_gbq	to_gbq

1. CSV 文件的读写

我们采用 to_csv 函数就可以很方便地将 Dataframe 数据结构的数据写入 .CSV 的磁盘文件中，具体的示例代码及执行结果如图 10-72 所示。

```
#(1)CSV 文件
'''CSV 文件读写操作'''
data={'color':['blue','greeen','yellow','red','white'],
      'object':['ball','pen','pencil','paper','mug'],
      'price':[1.5,3.2,4.6,23,0.78],
      'count':[10,5,7,np.nan,9]}
mframe=pd.DataFrame(data)
print('Original dataframe is:\n',mframe)
mframe.to_csv('df_csv01.csv')    #将 dataframe 数据写入 csv 文件中
```

```
Original dataframe is:
    color  object  price  count
0   blue    ball    1.50   10.0
1   green   pen     3.20    5.0
2   yellow  pencil  4.60    7.0
3   red     paper   23.00   NaN
4   white   mug     0.78    9.0
```

图 10-72 将 Dataframe 数据结构的数据写入 CSV 文件

写入成功后，我们就可以在当前目录下发现写入的磁盘文件，如图 10-73 所示。

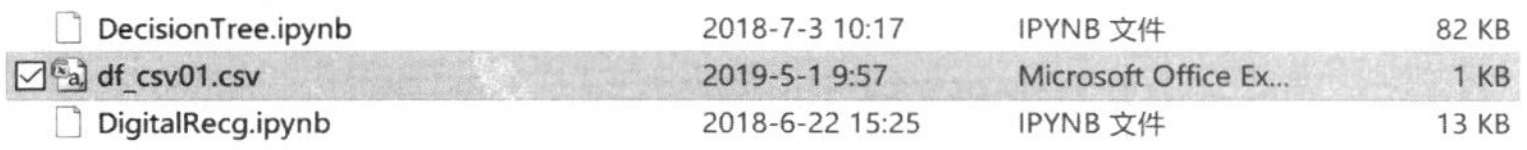

DecisionTree.ipynb	2018-7-3 10:17	IPYNB 文件	82 KB
df_csv01.csv	2019-5-1 9:57	Microsoft Office Ex...	1 KB
DigitalRecg.ipynb	2018-6-22 15:25	IPYNB 文件	13 KB

图 10-73 写入的 CSV 磁盘文件

打开对应的磁盘文件,即可看到写入的内容,如图 10-74 所示。

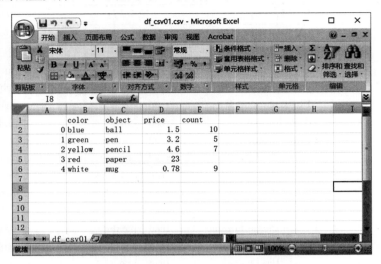

图 10-74 写入 CSV 磁盘文件的内容

从程序的执行结果可以看到,原来 Dataframe 数据结构中的空值 nan 在写入的 CSV 文件中对应的字段显示为空。而且,默认情况下,原来 Dataframe 数据结构的列和索引的名称也被写到磁盘文件中。

如果不想要把列和索引名称写入磁盘文件中,可以将其隐藏,具体示例代码及执行结果如图 10-75 所示。

```
#不写入列和索引名称
mframe.to_csv('df_csv02.csv', header=False, index=False)   #将 dataframe 数据写入 csv 文件中
```

图 10-75 写入 CSV 文件

打开对应的磁盘文件,即可看到写入的内容,如图 10-76 所示。

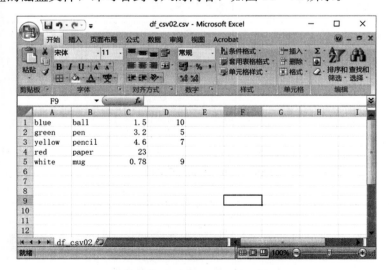

图 10-76 写入的 CSV 文件内容

如果不想要原来 Dataframe 数据结构中的空值在写入磁盘文件中时显示为空字段，可以将其转换成对应的空的表达字符，具体的示例代码及执行结果如图 10-77 所示。

```
#修改 Nan
mframe.to_csv('df_csv03.csv', na_rep='Nan')    #将 dataframe 数据写入 csv 文件中
```

图 10-77　写入的 CSV 文件的空值

打开对应的磁盘文件，即可看到写入的内容，如图 10-78 所示。

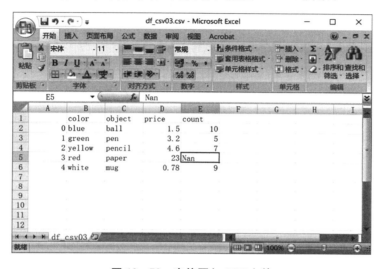

图 10-78　空值写入 CSV 文件

除了可以方便地将 Dataframe 数据结构的数据写入磁盘文件，在 Python 语言中，Pandas 模块也支持从 CSV 格式的文件中读取数据，并存储到 Dataframe 数据结构的对象中。例如，从磁盘文件"df_csv03.csv"读取数据的示例代码及执行结果如图 10-79 所示。

```
#读取 CSV 文件,文件要以逗号作为分隔符,读取后转换成 DataFrame 对象
csvfrm = pd.read_csv('df_csv03.csv')
print('Dataframe read from csv file:\n', csvfrm)
```

	Unnamed: 0	color	object	price	count
0	0	blue	ball	1.50	10.0
1	1	green	pen	3.20	5.0
2	2	yellow	pencil	4.60	7.0
3	3	red	paper	23.00	Nan
4	4	white	mug	0.78	9.0

图 10-79　从 CSV 文件读取数据

在 Python 语言中，CSV 格式的磁盘文件也可以视作文本文件，使用 read_table 函数来读取，但是，在这种模式下读取文件内容时必须指定分隔符。具体示例代码及执行结果如图 10-80 所示。

```
#CSV 文件也可以被视作文本文件,使用 read_table()来读取,但是必须指定分隔符
bfrm=pd.read_table('df_csv03.csv',sep=',')
print('Dataframe read from csv as text file:\n',bfrm)
```

```
Dataframe read from csv as text file:
   Unnamed:0  color   object  price  count
0          0  blue    ball    1.50   10.0
1          1  green   pen     3.20   5.0
2          2  yellow  pencil  4.60   7.0
3          3  red     paper   23.00  Nan
4          4  white   mug     0.78   9.0
```

图 10-80　以文本文件格式读取 CSV 文件数据

如果一个磁盘文件中的分隔符不是由固定的符号来分割数据的,这种情况下就需要使用正则表达式来标记分割符号。比如,一个文本文件,其中的数据元素是以空格或者制表符来分割的,并且毫无规律可言,在这种情况下就可以使用 sep='\s*'兼顾两种分隔符。常见的分隔符的标记有:.,换行符以外的单个字符;\d,数字;\D,非数字字符;\s,空白字符;\S,非空白字符;\n,换行符;\t,制表符;\uxxxx,十六进制数字 xxxx 表示的 Unicode 字符。

在 Pandas 模块中,默认情况下从 CSV 文件中读取数据时,认定数据的第一行为表头,也就是 Dataframe 数据结构的列标签,如果源 CSV 文件中确实没有表头,则在读取文件数据时需要指定表头为空,具体示例代码及执行结果如图 10-81 所示。

```
#读取文件数据时,假定源文件中没有列标签
csvfrm=pd.read_csv('df_csv03.csv',header=None)   #此时会自动添加数字列标签
print('Dataframe read from csv file withour header:\n',csvfrm)
```

```
Dataframe read from csv file withour header:
      0       1       2       3      4
0   NaN     color   object  price  count
1   0.0     blue    ball    1.5    10.0
2   1.0     green   pen     3.2    5.0
3   2.0     yellow  pencil  4.6    7.0
4   3.0     red     paper   23.0   Nan
5   4.0     white   mug     0.78   9.0
```

图 10-81　读取无表头 CSV 文件数据

从程序的执行结果可以看到,从 CSV 磁盘文件读取数据后,Dataframe 数据结构会自动添加数字型的列标签,且源文件的第一行也被认为是数据。

如果在读取无表头的 CSV 文件数据时,想要给各列数据指定列标签,可以通过 names 参数来实现,具体示例代码及执行结果如图 10-82 所示。

```
#读取无表头的数据文件,并指定列标签
csvfrm=pd.read_csv('df_csv03.csv',names=['h1','h2','h3','h4','h5'])    #指定列标签
print('Dataframe read from csv file with defined header:\n',csvfrm)
```

```
Dataframe read from csv file with defined header:
     h1     h2      h3      h4     h5
0    NaN    color   object  price  count
1    0.0    blue    ball    1.5    10.0
2    1.0    green   pen     3.2    5.0
3    2.0    yellow  pencil  4.6    7.0
4    3.0    red     paper   23.0   Nan
5    4.0    white   mug     0.78   9.0
```

图 10-82 指定列名称

除了可以一次性地将磁盘文件的数据都读入 Dataframe 数据结构，Pandas 模块还支持读取 CSV 磁盘文件的部分数据，具体示例代码及执行结果如图 10-83 所示。

```
#在读取文本数据时如果想要排除一些行的数据不读,可以采用 skiprows 选项
frm1=pd.read_table('df_csv03.csv',sep=',',skiprows=2)    #前 2 行不读
print('Dataframe from csv file without top 2 lines:\n',frm1)
frm1=pd.read_table('df_csv03.csv',sep=',',skiprows=[1,3])    #指定不读数据的行,列表给出
print('Dataframe from csv file without defined lines:\n',frm1)
frm1=pd.read_table('df_csv03.csv',sep=',',skiprows=[1],nrows=2)    #指定读数据的行,初始行+行数
print('Dataframe from csv file with defined lines:\n',frm1)
```

```
Dataframe from csv file without top 2 lines:
     1   green   pen     3.2    5.0
0    2   yellow  pencil  4.60   7.0
1    3   red     paper   23.00  Nan
2    4   white   mug     0.78   9.0
Dataframe from csv file without defined lines:
     Unnamed:0  color   object  price  count
0    1          green   pen     3.20   5.0
1    3          red     paper   23.00  Nan
2    4          white   mug     0.78   9.0
Dataframe from csv file with defined lines:
     Unnamed:0  color   object  price  count
0    1          green   pen     3.2    5.0
1    2          yellow  pencil  4.6    7.0
```

图 10-83 读取 CSV 文件部分数据

2. HTML 文件表格数据的读写

在 Python 语言中，Pandas 模块还支持将 Dataframe 数据结构的数据写入 HTML 格式的磁盘文件，当然，在写入数据之前，需要创建对应的 HTML 网页文件，并指定数据写入的位置，具体示例代码及执行结果如图 10-84 所示。

```python
#(2)HTML 文件表格数据的读写
'''读取和写入 HTML 文件中的表格数据'''
data={'color':['blue','green','yellow','red','white'],
      'object':['ball','pen','pencil','paper','mug'],
      'price':[1.5,3.2,4.6,23,0.78],
      'count':[10,5,7,np.nan,9]}
mframe=pd.DataFrame(data)
print('Original dataframe is:\n',mframe)
'''首先创建一个包含 HTML 页面代码的字符串'''
s=['<HTML>']
s.append('<HEAD><TITLE>My DataFrame</TITLE></HEAD>')
s.append('<BODY>')
s.append(mframe.to_html())
s.append('</BODY></HTML>')
html=''.join(s)
#生成 HTML 网页文件
html_file=open('myDataframe.html','w')
html_file.write(html)
html_file.close()
```

```
Original dataframe is:
    color  object  price  count
0    blue    ball   1.50   10.0
1   green     pen   3.20    5.0
2  yellow  pencil   4.60    7.0
3     red   paper  23.00    NaN
4   white     mug   0.78    9.0
```

图 10-84 向 HTML 文件写入数据

程序执行成功后，即可在当前目录下找到新生成的 HTML 磁盘文件，如图 10-85 所示。

my_chart.jpg	2018-7-8 8:27	JPG 文件	65 KB
myDataframe.html	2019-5-2 9:46	Chrome HTML Doc...	1 KB
MyDb	2018-7-25 11:13	文件	3 KB
mymodule.py	2019-4-9 19:59	PY 文件	1 KB

图 10-85 生成的 HTML 文件

打开写入数据的 HTML 文件，即可看到写入数据的网页文件，结果如图 10-86 所示。

图 10-86 生成的 HTML 文件内容

如果 HTML 网页文件中有表格数据，Pandas 模块也支持从 HTML 文件中读取表格数据，此时可以采用 read_html 函数，该函数可以解析 HTML 网页的页面，寻找页面中的表格，如果从文件中找到表格，就读取其中的数据，并将其直接转换成 Dataframe 对象。具体示例代码及执行结果如图10-87所示。

```
#从HTML网页文件中读取表格数据
html_frm=pd.read_html('http://data.auto.sina.com.cn/car_manual/')    #得到网页中的所有表格
for i in np.arange(len(html_frm)):
    print('The %d'%(i+1),'-th dataframe is:\n',html_frm[i])    #显示读取的各个表格的内容
The 1 -th dataframe is:
   排名                           车型名称 综合得分平均值为86分 line   \
0   1  2016款宝马7系 740Li 尊享型    说明:s5=5颗星,s4=4颗星,依此类推  值得购买           119分
1   2  2015款沃尔沃 XC90 2.0T T6智尊版 7座  说明:s5=5颗星,s4=4颗星,依此...          118.5分
2   3  2015款迈巴赫S级 S600    说明:s5=5颗星,s4=4颗星,依此类推  可以考虑           115.5分
3   4  2018款宝马5系 2.0T 自动 540Li行政版   说明:s5=5颗星,s4=4颗星,依此类推...       113.5分
4   5  2018款雷克萨斯LS 3.5L 自动 500h行政版  说明:s5=5颗星,s4=4颗星,依此...          113分
5   6  2016款 CT6 3.0T 自动 40T 铂金版  说明:s5=5颗星,s4=4颗星,依此类推 ...         112.5分
6   7  2016款辉昂 3.0T 四驱行政旗舰版 480 V6  说明:s5=5颗星,s4=4颗星,依此类...        111分
7   8  2017款沃尔沃V90 Cross Country 2.0T 自动 T5 AWD智尊版   说明:...        110分
8   9  2017款沃尔沃S90 2.0T 自动 T5智尊版   说明:s5=5颗星,s4=4颗星,依此类推...      108分
9  10  2017款保时捷 Panamera 4S 2.9T 自动    说明:s5=5颗星,s4=4颗星,依...        108分

        相关
0 报价>>   配置>>   图库>>
1 报价>>   配置>>   图库>>
2 报价>>   配置>>   图库>>
3 报价>>   配置>>   图库>>
4 报价>>   配置>>   图库>>
5 报价>>   配置>>   图库>>
6 报价>>   配置>>   图库>>
7 报价>>   配置>>   图库>>
8 报价>>   配置>>   图库>>
9 报价>>   配置>>   图库>>
```

图 10-87 读取的 HTML 文件内容

原来网页的部分内容如图10-88所示。

3. XML 格式文件内容的读取

XML即可扩展标记语言,它是标准通用标记语言的子集,是一种简单的数据存储语言。要读取XML格式的文件数据,需要利用Python语言的第三方模块lxml。详细内容参见 http://lxml.de/index.html。

通常情况下,XML格式的磁盘文件要包含文件头和文件主体两大部分。文件头由XML声明与DTD文件类型声明组成,而DTD文件类型声明并非必选项,XML声明是必须要有的,且必须出现在文档的第一行,以便文件内容符合XML的标准规范。例如,XML声明语句可以写成:<?xml version="1.0"encoding="gb2312"?>。

XML文件的内容是包含在文件主体中的,XML元素是XML文件内容的基本单元。XML元素包含一个起始标记、一个结束标记以及标记之间的数据内容。格式为:

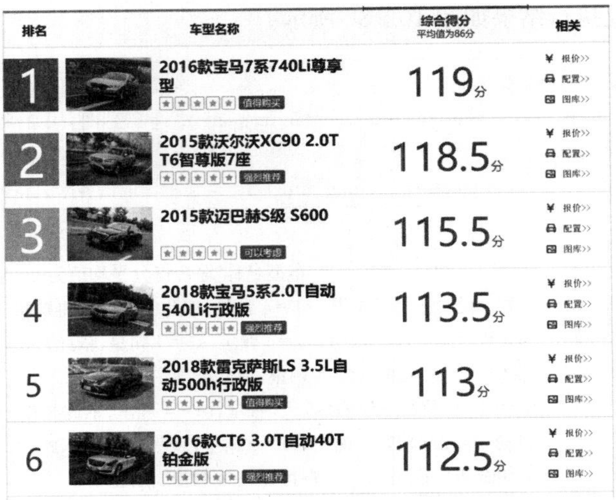

图 10－88　源 HTML 文件

<标记名称 属性名 1="属性值 1" 属性名 2="属性值 2" ……>内容</标记名称>

在 XML 格式文件中，所有的数据内容都必须在某个标记的开始和结束之间，而每个标记又必须包含在另一个标记的开始与结束之间，从而形成嵌套式的分布，只有最外层的标记不必被其他的标记所包含。XML 格式文件中最外层的是根元素（Root），称为文件（Document）元素，所有的元素都包含在根元素内。

在 XML 格式的文件中，注释以“<!--”开始，以“-->”结束，且 XML 格式文件区分大小写，包括标记、属性、指令等。标记的开始用“<”表示，标记的结束用“>”表示。不含任何内容的标记叫做空标记，格式为<标记名称/>。在 XML 格式的文件中，在标记 CDATA 内的所有文本都不会被 XML 处理器解释，直接显示在浏览器中，格式为<! [CDATA [这里的内容可以直接显示]] >。

我们首先制作了一个简单的 XML 格式的网页文件，内容如图 10－89 所示。

```
<?xml version="1.0" encoding="GB2312"?>
<!-- Edited by XML -->
- <breakfast_menu>
  - <food>
      <name>豆汁</name>
      <price>¥2.0</price>
      <description> 养胃 </description>
      <calories>650</calories>
    </food>
  - <food>
      <name>油饼</name>
      <price>¥3.0</price>
      <description> 充饥 </description>
      <calories>900</calories>
    </food>
  - <food>
      <name>焦圈</name>
      <price>¥1.5</price>
      <description> 绝配 </description>
      <calories>900</calories>
    </food>
  - <food>
      <name>油条</name>
      <price>¥2.5</price>
      <description> 细长 </description>
      <calories>600</calories>
    </food>
  - <food>
      <name>套餐</name>
      <price>¥8.0</price>
      <description> 豆汁+焦圈+油饼 </description>
      <calories>950</calories>
    </food>
</breakfast_menu>
```

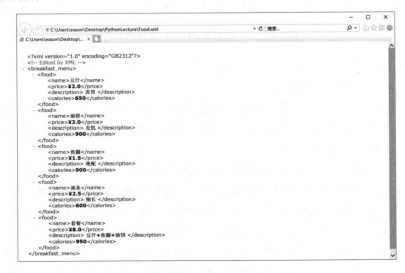

图 10－89　源 XML 文件

在 Python 语言中,采用 lxml 模块即可将对应的文件解析,并从中读取需要的数据内容,具体示例代码及执行结果如图 10-90 所示。

```
from lxml import objectify
xml=objectify.parse('Food.xml')
print(xml)     #读取数据解析后是树形结构
root=xml.getroot()    #获取根节点
def xml2dfrm(root):   #自定义函数,读取所有文件的表格数据内容
    column_names=[]
    for i in range(0,len(root.getchildren()[0].getchildren())):
        column_names.append(root.getchildren()[0].getchildren()[i].tag)
    xml_frame=pd.DataFrame(columns=column_names)    #读取列表名称

    for j in range(0,len(root.getchildren())):
        obj=root.getchildren()[j].getchildren()
        texts=[]
        for k in range(0,len(column_names)):
            texts.append(obj[k].text)
        row=dict(zip(column_names,texts))  #将可迭代的对象作为参数,将对象中对应的元素打包成一个个元组,
然后返回一个对象,显示内容用list()

        row_s=pd.Series(row)
        row_s.name=j
        xml_frame=xml_frame.append(row_s)   #逐行写入数据
    return xml_frame
print('Information get from XML file is:\n',xml2dfrm(root))
```

```
<lxml.etree._ElementTree object at 0x0000027218204048>
Information get from XML file is:
    name  price   description       calories
0   豆汁    ￥2.0    \n 养胃\n          650
1   油饼    ￥3.0    \n 充饥\n          900
2   焦圈    ￥1.5    \n 绝配\n          900
3   油条    ￥2.5    \n 细长\n          600
4   套餐    ￥8.0    \n 豆汁+焦圈+油饼\n    950
```

图 10-90 读取的 XML 文件内容

4. Excel 格式文件内容的读写

在 Python 语言中,Pandas 模块可以方便地将 Dataframe 数据结构的内容写入 Excel 文件中,也可以方便地从 Excel 文件中读取对应的数据,具体示例代码及执行结果如图 10-91 所示。

```
#(4)Excel 文件内容的读写
'''从 Excel 文件读取数据'''
e_fram=pd.read_excel('color.xlsx','Sheet1')    #文件名,sheet 名
print('Reading from excel file:\n', e_fram)
'''写数据到 Excel 文件'''
frame=pd.DataFrame(np.random.random((4,4)),index=['e1','e2','e3','e4'],columns=['Mon','Tue','Wed','Thr'])
frame.to_excel('frm2excel.xlsx')
```

```
Reading from excel file:
    white  green    red  yellow
p1     23   45.6   23.8    28.0
p2     12   34.0   23.9    37.0
p3     37    6.8  223.0    12.5
p4      5    9.2   12.0    45.0
```

图 10-91 读写的 Excel 文件内容

用于读取数据的 Excel 文件的内容如图 10-92 所示。

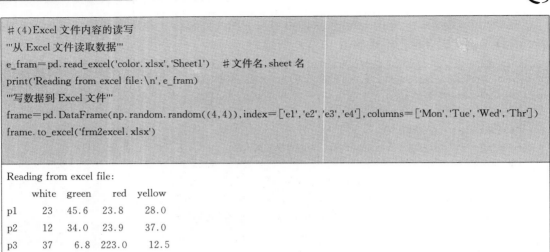

图 10-92 读取的 Excel 文件

在当前目录下,可以看到写入数据的 Excel 文件,如图 10-93 所示。

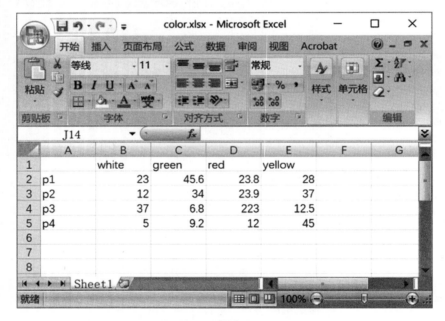

图 10-93 写入数据的 Excel 文件

写入数据的文件内容如图 10-94 所示。

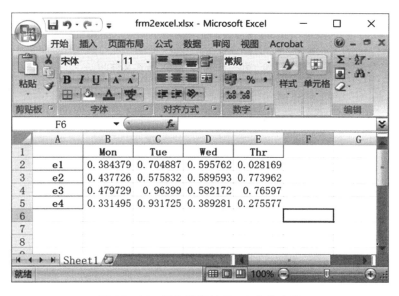

图 10 - 94　写入数据的 Excel 文件内容

5. JSON 格式文件的读写

JSON（JavaScript Object Notation，JavaScript 对象标记）是一种轻量级的数据交换格式。它基于 ECMAScript（欧洲计算机协会制定的 js 规范）的一个子集，采用完全独立于编程语言的文本格式来存储和表示数据。简洁和清晰的层次结构使得 JSON 成为理想的数据交换语言。易于阅读和编写，同时也易于机器解析和生成，能有效地提升网络传输效率。对于文件格式是否满足 JSON 格式的要求，可以进行在线检验，网址为 http://json-viewer.stack.hu。

在 Python 语言中，采用 to_json 函数可以方便地将 Dataframe 数据结构的数据写入 JSON 格式的文件，具体示例代码及执行结果如图 10 - 95 所示。

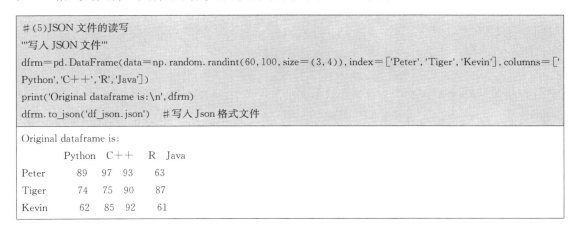

图 10 - 95　写数据到 JSON 格式文件

程序执行成功后，在当前目录下即可看到生成的 JSON 格式文件，如图 10 - 96 所示。打开 JSON 格式文件后，即可看到写入的数据，如图 10 - 97 所示。

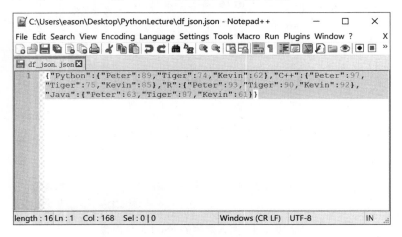

图 10-96　生成的 JSON 格式文件

图 10-97　生成的 JSON 格式文件的内容

从程序的执行结果可以看到，Dataframe 数据结构的内容在写入 JSON 格式的文件后，被转换成嵌套字典的格式存储。

在读取 JSON 格式的数据文件时，可以采取两种方式：一种方式是先读取文件内容，此时为字典格式，然后再转换成 Dataframe 格式；另一种方式是直接采用 Pandas 模块提供的功能，将数据格式直接转换成 Dataframe 数据结构，具体示例代码及执行结果如图 10-98 所示。

```
'''1、读取 JSON 文件内容方式一'''
f1=open('df_json.json','r')
text=f1.read()
text=pd.io.json.loads(text)    #读取 JSON 格式文件内容,格式为字典
for (key,value) in text.items():
    print('The content is: \n', key, ':', value)
jdfrm=pd.DataFrame(text)    #转换成 Dataframe 数据结构
print('Content along dataframe is:\n', jdfrm)
'''2、读取 JSON 文件内容方式二'''
jdfrm1=pd.read_json('df_json.json')    #直接转换数据格式
print('Direct to dataframe is:\n', jdfrm1)
```

```
The content is:
Python : {'Peter': 89, 'Tiger': 74, 'Kevin': 62}
The content is:
C++ : {'Peter': 97, 'Tiger': 75, 'Kevin': 85}
The content is:
R : {'Peter': 93, 'Tiger': 90, 'Kevin': 92}
```

图 10-98　读取 JSON 格式文件的内容

```
The content is:
Java : {'Peter': 63, 'Tiger': 87, 'Kevin': 61}
Content along dataframe is:
       Python  C++   R   Java
Kevin    62    85    92    61
Peter    89    97    93    63
Tiger    74    75    90    87
Direct to dataframe is:
       Python  C++   R   Java
Kevin    62    85    92    61
Peter    89    97    93    63
Tiger    74    75    90    87
```

图 10-98　读取 JSON 格式文件的内容（续）

6. HDF5 格式文件的读写

HDF（Hierarchical Data Format）格式是一种用于存储和组织大量数据的文件格式，最开始由美国国家超算中心研发，后来由一个非营利组织 HDF Group 支持。详细介绍请参见 https://www.hdfgroup.org/solutions/hdf5。一个 HDF5 格式的文件可以看作一个组包含了各类不同的数据集，其中，数据集可以是图像、表格，甚至是 PDF 文件和 Excel 文件。因此，HDF5 格式文件的两大核心就是组结构和数据集。组包含两部分内容：一是组头，其中包含组名和组属性列表；二是组符号表，它是属于该组的 HDF5 对象的列表。数据集存储在文件中，分为两部分：标题和数据数组。

Python 提供了两种操纵 HDF5 格式数据的方法：PyTables 和 h5py。h5py 为 HDF5 的高级 API 提供接口。PyTables 封装了很多 HDF5 的细节，提供了更加灵活的数据存储、索引、搜索等功能。具体示例代码及执行结果如图 10-99 所示。

```
#(6)HDF5 格式文件的读写
'''写数据到 HDF5 格式文件'''
wdfrm=pd.DataFrame(data=np.random.randn(3,7))
hdf5=pd.io.pytables.HDFStore('df_hdf5.h5')    #创建 hdf5 格式的数据文件
hdf5['g_name1']=wdfrm    #写入数据到文件,指明组
hdf5['g_name2']=jdfrm1
'''直接采用 Pandas 功能写入数据'''
jdfrm1.to_hdf('df_hdf5_1.h5',key='group1')    #需要通过 key 的参数来指明组
wdfrm.to_hdf('df_hdf5_1.h5',key='group2')
```

图 10-99　写数据到 HDF5 格式文件

程序执行成功后，即可在当前目录下看到创建的文件，如图 10-100 所示。

文件名	日期	类型	大小
df_csv03.csv	2019-5-1 10:15	Microsoft Office Ex...	1 KB
df_hdf5.h5	2019-5-2 13:51	H5 文件	1 KB
df_hdf5_1.h5	2019-5-2 14:06	H5 文件	13 KB
df_json.json	2019-5-2 13:14	JSON 文件	1 KB

图 10-100　创建的 HDF5 格式文件

如果想要从 HDF5 格式的文件中读取数据，可以采取两种方式：一种是直接采用 Pandas 模块提供的功能，此时，需要指明 key 参数的键值，也就是组；另一种是采用 pytables 的功能，一次性读取所有组的内容，具体示例代码及执行结果如图 10-101 所示。

```
'''从 HDF5 格式文件中读取数据'''
rhdf5=pd.io.pytables.HDFStore('df_hdf5_1.h5')
for key in rhdf5.keys():
    print('Content of %s is:\n'%key[1:],rhdf5[key],'\n')
'''直接采用 Pandas 功能读取数据'''
hdf_df=pd.read_hdf('df_hdf5.h5',mode='r',key='g_name2')    #必须指明 key 的参数值
print('Data reading from hdf5 file is:\n',hdf_df)
```

```
Content of group1 is:
        Python  C++   R    Java
Kevin     62    85   92    61
Peter     89    97   93    63
Tiger     74    75   90    87

Content of group2 is:
         0         1         2         3         4         5         6
0   0.783129 -0.500294  0.023878  2.073235  1.393449 -0.010998 -0.664285
1  -0.601414 -1.208308  1.455873 -0.401308 -0.329776  0.564023  0.371931
2  -0.319473 -0.293660 -0.037494 -0.028079 -1.190485 -1.597035 -0.673598

Data reading from hdf5 file is:
        Python  C++   R    Java
Kevin     62    85   92    61
Peter     89    97   93    63
Tiger     74    75   90    87
```

图 10-101　读取 HDF5 格式文件

7. 数据库文件的读取

在 Python 语言中，可以采用 SQLAlchemy 模块提供的功能进行数据库的连接操作，该模块提供了独立于数据库的连接模式。同时，在 Python 语言中自带了一个小型的虚拟数据库 SQLite3，可以在其中存储小规模的数据，具体示例代码及执行结果如图 10-102 所示。

```
#(7)数据库文件的读取
#pandas.io.sql 模块提供了独立于数据库的统一接口:sqlalchemy.
from sqlalchemy import create_engine
engine=create_engine('sqlite:///MyDb.db')    #Python 自带的虚拟数据库
dfrm=pd.DataFrame(data=np.random.randint(60,100,size=(3,4)),index=['Peter','Tiger','Kevin'],columns=
['Python','C++','R','Java'])
```

图 10-102　数据库文件的读写

```
if 'frmdata' in engine.table_names():
    engine.execute('Drop table frmdata')
dfrm.to_sql('frmdata',engine)    #写入数据文件
rdfrm=pd.read_sql('frmdata',engine)    #读取数据库文件
print('Data from database is:\n', rdfrm)
```

```
Data from database is:
   index  Python  C++   R   Java
0  Peter     76    83   95    63
1  Tiger     98    86   78    82
2  Kevin     79    71   87    97
```

图 10-102　数据库文件的读写（续）

如果需要连接第三方数据库 SQL Server，则需要使用 Python 语言的第三方的模块 pymssql，具体示例代码及执行结果如图 10-103 所示。

```
#连接 SqlServer 数据库,使用第三方的包 pymssql
import pymssql
conn=pymssql.connect(host='EASON－PC\EASONWANG',user='Eason－PC\Eason',password='＊＊＊＊＊＊＊
＊＊',database='MyDb')
cur=conn.cursor()    #创建连接游标
cur.execute('select top 5 VC_ID,VC_JCYYBH from New2016')    #执行查询操作
rows=cur.fetchall()    #返回值是一个列表,元素为元组,元组的元素为字符串
for row in rows:
    print (row[0],row[1])    #读取游标内容,并打印
cur.close()    #查询之后关闭游标
```

```
(u'26201614410110107414', u'14101101')
(u'01201632101101129409', u'32101101')
(u'01201617901201000071', u'17901201')
(u'16201607103102215 14', u'07103102')
(u'01201632101101129057', u'32101101')
```

图 10-103　读取 SQL Server 数据库文件

默认情况下，读取出来的内容为字符串，当然也可以将其处理成数字格式，具体示例代码及执行结果如图 10-104 所示。

```
import string
for row in rows:
    a=string.atoi(row[0])
    b=string.atoi(row[1])
    print ('%020d,%08d'%(a,b))    #读取游标内容,并打印
02620161410110107414,14101101
```

图 10-104　转换数据格式

```
00120163210110129409,32101101
00120161790120100071,17901201
01620160710310221514,07103102
00120163210110129057,32101101
```

图 10-104 转换数据格式（续）

8. 数据的序列化

其实，在数据的传输过程中，字节流的模式更易于传输。在 Python 语言中，还提供了将数据结构进行序列化和反序列化的操作。具体示例代码及执行结果如图 10-105 所示。

```
♯(8)序列化:将对象的层级结构转换成字节流,便于传输
'''一种方式是采用 pickle 模块'''
import pickle as pk
dfrm=pd.DataFrame(data=np.random.randint(60,100,size=(3,4)),index=['Peter','Tiger','Kevin'],columns=['Python','C++','R','Java'])
pk_data=pk.dumps(dfrm)    ♯序列化操作
print('Pickle data is:\n',pk_data)
data_frm=pk.loads(pk_data)    ♯反序列化
print('Unpickle data is:\n',data_frm)
'''另外一种方式是采用 pandas 进行序列化'''
pd.to_pickle(dfrm,'pk_data.pkl')
fpk=pd.read_pickle('pk_data.pkl')    ♯直接转换成 dataframe 数据结构
print('Read from pickle:\n',fpk)
```

Pickle data is:
b'\x80\x03cpandas.core.frame\nDataFrame\nq\x00)\x81q\x01}q\x02(X\x05\x00\x00\x00_dataq\x03cpandas.core.internals\nBlockManager\nq\x04)\x81q\x05(]q\x06(cpandas.core.indexes.base\n_new_Index\nq\x07cpandas.core.indexes.base\nIndex\nq\x08}q\t(X\x04\x00\x00\x00dataq\ncnumpy.core.multiarray\n_reconstruct\nq\x0bcnumpy\nndarray\nq\x0cK\x00\x85q\rC\x01bq\x0e\x87q\x0fRq\x10(K\x01K\x04\x85q\x11cnumpy\ndtype\nq\x12X\x02\x00\x00\x00O8q\x13K\x00K\x01\x87q\x14Rq\x15(K\x03X\x01\x00\x00\x00|q\x16NNNJ\xff\xff\xff\xffJ\xff\xff\xff\xffK?tq\x17b\x89]q\x18(X\x06\x00\x00\x00Pythonq\x19X\x03\x00\x00\x00C++q\x1aX\x01\x00\x00\x00Rq\x1bX\x04\x00\x00\x00Javaq\x1cetq\x1dbX\x04\x00\x00\x00nameq\x1eNu\x86q\x1fRq h\x07h\x08}q!(h\nh\x0bh\x0cK\x00\x85q"h\x0e\x87q♯Rq$(K\x01K\x03\x85q%h\x15\x89]q&(X\x05\x00\x00\x00Peterq\'X\x05\x00\x00\x00Tigerq(X\x05\x00\x00\x00Kevinq)etq*bh\x1eNu\x86q+Rq,e]q-h\x0bh\x0cK\x00\x85q.h\x0e\x87q/Rq0(K\x01K\x04K\x03\x86q1h\x12X\x02\x00\x00\x00i4q2K\x00K\x01\x87q3Rq4(K\x03X\x01\x00\x00\x00<q5NNNJ\xff\xff\xff\xffJ\xff\xff\xff\xffK\x00tq6b\x88C0_\x00\x00\x00\x00L\x00\x00\x00=\x00\x00\x00\x00E\x00\x00\x00c\x00\x00\x00E\x00\x00\x00Q\x00\x00\x00>\x00\x00\x00a\x00\x00\x00O\x00\x00\x00c\x00\x00\x00q7tq8ba]q9h\x07h\x08}q:(h\nh\x0bh\x0cK\x00\x85q;h\x0e\x87q<Rq=(K\x01K\x04\x85q>h\x15\x89]q?(h\x19h\x1ah\x1bh\x1cetq@h\x1eNu\x86qARqBa]qCX\x06\x00\x00\x000.14.1qD}qE(X\x04\x00\x00\x00axesqFh\x06X\x06\x00\x00\x00blocksqG]qH}qI(X\x06\x00\x00\x00valuesqJh0X\x08\x00\x00\x00mgr_locsqKcbuiltins\nslice\nqLK\x00K\x04K\x01\x87qMRqNuaustqObX\x04\x00\x00\x00_typqPX\t\x00\x00\x00dataframeqQX\t\x00\x00\x00_metadataqR]qSub.'

图 10-105 数据的序列化

```
Unpickle data is:
         Python  C++   R    Java
Peter    95      76    61   69
Tiger    99      75    69   81
Kevin    62      97    79   99
Read from pickle:
         Python  C++   R    Java
Peter    95      76    61   69
Tiger    99      75    69   81
Kevin    62      97    79   99
```

图 10-105　数据的序列化（续）

从程序的执行结果可以看到，Pandas 模块提供的序列化操作功能可以将序列化的数据直接转换成 Dataframe 数据结构。

第 2 节　利用 Python 进行简单统计计算

利用 Python 语言对数据进行简单的统计计算，可以针对数据量大小的不同而采取不同的处理方式。针对小数据集（1 GB 以内）的简单统计计算，可以采取一次性将所有数据读入内存中（在 Python 语言中，为将数据读取到一个数据框中），然后对每列数据的变量进行简单的统计计算。这种处理方式比较占用内存，不能用来处理大数据量的数据集。针对大数据量的数据集（超过 1 GB），可以采取基于 Map-reduce 思想的处理方式，将对每列的简单统计计算拆分为对每一行进行完全相同的操作（map 过程），然后再进行汇总（reduce 过程）。这种处理方式每次只读取目标对象的一行数据到内存中进行相关的计算，然后再对每行的计算结果进行汇总，这种方法可以实现分布式的并行计算，理论上可以针对无限量的数据集进行处理。

一、针对小数据集的简单统计计算

针对小数据量的数据集，可以利用 Python 语言的 Pandas 模块中提供的功能进行数据的简单统计计算。首先采用 Pandas 模块中的 read_table 或者 read_csv 函数，将目标文件读入一个数据框中，然后利用数据框对象提供的方法，对读入的变量和样本进行简单的统计分析。

例如，我们现在有一个数据文件 score.xlsx，文件中记录的是学生期末考试的成绩，该数据集一共有 7 列，从左到右依次表示学生的 id 编号、学生第 1 题到第 5 题的得分以及学生的总分。数据集的样式如图 10-106 所示。

首先，利用 Python 语言将考试成绩文件的数据读入数据框 Dataframe 中，具体示例代码及执行结果如图 10-107 所示。

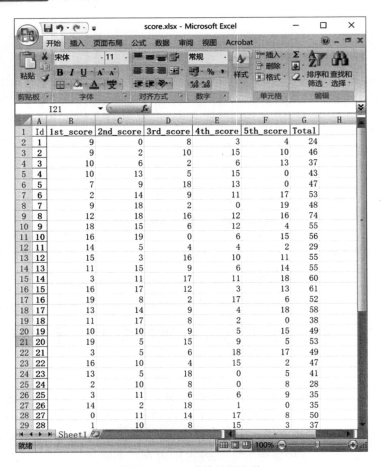

图 10 - 106　成绩数据文件

```
♯读入数据文件内容
sdfrm=pd.read_excel('score.xlsx')
print('Original data is:\n', sdfrm)
```

Original data is:
	Id	1st_score	2nd_score	3rd_score	4th_score	5th_score	Total
0	1	9	0	8	3	4	24
1	2	9	2	10	15	10	46
2	3	10	6	2	6	13	37
3	4	10	13	5	15	0	43
4	5	7	9	18	13	0	47
5	6	2	14	9	11	17	53
6	7	9	18	2	0	19	48
7	8	12	18	16	12	16	74
8	9	18	15	6	12	4	55

图 10 - 107　读取成绩数据

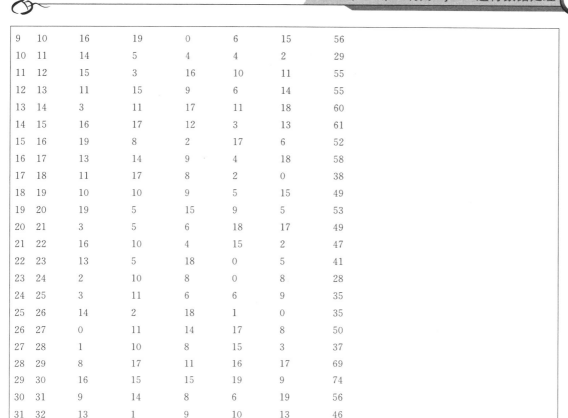

图 10-107　读取成绩数据（续）

在 Python 语言中，Pandas 模块对 Dataframe 数据结构类型的对象定义了很多可以对每一列的变量进行描述统计的内建方法。例如，可以采用 Dataframe 数据结构的 sum 和 mean 等方法计算数据框中某一列数据的和以及平均值等，其中"axis"参数用来指定对行还是对列进行计算，0 表示列，1 表示行。具体示例代码及执行结果如图 10-108 所示。

```
#简单的统计计算
pdfrm=sdfrm[['1st_score','2nd_score','3rd_score','4th_score','5th_score','Total']]
print('Simple statistic comp for sum:\n',pdfrm.sum(axis=0))    #求和
print('Simple statistic comp for mean:\n',pdfrm.mean(axis=0))  #求均值
print('Simple statistic comp for median:\n',pdfrm.median(axis=0))   #求中位数
print('Simple statistic comp for Max/min:\n',pdfrm.agg(['max','min'],axis=0))  #求最值
```

```
Simple statistic comp for sum:
1st_score    435
2nd_score    469
3rd_score    402
4th_score    432
5th_score    423
Total       2161
dtype: int64
Simple statistic comp for mean:
1st_score     9.666667
2nd_score    10.422222
3rd_score     8.933333
4th_score     9.600000
5th_score     9.400000
Total        48.022222
dtype: float64
Simple statistic comp for median:
1st_score    10.0
2nd_score    11.0
3rd_score     9.0
4th_score    10.0
5th_score     9.0
Total        49.0
dtype: float64
Simple statistic comp for Max/min:
     1st_score  2nd_score  3rd_score  4th_score  5th_score  Total
max         19         19         18         19         19     74
min          0          0          0          0          0     24
```

图 10-108　简单的统计计算

如果想要计算数据集中某一列数据变量的基本描述统计，则可以采用 Dataframe 数据结构的 describe 方法来计算，具体示例代码及执行结果如图 10-109 所示。

```
#简单的统计计算
print('Description of data is:\n',pdfrm.describe())
```

图 10-109　简单的描述统计

```
Description of data is:
       1st_score   2nd_score   3rd_score   4th_score   5th_score      Total
count  45.000000   45.000000   45.000000   45.000000   45.000000  45.000000
mean    9.666667   10.422222    8.933333    9.600000    9.400000  48.022222
std     5.563681    6.016979    5.029007    5.730302    5.851962  12.327886
min     0.000000    0.000000    0.000000    0.000000    0.000000  24.000000
25%     7.000000    5.000000    6.000000    4.000000    5.000000  37.000000
50%    10.000000   11.000000    9.000000   10.000000    9.000000  49.000000
75%    14.000000   16.000000   12.000000   15.000000   15.000000  56.000000
max    19.000000   19.000000   18.000000   19.000000   19.000000  74.000000
```

图 10-109　简单的描述统计（续）

从程序的执行结果可以看到，示例代码实现的是对所有学生总成绩数据列的基本描述统计。

除此之外，在 Python 语言中，Pandas 模块对于 Dataframe 数据结构还提供了诸如峰度、偏度等描述统计方法，其中经常用到的描述统计示例代码及执行结果如图 10-110 所示。

```
#常用到的简单统计量
print('Skew of data is:\n', pdfrm.skew())
print('Kurt of data is:\n', pdfrm.kurt())
print('Cov of data is:\n', pdfrm.cov())
print('Corr of data is:\n', pdfrm.corr())
print('Var of data is:\n', pdfrm.var())

Skew of data is:
1st_score   -0.239656
2nd_score   -0.260528
3rd_score    0.176823
4th_score   -0.039104
5th_score    0.001538
Total        0.107312
dtype: float64
Kurt of data is:
1st_score   -0.866592
2nd_score   -1.218098
3rd_score   -0.696988
4th_score   -1.147671
5th_score   -1.181440
Total       -0.537538
dtype: float64
Kurt of data is:
```

图 10-110　常用的统计计算

```
              1st_score   2nd_score   3rd_score   4th_score   5th_score      Total
1st_score     30.954545   -0.651515    0.613636   -0.818182   -3.204545    26.893939
2nd_score     -0.651515   36.204040   -4.516667   -1.850000    8.236364    37.422222
3rd_score      0.613636   -4.516667   25.290909   -0.300000   -1.450000    19.637879
4th_score     -0.818182   -1.850000   -0.300000   32.836364    0.163636    30.031818
5th_score     -3.204545    8.236364   -1.450000    0.163636   34.245455    37.990909
Total         26.893939   37.422222   19.637879   30.031818   37.990909   151.976768
Kurt of data is:
              1st_score   2nd_score   3rd_score   4th_score   5th_score      Total
1st_score      1.000000   -0.019462    0.021931   -0.025663   -0.098424     0.392106
2nd_score     -0.019462    1.000000   -0.149265   -0.053656    0.233914     0.504501
3rd_score      0.021931   -0.149265    1.000000   -0.010410   -0.049270     0.316755
4th_score     -0.025663   -0.053656   -0.010410    1.000000    0.004880     0.425124
5th_score     -0.098424    0.233914   -0.049270    0.004880    1.000000     0.526611
Total          0.392106    0.504501    0.316755    0.425124    0.526611     1.000000
Var of data is:
1st_score     30.954545
2nd_score     36.204040
3rd_score     25.290909
4th_score     32.836364
5th_score     34.245455
Total        151.976768
dtype: float64
```

图 10 - 110　常用的统计计算（续）

从程序的执行结果可以看到，我们可以方便地对 Dataframe 数据结构的每一列数据进行简单的统计计算，得到对应的统计量的值。

二、针对大数据集的描述统计

针对大数据集进行描述统计的方法，需要利用循环语句每次读取一行的数据并对它进行相关的统计计算，然后汇总所有计算的结果，以得到大数据集的描述统计。

1. 对某个变量的计数、求和

计数、求和是简单的描述统计的内容之一，针对大数据量的数据集，处理的方式就是根据判断条件对读入的部分数据进行统计计算，然后汇总所有部分数据统计计算的结果。

例如，根据上面给出的学生考试成绩的数据，统计学生总成绩分数低于 60 的学生人数，并求出他们的分数总和。具体示例代码及执行结果如图 10 - 111 所示。

```
#Map-reduce 模式计算统计量
file=open('score.txt','r')
```

图 10 - 111　计数和求和

```
fline=file.readline()    #读取标题行
print('Header of file is:',fline)
f_cont=0
f_score=0
for i in open('score.txt','r'):    #逐行读取文件内容
    fline=file.readline()
    if fline=='':
        continue
    p_fline=fline.strip().split('\t')    #解析成列表
    if int(p_fline[6])<60:
        f_cont=f_cont+1
        f_score=f_score+int(p_fline[6])
file.close()    #关闭文件
print('Count of person whose score below 60 is: ',f_cont)
print('Total score of person whose score below 60 is: ',f_score)

Header of file is: Id1st_score2nd_score3rd_score4th_score5th_scoreTotal

Count of person whose score below 60 is:    37
Total score of person whose score below 60 is:    1635
```

图 10-111　计数和求和（续）

从程序的执行结果可以看到，统计得到的结果是：总成绩分数低于 60 的学生人数为 37，他们的分数总和是 1 635。我们在程序中读取了目标文件的标题行，因之对于统计计算没有用处，所以什么也没有做，相当于将这一行略过。随后，我们在程序中逐行读入目标文件中的数据，并对数据进行统计计算，且将每一行的计算结果汇总到最后的统计变量中。

需要注意的是，诸如计数运算与求和运算之类的描述统计之所以能够采用逐行读入的方法进行统计计算，是因为这些统计量能够拆分到每一行上进行计算，然后再将每一行的计算结果汇总即可得到最终的统计结果，也就是说这些统计量对于行来讲是可叠加的。所以，所有的对于行可叠加的统计量，诸如最大值、最小值等统计量，都可以采用类似于上面的方法进行描述统计，但是，对于行不具有可叠加性质的统计量，如均值、中位数等统计量，则需要采用其他方法进行计算。

2. 对某个变量求均值

虽然像类似于变量的均值之类的统计量，不能够像计数、求和之类的统计量那样具有行方向上可叠加的性质，但是，如果一个统计量可以拆分成一些可以叠加计算的统计量的运算结果，则该统计量也可以采用类似于上面一样的方法进行计算。例如变量的均值可以拆分成样本的总和与样本容量的商，因此，如果想要计算总成绩分数不低于 60 分的所有同学的平均分，只需要利用求得的分数总和、人数总和，对两个数值作商即可。具体示例代码及执行结果如图 10-112 所示。

```
#Map-reduce模式计算统计量
file=open('score.txt','r')
fline=file.readline()    #读取标题行
print('Header of file is:',fline)
f_cont=0
f_score=0
for i in open('score.txt','r'):   #逐行读取文件内容
    fline=file.readline()
    if fline=="":
        continue
    p_fline=fline.strip().split('\t')   #解析成列表
    if ~(int(p_fline[6])<60):    #否运算
        f_cont=f_cont+1
        f_score=f_score+int(p_fline[6])
file.close()    #关闭文件
print('Count of person whose score no less than 60 is: ',f_cont)
print('Total score of person whose score no less than 60 is: ',f_score)
print('Mean score of person whose score no less than 60 is: %.2f' %((f_score*1.0)/f_cont))
```

```
Header of file is: Id 1st_score 2nd_score 3rd_score 4th_score 5th_score Total
Count of person whose score no less than 60 is:   45
Total score of person whose score no less than 60 is:   2161
Mean score of person whose score no less than 60 is: 48.02
```

图 10-112　统计均值

3. 对某个变量分类汇总

在进行描述统计的时候，有时需要对某个变量进行分类，并对每类数据进行分类汇总。在 Python 语言中，可以采用字典的方式实现分类汇总。

例如，根据前面给出的学生考试成绩数据，按照性别分别计算总成绩分数低于 60 的人数和总分数，具体示例代码及执行结果如图 10-113 所示。

```
#Map-reduce模式计算统计量
file=open('score_gender.txt','r')
fline=file.readline()    #读取标题行
print('Header of file is:',fline)
dict_cont={}
dict_score={}
for i in open('score_gender.txt','r'):   #逐行读取文件内容
    fline=file.readline()
    if fline=="":
        continue
    p_fline=fline.strip().split('\t')   #解析成列表
```

图 10-113　分类汇总

```
        if (int(p_fline[6])<60):    #否运算
            dict_cont[p_fline[7]]=dict_cont.setdefault(p_fline[7],0)+1    #键不存在,则创建该键并赋值;若存在,
则返回该键的值
            dict_score[p_fline[7]]=dict_score.setdefault(p_fline[7],0)+int(p_fline[6])
file.close()    #关闭文件
print('Count of person whose score below 60 is: ',dict_cont)
print('Total score of person whose below 60 is: ',dict_score)

Header of file is: Id 1st_score 2nd_score 3rd_score 4th_score 5th_score TotalGender
Count of person whose score below 60 is:    {'1': 19, '0': 18}
Total score of person whose below 60 is:    {'1': 874, '0': 761}
```

图 10 - 113　分类汇总（续）

从程序的执行结果可以看到，统计得到的分类汇总的结果是：总成绩分数低于 60 的男生（以 1 表示）学生人数为 19 个，他们的分数总和是 874；总成绩分数低于 60 的女生（以 0 表示）学生人数为 18 个，他们的分数总和是 2 761。在这段程序代码中，我们对字典 dict_cont 和 dict_score 中给定的键"p_fline[7]"赋予键值，而 setdefault 方法是当"p_fline[7]"不在字典的键中时，赋值为第二个参数"0"，否则，读取该键为"p_fline[7]"的键值，从而实现了统计加和的功能。

【扩展案例】基于 TPC-H 数据库的 lineitem.tbl 数据文件完成如下的统计分析计算。

sum(l_quantity) as sum_qty,
sum(l_extendedprice) as sum_base_price,
sum(l_extendedprice * (1-l_discount)) as sum_disc_price,
sum(l_extendedprice * (1-l_discount) * (1+l_tax)) as sum_charge,
avg(l_quantity) as avg_qty,
avg(l_extendedprice) as avg_price,
avg(l_discount) as avg_disc,
count(*) as count_order

数据各列名称及数据样例如图 10 - 114 所示。

图 10 - 114　TPC-H 数据库 LINEITEM 表数据示例

第 3 节　利用 Python 进行数据可视化

数据可视化是数据展现形式的主要组成部分，也是数据分析结果报告中的必要元素，Python 语言提供了灵活多样的可视化方法，用于数据信息的图形化展示。与数据可视化密切相关的 Python 语言模块就是 Matplotlib 模块。它是基于 Python 语言的开源项目，由 John Hunter 等人开发，主要功能就是实现 Python 语言中二维图形的绘制。该模块提供了一整套类似于 Matlab 命令的 API，可以进行交互式绘图，也可以将其作为绘图控件，插入用户自己的 GUI 程序中。

Matplotlib 模块提供了强大的绘图功能，可以绘制的图形多种多样，诸如普通的折线图、直方图、饼图、散点图以及误差线图等。同时，还可以定制和修改所绘图形的属性，诸如图形或线段的颜色、粗细、种类、字体大小等。Matplotlib 模块还支持部分 LaTex 排版命令，使得图形中的数学公式更加漂亮。另外，Matplotlib 模块中大部分绘图函数都与 Matlab 软件中的函数同名，因此熟悉 Matlab 编程的读者可以非常容易地理解其中的参数及使用方法。Matplotlib 模块的文档也相当完备，Gallery 页面中有百余幅缩略图，每一幅图形都有源程序。如果读者需要了解某种图形的绘制，只需点击图形即可看到其源程序。Matplotlib 模块的官网是 http://matplotlib.org，读者可以了解更加详细的信息。

下面，我们通过具体示例来介绍利用 Matplotlib 模块绘制图形的方法。

一、快速绘图

Matplotlib 模块中的 Pyplot 子模块提供了类似于 Matlab 软件的绘图 API，读者需要快速绘制二维图表时可以使用它。具体示例代码及执行结果如图 10-115 所示。

```
#快速绘图
x=np.linspace(-4,4,1000)      #定义横坐标
y1=2*np.sin(x)                #定义函数
y2=np.cos(np.power(x,2))
plt.figure(figsize=(8,4))     #设置绘图区域大小
plt.plot(x,y1,label='$2*sin(x)$',color='blue',linewidth=3)
plt.plot(x,y2,'r--',label='$cos(x^{2})$',linewidth=2)
plt.xlabel('x—axis')          #设置横轴坐标标题
plt.ylabel('y—axis')          #设置纵轴坐标标题
plt.xlim(-5,6)   #设置横轴范围
plt.xlim(-2,2)   #设置纵轴范围
plt.legend()     #显示图例
plt.show()
```

图 10-115　快速绘图

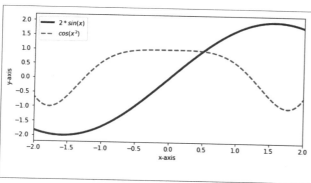

图 10 - 115　快速绘图（续）

从程序的执行结果可以看到，在快速绘图前需要首先导入绘图子模块 pyplot。在设定好横轴和纵轴对应变量的取值之后，就可以采用 plot 函数快速绘制图形了。同时，还可以简单对图形绘制的参数和属性进行设置，在将 x，y 传递给 plot 函数之后，用关键字的参数对各种属性进行定制，其中 label 属性是在图例部分的内容，在字符串前后添加双引号""和美元符号"＄"之后，就可以使用 Matplotlib 模块中内嵌的 LaTex 引擎绘制数学公式，color 属性可以指定曲线的颜色，linewidth 属性可以指定曲线的宽度。绘图语句中出现的"r--"参数表示绘制的曲线为红色（red），曲线的类型为虚线"--"。

Matplotlib 模块中曲线颜色设置的参数及其对应的颜色如表 10 - 2 所示。

表 10 - 2　颜色设置参数

参数值	颜色	参数值	颜色
b	blue	m	magenta
g	green	y	yellow
r	red	k	black
c	cyan	w	white

Matplotlib 模块中曲线类型设置的参数及其对应的曲线类型如表 10 - 3 所示。

表 10 - 3　曲线类型设置

参数值	曲线类型	参数值	曲线类型
-	solidlinestyle	3	tri_leftmarker
--	dashedlinestyle	4	tri_rightmarker
-.	dash-dotlinestyle	s	squaremarker
:	dottedlinestyle	p	pentagonmarker
.	pointmarker	*	starmarker
,	pixelmarker	h	hexagon1marker
o	circlemarker	H	hexagon2marker
v	triangle_downmarker	+	plusmarker

续表

参数值	曲线类型	参数值	曲线类型
^	triangle_upmarker	x	xmarker
<	triangle_leftmarker	D	diamondmarker
>	triangle_rightmarker	d	thin_diamondmarker
1	tri_downmarker	|	vlinemarker
2	tri_upmarker	_	hlinemarker

在数据的统计分析中，查看数据点的分布情况是直观地分析数据的方法之一，Matplotlib 模块中还提供了一个名为 pylab 的子模块，该子模块提供了许多 NumPy 模块和 Pyplot 模块中常用函数的图形绘制功能，可以针对具体的样本数据快速绘制数据点的分布图。

1. 折线图

绘制折线图的示例代码及执行结果如图 10-116 所示。

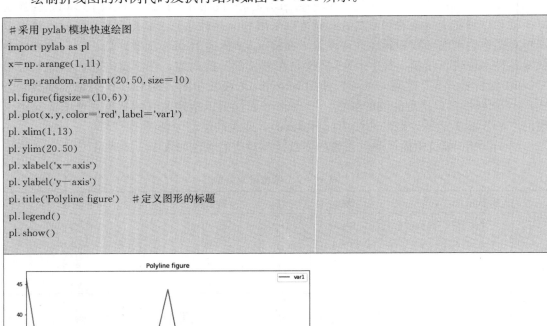

图 10-116　绘制折线图

2. 散点图

在 Python 语言中，绘制散点图可以通过在 plot 函数参数列中添加参数"o"来实现。若想改变散点图中点的颜色，例如换成绿色，则可以使用 color 参数来设置。散点图绘制的示例代码及执行结果如图 10-117 所示。

```
#绘制散点图
x=np.arange(1,11)
y=np.random.randint(20,50,size=10)
pl.figure(figsize=(10,6))
l=pl.plot(x,y,'o',marker=r'$\clubsuit$',color='green',label='var1')  #通过指定o来变成散点图
pl.xlim(1,13)
pl.ylim(20,50)
pl.setp(l,markersize=18)      #定义标记的大小
pl.setp(l,markerfacecolor='C3')    #定义标记的颜色
pl.xlabel('x-axis')
pl.ylabel('y-axis')
pl.title('Scatter figure')
pl.legend()
pl.show()
```

图 10 - 117 绘制散点图

我们也可以采用 Pyplot 模块中的 scatter 函数来绘制散点图,具体示例代码及绘制的图形结果如图 10-118 所示。

```
#绘制散点图
x = np.arange(0.0, 50.0, 2.0)
y = x ** 1.3 + np.random.rand(*x.shape) * 30.0
vol = np.power(y,1.5)
plt.figure(figsize=(10,6))
plt.scatter(x, y, s=vol, color="C6", alpha=0.5, marker='o',    #s决定每个marker的大小
            label="ploynomial")
plt.xlabel("x-axis")
plt.ylabel("y-axis")
plt.legend(loc='upper left')    #图例的位置
plt.show()
```

图 10 - 118 用 scatter 函数绘制散点图

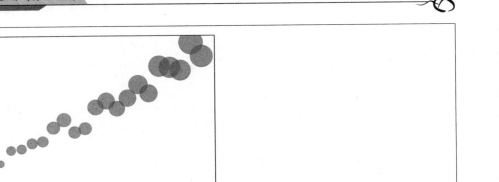

图 10 - 118　用 scatter 函数绘制散点图（续）

3. 曲线图

我们还可以将曲线、散点图以及二者的组合放在一起，在一幅图形中做出多条不同类型的曲线，具体示例代码及执行结果如图 10 - 119 所示。

```
import math
#绘制数学图形
t=np.arange(0,2.5,0.1)
y1=list(map(math.sin,math.pi*t))    #对每个元素执行相同的函数操作:map(fun,iterable),python3需要强制类型转换
y2=list(map(math.sin,math.pi*t+math.pi/2))
y3=list(map(math.sin,math.pi*t-math.pi/2))
plt.axis([0,4,-1.2,1.2])    #定义坐标轴的范围[x_min,x_max,y_min,y_max]
plt.title('Mutiple subjects')
plt.grid()    #显示网格线
plt.plot(t,y1,'b*',label=r'$sin(\pi*t)$')
plt.plot(t,y2,'g^',label=r'$sin(\pi*t+\frac{\pi}{2})$')
plt.plot(t,y3,'gs',label=r'$sin(\pi*t-\frac{\pi}{2})$',markersize=6)
plt.legend()
plt.show()
plt.axis([0,4,-1.2,1.2])
plt.title('Mutiple subjects-1')
plt.plot(t,y1,'b--',label=r'$sin(\pi*t)$')
plt.plot(t,y2,'g',label=r'$sin(\pi*t+\frac{\pi}{2})$')
plt.plot(t,y3,'r-',label=r'$sin(\pi*t-\frac{\pi}{2})$',linewidth=3)
plt.legend()
plt.show()
plt.axis([0,4,-1.2,1.2])
plt.title('Mutiple subjects-2')
plt.plot(t,y1,'b--',label=r'$sin(\pi*t)$',marker='>')
```

图 10 - 119　数学曲线图

```
plt.plot(t,y2,'g',label=r'$ sin(\pi * t+\frac{\pi}{2} $',marker='<')
plt.plot(t,y3,'r—',label=r'$ sin(\pi * t—\frac{\pi}{2} $',linewidth=3,marker='H')
plt.legend()
plt.show()
```

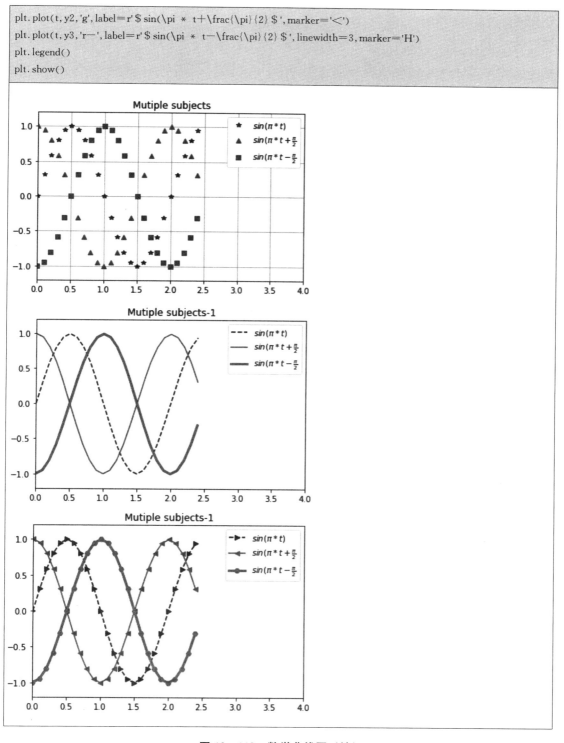

图 10-119 数学曲线图（续）

我们还可以在坐标轴上显示数学符号，同时在图形中添加注释，具体示例代码及执行结果如图 10－120 所示。

```
#在坐标轴添加数学符号,图形添加注释
x=np.arange(-2*np.pi,2*np.pi,0.01)
y=np.sin(3*x)/x
plt.figure(figsize=(10,6))
plt.plot(x,y,linewidth='5',color='red',label=r'$\frac{sin(3*x)}{x}$')
#在坐标轴上显示公式
plt.xticks([-2*np.pi,-np.pi,0,np.pi,2*np.pi],[r'$-2\pi$',r'$-\pi$',r'$0$',r'$+\pi$',r'$+2\pi$'])
#添加注释
plt.annotate(r'$\lim_{x\to 0}\frac{\sin(x)}{x}=1$',xy=[0,1.1],xytext=[1,3],color='green',fontsize=20,
             arrowprops=dict(arrowstyle="->",connectionstyle="arc3,rad=.2"))
y3=np.sin(5*x)/x
plt.plot(x,y3,'g-',linewidth='3',label=r'$\frac{sin(5*x)}{x}$')
plt.plot(0,1,'ok',markersize=8)
y4=np.sin(0*x)/x
plt.plot(x,y4,'k-')    #画直线
plt.xlabel('x-axis')
plt.ylabel('y-axis')
plt.title('Mathematic curve with annotion')
plt.legend()
plt.grid()
plt.show()
```

图 10－120　带标记的数学曲线图

对于日期格式的数据,需要第三方模块 datatime 的支持,具体示例代码及执行结果如图 10－121 所示。

```
#日期格式的处理
import datetime
```

图 10－121　日期格式的数据折线

```
import matplotlib.dates as mdates
months=mdates.MonthLocator()    #时间年
days=mdates.DayLocator()    #时间月
timeFmt=mdates.DateFormatter('%Y-%m')    #设置时间显示格式
stime=[datetime.date(2019,1,23),datetime.date(2019,1,28),
       datetime.date(2019,2,3),datetime.date(2019,2,21),
       datetime.date(2019,3,15),datetime.date(2019,3,25),
       datetime.date(2019,4,5),datetime.date(2019,4,26)]
obs_data=np.random.randint(1,10,size=8)
fig,ax=plt.subplots(figsize=(15,6))    #注意参数是figsize
plt.plot(stime,obs_data,label='Amount')
ax.xaxis.set_major_locator(months)    #主坐标轴
ax.xaxis.set_major_formatter(timeFmt)
ax.xaxis.set_minor_locator(days)    #次坐标轴
plt.legend()
plt.text(stime[5],obs_data[5],'This is amount',fontsize=12,color='R',bbox={'facecolor':'yellow','alpha':0.2})    #添加文本
plt.title('Time series data')
plt.show()
```

图 10-121 日期格式的数据折线（续）

我们也可以直接将 Dataframe 数据结构的内容按照列绘制对应的图形，具体示例代码及执行结果如图 10-122 所示。

```
import pandas as pd
#将 dataframe 的数据做成图形
df=pd.DataFrame(np.random.randint(1,15,size=(4,5)),
                columns=['Ser1','Ser2','Ser3','Ser4','Ser5'],
                index=['Sam1','Sam2','Sam3','Sam4'])
x=np.arange(4)
plt.figure(figsize=(10,6))
plt.axis([0,5,0,15])
plt.plot(x,df,linestyle='--',linewidth=2,marker='^')
```

图 10-122 Dataframe 数据结构的折线图

```
plt.legend(df.columns,loc=1)
plt.title('Figure of dataframe')
plt.xlabel('Sample')
plt.ylabel('Radom value')
plt.show()
```

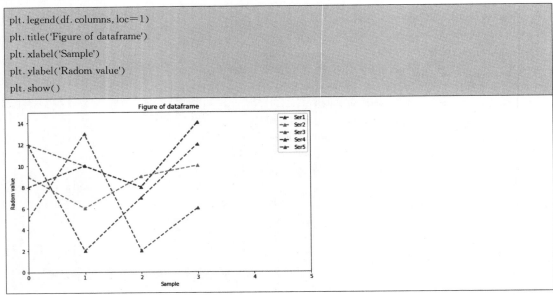

图 10-122　Dataframe 数据结构的折线图（续）

我们还可以直接采用 Pandas 模块中提供的绘图功能，对 Dataframe 数据结构中的数据进行快速绘图，具体示例代码及执行结果如图 10-123 所示。

```
#使用Pandas作图
df=pd.DataFrame(np.random.randint(1,15,size=(4,5)),
            columns=['Ser1','Ser2','Ser3','Ser4','Ser5'],
            index=['Sam1','Sam2','Sam3','Sam4'])
dfp=df.plot(kind='line',subplots=True,sharex=True,sharey=True,layout=(3,2),figsize=(10,6),
        style=['r—','g— —','k1','r+','g—.'],title='Pandas Line',fontsize=16)
dfp=df.plot(kind='area',subplots=True,sharex=True,sharey=True,layout=(3,2),figsize=(10,6),
        title='Pandas Area')
dfp=df.plot(kind='kde',subplots=True,sharex=True,sharey=True,layout=(3,2),figsize=(10,6),
        title='Pandas kde')
```

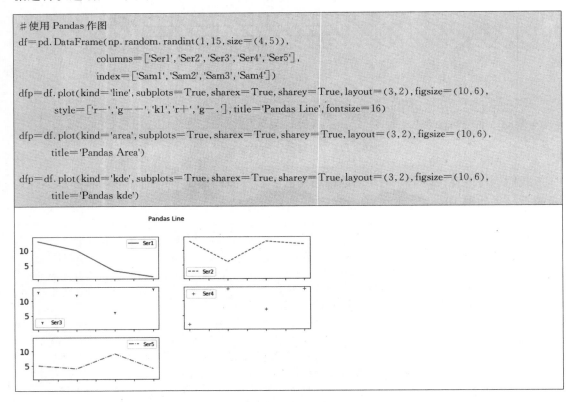

图 10-123　Pandas 直接绘图

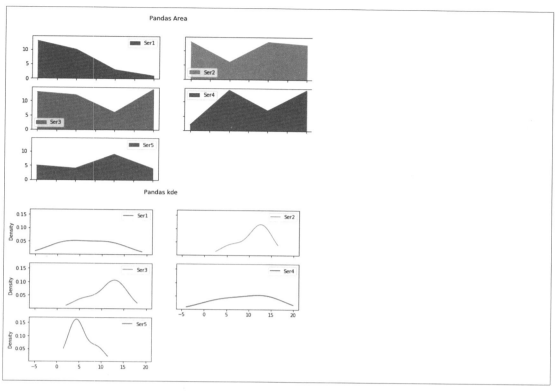

图 10-123　Pandas 直接绘图（续）

二、多轴图

上面给出的例子中，多数情况下每一个绘图区域只有一幅图像，在 Matplotlib 模块中一个绘图对象可以分成多个绘图子区域，每一个子区域称为一个轴。在上面的例子中，绘图对象只包括一个轴，所以只能显示一幅图像。如果想要在一个绘图对象中绘制多幅图像，可以采用 subplot 函数来实现。其具体的语法结构为：

　　subplot（m，n，a）

其中，subplot 函数将一个绘图对象分成 m×n 个绘图子区域，按照从左到右、从上至下的次序对每个子区域进行编号，左上角子区域的编号为 1。如果 m、n、a 均小于 10，参数列表中的逗号","可以省略，即语法结构变为 subplot（mna）。subplot 函数在参数"a"指定的子区域中创建一个轴对象，同时，如果新创建的轴和以前创建的轴重叠，那么以前创建的轴将被删除。subplot 函数子区域的编排次序如图 10-124 所示。

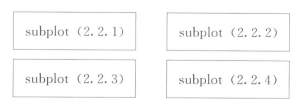

图 10-124　子区域编排次序示例

采用 subplot 多轴图形绘制的示例代码及执行结果如图 10-125 所示。

```python
# 多轴图
t = np.linspace(0, 6, 100)
y1 = list(map(np.sin, math.pi * t))
y2 = list(map(np.sin, math.pi * t + math.pi/2))
y3 = list(map(np.cos, math.pi * t - math.pi/2))
y4 = list(map(math.exp, t/10))
plt.figure(figsize=(15, 6))
plt.suptitle('Multiple figure')   # 整幅图的标题
plt.subplot(221)
plt.plot(t, y1, 'r-', label=r'$ sin(\pi * t) $', linewidth=2)
plt.legend(loc=1)
plt.ylabel(r'$ sin(\pi * t) $')
plt.title('First figure')
plt.subplot(222)
plt.plot(t, y2, 'b-.', label=r'$ sin(\pi * t + \frac{\pi}{2}) $', linewidth=2)
plt.legend(loc=1)
plt.ylabel(r'$ sin(\pi * t + \frac{\pi}{2}) $')
plt.title('Second figure')
plt.subplot(223)
plt.plot(t, y3, 'go', label=r'$ cos(\pi * t - \frac{\pi}{2}) $', linewidth=2)
plt.legend(loc=1)
plt.ylabel(r'$ cos(\pi * t - \frac{\pi}{2}) $')
plt.title('Third figure')
plt.subplot(224)
plt.plot(t, y4, 'k--', label=r'$ e^{\frac{t}{10}} $', linewidth=2)
plt.legend(loc=1)
plt.ylabel(r'$ e^{\frac{t}{10}} $')
plt.title('Fourth figure')
plt.savefig('multifig.jpg')   # 保存图像
plt.show()
```

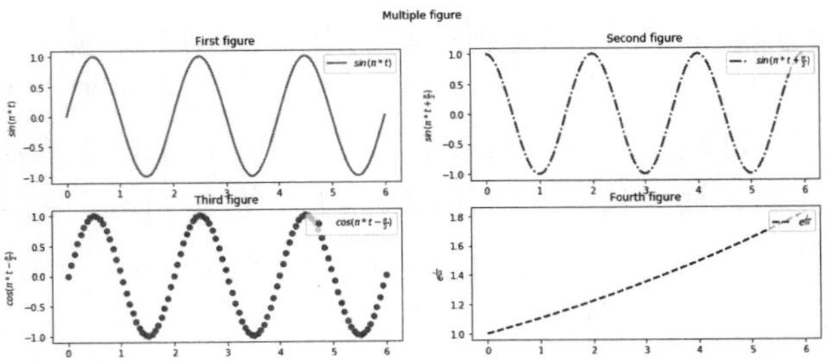

图 10-125　绘制多轴图

我们还可以通过句柄的模式绘制多轴图，具体示例代码及绘制的图形结果如图 10-126

所示。

```
#绘制多轴图
score = {'Python': 98, 'C++': 95, 'R': 96, 'Matlab': 93,'SAS':96,'SPSS':92}
names = list(score.keys())
values = list(score.values())

fig, axs = plt.subplots(nrows=2, ncols=2, figsize=(15, 6), sharey=True)   #设置多图句柄
axs[0][0].plot(names, values,'ro')
axs[0,0].set_title('1st')
axs[1][0].plot(names, values,'g—.')
axs[1,0].set_title('3rd')
axs[0][1].plot(names, values,'k2')
axs[0,1].set_title('2nd')
axs[1][1].plot(names, values,'c——',marker='8')
axs[1,1].set_title('4th')
fig.suptitle('Multiple fig')
fig.subplots_adjust(hspace=0.4,wspace=0.2)    #设置子图之间的空间
plt.show()
```

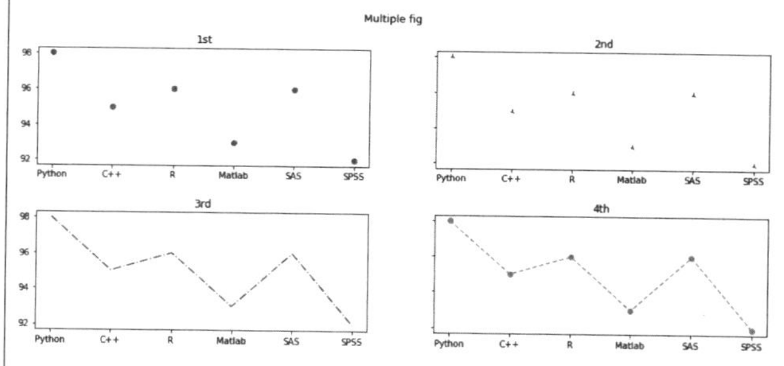

图 10-126　句柄多轴图形

我们也可以通过子图网格的模式绘制多轴图,具体示例代码及绘制的图形结果如图 10-127 所示。

```
#多轴图,子图网格
subfig=plt.GridSpec(3,3)
fig=plt.figure(figsize=(15,10))
x1=np.array([1,3,2,5])
y1=np.array([4,3,7,2])
x2=np.arange(5)
y2=np.array([3,2,4,6,4])
s1=fig.add_subplot(subfig[1,:2])  #第几块区域
s1.plot(x1,y1,'r—.')
```

图 10-127　网格多轴图形

```
s2=fig.add_subplot(subfig[0,:2])
s2.plot(x2,y2,'go')
s3=fig.add_subplot(subfig[2,0])
s3.plot(x2,y2,'c—')
s4=fig.add_subplot(subfig[:2,2])
s4.plot(x2,y2,'k—',marker='s')
s5=fig.add_subplot(subfig[2,1:])
s5.plot(x1,y1,'b-',x2,y2,'yo')
fig.suptitle('Subfigure grid')
plt.show()
```

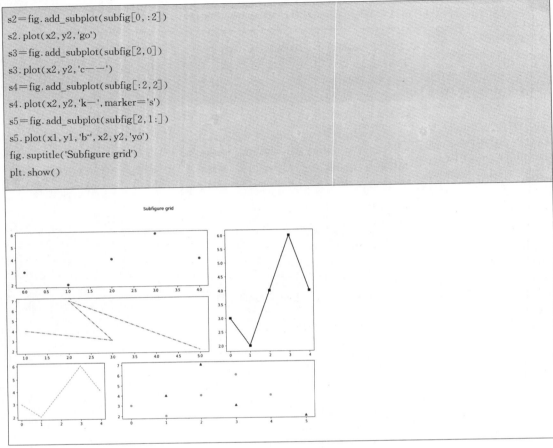

图 10 - 127　网格多轴图形（续）

三、多图表

在 Matplotlib 模块中，可以同时创建多个绘图句柄对象，分别在各个不同的绘图句柄对象上绘制图形，以形成多图表，具体示例代码及执行结果如图 10 - 128 所示。

```
#绘制多图表
plt.figure(1) #创建图表1
plt.figure(2) #创建图表2
ax1 = plt.subplot(211) #在图表2中创建子图1
ax2 = plt.subplot(212) #在图表2中创建子图2
x = np.linspace(0, 3, 100)
for i in np.arange(5):
    plt.figure(1)    #选择图表1
    plt.plot(x, np.exp(i*x/3),label='%d-th'%(i+1)+' curve')
    plt.title('Exponential curve')
```

图 10 - 128　绘制多图表

```
        plt.legend()
        plt.sca(ax1)    #选择图表2的子图1
        plt.plot(x, np.sin(i*x),label='%d-th'%(i+1)+' curve',marker='2')
        plt.title(r'$ sin(k*x) $')
        plt.sca(ax2)    #选择图表2的子图2
        plt.plot(x, np.cos(i*x))
        plt.title(r'$ cos(k*x) $')
        plt.suptitle('2nd figure')
        plt.subplots_adjust(hspace=0.6)
plt.show()
```

图 10-128　绘制多图表（续）

还有一种多图表是在一个图表的内部绘制另外一个图表，具体示例代码及执行结果如图 10-129 所示。

```
#绘制多图表
fig=plt.figure()    #创建图形句柄
ax=fig.add_axes([.1,.1,.8,.8])    #设置大图表
inner_ax=fig.add_axes([.6,.1,.25,.25])    #设置内图表
x1=np.arange(10)
y1=np.array(np.random.randint(1,10,size=10))
x2=np.arange(10)
y2=np.array(np.random.randn(10))
ax.plot(x1,y1,'r-.',linewidth=2)
ax.set_title('Outer')
inner_ax.plot(x2,y2,'g--',linewidth=3,marker='o')
inner_ax.set_title('Inner')
plt.show()
```

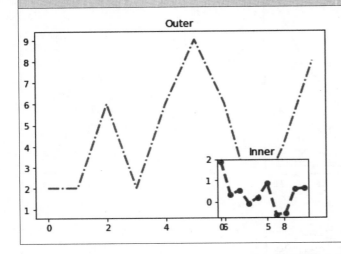

图 10 - 129　嵌套多图表

四、常用图形绘制示例

在介绍了基本的图形绘制方法之后,接下来给出一些常用图形的绘制示例,读者可以在需要时仿照示例进行图形的绘制。

1. 散点图

绘制散点图的具体示例代码及图形绘制结果如图 10 - 130 所示。

```
#绘制散点图
x=np.arange(30)
y=np.random.randint(0,10,size=30)
color=x    #设置颜色
vol=np.power(y,4)    #设置大小
fig,ax=plt.subplots()
```

图 10 - 130　散点图

```
ax.scatter(x,y,c=color,s=vol,alpha=0.5)    #alpha 透明度
ax.set_xlabel('Sample')
ax.set_ylabel('Size')
ax.set_title('Scatter')
fig.tight_layout()
plt.show()
#绘制分类的散点图
fig,ax=plt.subplots(figsize=(7,5))    #设置图形的大小
for color in ['red', 'green', 'blue','black']:
    num=100    #样本数
    x, y = np.random.rand(2, num)
    scale = 200.0 * np.random.rand(num)
    ax.scatter(x, y, c=color, s=scale, label=color,
               alpha=0.3, edgecolors='c2')
ax.legend()
ax.grid(True)
ax.set_title('Another scatter')
plt.show()
```

图 10-130 散点图（续）

我们还可以绘制三维的散点图，具体示例代码及执行结果如图 10-131 所示。

```python
from mpl_toolkits.mplot3d import Axes3D    #3D图形工具
#3D散点图
xs=np.random.randint(30,40,100)
ys=np.random.randint(20,30,100)
zs=np.random.randint(10,20,100)
xs1=np.random.randint(50,60,100)
ys1=np.random.randint(40,50,100)
zs1=np.random.randint(30,40,100)
xs2=np.random.randint(10,40,100)
ys2=np.random.randint(20,50,100)
zs2=np.random.randint(40,50,100)
fig=plt.figure(figsize=(10,6))    #定义图形大小
ax=Axes3D(fig)    #绘制三维图形
ax.scatter(xs,ys,zs)
ax.scatter(xs1,ys1,zs1,c='r',marker='o')
ax.scatter(xs2,ys2,zs2,c='g',marker='>')
ax.set_xlabel('X zhou')
ax.set_ylabel('Y zhou')
ax.set_zlabel('Z zhou')
ax.view_init(elev=20,azim=150)
ax.set_title('3D scatter')
plt.show()
```

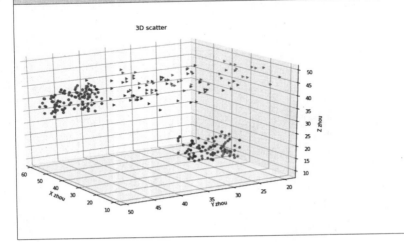

图 10-131 三维的散点图

2. 直方图

具体示例代码及图形绘制结果如图 10-132 所示。

```python
#绘制直方图
Num = 10000
Nbins = 15
x = np.random.randn(Num)
y = .4 * x + np.random.randn(Num) + 5    #Normal 分布
fig, axs = plt.subplots(1, 2, sharey=True, figsize=(10,5))
axs[0].hist(x, bins=Nbins)
axs[0].set_title('Hist of x')
axs[1].hist(y, bins=Nbins)
axs[1].set_title('Hist of y')
fig.suptitle('Common hist')
plt.show()
'''2D 直方图'''
fig, ax = plt.subplots(figsize=(10,5))
hist = ax.hist2d(x, y)
ax.set_title('2D hist')
plt.show()
'''不同类型的直方图'''
fig, axs = plt.subplots(1, 2, sharey=True, figsize=(10,5))
axs[0].hist(x, bins=Nbins, density=True, histtype='stepfilled', facecolor='r', alpha=.75)
axs[0].set_title('Hist of x')
axs[1].hist(y, bins=Nbins, density=True, histtype='bar', rwidth=0.8)    #调整间距
axs[1].set_title('Hist of y')
fig.suptitle('2nd  hist')
plt.show()
```

图 10-132　直方图

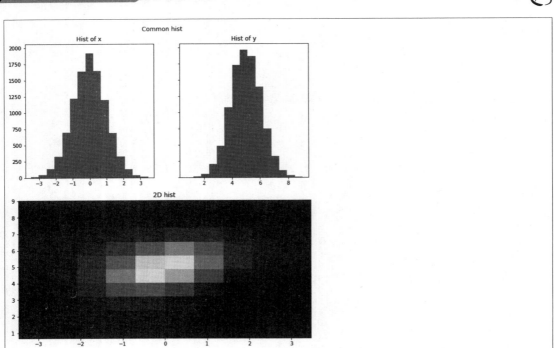

图 10-132 直方图（续）

我们也可以绘制二维数据的直方图，具体示例代码及执行结果如图 10-133 所示。

```
#定义绘图的轴
left, width = 0.1, 0.55
bottom, height = 0.1, 0.55
bottom_h = left_h = left + width + 0.02
rect_scatter = [left, bottom, width, height]
rect_histx = [left, bottom_h, width, 0.2]
rect_histy = [left_h, bottom, 0.2, height]
#定义整个绘图区域的大小
plt.figure(1, figsize=(6, 6))
axScatter = plt.axes(rect_scatter)    #定义各个子区域大小
axHistx = plt.axes(rect_histx)
axHisty = plt.axes(rect_histy)
axScatter.scatter(x, y)
#定义直方图的宽度
binwidth = 0.3
xymax = max(np.max(np.abs(x)), np.max(np.abs(y)))
lim = (int(xymax/binwidth) + 1) * binwidth
#轴的范围
axScatter.set_xlim((-lim, lim))
```

图 10-133 二维数据的直方图

```
axScatter.set_ylim((-lim, lim))
#直方图的 bin 数
bins = np.arange(-lim, lim + binwidth, binwidth)
axHistx.hist(x, bins=bins, histtype='bar', facecolor='g', rwidth=0.8, alpha=0.75)
axHistx.set_title('x hist')
axHisty.hist(y, bins=bins, orientation='horizontal', facecolor='r')    #注意直方图的方向
axHisty.set_title('y hist')
axHistx.set_xlim(axScatter.get_xlim())
axHisty.set_ylim(axScatter.get_ylim())
plt.suptitle('Two hist')
plt.show()
```

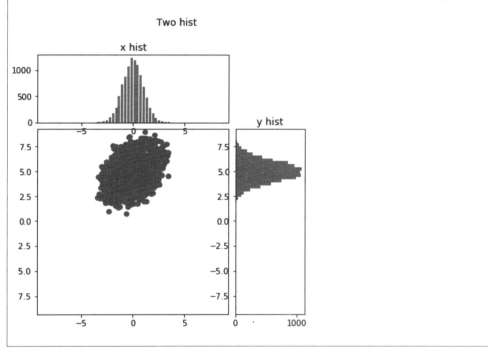

图 10-133　二维数据的直方图（续）

下面给出直方图绘制的另外一个示例，示例代码及图形绘制结果如图 10-134 所示。

```
#直方图
n_bins = 10
x = np.random.randn(1000, 3)
fig, axes = plt.subplots(nrows=2, ncols=2, figsize=(15,8))
ax0, ax1, ax2, ax3 = axes.flat
colors = ['r', 'g', 'b']
ax0.hist(x, n_bins, histtype='bar', color=colors, label=colors)
```

图 10-134　多直方图结果

```
ax0.legend(prop={'size': 10})
ax0.set_title('bars with legend')
ax1.hist(x, n_bins, histtype='bar', stacked=True)
ax1.set_title('stacked bar')
ax2.hist(x, n_bins, histtype='step', stacked=True, fill=False)
ax2.set_title('stepfilled')
#不同样本个数的直方图
x_multi = [np.random.randn(n) for n in [10000, 5000, 2000]]
ax3.hist(x_multi, n_bins, histtype='bar')
ax3.set_title('different sample sizes')
fig.suptitle('Multiple hist')
plt.show()
```

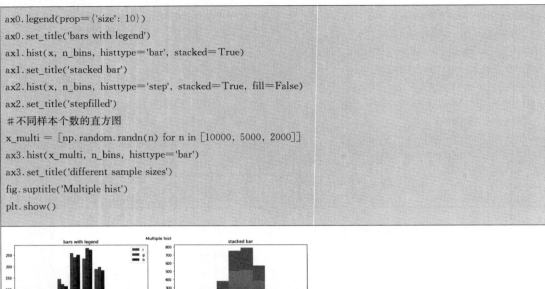

图 10-134 多直方图结果（续）

3. 区域填充

在 Python 语言中，我们还可以在不同的曲线之间填充不同的颜色，具体的示例代码及执行结果如图 10-135 所示。

```
#区域填充
x = np.linspace(-2 * np.pi, 2 * np.pi, 100)
y1 = np.sin(x)
y2 = np.sin(5 * x)
plt.fill(x, y1, 'b', x, y2, 'r', alpha=0.3)
plt.title('Area fill')
plt.show()
fig, ax = plt.subplots(3, 1, sharex=True, figsize=(6, 10))
ax[0].fill_between(x, 0, y1)
ax[0].set_ylabel('between y1and 0')
ax[1].fill_between(x, y1, 1, facecolor='r')
ax[1].set_ylabel('between y1 and 1')
ax[2].fill_between(x, y1, y2, facecolor='g')
ax[2].set_ylabel('between y1 and y2')
```

图 10-135 图形填充结果

```
ax[2].set_xlabel('x')
fig.suptitle('Fill between curves')
fig.subplots_adjust(hspace=.4)
plt.show()
```

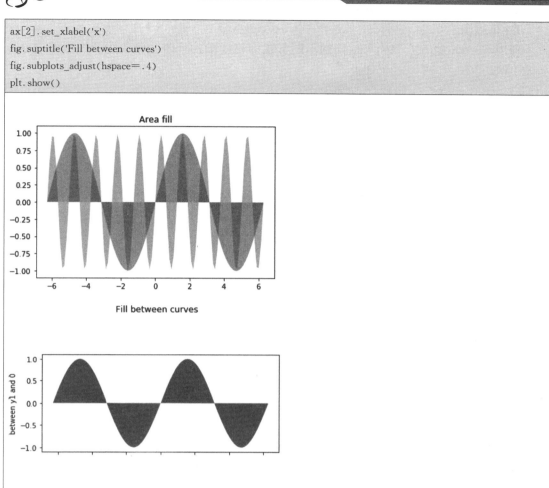
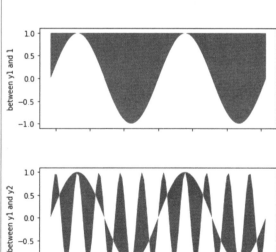

图 10-135　图形填充结果（续）

4. 箱线图

利用 Python 语言，我们可以绘制不同形状的箱线图，具体示例代码及图形绘制结果如图 10-136 所示。

```
#箱线图
np.random.seed(2019)
data = np.random.lognormal(size=(37, 4), mean=1.5, sigma=1.75)
fs = 10 #字体的大小
fig, axes = plt.subplots(nrows=2, ncols=3, figsize=(12,10))
axes[0, 0].boxplot(data)
axes[0, 0].set_title('Default', fontsize=fs)
axes[0, 1].boxplot(data, 1, labels=['class1', 'class2', 'class3', 'class4'])
axes[0, 1].set_title('A', fontsize=fs)
axes[0, 2].boxplot(data, 0, 'gD')
axes[0, 2].set_title('B', fontsize=fs)
axes[1, 0].boxplot(data, 0, '')
axes[1, 0].set_title('C', fontsize=fs)
axes[1, 1].boxplot(data, notch=True, bootstrap=10000)
axes[1, 1].set_title('D', fontsize=fs)
axes[1, 2].boxplot(data, 0, 'rs', 0)
axes[1, 2].set_title('E', fontsize=fs)
for ax in axes.flatten():
    ax.set_yscale('log')
    ax.set_yticklabels([])
fig.subplots_adjust(hspace=0.4, wspace=.4)
fig.suptitle('Box figure')
plt.show()
```

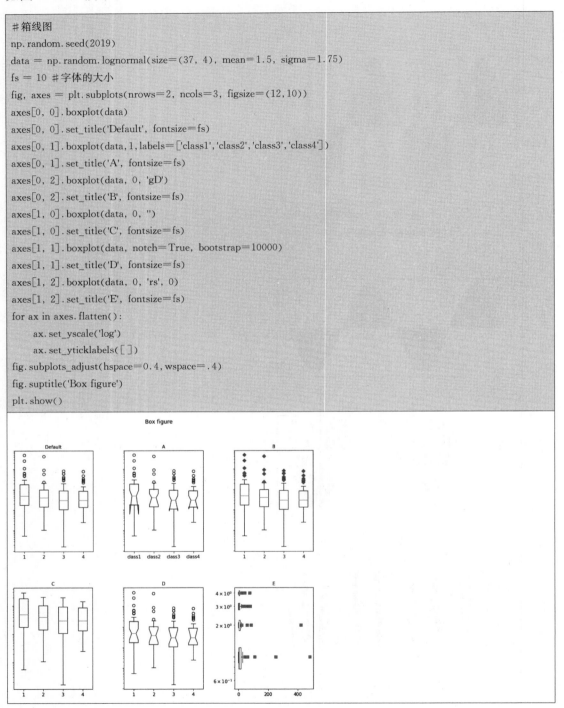

图 10-136　箱线图

我们还可以绘制出小提琴式的箱线图，具体示例代码及执行结果如图 10-137 所示。

```
#小提琴图
np.random.seed(2019)
data = np.random.lognormal(size=(37,4), mean=1.5, sigma=1.75)
fs = 10 #字体的大小
fig, axes = plt.subplots(nrows=1, ncols=2, figsize=(10,4))
axes[0].violinplot(data, bw_method='silverman')
axes[0].set_title('Default', fontsize=fs)
axes[1].violinplot(data, showmeans=True, showextrema=False, showmedians=True, vert=False)
axes[1].set_title('A', fontsize=fs)
fig.subplots_adjust(hspace=0.4, wspace=.4)
fig.suptitle('Violin box figure')
plt.show()
```

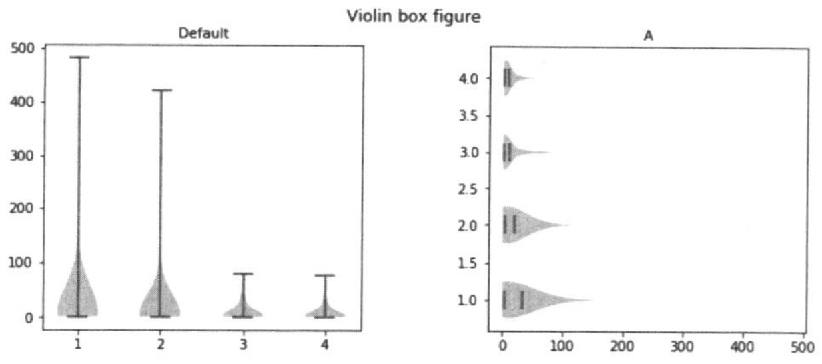

图 10-137　小提琴箱线图

5. 饼图

绘制饼图的具体示例代码及图形绘制结果如图 10-138 所示。

```
#饼图
labels=['Nokia','Samsung','Apple','Honor']
values=[10,30,45,90]
colors=['y','b','g','r']
fig,ax=plt.subplots(nrows=1,ncols=2,figsize=(12,6))
ax[0].pie(values,labels=labels,colors=colors)
ax[0].set_title('Common pie')

explode=[.2,0.1,0,0] #抽出一块来,0.2 表示抽出的距离比例
ax[1].pie(values,labels=labels,colors=colors,explode=explode,shadow=True,autopct='%1.2f%%',startangle=180)
ax[1].set_title('Augment parts')
fig.subplots_adjust(wspace=.5)
```

图 10-138　饼图

```
plt.show()
#Dataframe 数据结构直接作图
data={'series1':[1,3,5,7],'series2':[11,3,15,17],'series3':[21,13,15,37]}
plt.subplot(121)
df=pd.DataFrame(data)
df['series1'].plot(kind='pie',figsize=(12,6),colors=colors,explode=explode,shadow=True,
autopct='%1.2f%%',startangle=180)
plt.title('Series1')
plt.subplot(122)
df['series2'].plot(kind='pie',figsize=(12,6),colors=colors,explode=explode,shadow=True,
autopct='%1.2f%%',startangle=180)
plt.title('Series2')
plt.show()
```

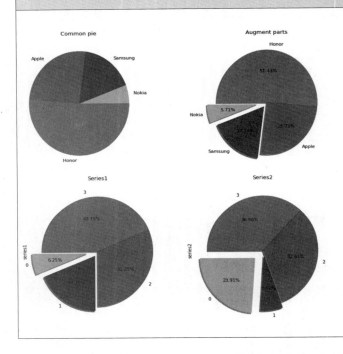

图 10-138 饼图（续）

6. 条状图

绘制条状图的具体示例代码及执行结果如图 10-139 所示。

```
#条状图
index=[0,1,2]
values=[100,49,78]
std=[3,15,29]    #数据的标准差
```

图 10-139 条状图

```
plt.figure(figsize=(10,4))
plt.subplot(121)
plt.bar(index,values,yerr=std,error_kw={'ecolor':'0.3','capsize':8},alpha=.7,label='1st')
plt.xticks(index,['c1','c2','c3'])    #修改坐标轴显示
plt.legend(loc=2)
plt.title('Bar figure')

plt.subplot(122)
plt.barh(index,values,xerr=std,error_kw={'ecolor':'0.3','capsize':8},alpha=.7,label='1st')
plt.xticks(index,['c1','c2','c3'])    #修改坐标轴显示
plt.legend(loc=5)
plt.title('Horizon bar figure')
plt.subplots_adjust(wspace=.5)
plt.show()
'''多序列'''
index=np.arange(3)
values=[100,49,78]
values1=[34,56,10]
values2=[11,3,90]
std=[3,15,29]    #数据的标准差
bw=0.2
plt.figure(figsize=(12,4))
plt.subplot(131)
plt.bar(index,values,bw,yerr=std,error_kw={'ecolor':'0.3','capsize':8},alpha=.7,label='1st')
plt.subplot(132)
plt.bar(index+bw,values1,bw)
plt.subplot(133)
plt.bar(index+2*bw,values2,bw)
plt.xticks(index+1.2*bw,['c1','c2','c3'])    #修改坐标轴显示
plt.axis([-1,3,0,120])
plt.subplots_adjust(wspace=.5)
plt.show()
data={'series1':[1,3,5,7],'series2':[11,3,15,17],'series3':[21,13,15,37]}
df=pd.DataFrame(data)
df.plot(kind='bar')
plt.xticks([0,1,2,3],['c1','c2','c3','c4'])    #修改坐标轴显示
plt.show()
df.plot(kind='barh')
plt.yticks([0,1,2,3],['c1','c2','c3','c4'])    #修改坐标轴显示
plt.show()
```

图10-139　条状图（续）

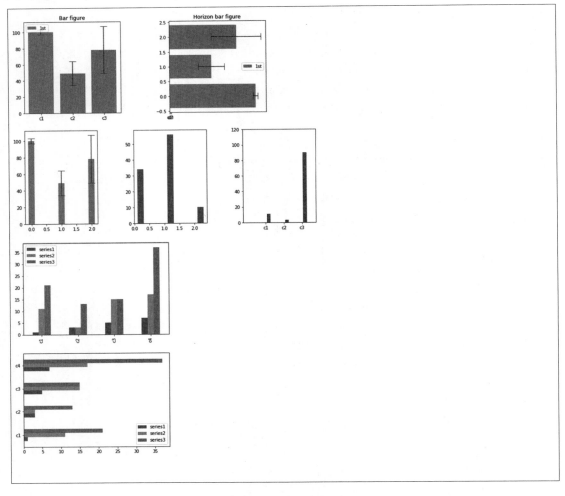

图 10-139 条状图（续）

我们还可以绘制堆积条状图，具体示例代码及执行结果如图 10-140 所示。

```
#堆积条状图
plt.figure(figsize=(15,4))
plt.subplot(131)
index=np.arange(3)
values=np.array([100,49,78])    #List 对象不能采用此操作
values1=np.array([34,56,10])
values2=np.array([11,3,90])
plt.bar(index,values,color='r')
plt.bar(index,values1,bottom=values,color='g')
plt.bar(index,values2,bottom=(values1+values),color='b')
plt.xticks(index,['c1','c2','c3'])    #修改坐标轴显示
```

图 10-140 堆积条状图

```
plt.subplot(132)
index=np.arange(3)
values=np.array([100,49,78])    #List 对象不能采用此操作
values1=np.array([34,56,10])
values2=np.array([11,3,90])
plt.barh(index,values,color='r')
plt.barh(index,values1,left=values,color='g')
plt.barh(index,values2,left=(values1+values),color='b')
plt.yticks(index,['c1','c2','c3'])    #修改坐标轴显示
plt.subplot(133)
plt.bar(index,values,color='w',hatch='xx')
plt.bar(index,values1,bottom=values,color='w',hatch='///')
plt.bar(index,values2,bottom=(values1+values),color='w',hatch='\\\\')
plt.xticks(index,['c1','c2','c3'])    #修改坐标轴显示
plt.show()
```

图 10-140　堆积条状图（续）

对于 Dataframe 数据结构，我们也可以绘制堆积条状图，具体示例代码及执行结果如图 10-141 所示。

```
#堆积条状图
data={'series1':[1,3,5,7],'series2':[11,3,15,17],'series3':[21,13,15,37]}
df=pd.DataFrame(data)
df.plot(kind='bar',stacked=True)
plt.xticks([0,1,2,3],['c1','c2','c3','c4'])    #修改坐标轴显示
plt.show()
df.plot(kind='barh',stacked=True)
plt.yticks([0,1,2,3],['c1','c2','c3','c4'])    #修改坐标轴显示
plt.show()
x0=np.arange(8)
y1=np.array([1,3,4,6,4,3,2,1])
y2=np.array([1,2,5,4,3,3,2,1])
plt.ylim(-7,7)
plt.bar(x0,y1,0.9,facecolor='r',edgecolor='w')
plt.bar(x0,-y2,0.9,facecolor='b',edgecolor='w')
```

图 10-141　堆积条状图及对比条状图

```
plt.xticks()
plt.grid(True)
for x,y in zip(x0,y1):    #zip 是成对函数,返回 tuple 列表
    plt.text(x,y+.05,'%d' %y, ha='center',va='bottom')
for x,y in zip(x0,y2):
    plt.text(x,-y-.05,'%d' %y, ha='center',va='top')
plt.show()
```

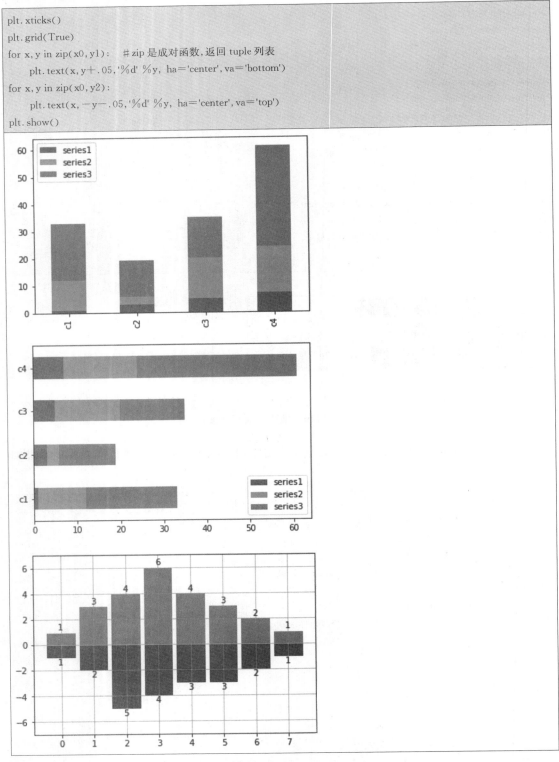

图 10-141　堆积条状图及对比条状图（续）

7. 轮廓图及 3D 图

等高线图绘制的具体示例代码及绘制结果如图 10-142 所示。

```
#等高线图
dx=.01;dy=.01
x=np.arange(-2.0,2.0,dx)
y=np.arange(-2.0,2.0,dy)
X,Y=np.meshgrid(x,y)
#定义二元函数
def f(x,y):
    return (1-y**5+x**5)*np.exp(-x**2-y**2)
plt.figure(figsize=(8,6))
C=plt.contour(X,Y,f(X,Y),8,colors='black')   #等高线
plt.contour(X,Y,f(X,Y),8)
plt.clabel(C,inline=1,fontsize=10)   #做标记
plt.title('Isoheight map')
plt.show()
```

图 10-142 等高线图

我们还可以绘制带有热力的等高线图，具体示例代码及执行结果如图 10-143 所示。

```
#等高线图,热力图
plt.figure(figsize=(8,6))
C=plt.contour(X,Y,f(X,Y),8,colors='black')
plt.contourf(X,Y,f(X,Y),8,cmap=plt.cm.hot)   #生成热力图
plt.clabel(C,inline=1,fontsize=10)
plt.colorbar()   #热力图标
plt.title('Heat map')
plt.show()
```

图 10-143 热力等高线图

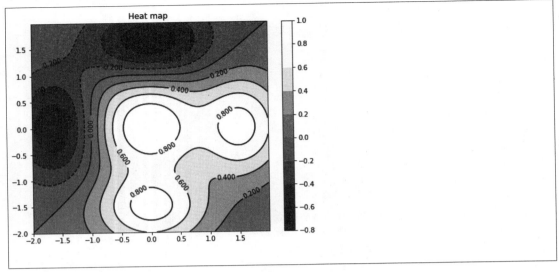

图 10 - 143　热力等高线图（续）

我们还可以在极坐标系下作图，具体示例代码及执行结果如图 10 - 144 所示。

```
#极坐标下的图
#极区图
N=8
theta=np.arange(0.,2*np.pi,2*np.pi/N)
radii=np.array([4,7,5,3,1,5,6,8])
plt.figure(figsize=(6,4))
plt.axes([0.025,0.025,0.95,0.95],polar=True)   #采用极坐标
colors=np.array(['lightgreen','darkred','navy','brown','violet','plum','yellow','darkgreen'])
bars=plt.bar(theta,radii,width=(2*np.pi/N),bottom=0.0,color=colors)
plt.title('Bar on polar')
plt.show()
#计算覆盖面积和颜色
N = 150
r = 2 * np.random.rand(N)
theta = 2 * np.pi * np.random.rand(N)
area = 200 * r**2
colors = theta
fig = plt.figure(figsize=(6,6))
ax = fig.add_subplot(111, projection='polar')   #采用极坐标
c = ax.scatter(theta, r, c=colors, s=area, cmap='hsv', alpha=0.75)
plt.title('Scatter on polar')
plt.show()
```

图 10 - 144　极坐标系图

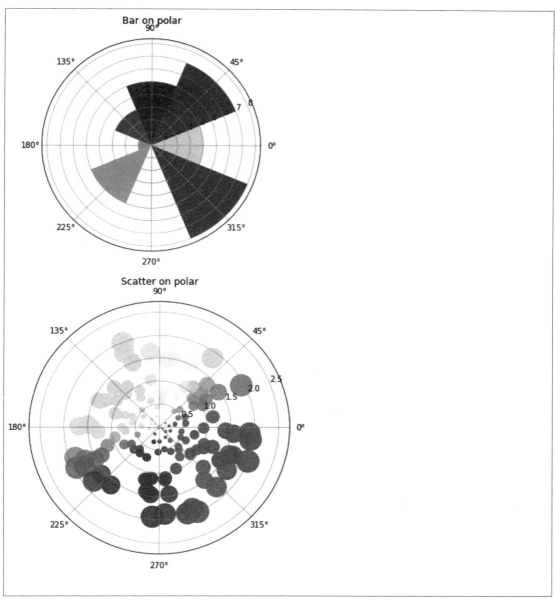

图 10-144　极坐标系图（续）

绘制极坐标系曲线的具体示例代码及执行结果如图 10-145 所示。

```
#极坐标系下的曲线
plt.rc('grid', color='k', linewidth=1.5, linestyle='-.')   #设置网格线
plt.rc('xtick', labelsize=10)   #设置坐标标签
plt.rc('ytick', labelsize=5)
```

图 10-145　极坐标系曲线

```
fig = plt.figure(figsize=(6, 6))
ax = fig.add_axes([0.1, 0.1, 0.8, 0.8],
                  projection='polar', facecolor='g', alpha=0.3)
r = np.arange(0, 5.0, 0.01)
theta =  np.pi * r
ax.plot(theta, r, color='r', lw=3, label=r'$\theta=\pi * r$')
ax.plot(0.5 * theta, r, color='blue', ls='--', lw=2, label=r'$0.5 * \theta$')
ax.legend(loc=7)
plt.title('Curve on polar')
plt.show()
```

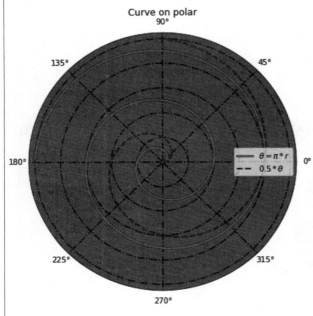

图 10－145 极坐标系曲线（续）

绘制三维曲面的具体示例代码及执行结果如图 10－146 所示。

```
#三维图形
fig=plt.figure(figsize=(6,6))
ax=Axes3D(fig)
X=np.arange(-2,2,.1)
Y=np.arange(-2,2,.1)
X,Y=np.meshgrid(X,Y)
def f(x,y):   #定义二元函数
    return np.sqrt(y * x)
ax.plot_surface(X,Y,f(X,Y),rstride=1,cstride=1)   #生成曲面
```

图 10－146 三维曲面

```
ax.set_xlabel('x-axis')
ax.set_ylabel('y-axis')
ax.set_zlabel('z-axis')
ax.view_init(elev=50,azim=140)    #调整视角
plt.title('3D surface')
plt.show()
```

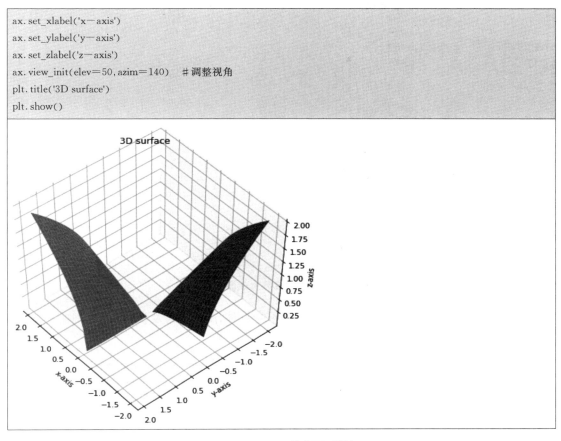

图 10-146　三维曲面（续）

绘制三维热力曲面的具体示例代码及执行结果如图 10-147 所示。

```
fig=plt.figure(figsize=(8,6))
ax=Axes3D(fig)
X=np.arange(-2,2,.1)
Y=np.arange(-2,2,.1)
X,Y=np.meshgrid(X,Y)
def f(x,y):
    return (1-y**5+x**5)*np.exp(-x**2-y**2)
surf=ax.plot_surface(X,Y,f(X,Y),rstride=1,cstride=1,cmap=plt.cm.hot)    #设置成热力图
ax.set_xlabel('x-axis')
ax.set_ylabel('y-axis')
ax.set_zlabel('z-axis')
ax.view_init(elev=20,azim=250)    #三维视角的旋转
plt.title('3D heat surface')
fig.colorbar(surf, shrink=0.5, aspect=5)
plt.show()
```

图 10-147　三维热力曲面

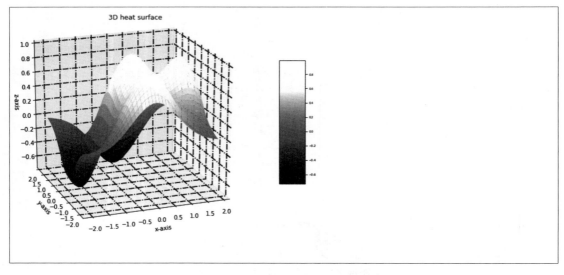

图 10-147 三维热力曲面（续）

在三维空间的多个面板上绘制二维条状图的具体示例代码及执行结果如图 10-148 所示。

```
#三维条状图
x=np.arange(8)
xs=np.random.randint(30,40,8)
ys=np.random.randint(20,30,8)
zs=np.random.randint(10,20,8)
xs1=np.random.randint(50,60,8)
ys1=np.random.randint(40,50,8)
zs1=np.random.randint(30,40,8)
colors=['lightgreen','darkred','navy','brown','violet','plum','yellow','darkgreen']
fig=plt.figure(figsize=(8,6))
ax=Axes3D(fig)

ax.bar(x,xs,0,zdir='y',color=colors)
ax.bar(x,ys,10,zdir='y',color=colors)
ax.bar(x,zs,20,zdir='y',color=colors)
ax.bar(x,xs1,30,zdir='y',color=colors)
ax.bar(x,ys1,40,zdir='y',color=colors)
ax.bar(x,zs1,50,zdir='y',color=colors)
ax.view_init(elev=60)
plt.title('3D bar')
plt.show()
```

图 10-148 三维空间的二维条状图

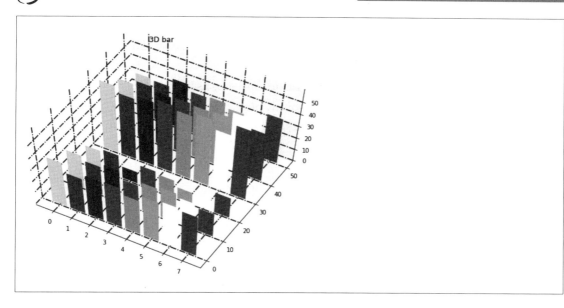

图 10-148 三维空间的二维条状图（续）

在基于 Python 语言进行数据的可视化方面，除了 Matplotlib 模块之外，还有一些功能很强大的数据可视化工具模块，诸如 Pandas、Seaborn、ggplot、Bokeh、pygal、Plotly 等，其中多数数据可视化工具模块都对 Matplotlib 模块进行了封装，详细信息请参考网站 http：//pbpython.com/visualization-tools-1.html。

小结

大数据分析的核心就是深度挖掘数据中蕴含的有价值的信息，Python 语言的科学计算扩展模块为数据分析提供了强大的支持。

参考文献

[1] Wesley J. Chun. Python 核心编程：第 2 版. 北京：人民邮电出版社，2008.
[2] Wes McKinney. 利用 Python 进行数据分析. 北京：机械工业出版社，2014.
[3] https://baike.baidu.com/item/Python/407313?fr=aladdin.NM-vHjA8EZFkmPwLlYSY-pkLv0FAQD6pqDwctCa.
[4] Magnus Lie Hetland. Beginning Python：From Novice to Professional，Second Edition. Apress，2008.
[5] Mark Lutz. Python 学习手册：第 4 版. 北京：机械工业出版社，2011.
[6] https://www.runoob.com/python/python-for-loop.html.
[7] https://woodpecker.org.cn/abyteofpython_cn/chinese/Index.html.
[8] https://www.open-open.com/codel.
[9] http://scikit-learn.org/stable/index.html.
[10] Ivan Idirs. Python 数据分析基础教程 NumPy 学习指南：第 2 版. 北京：人民邮电

出版社，2014.

[11] Magnus Lie Hetland. Python 基础教程：第 2 版. 北京：人民邮电出版社，2010.

[12] www.python.org.

[13] http://www.crummy.com/software/BeautifulSoup/bs4/doc.zh/.

[14] http://pbpython.com/visualization-tools-1.html.

[15] Tim Altom，Mitch Chapman. Python 编程指南. 北京：中国水利水电出版社，2002.

[16] Tarek Ziade. Python 高级编程. 北京：人民邮电出版社，2010.

[17] http://docs.scipy.org/doc/numpy/.

[18] http://pandas.pydata.org/pandas-docs/stable/.

[19] http://docs.scipy.org/doc/scipy/reference/.

[20] http://docs.sympy.org/latest/index.html.

第 3 篇

数据库基础

　　数据库是长期存储在计算机内的有组织、可共享的数据集合。数据库管理系统是用于建立、使用和维护数据库的软件系统，是计算机系统重要的系统软件之一，也是现代信息社会重要的支撑技术之一。数据库技术的发展自 20 世纪 60 年代起经历了第一代的层次网络数据库系统、第二代的关系数据库系统、第三代的数据仓库系统，随着大数据应用需求的增长而进入大数据管理时代，基于 SQL 的关系数据库系统，基于键值、文档、图的 NoSQL 数据库系统，面向大数据需求扩展的 NewSQL 数据库系统等为大数据时代数据管理的多样化提供了不同的数据管理解决方案。

　　在数据库基础篇，我们首先了解数据库的基本概念和基本特点、几种典型的数据模型和代表性的数据库系统以及大数据时代数据库技术的主要发展方向；然后深入学习关系数据库的基本理论，掌握通过 SQL 命令进行数据管理和分析处理的技术，同时初步掌握关系数据库查询处理与优化技术；最后，了解面向企业级海量数据多维分析的方法和主要技术，并通过案例学习基于 SQL Server 2017 的数据管理、多维建模、OLAP 分析处理和数据可视化的实现技术。

第 11 章 数据库基础知识

本章要点与学习目标

本章第 1 节介绍数据库的基本概念及其发展过程；第 2 节介绍关系数据模型的基础理论；第 3 节介绍关系操作、关系代数和关系运算；第 4 节介绍数据库系统结构与组成；第 5 节介绍代表性数据库系统。

本章的学习目标是掌握数据库的基本概念，理解关系模型和关系操作，学习数据库的基本结构，了解当前数据库技术的发展趋势。

第 1 节 数据库的基本概念

数据库中最常用的术语和基本概念包括数据、数据库、数据库管理系统、数据库系统等，这些基本概念从不同的粒度描述了数据管理与处理的不同层面。在数据库的发展过程中，面向不同的数据模型演化出不同的数据库系统，随着大数据时代数据管理需求的多样化，数据库系统也从关系数据库一枝独秀走向关系数据库、NoSQL 数据库、大数据分析平台等数据管理技术百家争鸣的时代。

一、数据、数据库、数据库管理系统、数据库系统

1. 数据

数据（data）是数据库存储和数据处理的基本对象。在维基百科中数据的定义为：数据是构成信息的一组定性或定量的描述客观事实的值的集合。数据在计算时表现为多种形式，如规范化的二维表格（由行和列组成）、树形结构（tree）、图（graph）、嵌套 JSON 数据结构等。狭义地讲，数据是计算机对现实世界事实或实体的描述方式，包括数据形式、数据结构和数据语义。数据形式指计算机支持的数据类型，如整型（int）、浮点型

(float、double)、日期型（2014-03-19）、字符型（'中国'）、逻辑型（True/False）、扩展数据类型（xml、binary、image 等存储半结构化和非结构化文件的数据类型）。数据结构是将不同类型的数据按一定的结构组织起来表示实体或事务，如（1, 110, High Roller Savings, Product Attachment, 14435, 1996-01-03 00:00:00.000, 1996-01-06 00:00:00.000）表示一个促销记录在（promotion_id, promotion_district_id, promotion_name, media_type, cost, start_date, end_date）结构上各个分量的数据。数据语义则是对数据含义的说明，如数据结构的 promotion_name 部分表示促销名称，start_date 表示促销开始日期，end_date 表示促销结束日期等，数据语义定义了实体描述信息与计算机存储数据形式和结构之间的映射关系。

在数据库中，数据通常表示为由一定形式（结构化、半结构化或无结构）的数据项所组成的数据形式，数据库可以看作有组织的数据的集合。

2. 数据库

数据库（DataBase, DB）是长期存储在计算机内的有组织、可共享的数据集合。[①] 数据库中的数据按一定的数据模型组织、描述和存储，具有较高的数据独立性和易扩展性，并可为各种用户共享。整个数据库在建立、使用和维护时由数据库管理系统（DBMS）统一管理、统一控制，为用户提供定义数据和操纵数据的接口，并提供不同程度数据的安全性、完整性、多用户并发访问、故障恢复等支持。

数据库按数据模型分，可分为层次数据库、网状数据库、关系数据库、面向对象数据库、键值存储、文档数据库、图数据库等。

数据库技术与其他学科的技术内容结合，出现了各种新型数据库，例如：
- 数据库技术与分布处理技术➡分布式数据库；
- 数据库技术与并行处理技术➡并行数据库；
- 数据库技术与人工智能➡演绎数据库和知识库。

数据库技术与特定的应用领域结合，出现了特定领域数据库，例如：
- 数据库与多维分析处理技术➡数据仓库；
- 数据库与 XML/JSON 技术➡XML 数据库/文档数据库；
- 数据库与图分析处理技术➡图数据库；
- 数据库与内存计算技术➡内存数据库；
- 数据库与 GPU（图形处理器）技术➡GPU 数据库；
- 数据库技术与硬件技术➡数据库一体机；
- 数据库与 key/value 存储技术➡NoSQL 数据库；
- 数据库与可扩展/高性能技术➡NewSQL 数据库；
- 数据库与云计算技术➡云数据库。

随着数据库技术的成熟与普及，数据库与应用领域日益紧密结合，并面向应用领域的特征实现定制化或优化，从而形成了各具特色的数据库技术和系统。传统的关系数据库具有严格的定义和约束，而在一些新兴的应用领域，数据库的约束条件可以放松或加强，如在 NoSQL 领域放松数据库的 ACID 特性（指数据库事务处理的四个特性，A 代表原子性，

---

① 王珊，萨师煊. 数据库系统概论. 5 版. 北京：高等教育出版社，2014.

C代表一致性，I代表隔离性，D代表持久性）而加强扩展性，数据库的技术特征呈现多样化，但面向数据共享是数据库的基本特征。

数据库是现代信息技术的数据基础，随着近年对大数据的关注不断升温，以数据为中心的新的应用模式不断拓展数据库应用的广度和深度。随着数据库技术应用领域的不断扩展，数据库中数据的类型由传统意义的数字、字符发展到文本、声音、图形、图像等多种类型，从结构化数据处理扩展到半结构化、非结构化数据处理领域，从传统的数据库平台扩展到新兴的大数据平台，应用领域从传统的面向事务处理与商业智能分析扩展到科学计算、经济、社会、移动计算、人工智能等各个领域，从事务处理走向分析处理，从数据库系统平台走向云计算平台。

3. 数据库管理系统

数据库管理系统（DataBase Management System，DBMS）是用于建立、使用和维护数据库的软件。它是位于用户和操作系统之间的数据管理软件，用于对数据库进行统一的管理和控制，保证数据库的安全性和完整性，提供给用户访问数据库、操纵数据、管理数据库和维护数据库的用户界面。数据库管理系统的主要功能包括以下几个方面：

（1）数据定义。数据库管理系统提供数据定义语言（Data Definition Language，DDL），用户通过DDL对数据库中的对象进行定义，包括数据库中的表、视图、索引、约束等对象。

（2）数据组织、存储和管理。数据组织和存储的目标是提高存储空间利用率，提供方便的存储接口，通过多种存储方法（如索引查找、哈希查找、顺序查找等）提高存取效率。数据的组织与存取提供数据在存储设备（如磁盘、SSD固态硬盘、内存等）上的物理组织与存取方法。

（3）数据操纵功能。数据库管理系统通过数据操纵语言（Data Manipulation Language，DML）来操纵数据，支持交互式查询处理，如查询、插入、删除、修改等操作，并将查询结果返回用户或应用程序。数据库中查询处理是数据操纵的主要功能，主要通过SQL语言访问和处理数据，是数据库最重要的功能之一。联机分析处理（On-Line Analytical Processing，OLAP）主要面向数据库分析处理需求，通过数据操纵功能实现对数据的访问、查询和分析。

（4）数据库事务管理和运行管理。事务运行管理提供事务运行管理及运行日志、事务运行的安全性监控和数据完整性检查、事务的并发控制及系统恢复等功能，保证数据库系统的安全性、完整性、多用户对数据的并发访问控制及数据库发生故障后的系统恢复等机制。数据库事务管理主要用于事务处理应用领域，也称联机事务处理（On-Line Transactional Processing，OLTP），是订票、银行交易、订单处理等领域的核心功能。

（5）数据库维护。数据库维护为数据库管理员提供数据加载、数据转换、数据库转储、数据库恢复、数据安全控制、完整性保障、数据库备份、数据库重组以及性能监控等维护工具。随着数据库应用的普及，多源数据集成能力是数据库对不同类型数据支持能力的重要指标。

（6）其他数据库功能。数据库管理系统提供的功能还包括数据库与应用软件的通信接口、不同数据库系统之间的数据转换、异构数据库互访及互操作等功能。

基于关系模型的数据库管理系统已经成为数据库管理系统的主流技术。随着新型数据模型及数据管理实现技术的推进，DBMS 软件的性能还将进一步更新和完善，应用领域也将进一步拓展。

4. 数据库系统

数据库系统（DataBase System，DBS）是存储、管理、处理和维护数据的软件系统，是在计算机系统中引入数据库后的系统，包括数据库、数据库管理系统、数据库开发工具、应用系统、数据库管理员等。它由数据库、数据库管理员和有关软件组成。

二、数据库系统的发展

数据库系统的发展主要以数据模型和 DBMS 的发展为标志。数据库诞生于 20 世纪 60 年代中期。第一代数据库系统以层次和网状数据模型的数据库系统为特征，代表性的数据库系统是 1969 年 IBM 研制的层次数据库系统 IMS 和美国数据系统语言协会（CODASYL）的数据库任务组（DataBase Task Group，DBTG）提出的 DBTG 报告所确定的网状模型数据库系统。第二代数据库系统是指关系数据库系统，其代表性事件是 1970 年 IBM 的圣约瑟研究所的 E. F. Codd 发表的题为《大型共享数据库的关系模型》的论文，开创了关系数据库系统方法和理论的研究。第二代数据库系统主要以事务处理为主，称为 OLTP 联机事务处理系统。第三代为数据仓库系统，主要面向分析型处理，称为 OLAP 联机分析处理系统，其主要特征是采用面向主题的多维数据模型，通过维、层次等多维结构为用户提供不同维度与粒度的数据分析视角。20 世纪 90 年代随着面向对象、人工智能和网络等技术的发展，产生了面向对象数据库系统和演绎数据库系统，但这些新技术逐渐集成于关系数据库中。近年来随着数据库应用领域的拓展，在 Web 数据管理和大数据管理等应用的推动下，半结构化和非结构化 NoSQL 数据库成为主要的发展方向，在当前大数据应用背景下，数据库概念也逐渐从关系数据库平台扩展到大规模分布式 Hadoop 计算平台，出现了以 NewSQL 为代表的各种新的可扩展/高性能数据库。这类数据库不仅具有 NoSQL 对海量数据的存储管理能力，还保持了传统数据库支持 ACID 和 SQL 等特性，如基于分布式集群的 Google Spanner、VoltDB 等系统，基于高扩展性 SQL 存储引擎的 MemSQL 等系统，基于分片中间件的数据库 ScaleBase 等系统。第四代数据库系统主要面向大数据管理，但目前仍然没有形成清晰的技术路线，从未来的发展方向来看，面向多数据模型的多引擎技术、面向混合负载统一管理、面向大规模分布式架构的数据库技术是代表性特征。

随着新型硬件技术，如非易失性内存（NVRAM）、众核处理器（MANY-CORE）、高性能网络互联等技术的发展，传统数据库软件设计和优化技术的硬件假设发生了较大的改变，其算法实现与编程模型难以适应新型硬件平台的特性，需要数据库面向新硬件特性而优化设计算法实现与查询优化技术。当前软硬件一体化设计[①]成为新一代数据库设计的思想，通过将硬件特性、操作系统优化设计和数据库实现技术相结合以达到优化数据库性能的目标。同时，随着云计算平台的发展与成熟，基于云平台的原生云数据库显示了取代传

---

① Rajesh R. Bordawekar, Mohammad Sadoghi. Accelerating database workloads by software-hardware-system co-design. ICDE 2016：1428−1431.

统数据库的趋势。

第 2 节　关系数据模型

　　数据模型（data model）是对现实世界数据特征的抽象，用于描述数据、组织数据和对数据进行操作。数据模型可以分为概念模型和逻辑模型两大类：在数据库中广泛使用的概念模型是实体联系模型，用于描述现实世界的数据结构；数据库的逻辑模型包括层次模型、网状模型、关系模型、面向对象模型与对象关系模型，以及新兴的键值、图、文档模型等，传统数据库中应用最为广泛的是关系模型，当前非关系模型也得到了广泛的应用。

　　关系模型具有良好的适应性，能够较好地表示现实世界的各种数据模型，如层次模型、网状模型以及部分非结构化数据模型。但在一些特殊的应用领域，尤其是互联网应用的非结构化数据处理领域，关系模型并不能够完全胜任。当前的大数据技术和 NoSQL 技术一方面通过新兴的 Map/Reduce、Hadoop 等技术扩展了在传统的关系数据库中不能适用的大数据分析领域的应用，另一方面也促进了关系数据库技术在一些大数据分析领域的处理能力，使关系数据库与新兴的非结构化数据处理技术相结合，推动了 SQL-on-Hadoop 技术的发展，使关系数据库成为联结结构化处理与非结构化处理的枢纽平台，扩展了关系数据库的应用领域。

一、实体-联系模型

　　实体-联系模型（entity-relationship model）是通过实体型及实体之间的联系型来反映现实世界的一种数据模型，又称 E-R 模型。实体-联系模型是由 Peter P. S. Chen 于 1976 年提出的，广泛适用于软件系统设计过程中的概念设计阶段。

　　实体-联系模型的基本语义单位是实体和联系。

　　实体（entity）是代表现实世界中客观存在的并可以相互区别的事物。实体可以是具体的人或事物，如客户、供应商、产品，也可以是抽象的概念或度量，如日期等。

　　属性（attribute）是实体的一种可以数据化的特征。一个实体由若干属性来表示，每个属性对于该实体有一个数据取值，这些取值用于区分该实体与其他实体。

　　实体型（entity type）实体名及相应的属性名集合构成了实体型。属性是描述实体共同特征和性质的数据，实体型则定义了描述相同类型实体的公共数据结构。

　　实体集（entity set）指同一类型实体的集合。如客户、日期表等都是实体集。

　　联系（relationship）是指实体内部属性之间或者实体之间的联系。实体内部属性之间的联系包含属性之间的函数依赖关系，实体之间的联系包含实体集之间一对一联系（1∶1）、一对多联系（1∶n）、多对多联系（m∶n），定义了实体 A 中的每一个实体与实体 B 中一个或若干个实体之间的对应关系。

　　实体-联系模型可以形象地用图形表示，称为实体-联系图，其中：矩形表示实体型，内部为实体名；椭圆形为属性，内部为属性名，用无向边与实体型连接；菱形表示联系，内部为联系名,用无向边与实体型连接,同时在无向边旁边标注联系的类型,联系的属性也要用无向边与联系连接起来。图 11-1 对应的实体-联系图中,四个实体——CUSTOMER、SUPPLIER、PART、DATE 之间通过订单(ordering)构成联系,订单联系中包含 quantity、price、discount、revenue 等属性。

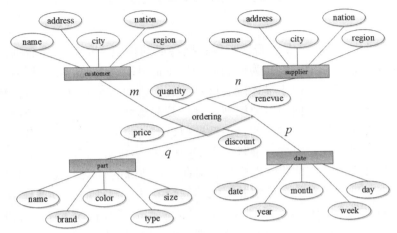

图 11-1 订单业务实体-联系图

二、关系

关系(relation)数据模型只包含单一的数据结构——关系,关系数据结构在逻辑上对应着一个二维表,关系用二维表来表示实体以及实体之间的联系,关系模型以关系作为唯一的数据结构。二维表形象地看由行和列组成,列又称为字段(field)、属性(attribute),定义了实体的一个描述数据分量,关系中的属性必须是不可分的数据项;行又称为元组(tuple)、记录(record),是具有相同属性结构的数据集合。下面从集合论的角度给出关系数据结构的形式化定义。

1. 域

域(domain)是一组具有相同数据类型的值的集合。每个属性有一组相同数据类型的允许值,称为该属性的域。

2. 笛卡尔积

笛卡尔积(cartesian product)是域上的一种集合运算。

在一组给定的域 $D_1, D_2, \cdots, D_n$(允许其中某些域是相同的)上的笛卡尔积定义为:

$$D_1 \times D_2 \times \cdots \times D_n = \{(d_1, d_2, \cdots, d_n) | d_i \in D_i, i=1,2,\cdots,n\}$$

式中,每一个元素($d_1, d_2, \cdots, d_n$)称为一个元组(tuple),元素中每一个值 d_i 叫做一个分量(component)。

3. 关系

关系(relation)是在域 $D_1, D_2, \cdots, D_n$ 上笛卡尔积 $D_1 \times D_2 \times \cdots \times D_n$ 的子集,表

示为：

$$R(D_1, D_2, \cdots, D_n)$$

式中，n 是关系的目或度（degree）。关系 R 也可以看作由 n 个域 D_1, D_2, $\cdots$, D_n 对应的 n 个属性值构成的元组 t 组成的集合，表示为：$R=\{t \mid t \in R\}$。

假设 n 个属性的名称为 A_1, A_2, $\cdots$, A_n，则 $t[i]$ 或 $t[A_i]$（$i=1, 2, \cdots, n$）表示元组 t 在第 i 个属性或属性 A_i 上的值。

关系是一个二维表，表中的每一行对应一个元组，每一列对应一个属性。在关系的定义中，关系的名字（表名）必须唯一，关系中各属性（列）的名字必须唯一。关系是元组的集合，元组在关系中的顺序没有关系，不同顺序的相同元组对应相同的关系。关系是笛卡尔积的子集，属性的顺序同样不影响关系的结构。

三、关系模式

在关系数据库中，关系模式定义了关系数据结构的型，关系是基于关系模式的元组值的集合。

对关系的描述称为关系模式（relation schema），表示为：

$$R(U, D, DOM, F)$$

式中，R 为关系名，U 为组成关系的属性名集合，D 为属性组中属性所来自的域，DOM 是属性向域的映像集合，F 为属性间数据依赖关系的集合。关系模式通常可以简记为 $R(U)$ 或 $R(A_1, A_2, \cdots, A_n)$。

数据依赖是一个关系内部属性与属性之间的一种约束关系，通过属性间值是否相等来定义数据间的相关联系，它是现实世界属性间相互联系的抽象表示，定义了数据的内在性质，体现了语义关系。在数据依赖中最重要的是函数依赖（Functional Dependency，FD），通过 $y=f(x)$ 定义自变量 x 和 y 之间的函数关系，称为 x 函数决定 y，或者 y 函数依赖于 x，记作 $x \to y$。

设 $R(U)$ 是定义在属性集 U 上的任一关系模式，X、Y 为 U 的子集。若 $R(U)$ 的任一个可能的关系 r 中的任意两个元组 s、t 满足在属性 X 上取值相等（即 $s[X]=t[X]$）则一定有 s、t 在属性 Y 上取值也相等（即 $s[Y]=t[Y]$）的条件，则称属性 X 函数确定属性 Y，或属性 Y 函数依赖于 X，记为 $X \to Y$。

若 $X \to Y$ 成立，且 X 中不存在真子集 X' 使得 $X' \to Y$ 成立，则称 $X \to Y$ 为完全函数依赖，记作 $X \xrightarrow{F} Y$；若 $X \to Y$，但 Y 不完全函数依赖于 X，则称 Y 对 X 部分函数依赖，记作 $X \xrightarrow{P} Y$。

在 $R(U)$ 中，若 $X \to Y$，同时满足 Y 不是 X 的子集并且不存在 $Y \to X$ 时，有 $Y \to Z$ 且 Z 不是 Y 的子集，则称 Z 对 X 传递函数依赖，记作 $X \xrightarrow{传递} Y$。

函数依赖定义了关系模式内部属性间的依赖关系，主要用途是定义关系的码属性以及通过规范化对关系模式进行优化。

关系模式定义了关系的逻辑结构，关系可以看作关系模式的实例，是关系模式在某一时刻的状态或内容,关系实例的内容随关系的更新操作而不断发生变化。

四、码

在关系中最小访问的数据项是属性值,形象地表示为指定元组行与指定属性列的交点。属性列用唯一的属性名标识,元组行需要通过特定属性值来唯一标识,因此需要在关系中指定能够唯一标识一个元组的属性或属性组。码是关系模式中重要的概念,根据使用特征的不同,可以分为超码、候选码和主码等。

超码(superkey)是一个或多个属性的集合,这些属性的组合可以在关系中唯一地标识一个元组。设 K 为 $R(U, F)$ 中的属性或属性组,存在部分函数依赖 $K \xrightarrow{P} U$,则称 K 为超码。

设 K 为 $R(U, F)$ 中的属性或属性组,若存在完全函数依赖 $K \xrightarrow{F} U$,则称 K 为 R 的候选码(candidate key)。

超码中可能包含非决定因素的属性,而候选码是最小的超码,即 K 的任意一个真子集都不是候选码。

当关系中存在多个候选码时,主码(primary key)代表被数据库设计者选中作为关系中区分不同元组的主要候选码。码(超码、候选码、主码)是关系中唯一标识元组的方法,关系中任意两个元组不允许同时在码属性上具有相同的值。

包含在任何一个候选码中的属性称为主属性(primary attribute),不包含在任何候选码中的属性称为非主属性(nonprimary attribute)或非码属性(non-key attribute)。当关系 R 中全部的属性组是码时,称为全码(all-key)。

码属性值与关系中的元组一一对应,设 K 为码属性,$|K|$ 代表属性 K 的势,$|R|$ 代表关系 R 中元组的数量,则满足 $|K|=|R|$。但候选码的选择还需要考虑语义上的唯一性,如身份证号具有唯一性,而姓名、地址等不具有唯一性,即使当前关系实例中姓名、地址属性的势与关系元组数量相同,也可能在更新时插入重复的姓名或地址,因此不能作为候选码。

在关系数据库中,主码属性上通常创建聚簇索引(clustered index),候选码属性上可以创建唯一索引(unique index),用于加速对元组的查找。

当一个关系模式的属性中包含了另一个关系模式的主码时,这个属性称为外码,它定义了两个关系模式之间属性值的参照关系(referencing relation)。

外码(foreign key):设关系 $R(K_r, F, \cdots)$ 中 K_r 为关系 R 的主码,F 是 R 的一个或一组属性,但不是关系 R 的码;关系 $S(K_s, \cdots)$ 中 K_s 为关系 S 的主码,如果 F 与 K_s 的属性值相对应,即任何一个 $v \in F$,都有 $v \in K_s$,则称 F 是 R 的外码。其中,关系 R 为参照关系(referencing relation),关系 S 为被参照关系(referenced relation)。

五、完整性约束

数据库的完整性(integrity)是指数据的正确性(correctness)和相容性(compatability)，反映了数据库需要保证数据符合现实语义，符合逻辑的要求。数据库完整性的目标是防止数据库中存在不符合语义的数据，即不正确或不符合数据语义逻辑的数据。

1. 实体完整性

实体完整性（entity integrity）是指若属性 A（单个属性或属性组）是基本关系 R 的主属性时需要满足 A 不能取空值。空值（null）是未赋值的数据，通常指元组中的属性未赋值的状态。

基本关系中的主码不能取空值。主码起到唯一区分关系中实体的作用，不能取重复值，也不能赋空值。使用 primary key 子句定义了关系的主码后，当可能破坏实体完整性约束条件的更新操作，如插入和更新主码列时，关系数据库管理系统需要进行实体完整性约束规则检查，如主码值是否唯一，不唯一则拒绝插入或修改记录，主属性是否为空，如果存在为空的主属性则拒绝插入或修改。

为加速主码值唯一性检查，关系数据库通常在主码上自动创建索引，如 B+树索引或哈希索引，通过索引查找加速主码值检测性能。

2. 参照完整性

参照完整性（referential integrity）用于定义实体之间的联系。实体之间的联系主要体现在不同关系的元组之间存在的引用联系。

假设 F 是基本关系 R 的一个或一组属性，但不是关系 R 的码，K_s 是基本关系 S 的主码，如果 F 和 K_s 之间存在引用关系，则称 F 是 R 的外码，基本关系 R 为参照关系（referencing relation），基本关系 S 称为被参照关系（referenced relation）。参照完整性可以写为：$\Pi_F(R) \subseteq \Pi_{K_s}(S)$，即外码属性集为被参照表主码属性集的子集。

建立参照完整性约束条件之后，被参照表上的更新操作改变元组的主码属性值时，如删除元组和修改主码值，会导致参照表中相应的外码元组失去参照联系，破坏参照完整性约束。根据数据库管理系统内部机制和用户设置，可能采取拒绝更新、级联删除或修改参照表中相应元组外码属性值、将参照表中相应外码属性值所在的记录设置为空值等方法。被参照表中插入记录时不影响参照完整性约束。

当参照表上执行插入新元组时，必须验证新元组的外码属性值在被参照表主码中唯一存在，满足参照完整性约束。当修改元组外码属性值时，要求修改后的外码属性值必须对应被参照表主码列中的唯一值，即可以更改外码向主码的映射，但必须满足新外码值与主码的参照完整性约束。当参照表删除元组时，不破坏参照完整性约束。

3. 用户定义完整性

用户定义完整性是在实体完整性和参照完整性之外面向特定应用场景由用户自行定义的数据必须要满足的语义要求。

在数据库中定义了这些完整性约束后，数据库管理系统会对数据进行完整性检查，如插入新记录时检查该记录的主码是否为空，对有参照引用关系的记录检查外码是否在参照关系主码中存在，属性值是否满足用户定义完整性语义条件，只有满足各种约束条件的记录才能插入数据库，否则数据库拒绝插入当前记录。数据库的约束机制保证了数据质量，避免无效或者错误的数据进入数据库中，从而减少在数据分析处理过程中"垃圾进，垃圾出"的问题。

第3节　关系操作、关系代数和关系运算

关系模式定义了关系的数据结构，关系操作定义了关系数据上的操作方法。通过代数方式执行关系操作的方法称为关系代数（relational algebra），商用数据库通用的方法是通过结构化查询语言 SQL 实现关系操作。

一、关系操作

关系模型中常用的关系操作主要包括数据管理和数据处理两大类。在数据管理中主要包括关系创建（create）和数据维护，数据维护主要包括记录的插入（insert）、删除（delete）、修改（update）等操作；数据处理主要是查询（query）操作，主要通过选择（select）、投影（project）、连接（join）、除（divide）、并（union）、差（except）、交（intersection）、笛卡尔积（cartesian product）等操作实现在关系模式上的数据处理，其中，选择、投影、并、差、笛卡尔积是五种基本操作，其他操作可以通过基本操作定义和导出。

关系操作是一种集合操作，操作的对象和操作的输出结果都是集合，执行一次一集合（set-at-a-time）的操作方式。也就是说，操作的对象是一个或多个关系，操作的结果也是一个关系，是操作对象关系的一个子关系或新生成的关系。

关系数据库的查询语言主要包括关系代数、关系演算和结构化查询语言 SQL，其中关系代数是过程化语言，关系演算和结构化查询语言 SQL 是非过程化语言。

二、关系代数与关系运算

（一）传统的集合运算

传统的集合运算是二元运算，即对两个关系进行运算。基本的集合操作包括并、差、笛卡尔积三种运算，交运算是扩展的集合操作，可以由集合差运算来替代。

设关系 R 和 S 具有相同的目 n（两个关系都有 n 个属性），且相应的属性取自同一个域，t 是元组变量，$t \in R$ 表示 t 是 R 的一个元组。

1. 并

集合并运算是在关系 R 和 S 中选择属于 R 或 S 的所有元组，记作：

$$R \cup S = \{t \mid t \in R \vee t \in S\}$$

集合并操作的结果仍为 n 目集合。

2. 差

集合差运算是在关系 R 和 S 中选择属于 R 而不属于 S 的所有元组，记作：

$$R-S=\{t|t\in R\wedge t\notin S\}$$

集合差操作的结果仍为 n 目集合。

3. 笛卡尔积

笛卡尔积运算将任意两个关系的信息组合在一起。两个分别是 n 目和 m 目的关系 R 和 S 的笛卡尔积是一个 $(n+m)$ 列的元组的集合。若 R 有 n_1 个元组，S 有 n_2 个元组，则关系 R 和 S 的笛卡尔积有 $n_1 \times n_2$ 个元组，记作：

$$R \times S = \{\widehat{t_r t_s} | t_r \in R \wedge t_s \in S\}$$

笛卡尔积运算中，当两个关系中的属性名相同时需要加上以关系名为属性的前缀以区别两个关系中名字相同的属性。当一个关系需要与自身进行笛卡尔积运算时，需要给其中一个关系设置别名以引用名字相同的属性。

4. 交

集合交运算是在关系 R 和 S 中选择既属于 R 又属于 S 的所有元组，记作：

$$R \cap S = \{t | t \in R \wedge t \in S\}$$

也可以记作：

$$R \cap S = R - (R - S)$$

集合交操作的结果仍为 n 目集合。

集合交运算不是基本运算，不能增加关系代数的表达能力，是附加的关系代数运算，可以通过集合差运算导出。

图 11-2 显示了集合并、交、差操作示意图。在 SQL 命令中并操作还分为 UNION ALL 和 UNION，分别表示直接合并两个关系元组和对关系元组去重后合并。

图 11-2 集合并、交、差操作示意图

（二）专门的关系运算

专门的关系运算包括选择、投影、连接、除运算等，其中，选择和投影是基本操作，连接和除运算是导出操作。

1. 选择

选择操作是在关系 R 中选择满足给定条件的元组集合的操作，记作：

$$\delta_F(R) = \{t | t \in R \wedge F(t) = \text{'True'}\}$$

式中，δ 表示选择，谓词写作 δ 的下标；F 表示选择条件，使用逻辑表达式形式，结果为 True 或 False。选择操作是对 R 中的每一个元组 t 在选择条件 F 上进行逻辑表达式计算，结果为 True 的元组为选择操作结果。

2. 投影

投影操作是从关系 R 中选择出若干属性列组成新的关系，记作：

$$\Pi_A(R) = \{t[A] | t \in R\}$$

投影操作可以看作属性列上的选择操作，通过投影操作可以只输出关系 R 的部分属性子集。当投影指定的属性列时，可以指定取消重复行来查询属性列中包含哪些不重复值。其中，Π 表示投影，A 为 R 中的属性列集合。

3. 连接

连接也称 θ 连接，可以看作对两个关系 R、S 的笛卡尔积结果进行选择运算，是从两个关系 R、S 中选取属性间满足一定条件的元组组成新的元组的操作，记作：

$$R \underset{A\theta B}{\bowtie} S = \{\widehat{t_r t_s} | t_r \in R \land t_s \in S \land t_r[A] \theta t_s[B]\}$$

式中，A 和 B 分别是 R 和 S 上对应的连接属性，θ 是比较运算符，连接操作从关系 R 和关系 S 中选择在属性 A 和属性 B 上满足比较运算 θ 的元组组成新的元组，构成连接输出集合。

当 θ 为"="时，连接操作称为等值连接，记作：

$$R \underset{A=B}{\bowtie} S = \{\widehat{t_r t_s} | t_r \in R \land t_s \in S \land t_r[A] = t_s[B]\}$$

等值连接是数据库中最常用的连接方法。

自然连接（natural join）是指两个关系执行等值连接并且在连接结果集中去掉重复的属性列，记作（其中 U 代表 R 与 S 属性的并集）：

$$R \bowtie S = \{\widehat{t_r t_s}[U-B] | t_r \in R \land t_s \in S \land t_r[B] = t_s[B]\}$$

两个关系 R 和 S 执行连接操作时，R 或 S 中可能存在不满足连接条件的元组，自然连接中舍弃这些不满足连接条件的元组，而保留这些不满足条件的元组的连接称为外连接（outer join）。

当保留左侧关系所有元组时，右侧关系不满足连接条件元组用空值（null）补充的连接称为左连接（left outer join 或 left join），记作 $R ⟕ S$：

$$R ⟕ S = R \bowtie S \cup \{\widehat{t_r t_s}[U-B] | t_r \in R \land t_s = \text{null} \land \not\exists (t_r[B] = t_s[B])\}$$

当保留右侧关系所有元组时，左侧关系不满足连接条件元组用空值（null）补充的连接称为右连接（right outer join 或 right join），记作 $R ⟖ S$：

$$R ⟖ S = R \bowtie S \cup \{\widehat{t_r t_s}[U-B] | t_r = \text{null} \land t_s \in S \land \not\exists (t_r[B] = t_s[B])\}$$

当左、右关系元组全部保留在连接结果中，左、右关系不满足连接条件元组均用空值（null）补充的连接称为全连接（full outer join 或 outer join），记作 $R ⟗ S$：

$$R ⟗ S = R \bowtie S \cup R ⟕ S \cup R ⟖ S$$

4. 除运算

除运算用 ÷ 表示，设 $T = R \div S$，则 T 包含所有在 R 但不在 S 中的属性及其值，而且 T 的元组与 S 的元组的所有组合都在 R 中。

除运算除了根据定义执行以外，还可以从基础的选择、投影操作来导出。图 11-3

中，设 S 为关系 R 第二列上部分记录的投影，$S=\{Z_2, Z_3\}$，则 $R\div S=\{x_1, x_2\}$。

$\{x_1,x_2,x_3\}\times\{Z_2,Z_3\}$

x_1	Z_2
x_1	Z_3
x_2	Z_2
x_2	Z_3
x_3	Z_2
x_3	Z_3

$-$ R

x_1	Z_1
x_1	Z_2
x_1	Z_3
x_2	Z_2
x_2	Z_3
x_3	Z_1
x_3	Z_3

$=$

x_3	Z_2

Π $=x_3$

$\{x_1,x_2,x_3\}-\{x_2\}=\{x_1,x_2\}$

图 11－3　除运算示例

除运算通过基本运算来定义，记作：

$$R\div S=\Pi_X(R)-\Pi_X((\Pi_X(R)\times\Pi_Y(S))-\Pi_{\langle X,Y\rangle}(R))$$

在公式中，首先计算 S 与 R 中第一列投影集合 $\{x_1, x_2, x_3\}$ 的笛卡尔积 $\{x_1, x_2, x_3\}\times\{Z_2, Z_3\}$，然后通过集合差操作去掉 R 中的元组，从笛卡尔积中得出不在 R 中出现的元组对，投影出元组对的第一列属性值，将其从 R 中第一列投影集合 $\{x_1, x_2, x_3\}$ 中去掉即得到 $R\div S$ 的结果。

第 4 节　数据库系统结构与组成

从数据库管理的角度看，数据库系统通常采用三级模式结构，即内模式、模式、外模式。如图 11－4 所示，内模式是存储模式，模式定义了数据的逻辑结构，外模式提供了用户视图。数据库系统通过三级模式实现各个模式的独立性，并通过二级映射像机制保证了数据库的逻辑独立性和物理独立性。

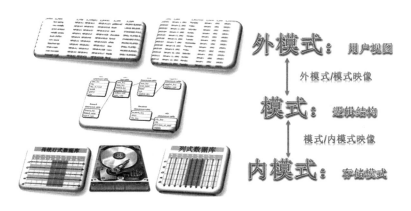

图 11－4　数据库系统的三级模式

一、内模式

内模式（internal schema）也称存储模式（storage schema），是数据库中数据物理结构和存储方式的描述，是数据在数据库内部的表示方式。包括数据的存储模型、访问方式、索引类型、压缩技术、存储结构等方面的设计与规定。数据库内模式的主要技术有存储模型（行存储或列存储）、索引（B+树索引或哈希索引）和数据压缩技术等。

二、模式

模式（schema）又称逻辑模式，是数据库中全体数据的逻辑结构和特征的描述，是所有用户的公共数据视图。模式不涉及数据的物理存储与硬件环境细节，与具体的应用、应用开发工具及高级程序设计语言无关。

模式是数据库的逻辑视图。模式定义了数据的逻辑结构，如关系由哪些属性组成，各个属性的数据类型、值域、函数依赖关系、关系之间的联系等。模式的定义由数据库管理系统提供的模式定义语言来定义，模式也确定了查询处理时表间连接操作的执行逻辑。

在模式设计时主要采用规范化理论和模式优化技术优化数据库模式设计，在事务型数据库中的模式优化主要面向消除数据冗余、消除更新异常等问题，在分析型数据库中主要目标是采用适当的规范化技术来提高查询处理性能，在不同的数据库应用领域中，模式优化的目标和方法有所差异。

三、外模式

外模式（external schema）又称为用户模式，是数据库用户和应用程序的数据视图。

外模式通常是模式的子集，通过提供不同的外模式为用户提供满足不同需求、安全性等级的数据视图。数据库管理系统通过定义外模式为具有不同权限的数据库用户提供相同数据的不同数据视图，并赋予不同的访问权限，保证数据库的安全性。通过定义外模式也能够向用户屏蔽复杂的模式设计，简化用户对数据库的访问。

四、数据库的二级映像与数据独立性

1. 外模式/模式映像

模式是对数据全局逻辑结构的描述，外模式是对数据局部逻辑结构的描述。一个模式可以对应多个外模式，数据库管理系统通过外模式/模式映像定义了外模式之间的对应关系，通常采用定义视图（view）的方式。

当模式发生改变时，如增加新的关系，对原有关系进行模式分解、增加新属性、修改属性等操作时，数据库管理系统对外模式/模式映像进行修改，从而保证外模式保持不变。应用程序通过外模式间接访问模式，模式的变化被外模式所屏蔽，保证数据和应用程序的逻辑独立性，简称数据的逻辑独立性。

2. 模式/内模式映像

模式/内模式映像定义了数据全局逻辑结构与存储结构之间的对应关系。该映像通常包含在模式的描述中，说明逻辑记录和属性在内部如何表示，如关系的物理存储模型采用行存储还是列存储，使用内存表还是磁盘表，使用什么样的索引结构，是否采用压缩技术等。当数据库的存储结构改变时，如存储模型从行存储改为列存储，增加或删除索引，使用压缩技术等，由数据库管理系统对模式/内模式映像进行相应的修改，模式保持不变，对上层的应用程序不产生影响。模式/内模式映像保证了数据与程序的物理独立性，简称数据的物理独立性。

综上所述，内模式的设计通常要结合物理存储层面的优化技术，与硬件的特性紧密结合；模式的设计是数据逻辑建模层面上的优化技术，通过规范化理论优化数据的逻辑组织结构；外模式的设计一方面通过定义用户、应用程序视图提供一个屏蔽了内部复杂物理、逻辑结构的数据视图，另一方面也通过外模式的定义限制用户、应用程序对数据库敏感数据的访问，提高数据库的安全性。

大数据分析处理在性能、处理能力等方面带来新的挑战，数据库技术也在不断变革发展，新的技术不断扩充到数据库系统之中，因此数据库系统的物理独立性与逻辑独立性对数据库应用来说非常重要，它保证了应用程序的稳定运行，降低系统升级、迁移成本，而且能够使数据库与最新的硬件技术和软件技术相结合，提高数据库系统的性能。数据库管理系统通过三级模式、二级映像机制保证了每级模式设计的独立性，简化了数据库系统管理。

五、数据库系统组成

数据库系统由硬件系统、软件系统和人员构成。随着大数据分析处理需求的不断提高，结构化数据库领域的大数据分析处理需求也成为一个重要的应用领域，大数据分析处理能力和大数据分析处理性能成为最为重要的指标。随着计算机硬件技术的飞速发展，多核处理器、大内存、闪存等新型硬件提供了强大的计算和数据访问性能，数据库系统需要与硬件优化技术紧密结合来提高数据库的处理能力和性能。随着硬件的发展，数据库系统的软件技术也在不断提高，查询优化技术、列存储技术、大规模并行处理技术等也不断扩展数据库软件系统的功能与性能，提高数据库系统的处理能力。随着数据库技术的发展和应用需求的变化，数据库的用户特征也在发生变化，数据库管理员对数据库系统进行维护是保证数据库系统可靠、高效运行的基础，但随着云计算的成熟和普及，传统的数据库管理员角色逐渐被云服务功能所取代；数据库的用户群体也随着 Web 应用的发展而不断壮大，需要数据库系统提高并发处理能力和数据库安全管理能力。

当前数据库技术的发展趋势是硬件与软件相结合的一体化数据库平台。如图 11-5 所示，小型的或者部门级的数据库可以部署在桌面级数据库平台，使用 PC 机或工作站提供数据库系统功能，通常配置有 1～2 个处理器，十几 GB 到几十 GB 内存，几百 GB 至 TB 级硬盘存储能力。中小企业级数据库系统部署在专用服务器平台，通常配置有 2～4 个处理器，几十 GB 到几百 GB 内存，TB 级硬盘存储能力。近年来推出的数据库一体机概念是软硬件一体化设计的高性能数据库系统平台，通常配置有十几个服务器、几十个处理器、

TB级内存或闪存、几百TB的硬盘存储能力，能够满足大型企业或数据中心的数据处理需求。随着软硬件技术的成熟，云计算在一些领域逐渐取代了专用的硬件平台，成为新兴的大数据计算平台，数据库系统也在通过云计算扩展其数据处理能力，降低数据库系统的软硬件成本。

图 11-5　数据库硬件平台

随着新硬件技术的不断发展和大数据分析需求的不断扩展，传统的数据库技术与新兴的软硬件技术相结合，也在不断地扩展其功能和处理能力，满足大数据分析处理需求。

第 5 节　代表性数据库系统

从 20 世纪 60 年代开始，关系数据库逐渐发展和成熟起来，确定了以关系模型理论、关系数据库标准语言 SQL、查询优化技术、事务处理、并发控制、故障恢复等一系列关键技术为代表的数据库理论和系统实现技术，推动了关系数据库产业化的发展。关系数据库理论与系统实现技术的发展也在不断地与新需求、新技术相结合，如 SQL:99 标准中增加了对面向对象的功能标准，SQL:2003 标准增加了对 XML 模型的支持，SQL:2011 标准增加了对时序数据的支持，SQL:2016 标准增加了对 JSON 数据的支持。通过对新的数据模型、新的需求的支持，关系数据库所覆盖的数据管理领域不断扩展。面对大数据 NoSQL 浪潮，基于 SQL 的关系数据库重新成为新的技术发展趋势，以 Google Spanner、CockroachDB、Amazon Athena、Google BigQuery、SparkSQL、Presto 为代表的基于 SQL 引擎的面向大数据管理的数据库技术被企业广泛采用。

传统的关系数据库以基于磁盘的、以事务处理为主的集中式或分布式数据库，以及面向分析处理的并行数据库为代表。随着数据量快速增长，高通量、高实时数据处理需求的不断提高，新型硬件技术的出现及发展，关系数据库技术面临着新的需求、机遇与挑战。随着大数据时代的到来，大数据管理、大数据处理和大数据分析成为当前关系数据库技术的一个新挑战，也是关系数据库理论和实现技术发展的一个新机遇。

在图 11-6 所示的 2018 年大数据和人工智能全景图（部分）中，传统数据库厂商，如 Oracle、IBM、Microsoft 等为大数据提供了基础数据管理与处理架构；MPP 数据库产品提供了大数据分析处理能力，如 Teradata、Vertica、Netezza、Actian、Exasol 等；新兴的 NewSQL 数据库，如 SAP HANA、MemSQL、VoltDB 等通过 Scale-out 架构与内存计算技术提供可扩展的、实时的事务与分析混合负载处理能力；NoSQL 数据库，如 mongoDB 等提供了面向键值、文档等数据模型的复杂数据存储访问及高性能、高可扩展的数据管理能力。新硬件技术的发展，如 GPU 数据库技术也推动了硬件加速数据库技术的发展，如 MapD、Kinetica、SQREAM 等数据库基于强大的 GPU 并行计算性能提供了实时分析处理能力。

图 11-6　2018 年大数据和人工智能全景图（部分）

本节对大数据时代一些代表性的数据库系统和技术做简要的介绍。

一、传统数据库技术的发展

Oracle、IBM DB2、Microsoft SQL Server 是传统关系数据库的典型代表。传统磁盘数据库的主要性能瓶颈在于慢速的磁盘 I/O 代价，除传统的存储访问优化、索引优化、缓冲区管理优化等技术之外，在传统的磁盘处理引擎的基础上通过集成内存数据引擎技术提升了数据库的实时处理能力。

Oracle TimesTen 和 IBM solidDB 既可以用作独立的内存数据库，应用于大内存、高实时响应性场景，也可以作为大容量磁盘数据库的前端高速数据库缓存使用。

当前最新发展趋势是混合双/多引擎结构数据库。如图 11-7 所示，Oracle 推出了支持两个存储格式的内存数据库产品 Oracle Database In-Memory[①]，行存储结构用于加速内存 OLTP 事务处理负载，列存储结构用于加速内存 OLAP 分析处理负载。列存储引擎是完全内存列存储结构，应用 SIMD、向量化处理、数据压缩、存储索引等内存优化技术，并可以扩展到 RAC 集群提供 Scale-Out 扩展能力和高可用性。

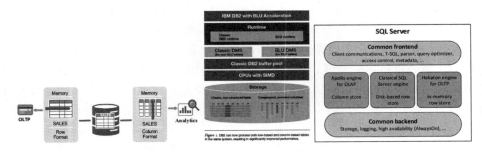

图 11-7　Oracle、IBM 和 Microsoft 的混合引擎结构数据库

BLU Acceleration 是面向商业智能查询负载的加速引擎[②]，它采用内存列存储和改进的数据压缩技术，面向硬件特性的并行查询优化等技术加速分析处理性能。BLU Acceleration 与 DB2 构成双引擎，传统数据库引擎采用磁盘行存储表结构，提供事务处理能力；BLU Acceleration 引擎面向列存储，面向高性能分析处理能力。

SQL Server 在传统磁盘行存储引擎的基础上增加了 Hekaton 内存行存储引擎加速 OLTP 事务处理性能，还增加了列存储索引加速分析处理性能。[③] 列存储索引可以用于内存基本表，支持 B+树索引及数据同步更新，通过 SIMD 优化及批量处理技术提高查询性能。

随着大内存、多核处理器逐渐成为主流计算平台的特征，传统的关系数据库系统正经历着从磁盘数据库到内存数据库的升级，内存计算的高性能进一步提高了实时分析处理能力，推动了 OLTP 事务处理与 OLAP 分析处理的融合技术，提高分析处理的数据实时性。

二、代表性的 MPP 数据库

MPP 数据库是采用 Shared-Nothing 架构的并行分布式数据库，主要用于数据仓库类型的分析型处理负载。SN 架构提供了 Scale-out 存储和计算扩展能力，需要通过数据分布策略和并行查询处理技术发挥集群并行处理性能。

Teradata 数据库主要面向可扩展、高性能、并行处理的决策支持和数据仓库应用领

[①] Tirthankar Lahiri, Shasank Chavan, Maria Colgan, et al. Oracle Database In-Memory：A dual format in-memory database. ICDE 2015：1253-1258.

[②] Vijayshankar Raman, Gopi K. Attaluri, Ronald Barber, et al. DB2 with BLU Acceleration：So Much More than Just a Column Store. PVLDB 6 (11)：1080-1091 (2013).

[③] Per-Åke Larson, Adrian Birka, Eric N. Hanson, et al. Real-Time Analytical Processing with SQL Server. PVLDB 8 (12)：1740-1751 (2015).

域。如图 11-8 所示，Teradata 采用 SN 架构，由解析引擎（Parsing Engines，PE）和访问模块处理器（Access Module Processors，AMP）组成，PE 负责处理并发的查询会话，进行查询解析、查询重写、查询优化、查询计划生成、查询调度等任务，将查询任务分配给 AMP，AMP 负责在虚拟存储 VDISK 上的查询处理任务，是数据处理的并行处理单元。在 SN 集群并行查询处理中，磁盘访问和网络传输是主要的代价。Teradata 采用混合行列分区（hybrid row-column partitioning）技术，将关系表水平划分为行分区，用于在 SN 集群内的分布式存储，行分区内部再按列或列组划分为列分区，加速分析型查询处理的数据访问性能。在查询优化时，根据数据分区方式和查询优化技术采用在 AMP 间复制或哈希分区策略执行查询执行计划。

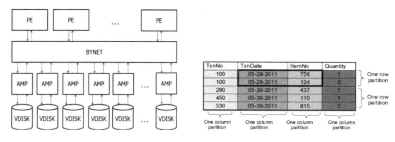

图 11-8　Teradata SN 架构和混合行列分区

资料来源：Mohammed Al-Kateb, Paul Sinclair, Grace Au, et al. Hybrid Row-Column Partitioning in Teradata. PVLDB 9 (13): 1353-1364 (2016).

Vertica 在处理大表连接时采用预连接投影技术。如图 11-9 所示，原始关系表划分为多个投影，投影采用列存储并且投影之间可以有冗余。不同的投影可以采用不同的数据组织方式，如第一个投影按 date 排序，第二个投影按 cust 排序，优化不同的连接操作。

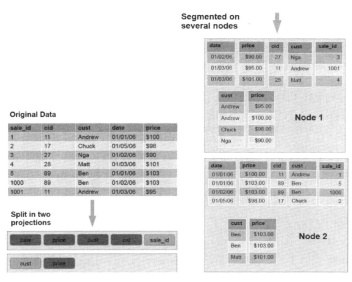

图 11-9　Vertica 预连接投影（Prejoin Projections）

资料来源：Andrew Lamb, Matt Fuller, Ramakrishna Varadarajan, et al. The Vertica Analytic Database: C-Store 7 Years Later. PVLDB 5 (12): 1790-1801 (2012).

Vertica 在节点内采用水平分区方式将数据划分为多个存储区域,提高节点查询处理的并行性。Vertica 还支持 OLTP 与 OLAP 混合负载,它由读优化存储(Read Optimized Store,ROS)和写优化存储(Write Optimized Store,WOS)组成,读优化存储采用列存储数据压缩方式,提高分析处理性能;写优化存储采用非压缩写缓存结构(内存行存储或列存储)优化更新操作;tuple mover 自动执行从 WOS 向 ROS 的数据转换与迁移。

IBM Netezza 是一种非对称的 MPP 架构,如图 11-10 所示,采用数据仓库一体机架构。Netezza 的 AMPP(Asymmetric Massively Parallel Processing)采用两层结构:前端由 SMP 高性能主机组成,负责接受查询请求、生成优化的查询代码片段 snippet,并分发到后端 SN 结构的 MPP 后端执行;后端由 S-Blades 组成,S-Blades 包括一个刀片服务器(8 个 CPU 核)和一块数据加速卡(8 个 FPGA 核)。一个 S-Blades 管理 8 个数据片(data slices),一个 CPU 核与一个 FPGA 核再加上一个数据片组成了一个逻辑的处理单元,称为 Snippet Processor,每个 Snippet Processor 都独立地负责一个数据片的处理。Netezza 的特征是使用 FPGA 进行数据解压缩、投影列、过滤等底层数据操作,通过FPGA低延迟特性加速数据预处理。CPU 核则负责复杂的聚合、连接、汇总等操作,是一种基于混合处理器平台的协同处理模式。

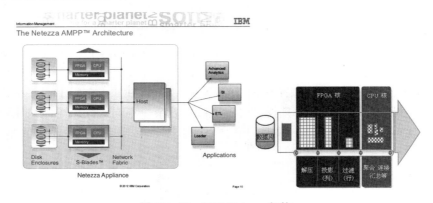

图 11-10 IBM Netezza 架构

Oracle Exadata 一体机是软硬件整合为一体的数据库系统,Exadata 数据库一体机在数据库服务器和存储服务器端使用 Scale-out 集群架构。在硬件配置上通过高性能硬件的优化配置提高整体性能,如 Exadata X7-8 采用 8 路 SMP 处理器的数据库服务器,每个数据库服务器配置有 192 个 CPU 核心和 3TB~6TB 内存,支持高性能 OLTP 事务处理和内存数据库应用。存储服务器采用相对低端的 10 核处理器和 4~8 块 6.4TB NVMe PCI 闪存存储卡,缓存数据库的磁盘写操作,提高磁盘 I/O 访问性能。Exadata 支持弹性配置,支持 2~3 个数据库服务器和 3~14 个存储服务器的不同配置。在查询优化技术方面,Exadata System Software 提供了统一的高效数据库优化存储结构,存储服务器用于加速数据密集型负载处理性能,其中代表性技术是 Smart Scan,通过将数据库服务器的数据密集型负载转移到存储服务器上,通过将谓词、连接过滤、投影等操作下推到存储服务器节点来减少发送给数据库服务器的数据量,由数据库服务器完成其他复杂的查询处理任务。存储服务器采用 Hybrid Columnar Compression 数据压缩技术来提高存储效率,数据解压缩工作也下推到存储服务器节点完成。Exadata 运行 Oracle Database In-Memory,数据采用透明的多级存储方式，热数据存储在内存，暖数据存储在闪存，冷数据存储在磁盘，查询可以在多级存储上完全透明访问。SN 架构还支持容错内存复制机制，支持在节点故障时，复制数据在后备节点的自动运行。通过将硬件技术、内存数据库技术、数据压缩技术、分布式存储等技术的系统性优化设计，数据库一体机在软硬件一体化优化设计方面获得较好的效果。

Actian Vector 是开源内存数据库 MonetDB 的商业化系统，它采用向量化处理技术，通过 SIMD 指令优化、cache 优化、列存储、数据压缩、Positional Delta Trees（PDTs）更新、存储索引、并行查询处理等技术提供了强大的分析处理性能，连续多年在 TPC-H 性能测试中位居前列，是内存 OLAP 数据库的代表性系统。Actian X 在 Ingres 数据库中集成了 OLTP 事务处理与分析处理特性，支持面向 OLTP 和 OLAP 混合负载的查询处理任务。VectorH 是支持在 Hadoop 上的列存储 SQL 数据库，通过向量化查询处理技术和多级内存数据管理提供高性能。VectorH 支持对 HDFS 数据的直接访问和对 Spark SQL DataFrames 的访问。不同架构的数据库系统覆盖了传统的事务处理、分析处理与新兴的大数据分析应用领域，Vector 作为核心的高性能分析处理引擎，通过与不同系统相结合，获得扩展性和高性能两方面的收益。

EXASOL 是一个高性能的内存 MPP 内存数据库，主要应用于 BI 商业智能、分析处理和报表等，在 TPC-H 集群性能和性价比指标上名列第一。EXASOL 采用列存储和内存压缩技术，具有自调优特性，自动维护索引、表统计信息、数据分布等策略。EXASOL 采用内存处理，数据在磁盘持久存储，具有完整的 ACID 特性。

三、代表性的 NoSQL 数据库

NoSQL 数据库通常解释为 No only SQL 类型数据库，泛指基于非关系数据模型的数据存储及管理系统，主要面向键值、图、文档数据模型的数据管理。

图 11-11 显示了关系模型和主要的 NoSQL 数据模型，关系模型将数据存储为具有严格范式结构的二维表，而 NoSQL 数据库通常为无模型数据存储。

在键值模型中，数据以键和值数据对存储，数据存取使用主键作为唯一入口，通常使用哈希函数作为键和值之间的映射，基于键的哈希值直接定位到数据所在的地址，实现快速查询。键值模型存储系统以 Google BigTable 为代表，主要应用于大数据、大规模分布式存储领域，代表性的系统还包括 HBase、Cassandra、Amazon Dynamo、Redis、RAMCloud 等系统。

文档数据库主要用于存储、检索和管理面向文档的信息。文档可以看作键值存储的一个子类，与关系数据库不同，文档数据库支持嵌套结构，主要以 JSON 结构为代表。代表性的文档数据库为 mongoDB，它是一个通用型文档数据库，存储模型是 BSON（二进制的 JSON 结构），支持二级索引、范围查询、排序、聚集、地理空间索引等功能，具有较好的系统伸缩性，支持自动故障转移。mongoDB 的查询语言为 JavaScript，能够与 Web 应用很好地对接，相对于 SQL 语言具有更强的灵活性。mongoDB 可以应用于实时分析、日志登记、全文检索、网站日志分析等应用中，不适合具有严格事务要求的事务处理应用。

图数据库将数据存储为图结构，通过顶点和边对现实世界抽象和建模，顶点通常表示

现实世界中的实体，边表示这些实体之间的关系。图中的边还可以引入标签及属性，用于增强对边的区分与描述。图的操作主要分为图匹配、图导航和图与关系复合操作三类，代表性的图数据库包括 Neo4J、Titan、OrientDB 等。图数据库主要应用领域是欺诈检测、社交网络分析、推荐系统、交通数据分析等领域。

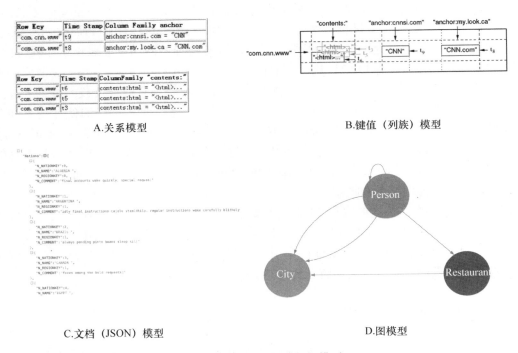

图 11-11 不同的数据模型

四、代表性的 NewSQL 数据库

NewSQL 数据库通常指突破了传统数据库的技术框架，在系统扩展性、大数据支持等方面与 NoSQL 数据库特征相近，但保持了 SQL 数据库的 ACID 特性和高性能特征的新兴数据库系统，代表性的数据库系统包括 SAP HANA、MemSQL、VoltDB 等。

SAP HANA 内存数据库是一个集 OLTP 事务处理与 OLAP 分析处理负载于一体的高性能内存数据库系统，列存储引擎通过面向多核处理器、SIMD 指令、cache、数据压缩和大内存的优化技术最大化数据库内核的并行处理能力，事务处理引擎采用适合事务处理的存储结构，数据库支持在操作数据上同时执行事务处理与分析处理任务。HANA 通过列存储数据压缩技术提高内存利用率，事务处理数据则采用简单的数据压缩方式，通过主存储和 delta 列存储两种存储模型分别优化 OLAP 与 OLTP 负载。最新的研究[①]将 NVRAM 作为内存数据库的新型非易失性存储，利用 NVRAM 大容量、低成本、接近内存访问性能等特点进一步提高内存数据库的性价比，提高内存数据库在重启动时的数据加载性能。

---

① Mihnea Andrei，Christian Lemke，Günter Radestock，et al. SAP HANA Adoption of Non-Volatile Memory. PVLDB 10 (12)：1754-1765 (2017).

HANA 还支持异步并行表复制（Asynchronous Parallel Table Replication，ATR）[①] 技术，将 OLTP 负载分配给一个主服务器，将 OLAP 负载分配给多个复制服务器，主服务器采用适合事务处理的行存储模型，复制服务器采用列存储模型加速分析处理性能。ATR 对 OLAP 查询支持弹性扩展，最小化主服务器的事务处理代价，通过 MVCC 多版本机制保证主服务器与复制服务器的数据一致性。从技术发展趋势来看，OLTP 与 OLAP 混合负载处理将成为主流需求，首先需要在行存储与列存储模型层面优化设计事务处理与分析处理数据模型和访问性能，还需要从不同负载对扩展性不同需要出发设计弹性的计算架构，分别适应 OLTP 与 OLAP 不同的数据处理负载强度，应对不同的数据处理需求特征。

MemSQL 是一个分布式的、内存优化的实时事务处理与分析处理数据库。[②] MemSQL 支持内存行存储和后备磁盘列存储，通过无锁数据结构和多版本并发控制提高读写并发性能，支持事务处理与分析处理的并发执行。MemSQL 采用 SN 架构，包含调度节点与执行节点，调度节点作为系统的协调者，执行节点提供数据存储和查询处理功能。普通表采用哈希分布方式，参照表则将被参照表在节点中进行复制以提高参照访问的局部性。查询执行时，调度节点将用户查询转换为分布式查询计划，包括节点内的计算和节点间远程数据访问操作。查询计划被编译为高效的机器码，MemSQL 缓存编译的查询计划来提供高效的执行路径。

VoltDB[③] 是一个基于 SN 架构的支持完全 ACID 特性的内存数据库。VoltDB 使用水平扩展技术增加 SN 集群中数据库的节点数量，数据和数据上的处理相结合分布在 CPU 核上作为虚拟节点，每个单线程分区作为一个自治的查询处理单元，消除并发控制代价，分区透明地在多个节点中进行分布，节点故障时自动由复制节点接替其处理任务。VoltDB 采用快照技术实现持久性，快照是数据库在一个时间点完整的数据库复制，存在磁盘上。VoltDB 将事务处理作为编译的存储过程调用，查询被分配到节点控制器串行执行，通过基于 CPU 核的分区机制最大化并行事务处理能力，满足高通量事务处理需求。

五、基于新硬件技术的数据库

随着处理器技术的发展，多核处理器核心数量持续增长，以 NVIDIA GPGPU 为代表的加速器集成了大量的计算核心，通过 GPU 的高并发线程提供强大的并行数据访问和计算能力。表 11-1 显示了当前主流的多核处理器、Phi 融核处理器和 GPU 加速器，基于 Xeon 架构的多核处理器和 Phi 融核处理器采用 x86 结构，核心数量稳步增长，其中 Phi 融核处理器集成了可配置、可编程的 16 GB 高带宽 HBM 内存，能够提供更加灵活和强大的缓存能力。NVIDIA 的 Volta 架构 GPU 集成了大量计算核心和 16GB 高带宽内存，其特有的 NVLlink 技术支持高达 300GB/s 的处理器间总带宽性能。

---

① Juchang Lee, SeungHyun Moon, Kyu Hwan Kim, et al. Parallel Replication across Formats in SAP HANA for Scaling Out Mixed OLTP/OLAP Workloads. PVLDB 10 (12): 1598-1609 (2017).

② Jack Chen, Samir Jindel, Robert Walzer, et al. The MemSQL Query Optimizer: A modern optimizer for real-time analytics in a distributed database. PVLDB 9 (13): 1401-1412 (2016).

③ Michael Stonebraker, Ariel Weisberg. The VoltDB Main Memory DBMS. IEEE Data Eng. Bull. 36 (2): 21-27 (2013).

表 11-1 处理器与加速器

类型	Xeon Platinum 8176	Xeon Phi 7290	NVIDIA Tesla V100
核心数量/线程数量	28/56	72/288	5120 CUDA Cores/640 Tensor Cores
主频	2.10 GHz	1.50 GHz	1.455 GHz
最大内存容量	768 GB	384 GB	16 GB HBM2 VRAM
缓存容量	39 MB L3	36 MB L2 / 16 GB HBM	6 MB L2
内存类型	DDR4-2666/6 通道	DDR4-2400/6 通道	HBM2
最大内存带宽		115.2 GB/s	900 GB/s

处理器技术的发展为提升数据库性能提供了硬件支持，MapD 是一个基于 GPU 和 CPU 混合架构的内存数据库。① MapD 通过将用户查询编译为 CPU 和 GPU 上执行的机器码提高查询性能，通过向量化查询执行和 GPU 代码优化技术提高查询执行性能。查询执行时，CPU 负责查询解析，与 GPU 计算并行执行。通过数据压缩技术，MapD 能够在 8 块 NVIDIA K80 GPU 的 192GB GPU 内存中处理 1.5TB～3TB 的原始数据，或者在 CPU 中处理 10TB～15TB 原始数据。MapD 将 GPU 内存作为热数据存储设备，CPU 内存作为暖数据存储设备，SSD 作为冷数据存储，并尽可能将热数据存储于 GPU 内存，通过 GPU 强大的并行计算能力提供高性能。

传统数据库的基础硬件假设正在发生变化，非易失性内存将成为大容量、低成本、高性能的新内存，改变传统数据库面向易失性内存而设计的日志、缓存、恢复等机制；硬件加速器成为 HPC 高性能计算的主流平台，也将成为高性能数据库的计算平台，面向 GPU 架构及 CPU-GPU 异构计算平台的数据库成为一个新的技术发展趋势。

小结

从 DB-Engines 榜单②来看，如图 11-12 所示，关系数据库产品显示了从支持单一的关系模型开始支持关系及多数据模型的发展趋势，传统的关系数据库产品，如 Oracle、MySQL、Microsoft SQL Server、PostgreSQL、IBM Db2、SAP HANA 等均支持关系和多数据模型。

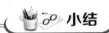

图 11-12 多模型数据库系统

---

① Christopher Root，Todd Mostak. MapD：a GPU-powered big data analytics and visualization platform. SIGGRAPH Talks 2016，73：1-72.

② https://db-engines.com/en/ranking

以 Oracle 为例，18c 支持图数据和图分析、sharded 数据库模型、NoSQL 风格的 JSON 存储、XML 服务、文本分析、时序数据功能、RDF 图数据库功能等，通过关系数据库统一的细粒度（行或列）安全机制、索引、分区、触发器、视图、数据一致性等机制的支持，为用户提供统一平台的多数据模型管理支持。Microsoft SQL Server 2019 同样提供了强大的面向大数据管理的多模型数据管理能力。通过 data hub 技术支持通过统一的界面访问结构化与非结构化数据源，通过 PolyBase 使用统一的 Transact-SQL 处理多样的非结构化大数据源和关系数据源，通过 SQL 统一查询高价值关系数据与海量大数据。

还有一个值得注意的发展趋势是，尽管传统的关系数据库产品在技术和市场上仍然占据主导位置，但基于云计算技术的云原生数据库显示了强劲的增长趋势，如 AWS 的云原生数据库 Aurora、阿里云自主研发的云原生数据库 POLARDB 等，推动数据库技术从 SQL on Cloud 向 SQL in Cloud 升级，使数据库更好地服务于云环境下的应用。

第 12 章　数据库查询语言 SQL

本章要点与学习目标

　　SQL 是结构化查询语言（Structured Query Language）的简称，是关系数据库的标准语言。SQL 是一种通用的、功能强大的数据库查询和程序设计语言，用于存取数据以及查询、更新和管理关系数据库系统，几乎所有关系数据库系统都支持 SQL，而且一些非关系数据库也支持类似 SQL 或与 SQL 部分兼容的查询语言，如 Hive SQL、SciDB AQL、Spark SQL 等。SQL 同样得到其他领域的重视和采用，如人工智能领域的数据检索。同时，SQL 语言也在不断发展，SQL 标准中增加了对 JSON 的支持，SQL Server 2017 增加了对图数据处理的支持。

　　本章的学习目标是掌握 SQL 语言的基本语法与使用技术，能够面向企业级数据库进行管理和数据处理，实现基于 SQL 的数据分析处理。

第 1 节　SQL 概述

　　SQL 语言是一种数据库查询和程序设计语言，允许用户在高层数据结构上工作，是关系数据库的标准语言，也是一个通用的、功能强大的关系数据库语言。SQL 语言是高级的非过程化编程语言，不要求用户指定对数据的存放方法，也不需要用户了解具体的数据存放方式，这种特性保证了具有完全不同底层结构的数据库系统可以使用相同的 SQL 查询语言作为数据输入与管理的接口。SQL 语言具有独立性，基本上独立于数据库本身、所使用的计算机系统、网络、操作系统等，基于 SQL 的 DBMS 产品可以运行在从个人机、工作站到基于局域网、小型机和大型机的各种计算机系统上，具有良好的可移植性。SQL 语言具有共享性，数据库和各种产品都使用 SQL 作为共同的数据存取语言和标准的接口，使不同数据库系统之间的互操作有了共同的查询操作语言基础，能够实现异构系统、异构操作系统之间的共享与移植。SQL 语言具有丰富的语义，其功能不仅仅是交互式数据操纵语言,还包括数据定义、数据库的插入/删除/修改等更新操作、数据库安全性/完整性定义与控制、事务控制等功能,SQL 语句可以嵌套,具有极大的灵活性并且能够表述复杂的语义。

本节所使用的示例数据库是 TPC-H,SQL 命令执行平台为 SQL Server 2017。

一、SQL 的产生与发展

SQL 语言起源于 1974 年 IBM 的圣约瑟研究所研制的大型关系数据库管理系统 SYSTEM R 中使用的 SEQUEL 语言(由 Boyce 和 Chamberlin 提出),后来在 SEQUEL 的基础上发展出 SQL 语言。20 世纪 80 年代初,美国国家标准化协会(ANSI)开始着手制定 SQL 标准,最早的 ANSI 标准于 1986 年完成,称为 SQL:86。标准的出台使 SQL 作为标准的关系数据库语言的地位得到加强。SQL 标准几经修改和完善,1992 年制定了 SQL:92 标准,全名是"International Standard ISO/IEC 9075:1992,Database Language SQL"。SQL:99 标准则进一步扩展为框架、SQL 基础部分、SQL 调用接口、SQL 永久存储模块、SQL 宿主语言绑定、SQL 外部数据的管理和 SQL 对象语言绑定等多个部分。SQL:2003 标准包含了 XML 相关内容,自动生成列值(column values)。SQL:2006 标准定义了结构化查询语言与 XML(包含 XQuery)的关联应用,2006 年 SUN 公司将以结构化查询语言基础的数据库管理系统嵌入 JavaV6。SQL:2008 标准、SQL:2011 标准、SQL:2016 标准分别增加了一些新的语法、时序数据类型支持及对 JSON 等多样化数据类型的支持。

二、SQL 语言结构

结构化查询语言包含六个部分:

(1)数据定义语言(Data Definition Language,DDL)。DDL 语句包括动词 create 和 drop。在数据库中创建新表或删除表(creat table 或 drop table);表创建或删除索引(create index 或 drop index)等。

(2)数据操作语言(Data Manipulation Language,DML)。DML 语句包括动词 insert、update 和 delete。分别用于插入、修改和删除表中的元组。

(3)事务处理语言(Transaction Control Language,TPL)。TPL 语句能确保被 DML 语句影响的表的所有行得到可靠的更新。TPL 语句包括 begin transaction、commit 和 rollback。

(4)数据控制语言(Data Control Language,DCL)。DCL 语句通过 grant 或 revoke 获得授权,分配或取消单个用户和用户组对数据库对象的访问权限。

(5)数据查询语言(Data Query Language,DQL)。DQL 用于在表中查询数据。保留字 select 是 DQL(也是所有 SQL)用得最多的动词,其他 DQL 常用的保留字有 where、order by、group by 和 having 等。

(6)指针控制语言(Cursor Control Language,CCL)。CCL 语句用于对一个或多个表单独行的操作。例如 declare cursor、fetch into 和 update where current。

三、SQL 语言特点

（1）统一的数据操作语言。SQL 语言集数据定义 DDL、数据操纵 DML 和数据控制 DCL 于一体，可以完成数据库中的全部工作。

（2）高度非过程化。与面向过程的语言不同，SQL 进行数据操作时只提出要"做什么"，不必描述"怎么做"，也不需要了解存储路径。数据存储路径的选择及数据操作的过程由数据库系统的查询优化引擎自动完成，既减轻了用户的负担，又提高了数据的独立性。

（3）面向集合的操作。SQL 采用集合操作方式，数据操作的对象是元组的集合，即关系操作的对象是关系，关系操作的输出也是关系。

（4）使用方式灵活。SQL 既可以交互语言方式独立使用，也可以作为嵌入式语言嵌入 C、C++、FORTRAN、Java、Python、R 等主语言中使用。两种语言的使用方式相同，为用户提供了方便和灵活性。

（5）语法简洁，表达能力强，易于学习。在 ANSI 标准中，只包含了 94 个英文单词，核心功能只用 9 个动词，语法接近英语口语，易于学习。

- 数据查询：select。
- 数据定义：create、drop、alter。
- 数据操纵：insert、delete、update。
- 数据控制：grant、revoke。

四、SQL 数据类型

SQL 语言中的五种主要的数据类型包括：字符型、文本型、数值型、逻辑型和日期型。

1. 字符型

字符型用于字符串存储，根据字符串长度与存储长度的关系可分为两大类：char(n) 和 varchar(n)，表示最大长度为 n 的字符串。

char(n) 采用固定长度存储，当字符串长度小于宽度时尾部自动增加空格。varchar(n) 按照字符串实际长度存储，字符串需要加上表示字节长度值的前缀，当 n 不超过 255 时使用一个字节前缀数据，当 n 超过 255 时使用两个字节前缀数据。当字符串长度超过 char(n) 或 varchar(n) 的最大长度时，按 n 对字符串截断填充。

图 12-1 给出了字符串 "（空串，长度为 0）、'Hello'、'Hello World'、'Hello World-Cup'在 char(12) 或 varchar(12) 中的存储空间分配。char(12) 无论存储多长的字符串其长度都为 12，varchar(12) 的长度比实际字符串长度增加 1 个前缀数据字节，不同长度的字符串存储时实际使用的空间为 $n+1$ 个字节。char(n) 会浪费一定的存储空间，但对于数据长度变化范围较小的数据来说存储和访问简单，在列存储数据库中定长列易于实现根据逻辑位置访问数据物理地址；varchar(n) 在字符串长度变化范围较大时存储效率较高，但在存储管理和访问上较为复杂。

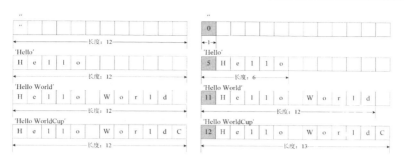

图 12-1 char(12) 和 varchar(12) 存储长度

nchar(n) 和 nvarchar(n) 数据类型采用 Unicode 标准字符集，Unicode 标准用两个字节为一个存储单位。

2. 文本型

文本型数据 text 中可以存放 $2^{31}-1$ 个字符，用于存储较大的字符串，如 HTML FORM 的多行文本编辑框中收集的文本型信息。

varchar(max) 可以存储最大为 $2^{31}-1$ 个字节的数据，可以取代 text 数据类型。

数据库还可以使用 clob 存储字符串对象，如 xml 文档等。blob 使用二进制保存数据，如保存位图。clob 与 blob 最大支持 4GB 的数据存储。

3. 数值型

数值型主要包括：整型、小数型、浮点型、货币型。

整型包括 bigint、int、smallint 和 tinyint。为了节省数据库的存储空间，在设计时需要为列设置适合的数据类型，以免存储空间浪费。值域和存储空间如表 12-1 所示。

表 12-1 bigint、int、smallint 和 tinyint 值域及存储空间

数据类型	范围	存储
bigint	-2^{63}（-9 223 372 036 854 775 808）到 $2^{63}-1$（9 223 372 036 854 775 807）	8 字节
int	-2^{31}（-2 147 483 648）到 $2^{31}-1$（2 147 483 647）	4 字节
smallint	-2^{15}（-32 768）到 $2^{15}-1$（32 767）	2 字节
tinyint	0 到 255	1 字节

小数型（numeric 型）数据用于表示一个数的整数部分和小数部分。numeric[(p[,s])] 中，p 表示不包含符号、小数点的总位数，范围是 1~38，默认 18；s 表示小数位数，默认为 0，满足 $0 \leqslant s \leqslant p$。numeric 型数据使用最大精度时可以存储从 $-10^{38}+1$ 到 $10^{38}-1$ 范围内的数。Decimal 与 numeric 用法相同。

浮点型数据包括 real、float[(n)]、double。real、float 与 double 分别对应单精度（4 字节）与精度浮点数（8 字节）。real 的 SQL：92 标准同义词为 float(24)，数值范围-3.40E+38 至-1.18E-38、0 以及 1.18E-38 至 3.40E+38。float(n) 类型 n 为用于存储 float 数值尾数，存储大小为 4 字节时 n 取值范围为 1~24，精度是 7 位。double precision 的同义词为 float(53)，存储大小为 8 字节，n 取值范围为 25~53，精度是 15 位。float 数值范围（取决于 n 值大小）-1.79E+308 至-2.23E-308、0 以及 2.23E-308 至 1.79E+308。

浮点型数据属于近似数字数据类型，存储值的最近似值，并不存储指定的精确值。当

要求精确的数字状态时，如银行、财务系统等应用中，不适合使用这种类型而是使用 integer、decimal、money 或 smallmoney 等数据类型。

货币型包括 money 和 smallmoney。money 和 smallmoney 数据类型精确到它们所代表的货币单位的万分之一，各自的值域及存储空间如表 12-2 所示。

表 12-2 money 和 smallmoney 值域及存储空间

数据类型	范围	存储
money	-922 337 203 685 477.580 8 到 922 337 203 685 477.580 7	8 字节
smallmoney	-214 748.364 8 到 214 748.364 7	4 字节

4. 逻辑型

逻辑型 boolean 类型只能有两个取值：真（True）或假（False），用于表示逻辑结果。

5. 日期型

日期型数据包含多种数据类型，如 date、time、timestamp 等，以 datetime 和 smalldatetime 为例说明日期型数据的存储大小与取值范围。

一个 datetime 型的字段可以存储的日期范围是从 1753 年 1 月 1 日第一毫秒到 9999 年 12 月 31 日最后一毫秒，存储长度为 8 字节。

smalldatetime 与 datetime 型数据使用方式相同，只不过它能表示的日期和时间范围比 datetime 型数据小，而且不如 datetime 型数据精确。一个 smalldatetime 型的字段能够存储从 1900 年 1 月 1 日到 2079 年 6 月 6 日的日期，它只能精确到秒，存储长度为 4 字节。

SQL 标准支持多种数据类型，不同关系数据库管理系统支持的数据类型不完全相同。随着 SQL 标准的发展与新型数据处理需求的增长，数据库增加了对新型数据的支持，如对 JSON 结构的数据存储和查询。

第 2 节 TPC-H 案例数据库简介

事务处理性能委员会（Transaction Processing Performance Council，TPC）是由数十家会员公司创建的非营利组织，TPC 的成员主要是计算机软硬件厂家，它的职能是制定商务应用基准程序（benchmark）的标准规范、性能和价格度量，并管理测试结果的发布。TPC 只给出基准程序的标准规范（standard specification），任何厂家或其他测试者都可以根据规范，最优地构造出自己的系统（测试平台和测试程序）。

当前 TPC 推出五套各领域的基准程序：事务处理-OLTP，包括 TPC-C 和 TPC-E；决策支持，包括 TPC-H、TPC-DS、TPC-DI；可视化，包括 TPC-VMS；大数据，包括 TPCx-HS；公共规范，包括 TPC-Energy、TPC-Pricing。其中，TPC-H 是一个即席查询（ad-hoc query）决策支持基准，TPC-DS 是最新的决策支持基准，TPC-DI 是数据集成 ETL 基准。

TPC 基准是数据库产业界重要的性能测试基准（见图 12-2），代表了典型的数据库应用场景，本节以产业界和学术界重要的性能测试基准为案件，描述并分析企业级数据仓库的模式特点和查询特征，帮助读者将数据库和数据仓库的理论与数据仓库应用实践相结合。

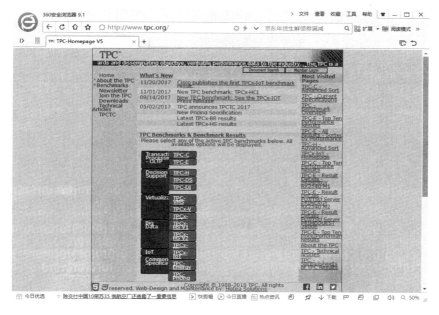

图 12-2 TPC 性能测试基准[1]

TPC-H 是 TPC 于 1999 年在 TPC-D 基准的基础上发展而来的面向决策支持的性能测试基准。TPC-H 面向商业模式的即席查询和复杂的分析查询,TPC-H 检测在标准数据集和指定规模的数据量下,通过执行一系列指定条件下的查询时决策支持系统的性能。

1. TPC-H 模式特点

TPC-H 由 8 个表组成,图 12-3 显示了 TPC-H 各个表之间的主-外键参照关系以及各个事实表、维度表上的层次关系。其中,nation-region 为共享层次表;partsupp 为跨维度属性表;customer、part、supplier 为三个维度表;orders 和 lineitem 为主-从式事实表,其中包含退化维度属性,orders 为订单事实,lineitem 为订单明细项事实,每一个订单记录包含若干个订单明细项记录,订单表的 o_orderkey 为主键,订单明细表的 l_orderkey 为复合主键第一关键字,订单记录与订单明细项记录之间保持偏序关系,即订单表的 o_orderkey 顺序与订单明细表中的 l_orderkey 顺序保持一致。

2. TPC-H 数据量特点

TPC-H 模式为 3NF,与业务系统的模式结构类似,可以将 TPC-H 看作一个电子商务的订单系统,由订单表、订单明细项表以及买家表、卖家表和产品表组成。TPC-H 是一种雪花状模式,查询处理时需要将多个表连接在一起,查询计划较为复杂,因此一直作为分析型数据库的性能测试基准。

TPC-H 提供了数据生成器 dbgen,可生成指定的数据集大小。数据集大小用 SF (Scale Factor) 代表,SF=1 时,事实表 lineitem 包含 6 000 000 行记录。各表的记录数量为:lineitem[SF×6 000 000],orders[SF×1 500 000],partsupp[SF×800 000],supplier[SF×10 000],part[SF×200 000],customer[SF×150 000],nation[25],region[5]。

---

[1] http://www.tpc.org/default.asp

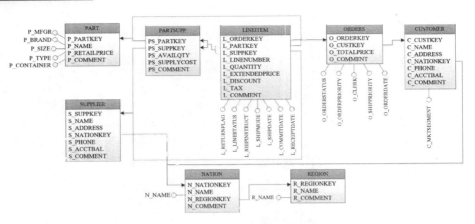

图 12-3 TPC-H 模式及层次结构

在 Windows 平台的 CMD 窗口中运行 dbgen 程序，可以按指定的 SF 大小生成相应的数据文件。查询 dbgen 参数的命令为"dbgen -h"，如图 12-4 所示，生成 SF=1 的 customer 数据文件的命令为"dbgen -s 1 -T c"，命令执行后生成数据文件"customer.tbl"，文件内容为用"|"分隔的文本数据行。

图 12-4 TPC-H 数据生成器 dbgen 的使用

生成 SF=1 的 TPC-H 各表数据文件的命令为：

```
dbgen -s 1 -T c
dbgen -s 1 -T P
dbgen -s 1 -T s
dbgen -s 1 -T S
dbgen -s 1 -T n
dbgen -s 1 -T r
dbgen -s 1 -T O
dbgen -s 1 -T L
```

3. TPC-H 查询特点

TPC-H 是一种雪花形模式，采用双事实表结构，事实表 orders 和 lineitem 是一种主-从式事实结构，即 orders 表存储的是订单事实的汇总信息，而 lineitem 表存储的是订单的明细信息，查询需要在 orders 表和 lineitem 表连接的基础上才能给出完整的事实数据信息。因此，星形连接（lineite⋈part⋈supplier，partsupp⋈part⋈supplier）、雪花形连接（lineitme⋈supplier⋈nation⋈region，orders⋈customer⋈nation⋈region）、多级连接（lineitem⋈orders⋈customer）等是 TPC-H 查询优化的关键问题。

TPC-H 的 22 个查询如下：

- Q1 统计查询。
- Q2 where 条件中，使用子查询（=）。
- Q3 多表关联统计查询，并统计（sum）。
- Q4 where 条件中，使用子查询（exists），并统计（count）。
- Q5 多表关联查询（=），并统计（sum）。
- Q6 条件（between and）查询，并统计（sum）。
- Q7 带有 from 子查询，从结果集中统计（sum）。
- Q8 带有 from 多表子查询，从结果集中的查询列上带有逻辑判断（when then else）的统计（sum）。
- Q9 带有 from 多表子查询，查询表中使用函数（extract），从结果集中统计（sum）。
- Q10 多表条件查询（>=，<），并统计（sum）。
- Q11 在 group by 中使用比较条件（having>），比较值从子查询中查出。
- Q12 带有逻辑判断（when and/when or）的查询，并统计（sum）。
- Q13 带有 from 子查询，子查询中使用外联结。
- Q14 使用逻辑判断（when else）的查询。
- Q15 使用视图和表关联查询。
- Q16 在 where 子句中使用子查询，使用 in/not in 判断条件，并统计（count）。
- Q17 在 where 子句中使用子查询，使用<比较，使用 avg 函数。
- Q18 在 where 子句中使用 in 条件从子查询结果中比较。
- Q19 多条件比较查询。
- Q20 where 条件子查询（3 层）。
- Q21 在 where 条件中使用子查询，使用 exists 和 not exists 判断。
- Q22 在 where 条件中使用判断子查询、in、not exists，并统计（sum、count）查询结果。

从 SQL 命令的结构来看，除了复杂多表连接优化技术之外，TPC-H 查询中有很多复杂分组聚集计算，以及子查询嵌套命令。

第 3 节　数据定义 SQL

数据库中的关系必须由数据定义语言（DDL）指定给系统，SQL 的 DDL 用于定义关系及关系的一系列信息，包括：
- 关系模式。
- 属性的值域。
- 完整性约束。
- 索引。
- 安全与权限。
- 存储结构。

SQL 的数据定义功能包括模式、表、视图和索引。SQL 标准通常不提供修改模式、修改视图和修改索引定义的操作，用户可以通过先删除原对象再重新建立的方式修改这些对象（见表 12-3）。

表 12-3　数据定义 SQL 命令

操作对象	操作方式		
	创建	删除	修改
模式	create schema	drop schema	
表	create table	drop table	alter table
索引	create index	drop index	
视图	create view	drop view	

现代关系数据库管理系统提供层次化的数据库对角命名机制，最顶层是数据库（也称为目录），数据库中可以创建多个模式，模式中包括多个表、视图、索引等数据库对象。

一、模式的定义与删除

1. 模式的定义

命令：create schema

功能：创建一个新模式。模式是形成单个命名空间的数据库实体的集合，模式中包含表、视图、索引、权限定义等对象。该命令需要获得数据库管理员权限，或者用户被授予 create schema 权限。

语法：

create schema schema_name[authorization username][schema_element[...]]

create schema authorization username[schema_element[...]]

SQL 命令描述：

模式名 schema_name 省略时使用用户名作为模式名，用户名 username 缺省时使用执行命令的用户名，只有超级用户才能创建不属于自己的模式。模式成员 schema_element 定义了要在模式中创建的对象，包含 create table、create view 和 grant 命令创建的对象，其他对象可以在创建模式后独立创建。

模式是数据库的命名空间，模式内的对象命名唯一，但可以与其他模式内的对象重名。当创建模式的用户需要被删除时，可以通过转让模式的所有权实现用户与模式的分离，避免因删除用户而导致的数据丢失问题。

SQL 命令示例：

【例 12-1】 创建一个模式 tpchdemo，授权给用户 tpch_user，并且在模式里面创建表和视图。

```
create schema tpchdemo authorization tpch_user
    create table part (p_partkey int, p_name varchar(22), p_category varchar(7))
    create view part_view as
        select p_name, p_category from part where p_partkey <200;
```

上面的 SQL 命令与以下三个 SQL 命令等价：

```
create schema tpchdemo;
create table tpchdemo.part (p_partkey int, p_name varchar(22), p_category varchar(7));
create view tpchdemo.part_view AS
    select p_name, p_category from part where p_partkey <200;
```

首先创建模式 tpchdemo，然后创建以 tpchdemo 为前缀的表 part 和视图 part_view。也就是说用户在创建模式的同时可以在模式中进一步创建表、视图，定义授权等。

当没有指定模式名时，模式名隐含为用户名 tpch_user，如：

```
create schema authorization tpch_user;
```

2. 删除模式

命令：drop schema

功能：删除指定模式。

语法：

```
drop schema schema_name;
```

SQL 命令描述：

当删除模式时，如果模式中已经定义了下属的数据库对象，则中止该删除模式语句的执行，需要首先将模式内的对象删除，然后才能将模式删除。

【例 12-2】 创建模式 tpchdemo。

删除模式 tpchdemo 时需要首先删除表 part 和视图 part_view，然后再删除模式 tpchdemo：

```
drop table tpchdemo.part;
drop view tpchdemo.part_view;
drop schema tpchdemo;
```

3. 模式转移

模式转移命令用于将一个模式中的数据库对象转换给另一个模式。

【例 12-3】 创建一个模式 temp 并在模式中创建表 users，然后将 users 转移给模式 tpchdemo。

```
create schema temp
    create table users (id int, username varchar(30));
alter schema tpchdemo transfer object::temp.users;
```

首先创建模式 temp 和模式中的表 users，在 SQL Server 2017 管理器中查看数据库中的表对象存在名称为 temp.users 的表（见图 12-5）。通过 alter schema 命令将模式 temp 中的表 users 转移给模式 dbo，命令执行完后查询管理器确认表名称改为 dbo.users，实现了模式中对象的转移。

图 12-5 模式转移

二、表的定义、删除与修改

1. 定义表

命令：create table
功能：创建一个基本表。
语法：

```
create table [database_name . [schema_name] . | schema_name . ] table_name
             (<column_name> <type_name> [constraint_name]
             [,<column_name> <type_name> [constraint_name]]
             ……
             [,<table_constraint>]);
```

SQL 命令描述：

基本表是关系的物理实现。表名 table_name 定义了关系的名称，相同的模式中表名不能重复，不同的模式或数据库之间表名可以相同。列名 column_name 是属性的标识，表中的列名不能相同，不同表的列名可以相同。当查询中所使用不同表的列名相同时，需要使用"表名. 列名"来标识相同名称的列，当列名不同时，不同表的列可以直接通过列名访问，因此在标准化的设计中通常采用表名缩写通过下划线与列名组成复合列名的命名方式来唯一标识不同的列，如 part 表的 name 列命名为"p_name"，supplier 表的 name 列命名为"s_name"，通过表名缩写前缀来区分不同表中的列。

数据类型 type_name 规定了列的取值范围，需要根据列的数据特点定义适合的数据类型，既要避免因数据类型值域过小引起的数据溢出问题，也要避免因数据类型值域过大导致的存储空间浪费问题。在大数据存储时，数据类型的宽度决定了数据存储空间，需要合理地根据应用的特征选择适当的数据类型。

列级完整性约束 constraint_name 包括：
- 列是否可以取空值：

[null | not null]

如 p_size int null 表示列 p_size 可以取空值。注意，表中设置为主码的列不可为空，需要设置 not null 约束条件。
- 列是否为主键/唯一键：

{ primary key | unique } [clustered | nonclustered]

如 s_suppkey int primary key clustered 表示列 s_suppkey 设置为主码并创建聚集索引。聚集索引是指表中行数据的物理顺序与键值的逻辑（索引）顺序相同，一个表只能有一个聚集索引，一些数据库系统默认为主码建立聚集索引。
- 列是否为外码：

references [schema_name.] referenced_table_name [(ref_column)]

如 n_regionke int references region (r_regionkey)表示列 n_regionke 是外码，参照表 region 中的列 r_regionkey。约束条件定义在列之后的方式称为列级约束。

表级约束 table_constraint 是为表中的列所定义的约束。当表中使用多个属性的复合主码时，主码的定义需要使用表级约束。列级参照完整性约束也可以表示为表级参照完整性约束。

【例 12-4】 参照图 12-3 的模式，写出 TPC-H 数据库中各表的定义命令。

```
create table region
    (    r_regionkey                    integer   primary key,
         r_name                         char(25),
         r_comment                      varchar(152) );
create table nation
    (    n_nationkey                    integer   primary key,
         n_name                         char(25),
         n_regionkey                    integer references region (r_regionkey),
         n_comment                      varchar(152));
```

```sql
create table part
    (   p_partkey              integer   primary key,
        p_name                 varchar(55),
        p_mfgr                 char(25),
        p_brand                char(10),
        p_type                 varchar(25),
        p_size                 integer,
        p_container            char(10),
        p_retailprice          float,
        p_comment              varchar(23) );
create table supplier
    (   s_suppkey              integer   primary key,
        s_name                 char(25),
        s_address              varchar(40),
        s_nationkey            integer   references nation (n_nationkey),
        s_phone                char(15),
        s_acctbal              float,
        s_comment              varchar(101) );
create table partsupp
        (ps_partkey            integer   references part(p_partkey),
        ps_suppkey             integer   references supplier (s_suppkey),
        ps_availqty            integer,
        ps_supplycost          float,
        ps_comment             varchar(199),
        primary key (ps_partkey ps_suppkey) );
create table customer
    (   c_custkey              integer   primary key,
        c_name                 varchar(25),
        c_address              varchar(40),
        c_nationkey            integer   references nation(n_nationkey),
        c_phone                char(15),
        c_acctbal              float,
        c_mktsegment           char(10),
        c_comment              varchar(117) );
create table orders
    (   o_orderkey             integer   primary key,
        o_custkey              integer,
        o_orderstatus          char(1),
        o_totalprice           float,
        o_orderdate            date,
        o_orderpriority        char(15),
        o_clerk                char(15),
        o_shippriority         integer,
        o_comment              varchar(79)  );
create table lineitem
    (   l_orderkey             integer   references orders(o_orderkey),
```

```
    l_partkey              integer   references part (p_partkey),
    l_suppkey              integer   references supplier (s_suppkey),
    l_linenumber           integer,
    l_quantity             float,
    l_extendedprice        float,
    l_discount             float,
    l_tax                  float,
    l_returnflag           char(1),
    l_linestatus           char(1),
    l_shipdate             date,
    l_commitdate           date,
    l_receiptdate          date,
    l_shipinstruct         char(25),
    l_shipmode             char(10),
    l_comment              varchar(44),
    primary key (l_orderkey, l_linenumber),
    foreign key (l_partkey, l_suppkey) references partsupp (ps_partkey, ps_suppkey));
```

在表定义命令中，单属性上的主码及参照完整性约束定义可以使用列级约束定义，直接写在列定义语句中，复合属性主码、外码定义则需要使用表级定义，通过独立的语句写在表定义命令中。在参照完整性约束定义中，使用列级约束定义完整性约束时只需要定义参照的表及列，而使用表级约束定义完整性约束时则需要定义外码及参照的表和列。

2. 修改表

命令：ALTER TABLE

功能：修改基本表。

语法：

```
alter table <table_name>
    [add <column_name> <type_name> [constraint_name]]
    [add <table_constraint>]
    [drop <column_name>]
    [drop <constraint_name>]
    [alter column <column_name> [type_name] | [ null | not null ]];
```

SQL 命令描述：

修改基本表，其中 add 子句用于增加新的列（列名、数据类型、列级约束）和新的表级约束条件；drop 子句用于删除指定的列或者指定的完整性约束条件；alter table 子句用于修改原有的列定义，包括列名、数据类型等。

SQL 命令示例：

【例 12-5】 完成下面的表修改操作。

```
alter table lineitem add l_surrkey int;
```

--SQL 命令解析：增加一个 int 类型的列 l_surrkey。

```
alter table lineitem alter column l_quantity smallint;
```

——SQL 命令解析：将 l_quantity 列的数据类型修改为 smallint。

```
alter table orders alter column o_orderpriority varchar(15) not null;
```

——SQL 命令解析：将 o_orderpriority 列的约束修改为 not null 约束。

```
alter table lineitem add constraint fk_s foreign key (l_surrkey) references supplier(s_suppkey);
```

——SQL 命令解析：在 lineitem 表中增加一个外键约束。constraint 关键字定义约束的名称 fk_s，然后定义表级参照完整性约束条件。

```
alter table lineitem drop constraint fk_s;
```

——SQL 命令解析：在 lineitem 表中删除外键约束 fk_s。

```
alter table lineitem drop column l_surrkey;
```

——SQL 命令解析：删除表中的列 l_surrkey。

命令执行约束：

在列的修改操作中，如果将数据宽度由小变大时可以直接在原始数据上修改，如果数据宽度由大变小或者改变数据类型时，通常需要先清除掉数据库中该列的内容然后才能修改。在这种情况下，可以通过临时列完成列数据类型修改时的数据交换，如修改列数据类型时先增加一个与被修改的列类型一样的列作为临时列，然后将要修改列的数据复制到临时列并置空要修改的列，然后修改该列的数据类型，再从临时列将数据经过数据类型转换后复制回被修改的列，最后删除临时列。

当数据库中存储了大量数据时，表结构的修改会产生较高的列数据更新代价，因此需要在基本表的设计阶段全面考虑列的数量、数据类型和数据宽度，尽量避免对列的修改。

3. 删除表

命令：drop table

功能：删除一个基本表。

语法：

```
drop table < table_name > [restrict | cascade];
```

SQL 命令描述：

restrict：缺省选项，表的删除有限制条件。删除的基本表不能被其他表的约束所引用，如 foreign key，不能有视图、触发器、存储过程及函数等依赖于该表的对象，如果存在，需要首先删除这些对象或者解除与该表的依赖后才能删除该表。

cascade：无限制条件，删除表时相关对象一起删除。

SQL 命令示例：

【例 12-6】 删除表 part。

```
drop table part;
```

不同的数据库对 drop table 命令有不同的规定，有的数据库不支持 restrict | cascade 选项，在删除表时需要手工删除与表相关的对象或解除删除表与其他表的依赖关系。对于依赖于基本表的对象，如索引、视图、存储过程和函数、触发器等对象，不同的数据库在删除基本表时采取的策略有所不同，通常来说，删除基本表后索引会自动删除，视图、存储过程和函数在不删除时也会失效，触发器和约束引用在不同数据库中有不同的策略。

4. 内存存储模型

随着硬件技术的发展，大内存与多核处理器成为新一代数据库主流的高性能计算平台，内存数据库通过内存存储模型实现数据存储在高性能内存，从而显著提高查询处理性能。

以 SQL Server Hekaton 内存引擎为例，数据库可以创建内存优化表。在 SQL Server 2017 中创建内存表需要以下几个步骤：

- 创建内存优化数据文件组并为文件组增加容器。
- 创建内存优化表。
- 导入数据到内存优化表。

【例 12-7】 为 TPC-H（TPCH）数据库的 lineitem 表创建内存表。

（1）为数据库 TPCH 创建内存优化数据文件组并为文件组增加容器。

```
alter database tpch add filegroup tpch_mod contains memory_optimized_data
alter database tpch add file (name='tpch_mod', filename= 'C:\im_data\tpch_mod') to filegroup tpch_mod;
```

为数据库 TPCH 增加文件组 tpch_mod，为文件组增加文件 C:\im_data\tpch_mod 作为数据容器。

（2）创建内存表。

通过下面的 SQL 命令创建内存表 lineitem_im，其中子句 index ix_orderkey nonclustered hash (lo_orderkey, lo_linenumber) with(bucket_count=8 000 000)用于创建主键哈希索引，测试集（SF=1）lineitem 表中记录数量约为 6 000 000，因此指定哈希桶数量为 8 000 000。哈希桶数量设置较大能够提高哈希查找性能，但过大的哈希桶数量也会产生存储空间的浪费。

命令子句 with(memory_optimized=on，durability=schema_only)用于设置内存表类型，memory_optimized=on 表示创建表为内存表。durability=schema_only 表示创建非持久化内存优化表，不记录这些表的日志且不在磁盘上保存它们的数据，即这些表上的事务不需要任何磁盘 I/O，但如果服务器崩溃或进行故障转移，则无法恢复数据；durability=schema_and_data 表示内存优化表是完全持久性的，整个表的主存储是在内存中，即从内存读取表中的行和更新这些行数据到内存中，但内存优化表的数据同时还在磁盘上维护着一个仅用于持久性目的的副本，在数据库恢复期间，内存优化表中的数据可以再次从磁盘装载。

以下为创建非持久化内存优化表示例：

```
create table lineitem_im (
l_orderkey                      integer           not null,
```

l_partkey	integer	not null,
l_suppkey	integer	not null,
l_linenumber	integer	not null,
l_quantity	float	not null,
l_extendedprice	float	not null,
l_discount	float	not null,
l_tax	float	not null,
l_returnflag	char(1)	not null,
l_linestatus	char(1)	not null,
l_shipdate	date	not null,
l_commitdate	date	not null,
l_receiptdate	date	not null, ,
l_shipinstruct	char(25)	not null,
l_shipmode	char(10)	not null,
l_comment	varchar(44)	not null,

index ix_orderkey nonclustered hash (l_orderkey, l_linenumber) with (bucket_count=8000000)
)with (memory_optimized=on, durability=schema_only);

三、代表性的索引技术

当表的数据量比较大时，查询操作需要扫描大量的数据而产生较大的耗时。索引是数据库中重要的性能优化技术，通过创建索引，在表上创建一个或多个索引，提供多种存储路径，数据库能够自动地执行索引查找，提高数据库的查询性能。关系数据库中常用的索引包括聚集索引 B+树索引、哈希索引、位图索引、位图连接索引、存储索引和列存储索引等。

1. 索引类型

（1）聚集索引。

数据库通常会为关系中定义的主码自动创建聚集索引（clustered index），即记录按主码的顺序物理存储，保持数据在逻辑上和物理上都能按主码的顺序访问，这种聚簇存储机制能够有效地提高查询性能，但一个关系上只能创建一个聚集索引。

（2）B+树索引。

B+树索引是磁盘数据库的一般经典索引结构，它的基本思想是以 page 为单位组织表记录键值-地址（PageId）对的分层存储。在创建索引时，原始表中较长的记录按索引的结构抽取出键值-地址对排序后以 page 为单位存储在 B+树索引叶节点层，各叶节点形成链表结构，记录了索引键值的排序序列。每个叶节点 page 中的最小值抽取出构建上级非叶节点，以 page 为单位依次存储每个叶节点最小值-地址对数据，即叶节点为记录建立索引，非叶节点为下一级索引节点建立索引。非叶节点依次向上构建，直到只产生唯一的非叶节点作为 B+树索引的根节点。

假设表记录宽度为 80 字节，记录行数为 10 亿条，索引列数据类型为 int（4 字节），page 大小为 4KB，则记录需要存储在 $80 \times 1\,000\,000\,000/(4 \times 1\,024) \approx 19\,531\,250$ 个 page 中，即在没有索引的情况下如果查找某个键值对应的记录需要顺序扫描 19 531 250 个

page。在建立 B+树索引时，10 亿条记录键值-地址对宽度为 8 字节（假设键值 4 字节，地址 4 字节），则每个 4KB 大小的 page 中可以存储 512 个索引项，B+树索引的叶节点需要 38 147 个 page，叶节点中的每一个 page 中的最小值和 PageId 构成第二级非叶节点的索引项，需要 74 个二级非叶节点索引 page，然后 74 个索引 page 中的最小值-地址对继续构造 1 个第三级根节点 page。在执行索引查找时，首先访问 B+树索引的根节点，根据键值大小访问下一级非叶索引节点，再依次访问叶节点，获得键值匹配记录的地址（PageId），最后访问数据 page，在 page 页面内顺序扫描，读取相应的记录。查找过程如图 12-6 所示键值为 61 记录的查找过程。

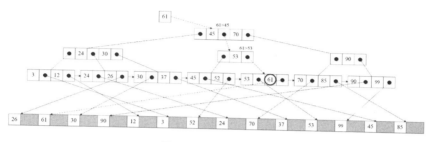

图 12-6 B+树索引

B+树索引在底层存储顺序的键值数据，比较适合进行点查找和范围查找，在范围查找时只需要查找范围表达式的最小值后在叶节点上顺序访问，直到叶节点对应的数据超过最大值为止。

（3）哈希索引。

B+树索引是一种分层的、键值有序的索引结构，可以支持点查询和范围查询。哈希索引主要支持点查询，通过哈希函数建立键值与地址之间的直接映射关系，如图 12-7 所示的哈希索引结构。哈希索引对应随机查找过程，索引的效率受随机访问性能的影响较大，如通过哈希索引访问较多的键值时，每个索引访问都可能导致一个磁盘 page 的随机访问，产生大量随机磁盘 I/O，索引访问性能在选择率较高时可能低于不使用索引的顺序扫描方法。提高哈希索引性能的方法是将哈希表建立在高性能随访问存储设备中，如通过数据分区技术将表划分为较小的分区，在较小的分区上建立哈希表，使哈希表位于内存或容量更小、性能更高的 cache 中，从而提高哈希索引访问性能。

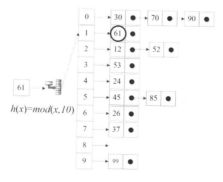

图 12-7 哈希索引

哈希查询适合进行等值查找，通过哈希函数计算直接得到数据存储位置，在等值查找效率上比 B+树索引要高，但不支持范围查找。

（4）位图索引和位图连接索引。

位图索引是一种通过位图记录属性列在每个成员在行中位置的技术，位图索引适用于属性列中不同成员的数量与行数之比小于 1%的低势集属性。如图 12－8 所示，关系中的属性 gender 和 country 分别有 2 个和 3 个成员，为属性 gender 创建的位图索引包含 2 个位图，分别表示 gender 值为 M 或 F 的记录在表中的位置。右图所示的位图索引结构可以看作为属性 gender 按属性成员的数量创建一个位图矩阵，gender 属性的每一行的取值在 gender 位图矩阵的每一行中只有一个对应位置取值为 1，其余位置取值为 0。通过位图索引机制，gender 属性存储为 2 个位图，压缩了属性存储空间，而且通过位图索引能够直接获得 gender 取指定值时所有满足条件记录的位置。

Customer_id	Gender	Country
1	F	Mexico
2	M	Canada
3	F	USA
4	M	Canada
5	F	USA
6	F	USA
7	F	Mexico
8	M	Mexico
9	M	Canada
10	M	USA
11	M	USA

	Gender		Country		
customer_id	M	F	Mexico	Canada	USA
1	0	1	1	0	0
2	1	0	0	1	0
3	0	1	0	0	1
4	1	0	0	1	0
5	0	1	0	0	1
6	0	1	0	0	1
7	0	1	1	0	0
8	1	0	0	1	0
9	1	0	0	1	0
10	1	0	0	0	1
11	1	0	0	0	1

图 12－8　位图索引的使用

图 12－9 对应在为 gender 和 country 属性创建位图索引后执行查询时位图索引的计算过程：

```
select count( * ) from customer
where gender='m' and country in ('mexico' , 'usa');
```

查询中的谓词条件对应已建立位图索引的属性，将谓词条件 gender='m'转换为访问 gender 值为'm'的位图，查询条件 country in ('mexico','usa')转换为访问 country 值为'mexico'和'usa'的位图，并对两个位图执行 or 操作。查询中的复合谓词条件转换为图 12－9 所示的多个位图之间的逻辑运算，位图运算结果对应的位图则指示了满足查询谓词条件的记录在表中的位置。

Gender='M'		Country='Mexico'		Country='USA'						
0		1		0		0		1		0
1		0		0		1		0		0
0		0		1		0		1		0
1		0		0		1		0		0
0		0		1		0		1		0
0	AND	0	OR	1	=	0	AND	1	=	0
0		1		0		0		1		0
1		0		0		1		0		0
1		0		0		1		0		0
1		0		1		1		1		1
1		0		1		1		1		1

图 12－9　位图连接索引的使用

属性中的成员数量越多，位图索引中的位图数量越多，位图存储空间代价越大。但属性中的成员数量越多，每个位图中 1 的数量更加稀疏，位图运算对应的选择率越低，查询性能提升越大。当表中记录数量非常大时，稀疏的位图可以通过压缩技术缩减位图索引存储空间，同时，当位图很大时，位图运算也消耗大量的 CPU 计算资源，可以通过 SIMD 并行计算技术提高位图计算性能，也可以通过协处理器，如 GPGPU、Phi 协处理器所支持的 512 位 SIMD 计算能力来提高位图索引的计算性能。

图 12-10 中维表 customer 的属性 gender 和 country 为低势集属性，事实表 sales 中包含 customer 表的外键属性 customer_id。我们可以使用如下的 SQL 命令为 customer 表的 gender 和 country 属性创建与 sales 表的位图连接索引。

```
create bitmap index sales_c_gender_country
on sales(customer. gender, customer. country)
from sales, customer
where sales. customer_id = customer. customer_id;
```

图 12-10 存储索引

位图索引表示的是属性成员在当前表中的位置信息，而位图连接索引则表示属性成员在连接表中的位置信息。位图连接索引相当于为物化连接表属性创建的位图索引，在实际应用中能够有效地减少连接操作代价。

位图索引和位图连接索引都是在选定属性上为所有成员创建位图，在低势集的属性上创建的位图数量较少，索引空间开销较小，但由于属性成员数量少，每一个位图对应的选择率较高，对连接操作的加速能力较低，而高势集属性的成员数量较多，需要创建较多的位图，索引存储空间开销较大，但位图的选择率低，对连接操作的加速能力强，因此位图连接索引的创建和使用需要权衡位图连接索引的存储开销和查询性能优化收益来综合评估。

（5）存储索引。

存储索引是一种根据数据块元信息过滤查询访问数据块的索引技术。如图 12-11 所示，数据库为每个设定大小的数据块在内存中建立汇总元信息，如最小值、最大值、数据块中记录数、数据型列累加和等信息，可以对常用列自动收集这些汇总信息并在内存建立存储索引。在查询执行时，首先扫描内存中存储索引各数据块的元信息，根据查询条件与元信息过滤掉不符合条件的数据块，如查询条件"prod_code between 75000 and 90000"超出第一个数据块中 prod_code 最大值，因此查询时可以完全跳过对该数据块的访问，查询条件与第二个数据块的最小值（39 023）至最大值（87 431）范围有交集，因此需要扫描第二个数据块。存储索引只记录数据块中汇总的元信息，数据量极小，可以常驻内存。通过存储索引过滤掉与查询条件不相关的磁盘数据块，提高查询的 I/O 效率。当数据分布比较偏斜时，块中最小值与最大值分布也比较偏斜，在查询中存储索引的过滤效果较好。

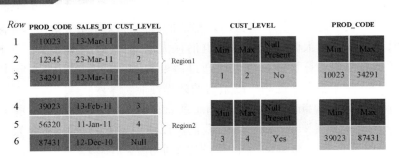

图 12-11　存储索引

资料来源：http://www.oracle.com/technetwork/testcontent/o31exadata-354069.html.

与其他索引不同，存储索引不是一种精确的索引，而是基于元数据统计的粗糙过滤索引，索引访问的粒度是数据块，数据块内还需要通过扫描操作完成查询。

（6）列存储索引。

列存储索引是一种基于列存储模型的索引结构。SQL Server 2012/2016/2017 中采用了列存储索引技术，如图 12-12 所示，行记录以 1 024 行为单位划分为 row group，每个 row group 中的属性按列存储并进行压缩，采用字典表压缩技术的列需要在 row group 中存储字典表。在查询处理时，索引涉及的列在列存储索引上按列处理，以提高查询处理性能。

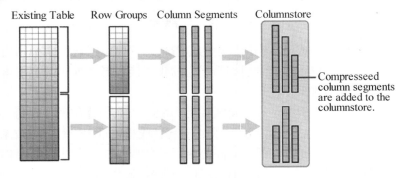

图 12-12　列存储索引

资料来源：Per-Åke Larson, Cipri Clinciu, Campbell Fraser et al. Enhancements to SQL server column stores. SIGMOD Conference 2013：1159-1168.

在传统的磁盘行存储数据库中，当按指定键值查找时需要扫描全部的记录才能找到满足条件的记录，在查找过程中只有指定属性值被查找所使用，数据访问效率低。索引相对于将查找属性单独存储并通过索引优化查找操作，无论是在数据访问效率还是查找效率上都有较好的性能。索引是数据库重要的查询优化技术之一，为频繁访问的列创建索引是典型的优化策略。但另一方面，索引需要额外的存储开销和管理代价，当数据更新时索引需要同步更新或者重建，增加数据库的更新时的代价，即索引优化了查找性能但恶化了更新性能，因此索引的使用需要综合权衡数据库的负载特点和应用特点，选择适当的索引策略以提高数据库的整体性能。

四、索引的创建与删除

索引是依赖于基本表的数据结构，为基本表中的索引列创建适合查找的索引结构，查询时先在索引上查找，然后再通过索引中记录的地址定位到基本表中对应的记录，以加快查找速度。

命令：create index
功能：创建索引。
语法：

create [unique] [clustered | nonclustered] index index_name
　on<object> (column_name [asc | desc] [,...,n]);

SQL 命令描述：

命令为数据库对象 object（表或视图）创建索引，索引可以建立在一列或多个列上，各列通过逗号分隔，asc 表示升序，desc 表示降序。

unique 表示索引的每一个索引值对应唯一的数据记录。

clustered 表示建立的索引是聚集索引。聚集索引按索引列（或多个列）值的顺序组织数据在表中的物理存储顺序，一个基本表上只能创建一个聚集索引，一些数据库默认为主键创建聚集索引。

索引需要占用额外的存储空间，基本表更新时索引也需要同步更新，数据库管理员需要权衡索引优化策略，有选择创建索引来达到以较低的存储和更新代价达到加速查询性能的目的。索引建立后，数据库系统在执行查询时会自动选择适合的索引作为查询存取路径，不需要用户指定索引的使用。

SQL 命令示例：

【例 12-8】 为 TPC-H 数据库的 supplier 表的 s_name 列创建唯一索引，为 s_nation 列和 s_city 列创建复合索引，其中 s_nation 为升序，s_city 为降序。

create unique index s_name_inx on supplier(s_name);
create index s_n_c_inx on supplier(s_nation asc, s_city desc);

在创建唯一索引时，要求唯一索引的列中不能有重复值，即唯一索引列应该是候选码。

查询：select * from supplier where s_name='supplier#000000728';

在创建索引之前和之后执行时的执行计划不同，无索引时采用顺序扫描查找，建立索引后在索引列上的查找先在索引中查找，然后再从原始表中定位索引中查找到的记录。见图 12-13。

【例 12-9】 为 TPC-H 数据库的 lineitem 表创建列存储索引。

测试查询为简化的 Q1 查询，涉及 lineitem 表上多个列的谓词、分组、聚集计算，

select l_returnflag, l_linestatus, sum(l_extendedprice * (1-l_discount) * (1+l_tax))
from lineitem
where l_shipdate <= '1998-12-01'
group by l_returnflag, l_linestatus;

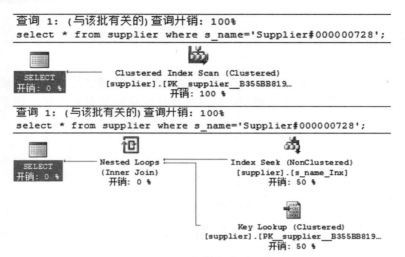

图 12-13 扫描与索引扫描

查询执行的主要代价是在 lineitem 表上的扫描代价，通过全表扫描逐行读取查询相关属性，并完成查询处理任务，见图 12-14。

图 12-14 基于表扫描的查询计划

为查询中访问的列创建列存储索引，将查询的表扫描操作转换为高效的列存储索引扫描。创建列存储索引命令如下：

```
create nonclustered columnstore index csindx_lineorder
on lineitem(l_returnflag, l_linestatus, l_extendedprice, l_discount, l_tax, l_shipdate);
```

创建列存储索引后，执行查询时数据库查询处理引擎自动选择列存储索引加速查询处理性能，在查询计划中使用列存储索引扫描操作代替原始的表扫描操作，提高查询性能，如图 12-15 所示。

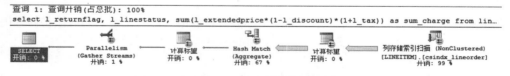

图 12-15 基于列存储索引扫描的查询计划

索引创建后由数据库系统自动使用和维护，不需要用户干预。索引提高了数据库查询性能，但数据的更新操作，如增、删、改操作在更新表中数据的同时也需要在相关索引中同步更新，当索引较多时降低了数据库更新操作性能。索引需要较大的存储空间，当索引数量较多时可能超过原始表大小，从而提高了数据库系统的维护成本。

命令：drop index

功能：删除索引。

语法：

drop index[index_name on <object>][table_or_view_name.index_name];

SQL 命令描述：

当索引过多或建立不当时，数据频繁的增、删、改会产生较多的索引维护代价，降低查询效率。用户可以删除不必要的索引来优化数据库性能。删除索引时索引名可以使用两种指定方法：index_name on<object>和 table_or_view_name.index_name，指示索引依赖的表名和索引名。

SQL 命令示例：

【例 12 - 10】 删除基本表 supplier 上的索引 s_n_c_Inx 和 s_name_Inx。

drop index supplier.s_n_c_inx;
drop index s_name_Inx ON supplier;

第 4 节　数据查询 SQL

查询是数据库的核心操作，SQL 提供 select 语句进行数据查询。select 语句具有丰富的功能，在不同的数据库系统中语法各有不同，比较有代表性的格式如下所示：

命令：select
功能：查询。
语法：

[with <common_table_expression>]
select select_list [into new_table]
[from table_source] [where search_condition]
[group by group_by_expression]
[having search_condition]
[order by order_expression [asc | desc]]

SQL 命令描述：

with 语句可以定义一个公用表表达式，将一个简单查询表达式定义为临时表使用。

select 语句的含义是从 from 子句 table_source 指定的基本表、视图、派生表或公用表表达式中按 where 子句 search_condition 指定的条件表达式选择出目标列表达式 select_list 指定的元组属性，按 group by 子句 group_by_expression 指定的分组列进行分组，并按 select_list 指定的聚集函数进行聚集计算，分组聚集计算的结果按 having 子句 search_condition 指定的条件输出，输出的结果按 order by 子句 order_expression 指定的列进行排序。

select 命令可以是单表查询、多表查询和嵌套查询，也可以通过集合操作将多个查询的结果组合，还可以在查询中使用派生表进行查询，下面分别对不同的查询执行方式进行分析和说明。

一、单表查询

单表查询是针对一个表的查询操作，主要包括选择、投影、聚集、分组、排序等关系操作，其中 from 子句指定查询的表名。

1. 投影操作

选择输出表中全部或部分指定的列。

(1) 查询全部的列。

查询全部的列时，select_list 可以用 * 或表中全部列名来表示。

SQL 命令示例（示例表为 tpch. part）：

【例 12-11】 查询 part 表中全部的记录。

```
select * from part;
```

或

```
select p_partkey, p_name, p_mfgr, p_brand, p_type, p_size,
    p_container, p_retailprice, p_comment
from part;
```

当表中列数量较多时，* 能够更加快捷地指代全部的列。

(2) 查询指定的列。

通过在 select_list 中指定输出列的名称和顺序定义查询输出的列。

【例 12-12】 查询 part 表中 p_name、p_brand 和 p_container 列。

```
select p_name, p_brand, p_container from part;
```

在查询执行时，从表 part 中取出一个元组，按 select_list 中指定输出列的名称和顺序取出属性 p_name、p_brand 和 p_container 的值，组成一个新的元组输出。列输出的顺序可以与表中列存储的顺序不一致。

在行存储数据库中，各个列的属性顺序地存储在一起，虽然查询中可能只输出少数的列，但需要访问全部的元组才能投影出指定的少数列，如图 12-16 (A) 所示，投影操作不能减少从磁盘访问数据的代价。而列存储是将各列独立存储，查询可以只读取查询访问的列，如图 12-16 (B) 所示，数据的磁盘访问效率更高。

(3) 查询表达式列。

select 子句中的目标列表达式既可以是表中的列，也可以是列表达式，表达式可以是列的算术/字符串表达式、字符串常量、函数等，可以灵活地输出原始列或派生列。

SQL 命令示例：

【例 12-13】 查询 lineitem 表中 commitdate、receiptdate、间隔时间、折扣后价格以及折扣及税后价格。

第 12 章 数据库查询语言 SQL

（A）行存储时的投影操作

（B）列存储时的投影操作

图 12-16　行存储和列存储投影操作的数据访问方式

```
select l_commitdate, l_receiptdate, 'Interval days:' as receipting,
    datediff (day, l_commitdate, l_receiptdate) as intervalday,
    l_extendedprice * (1-l_discount) as discountedprice,
    l_extendedprice * (1-l_discount) * (1+l_tax) as discountedtaxedprice
from lineitem
```

--SQL 查询解析：输出表中原始的列信息，常量'interval days：'作为常量列，as 短语为列设置别名，日期函数 datediff(day，l_commitdate，l_receiptdate)计算 receiptdate 与 commitdate 间隔的天数并作为 intervalday 输出，折扣价格表达式 l_extendedprice * (1-l_discount)与折扣税后价格表达式 l_extendedprice * (1-l_discount) * (1+l_tax)结果作为新列输出。

如图 12-17 所示，列表达式在查询时实时生成列表达式结果并输出，扩展了表中数据的应用范围，增加了查询的灵活性。

图 12-17　查询表达式列输出

（4）投影出列中不同的成员。

列中取值既可以各不相同，也允许存在重复值。对于候选码属性，列中的取值必须各不相同，在此基础上才能建立唯一索引或主键索引。非码属性中存在重复值，通过 distinct 命令可以输出指定列中不重复取值的成员。

SQL 命令示例：

【例 12－14】 查出 lineitem 表中各订单项的 l _ shipmode 方式以及查询共有哪些 l _ shipmode 方式。

```
select l_shipmode from lineitem;
```

--SQL 命令解析：输出 l _ shipmode 列中全部的取值，包括重复的取值。

```
select distinct l_shipmode from lineitem;
```

--SQL 命令解析：通过 distinct 短语指定列 l_shipmode 只输出不同取值的成员，列中的每个取值只输出一次。

码属性上的 distinct 成员数量与表中记录行数相同，非码属性上的 distinct 成员数量小于等于表中记录行数。如图 12－18 所示，通过对列 distinct 取值的分析，用户可以了解数据的分布特征。

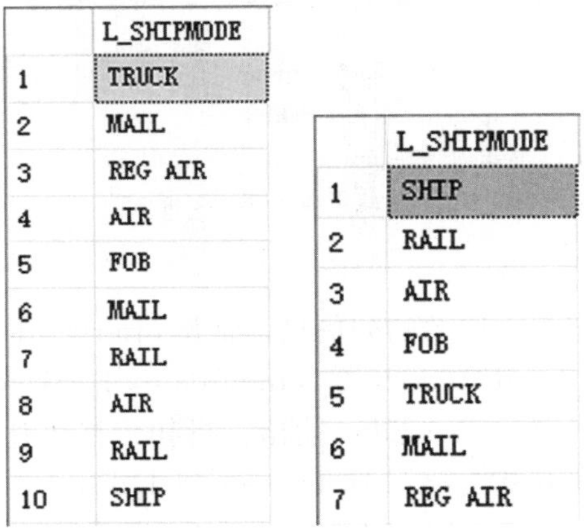

	L_SHIPMODE
1	TRUCK
2	MAIL
3	REG AIR
4	AIR
5	FOB
6	MAIL
7	RAIL
8	AIR
9	RAIL
10	SHIP

	L_SHIPMODE
1	SHIP
2	RAIL
3	AIR
4	FOB
5	TRUCK
6	MAIL
7	REG AIR

图 12－18 投影操作与投影去重操作

2. 选择操作

选择操作是通过 where 子句的条件表达式对表中记录进行筛选，输出查询结果。常用的条件表达式可以分为六类，如表 12－4 所示：

表 12－4 条件表达式

查询条件	查询条件运算符
比较大小	=，>，<，>=，<=，！=，<>，not+比较运算符
范围判断	between and，not between and
集合判断	in，not in
字符匹配	like，not like
空值判断	is null，is not null
逻辑运算	and，or，not

(1) 比较大小。

比较运算符对应具有大小关系的数值型、字符型、日期型等数据的比较操作，通常是列名＋比较操作符＋常量或变量的格式，在实际应用中可以与包括函数的表达式共同使用。

SQL 命令示例：

【例 12-15】 输出 lineitem 表中满足条件的记录。

```
select * from lineitem where l_quantity>45;
```

--SQL 命令解析：输出 lineitem 表中 l_quantity 大于 45 的记录。

```
select * from lineitem where l_shipinstruct='collect cod';
```

--SQL 命令解析：输出表中 l_shipinstruct 值为 collect cod 的记录。

```
select * from lineitem where not l_commitdate>l_shipdate;
```

--SQL 命令解析：输出表中 l_commitdate 时间不晚于 l_shipdate 时间的记录。

```
select * from lineitem where datediff(day,l_commitdate,l_receiptdate)>10;
```

--SQL 命令解析：输出表中 receiptdate 与 commitdate 超过 10 天的记录。

(2) 范围判断。

范围操作符 between and 和 not between and 用于判断元组条件表达式是否在指定范围之内。c between a and b 等价于 c>=a and c<=b。

SQL 命令示例：

【例 12-16】 输出 lineitem 表中指定范围之间的记录。

```
select * from lineitem
where l_commitdate between l_shipdate and l_receiptdate;
```

--SQL 命令解析：输出 lineitem 表中 commitdate 介于 shipdate 和 receiptdate 之间的记录。

```
select * from lineitem
where l_commitdate not between '1996-01-01' and '1997-12-31';
```

--SQL 命令解析：输出 lineitem 表中 1996 年至 1997 年之外的记录。

(3) 集合判断。

集合判断操作符 in 和 not in 用于判断表达式是否在指定集合范围之内。集合判断操作符 c in (a, b, c) 等价于 c=a or c=b or c=c。集合操作符中使用时更加简洁方便。

SQL 命令示例：

【例 12-17】 输出 lineitem 表中集合之内的记录。

```
select * from lineitem where l_shipmode in ('mail', 'ship');
```

--SQL 命令解析：输出 l_shipmode 类型为 mail 和 ship 的记录。

```sql
select * from part where p_size not in (49,14,23,45,19,3,36,9);
```

——SQL 命令解析：输出 part 表中 p_size 不是 49，14，23，45，19，3，36，9 的记录。

当条件列为不同的数据类型时，in 集合中常量的数据类型应该与查询列数据类型格式保持一致。

(4) 字符匹配。

字符匹配操作符用于字符型数据上的模糊查询，其语法格式为：

```
match_expression[ not ] like pattern [ escape escape_character ]
```

match_expression 为需要匹配的字符表达式。pattern 为匹配字符串，可以是完整的字符串，也可以是包含通配符％和 _ 的字符串，其中：

- ％表示任意长度的字符串。
- _ 表示任意单个字符。

escape escape_character 表示 escape_character 为换码字符，换码符后面的字符为普通字符。

SQL 命令示例：

【例 12-18】 输出模糊查询的结果。

```sql
select * from part where p_type like 'promo%';
```

——SQL 命令解析：输出 part 表中 p_type 列中以 promo 开头的记录。

```sql
select * from supplier where s_comment like '%customer%complaints%';
```

——SQL 命令解析：输出 supplier 表 s_comment 列中任意位置包含 customer 并且后面字符中包含 complaints 的记录。

```sql
select * from part where p_container like '%_ag';
```

——SQL 命令解析：输出 part 表 p_container 列中倒数第 3 个为任意字符，最后 2 个字符为 AG 的记录。

```sql
select * from lineitem where l_comment like '%return rate __\%for%' escape '\';
```

——SQL 命令解析：输出 lineitem 表 l_comment 列中包含 return rate 和两位数字、百分号和 for 字符的记录，其中 _ 为通配符，由 \ 表示其后的％为百分比符号。

(5) 空值判断。

在数据库中，空值一般表示数据未知、不适用或将在以后添加数据。空值不同于空白或零值，空值用 null 表示，在查询中判断空值时，需要在 where 子句中使用 is null 或 is not null，不能使用＝null。

SQL 命令示例：

【例 12-19】 输出 lineitem 表中没有客户评价 l_comment 的记录。

```
select * from lineitem where l_comment is null;
```

--SQL 命令解析：输出 lineitem 表中 l_comment 列为空值的记录。

（6）复合条件表达式。

逻辑运算符 and 和 or 可以连接多个查询条件，实现在表上按照多个条件表达式的复合条件进行查询。and 的优化级高于 or，可以通过括号改变逻辑运算符的优化级。

SQL 命令示例：

【例 12-20】 输出 lineitem 表中满足复合条件的记录。

```
select sum(l_extendedprice * l_discount) as revenue from lineitem
where l_shipdate between '1994-01-01' and '1994-12-31'
        and l_discount between 0.06 - 0.01 and 0.06 + 0.01 and l_quantity < 24;
```

--SQL 命令解析：输出 lineitem 表中 shipdate 在 1994 年、折扣在 5%～7% 之间、数量小于 24 的订单项记录。多个查询条件用 and、or 连接，and 优先级高于 or。

```
select * from lineitem
where l_shipmode in ('air', 'air reg')
        and l_shipinstruct = 'deliver in person'
        and ((l_quantity >= 10 and l_quantity <= 20) or (l_quantity >= 30
        and l_quantity <= 40));
```

--SQL 命令解析：输出 lineitem 表中 shipmode 列为 air 或 air reg，shipinstruct 类型为 deliver in person，quantity 在 10 与 20 之间或 30 与 40 之间的记录。

当查询条件中包含多个由 and 和 or 连接的表达式时，需要适当地使用括号保证复合查询条件执行顺序的正确性。

3. 聚集操作

选择和投影操作查询对应的是元组操作，查看的是记录的明细。数据库的聚集函数提供了对列中数据总量的统计方法，为用户提供对数据总量的计算方法。SQL 提供的聚集函数主要包括：

```
count(*)                              统计元组的个数
count([distinct|all]<column_name>)    统计一列中不同值的个数
sum([distinct|all]<expression>)       计算表达式的总和
avg([distinct|all]<expression>)       计算表达式的平均值
max([distinct|all]<expression>)       计算表达式的最大值
min([distinct|all]<expression>)       计算表达式的最小值
```

当指定 distinct 短语时，聚集计算时只计算列中不重复值记录，缺省（all）时聚集计算对列中所有的值进行计算。count(*) 为统计表中元组的数量，count 指定列则统计该列中非空元组的数量。聚集计算的对象可以是表中的列，也可以是包含函数的表达式。

SQL 命令示例：

【例 12-21】 执行 TPC-H 查询 Q1 中聚集计算部分。

```sql
select
sum(l_quantity) as sum_qty,
sum(l_extendedprice) as sum_base_price,
sum(l_extendedprice * (1-l_discount)) as sum_disc_price,
sum(l_extendedprice * (1-l_discount) * (1+l_tax)) as sum_charge,
avg(l_quantity) as avg_qty,
avg(l_extendedprice) as avg_price,
avg(l_discount) as avg_disc,
count( * ) as count_order
from lineitem
```

--SQL 命令分析：统计 lineitem 表中不同表达式的聚集计算结果。count 对象是 * 时表示统计表中记录数量，聚集函数可以对原始列或表达式进行聚集计算，均值 avg 函数为导出函数，通过 sum 与 count 聚集结果计算而得到均值。

【例 12-22】 统计 lineitem 表中 l_quantity 列的数据特征。

```sql
select count(distinct l_quantity) as card, max(l_quantity) as maxvalue,
     min(l_quantity) as minvalue from lineitem;
```

--SQL 命令分析：统计 lineitem 表 l_quantity 列中不同取值的数量、最大值与最小值。

【例 12-23】 统计 orders 表中高优化级与低优化级订单的数量。

```sql
select sum(case
        when o_orderpriority ='1-urgent' or o_orderpriority ='2-high'
        then 1 else 0 end) as high_line_count,
  sum(case
      when o_orderpriority <> '1-urgent' and o_orderpriority <> '2-high'
      then 1 else 0 end) as low_line_count
from orders;
```

--SQL 命令分析：通过 case 语句根据构建的选择条件输出分支结果，并对结果进行聚集计算。

4. 分组操作

gpoup by 语句将查询记录集按指定的一列或多列进行分组，然后对相同分组的记录进行聚集计算。分组操作扩展了聚集函数的应用范围，将一个汇总结果细分为若干个分组上的聚集计算结果，为用户提供更多维度、更细粒度的分析结果。

SQL 命令示例：

【例 12-24】 对 lineitem 表按 returnflag、shipmode 不同的方式统计销售数量。

```sql
select sum(l_quantity) as sum_quantity from lineitem;
```

--SQL 命令解析：统计 lineitem 表所有记录 l_quantity 的汇总值。

```sql
select l_returnflag,sum(l_quantity) as sum_quantity from lineitem group by l_returnflag;
```

--SQL 命令解析：按 l_returnflag 属性分组统计 lineitem 表所有记录 l_quantity 的汇总值。

```
select l_returnflag,l_linestatus,sum(l_quantity) as sum_quantity from lineitem group by l_returnflag,l_linestatus;
```

--SQL 命令解析：按 l_returnflag 和 l_linestatus 属性分组统计 lineitem 表所有记录 l_quantity 的汇总值。

图 12-19 给出了三个 SQL 命令按不同的粒度分组聚集计算的结果，为用户展示了一个分析维度由少到多、粒度由粗到细的聚集计算过程。

图 12-19　不同粒度分组统计结果

在分析处理任务中，GROUP BY 子句中的多个分组属性可以看作多个聚合计算维度，如图 12-20 所示，三个分组属性 $\{a,b,c\}$ 构成一个三维聚合计算空间，包含 2^3 个聚合分组：$\{a，b，c\}$、$\{a，b\}$、$\{a，c\}$、$\{b，c\}$、$\{a\}$、$\{b\}$、$\{c\}$、$\{\}$，代表三个分组属性所构成的所有可能的分组方案。

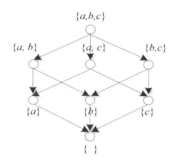

图 12-20　聚合维度

SQL 的 group by 子句中支持按照简单分组、上卷分组和 cube 分组方式进行聚合计算。

```
group by
   <group_by_expression>:直接按分组属性列表进行分组
   |rollup (<group_by_expression>):按分组属性列表的上卷轴分组
   |cube (<spec>):按分组属性列表的数据立方体分组
```

例如：

```
select a, b, c, sum (<expression> )
from t
group by rollup(a,b,c);
```

查询按 $\{a, b, c\}$、$\{a, b\}$ 和 $\{a\}$ 值的每个唯一组合生成一个带有小计的行。还将计算一个总计行。

查询：
```
select a, b, c, sum (<expression>)
from t
group by cube (a,b,c);
```

针对 $<a,b,c>$ 中表达式的所有排列输出一个分组。生成的分组数等于 (2^n)，其中 $n=$ 分组子句中的表达式数。

【例 12 - 25】 输出 lineitem 表中 l_quantity 按 l_returnflag、l_linestatus、l_shipinstruct 三个属性的聚合结果。

（1）简单 group by 分组。

```
select l_returnflag, l_linestatus, l_shipinstruct,
sum(l_quantity) as sum_quantity
from lineitem
group by l_returnflag, l_linestatus, l_shipinstruct;
```

--SQL 命令解析：查询按 l_returnflag、l_linestatus、l_shipinstruct 三个属性直接进行分组聚集计算，查询结果如图 12 - 21 所示。

	L_RETURNFLAG	L_LINESTATUS	L_SHIPINSTRUCT	sum_quantity
1	A	F	DELIVER IN PERSON	9434359
2	N	O	DELIVER IN PERSON	19149263
3	N	O	TAKE BACK RETURN	19177526
4	N	F	TAKE BACK RETURN	244383
5	N	F	NONE	251993
6	R	F	TAKE BACK RETURN	9415686
7	N	O	NONE	19171510
8	R	F	DELIVER IN PERSON	9430274
9	A	F	NONE	9438372
10	R	F	NONE	9414140
11	N	F	COLLECT COD	245385
12	N	O	COLLECT COD	19135219
13	N	F	DELIVER IN PERSON	249656
14	A	F	COLLECT COD	9432010
15	A	F	TAKE BACK RETURN	9429366
16	R	F	COLLECT COD	9459653

图 12 - 21　简单 group by 分组

（2）rollup group by 分组。

```
select l_returnflag, l_linestatus, l_shipinstruct,
sum(l_quantity) as sum_quantity
from lineitem
group by rollup (l_returnflag, l_linestatus, l_shipinstruct);
```

--SQL 命令解析：查询以 l_returnflag、l_linestatus、l_shipinstruct 三个属性为基础，以 l_returnflag 为上卷轴由细到粗进行多个分组属性聚集计算。查询结果如图 12 - 22 所示。

	L_RETURNFLAG	L_LINESTATUS	L_SHIPINSTRUCT	sum_quantity
1	A	F	COLLECT COD	9432010
2	A	F	DELIVER IN PERSON	9434359
3	A	F	NONE	9438372
4	A	F	TAKE BACK RETURN	9429366
5	A	F	NULL	37734107
6	A	NULL	NULL	37734107
7	N	F	COLLECT COD	245385
8	N	F	DELIVER IN PERSON	249656
9	N	F	NONE	251993
10	N	F	TAKE BACK RETURN	244383
11	N	F	NULL	991417
12	N	O	COLLECT COD	19135219
13	N	O	DELIVER IN PERSON	19149263
14	N	O	NONE	19171510
15	N	O	TAKE BACK RETURN	19177526
16	N	O	NULL	76633518
17	N	NULL	NULL	77624935
18	R	F	COLLECT COD	9459653
19	R	F	DELIVER IN PERSON	9430274
20	R	F	NONE	9414140
21	R	F	TAKE BACK RETURN	9415686
22	R	F	NULL	37719753
23	R	NULL	NULL	37719753
24	NULL	NULL	NULL	153078795

图 12-22　rollup group by 分组

（3）cube group by 分组。

```
select l_returnflag, l_linestatus, l_shipinstruct,
sum(l_quantity) as sum_quantity
from lineitem
group by cube (l_returnflag, l_linestatus, l_shipinstruct);
```

--SQL 命令解析：查询以 l_returnflag、l_linestatus 和 l_shipinstruct 三个属性为基础，为每一个分组属性组合进行分组聚集计算，查询结果如图 12-23 所示。

分组聚集查询结果集中的元组不是来自基本表，而是来自分组聚集表达式，因此分组聚集结果集上的筛选不能使用 where 子句，当需要对分组聚集计算的结果进行过滤输出时，需要使用 having 短语指定聚集结果的筛选条件，having 短语的筛选条件是聚集计算表达式构成的条件表达式。

SQL 命令示例：

【例 12-26】 输出 lineitem 表订单中项目超过 5 项的订单号。

```
select l_orderkey, count( * )as order_counter
from lineitem
group by l_orderkey
having count( * )>=5;
```

--SQL 命令解析：having 短语中的 count(*)>5 作为分组聚集计算结果的过滤条件，对分组聚集结果进行筛选。

	L_RETURNFLAG	L_LINESTATUS	L_SHIPINSTRUCT	sum_quantity
1	A	F	COLLECT COD	9432010
2	N	F	COLLECT COD	245385
3	R	F	COLLECT COD	9459653
4	NULL	F	COLLECT COD	19137048
5	N	O	COLLECT COD	19135219
6	NULL	O	COLLECT COD	19135219
7	NULL	NULL	COLLECT COD	38272267
8	A	F	DELIVER IN PERSON	9434359
9	N	F	DELIVER IN PERSON	249656
10	R	F	DELIVER IN PERSON	9430274
11	NULL	F	DELIVER IN PERSON	19114289
12	N	O	DELIVER IN PERSON	19149263
13	NULL	O	DELIVER IN PERSON	19149263
14	NULL	NULL	DELIVER IN PERSON	38263552
15	A	F	NONE	9438372
16	N	F	NONE	251993
17	R	F	NONE	9414140
18	NULL	F	NONE	19104505
19	N	O	NONE	19171510
20	NULL	O	NONE	19171510
21	NULL	NULL	NONE	38276015
22	A	F	TAKE BACK RETURN	9429366
23	N	F	TAKE BACK RETURN	244383
24	R	F	TAKE BACK RETURN	9415686
25	NULL	F	TAKE BACK RETURN	19089435
26	N	O	TAKE BACK RETURN	19177526
27	NULL	O	TAKE BACK RETURN	19177526
28	NULL	NULL	TAKE BACK RETURN	38266961
29	NULL	NULL	NULL	153078795
30	A	NULL	COLLECT COD	9432010
31	A	NULL	DELIVER IN PERSON	9434359
32	A	NULL	NONE	9438372
33	A	NULL	TAKE BACK RETURN	9429366
34	A	NULL	NULL	37734107
35	N	NULL	COLLECT COD	19380604
36	N	NULL	DELIVER IN PERSON	19398919
37	N	NULL	NONE	19423503
38	N	NULL	TAKE BACK RETURN	19421909
39	N	NULL	NULL	77624935
40	R	NULL	COLLECT COD	9459653
41	R	NULL	DELIVER IN PERSON	9430274
42	R	NULL	NONE	9414140
43	R	NULL	TAKE BACK RETURN	9415686
44	R	NULL	NULL	37719753
45	A	F	NULL	37734107
46	N	F	NULL	991417
47	R	F	NULL	37719753
48	NULL	F	NULL	76445277
49	N	O	NULL	76633518
50	NULL	O	NULL	76633518

图 12-23 cube group by 分组

【例 12-27】 输出 lineitem 表订单中项目超过 5 项并且平均销售数量在 28～30 之间的订单的平均销售价格。

```
select l_orderkey, avg(l_extendedprice)
from lineitem
group by l_orderkey
having avg(l_quantity) between 28 and 30 and count(*)>5;
```

--SQL 命令解析：having 短语中可以使用输出目标列中没有的聚集函数表达式。如 having avg(l_quantity) between 28 and 30 and count(*)>5 短语中表达式 avg(l_quantity) between 28 and 30 和 count(*)>5 均不是查询输出的聚集函数表达式，只用于对分组聚

集计算结果进行筛选。

5. 排序操作

SQL 中的 order by 子句用于对查询结果按照指定的属性顺序排列，排序属性可以是多个，desc 短语表示降序，默认为升序（asc）。

SQL 命令示例：

【例 12 - 28】 对 lineitem 表进行分组聚集计算，输出排序的查询结果。

```
select l_returnflag, l_linestatus,
sum(l_quantity) as sum_quantity
from lineitem
group by l_returnflag, l_linestatus
order by l_returnflag, l_linestatus;
```

--SQL 命令解析：对查询结果按分组属性排序，第一排序属性为 l_returnflag，第二排序属性为 l_linestatus。

```
select l_returnflag, l_linestatus,
sum(l_quantity) as sum_quantity
from lineitem
group by l_returnflag, l_linestatus
order by sum(l_quantity) desc;
```

--SQL 命令解析：对分组聚集结果按聚集表达式结果降序排列。

```
select l_returnflag, l_linestatus,
sum(l_quantity) as sum_quantity
from lineitem
group by l_returnflag, l_linestatus
order by sum_quantity desc;
```

--SQL 命令解析：当聚集表达式设置别名时，可以使用别名作为排序属性名，指代聚集表达式。

三个查询结果如图 12 - 24 所示。

	L_RETURNFLAG	L_LINESTATUS	sum_quantity
1	A	F	37734107
2	N	F	991417
3	N	O	76633518
4	R	F	37719753

	L_RETURNFLAG	L_LINESTATUS	sum_quantity
1	N	O	76633518
2	A	F	37734107
3	R	F	37719753
4	N	F	991417

	L_RETURNFLAG	L_LINESTATUS	sum_quantity
1	N	O	76633518
2	A	F	37734107
3	R	F	37719753
4	N	F	991417

图 12 - 24　查询结果排序

二、连接查询

连接操作通过连接表达式将两个以上的表连接起来进行查询处理。连接操作是数据库中最重要的关系操作，包括笛卡尔连接、等值连接、自然连接、非等值连接、自身连接、外连接和复合条件连接等不同的类型。

1. 笛卡尔连接、等值连接、自然连接、非等值连接

在 SQL 命令中，当在 from 子句中指定了连接的表名，但没有设置连接条件时，两表执行笛卡尔连接，如：select * from nation, region; nation 表中的每一条元组与 region 表中的全部元组进行连接。

当在 SQL 命令中进一步连接列的名称以及连接列需要满足的连接条件（连接谓词）时，执行普通连接操作。连接操作中连接表名通常为 FROM 子句中的表名列表，连接条件为 WHERE 子句中的连接表达式，其格式为：

[<table_name1>.]<column_name1> <operator> [<table_name2>.]<column_name2>

其中，比较运算符 operator 主要为 =、>、<、>=、<=、!=（<>）等比较运算符。当比较运算符为 = 时称为等值连接，使用其他不等值运算符时的连接称为非等值连接。

在 SQL 语法中，只要连接列满足连接条件表达式即可执行连接操作，在实际应用中，连接列通常具有可比性，需要满足一定的语义条件。当两个表上存在主码与外码参照关系时，通常执行两个表的主码和外码上的等值连接条件。

SQL 命令示例：

【例 12-29】 执行 nation 表和 region 表上的等值连接操作。

```
select * from nation, region where n_regionkey=r_regionkey;
```

--SQL 命令解析：nation 表的 n_regionkey 属性为外码，参照 region 表上的主码 r_regionkey，连接条件设置为主码、外码相等表示将两个表中 regionkey 相同的元组连接起来作为查询结果。

```
select * from nation inner join region on n_regionkey=r_regionkey;
```

--SQL 命令解析：等值连接操作还可以采用内连接的语法结构表示。内连接语法如下所示：

```
<table_name1> inner join <table_name2>
on [<table_name1>.]<column_name1> = [<table_name2>.]<column_name2>
```

在 SQL 命令的 where 子句中，连接条件可以和其他选择条件组成复合条件，对连接表进行筛选后连接。

SQL 命令示例：

【例 12-30】 执行表 customer、orders、lineitem 上的查询操作。

```
select l_orderkey, sum(l_extendedprice * (1-l_discount)) as revenue,
o_orderdate, o_shippriority
from customer, orders, lineitem
where c_mktsegment = 'building' and c_custkey = o_custkey
    and l_orderkey = o_orderkey and o_orderdate < '1995-03-15'
    and l_shipdate > '1995-03-15'
group by l_orderkey, o_orderdate, o_shippriority
order by revenue desc, o_orderdate;
```

--SQL命令解析：customer、orders、lineitem表间存在主码-外码参照关系，customer与orders表之间的主码-外码等值连接表达式为c_custkey＝o_custkey，orders表与lineitem表之间的主码-外码等值连接表达式为l_orderkey＝o_orderkey，与其他不同表上的选择条件构成复合条件，完成连接表上的分组聚集计算。

2. 自身连接

表与自己进行的连接操作称为表的自身连接，简称自连接（self join）。使用自连接可以将自身表的一个镜像当作另一个表来对待，通常采用为表取两个别名的方式实现自连接。

SQL命令示例：

【例12-31】 输出lineitem表上订单中l_shipinstruct既包含deliver in person又包含take back return的订单号。

```
select distinct l1.l_orderkey
from lineitem l1, lineitem l2
where l1.l_shipinstruct='deliver in person'
and l2.l_shipinstruct='take back return'
and l1.l_orderkey=l2.l_orderkey;
```

--SQL命令解析：lineitem表中一个订单包含多个订单项，每个订单项包含特定的l_shipinstruct值，存在一个订单不同的订单项l_shipinstruct值既包含deliver in person又包含take back return的元组。查询在lineitem表中选择l_shipinstruct值为deliver in person的元组，再从相同的lineitem表以别名的方式选择l_shipinstruct值为take back return的元组，并且满足两个元组集上l_orderkey等值条件。自身连接通过别名将一个表用作多个表，然后按查询需求进行连接。

3. 外连接

在通常的连接操作中，两个表中满足连接条件的记录才能作为连接结果记录输出。当需要不仅输出连接记录，还要输出不满足连接条件的记录时，可以通过外连接将不满足连接条件的记录对应的连接属性值设置为null，表示表间记录完整的连接信息。

左外连接列出左边关系的所有元组，在右边关系没有满足连接条件的记录时右边关系属性设置空值；右外连接列出右边关系的所有元组，在左边关系中没有满足连接条件的记录时左边关系属性设置为空值；全外连接为左外连接与右外连接的组合。

SQL命令示例：

【例12-32】 输出orders表与customer表左外连接与右外连接的结果。

```
select o_orderkey, o_custkey, c_custkey
from orders left outer join customer on o_custkey=c_custkey;
select o_orderkey, o_custkey, c_custkey
from orders right outer join customer on o_custkey=c_custkey;
```

--SQL命令解析：orders表外码o_custkey参照customer表的主码c_custkey，在执行orders表与customer表左外连接操作时，orders表每一个元组都能够从customer表中找到所参照主码与外码相等的记录，连接结果集元组数量与orders表行数相同；在执行右外连接时，customer 表每一个元组与 orders 表中的元组执行主码与外码属性相等的连接操作，customer 表元组的 c_custkey 属性值在 orders 表中没有匹配的元组时，orders 属性输出为空值。左外连接可以找到在 customer 表中存在，但没有购物记录的用户，其特征是左外连接结果集中 customer 表属性非空而 orders 表属性为空。左外连接与右外连接结果如图 12-25 所示。

O_ORDERKEY	O_CUSTKEY	C_CUSTKEY		O_ORDERKEY	O_CUSTKEY	C_CUSTKEY
1499997	4	136777	136777	1499992	5881445	95725	95725
1499998	3	123314	123314	1499993	5881472	61198	61198
1499999	2	78002	78002	1499994	5881474	33505	33505
1500000	1	36901	36901	1499995	5881476	99238	99238
1500001	NULL	NULL	15675	1499996	5881478	42547	42547
1500002	NULL	NULL	32655	1499997	5881507	134936	134936
1500003	NULL	NULL	49635	1499998	5881537	96011	96011
1500004	NULL	NULL	66615	1499999	5881568	31417	31417
1500005	NULL	NULL	48330	1500000	5881572	61465	61465

图 12-25　orders 表与 customer 表左外连接与右外连接结果

全外连接命令为 full outer join，在本例中，全连接执行结果与左连接相同。

4. 多表连接

连接操作可以是两表连接，也可以是多表连接。一个位于中心的表与多个表之间的多表连接称为星形连接，对应星形模式。多表连接是数据库的重要技术，表连接顺序对于查询执行性能有重要的影响，也是查询优化技术的重要研究内容。

SQL 命令示例：

【例 12-33】　在 TPC-H 数据库中执行 partsupp 表与 part 表、supplier 表的星形连接操作。

```
select p_name, p_brand, s_name, s_name, ps_availqty
from part, supplier, partsupp
where ps_partkey=p_partkey and ps_suppkey=s_suppkey;
```

--SQL 命令解析：partsupp 表与 part 表、supplier 表存在主码-外码参照关系，partsupp 表分别与 part 表、supplier 表通过主码、外码进行等值连接。sql 命令中 from 子句包含三个连接表名，where 子句中包含 partsupp 表与两个表基于主码、外码的等值连接条件，分别对应三个表间连接关系。若使用 inner join 语法，则 sql 命令如下所示：

```
select p_name, p_brand, s_name, s_name, ps_availqty
from partsupp inner join part on ps_partkey=p_partkey
inner join supplier on ps_suppkey=s_suppkey;
```

【例 12-34】　在 TPC-H 数据库中执行雪花形连接操作。

```
select c_name, o_orderdate, s_name, p_name, n_name, r_name,
l_extendedprice * (1-l_discount)- ps_supplycost * l_quantity as amount
from part, supplier, partsupp, lineitem, orders, customer, nation, region
```

```
where l_orderkey=o_orderkey
and l_partkey=ps_partkey
and l_suppkey=ps_suppkey
and ps_suppkey=s_suppkey
and ps_partkey=p_partkey
and o_custkey=c_custkey
and s_nationkey=n_nationkey
and n_regionkey=r_regionkey;
```

--SQL 命令解析：如图 12-26 所示，TPC-H 数据库是一种典型的雪花形模式，模式以 lineitem 表为中心，通过主码-外码参照关系与其他表连接，而 orders、part、supplier 等表又有下级的参照表，整体上形成雪花形分支结构。执行雪花形连接时，可以根据数据库模式图，将表间主码-外码参照关系一一转换为表间主码-外码属性间的等值连接表达式，完成雪花形连接操作。

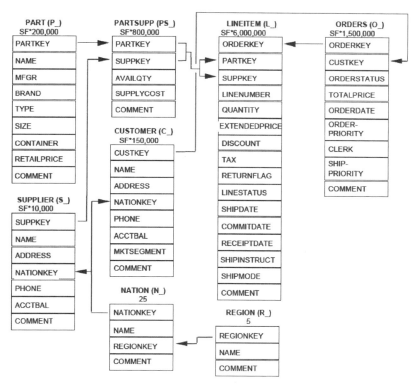

图 12-26 TPC-H 数据库模式

三、嵌套查询

在 SQL 语言中，一个 select-from-where 语句称为一个查询块。当一个查询块嵌套在另一个查询块的 where 子句中时构成了查询嵌套结构，称这种查询为嵌套查询（nested query）。例如：

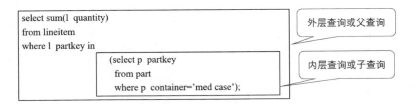

在上面的示例中，子查询（或称为内层查询）select p_partkey from part where p_container='med case'嵌套在父查询（或称为外层查询）中，子查询的结果相当于父查询中 IN 表达式的集合。值得注意的是，子查询不能直接使用 order by 子句，order by 子句对最终查询结果排序。但本例中当子查询需要输出前 10 个子查询记录时，子查询中 top 与 order by 可以共同使用，即 select top 10 p_partkey from part where p_container = 'med case' order by p_partkey。

嵌套查询通过简单查询构造复杂查询，增加 SQL 的查询能力，降低用户进行复杂数据处理时的难度。从使用特点来看，嵌套查询主要包括以下几类。

1. 包含 IN 谓词的子查询

当子查询的结果是一个集合时，通过 in 谓词实现父查询 where 子句中向子查询集合的谓词嵌套判断。

SQL 命令示例：

【例 12-35】带有 in 子查询的嵌套查询执行。

```
select p_brand, p_type, p_size, count (distinct ps_suppkey) as supplier_cnt
from partsupp, part
where ps_partkey=p_partkey and p_brand <> 'Brand#45'
and p_type not like 'medium polished%'
and p_size in (49, 14, 23, 45, 19, 3, 36, 9)
and ps_suppkey not in (
select s_suppkey
from supplier
where s_comment like '%customer%complaints%'
)
group by p_brand, p_type, p_size
order by supplier_cnt desc, p_brand, p_type, p_size;
```

——SQL 命令解析：首先执行子查询 select s_suppkey from supplier where s_comment like '%customer%complaints%'，得到满足条件的 s_suppkey 结果集；然后执行外层查询，将子查询结果集作为 not in 的操作集，排除父查询表 partsupp 中与内层查询 s_suppkey 结果集相等的记录，完成父查询。

当子查询的查询条件不依赖于父查询时，子查询可以独立执行，这类子查询称为不相关子查询。一种查询执行方法是先执行独立的子查询，然后父查询在子查询的结果集上执行；另一种查询执行方法是将 in 谓词操作转换为连接操作，in 谓词执行的列作为连接列，上面的查询可以改写为：

```
select p_brand, p_type, p_size, count (distinct ps_suppkey) as supplier_cnt
from partsupp, part, supplier
where p_partkey = ps_partkey and s_suppkey=ps_suppkey
and p_brand <> 'brand #45' and p_type not like 'medium polished%'
and p_size in (49, 14, 23, 45, 19, 3, 36, 9)
and s_comment not like '%customer%complaints%'
group by p_brand, p_type, p_size
order by supplier_cnt desc, p_brand, p_type, p_size;
```

--SQL 命令解析：嵌套查询条件是 not in，改写为连接操作时需要将子查询的条件取反，即将原子查询中 s_comment like '%customer%complaints%' 改写为 s_comment not like '%customer%complaints%'，以获得与原始嵌套查询相同的执行结果。

【例 12-36】 通过 in 子查询完成 customer、nation 与 region 表间的查询，统计 Asia 地区顾客的数量（见图 12-27）。

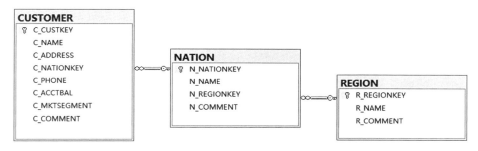

图 12-27 customer、nation 与 region 表之间的参照关系

```
select count(*) from customer where c_nationkey in
    (select n_nationkey from nation where n_regionkey in
        (select r_regionkey from region
            where r_name='asia'));
```

--SQL 命令解析：三个表之间的连接关系为 customer $\xrightarrow{c\_nationkey}$ nation $\xrightarrow{n\_regionkey}$ region，查询的谓词条件为最远端表 region 表上的 r_name='asia'，需要将谓词结果投影到连接列 r_regionkey 上，生成集合（2）传递给 nation 表，在 nation 表上生成谓词条件 n_regionkey in(2)，投影在连接列 n_nationkey 上，生成连接列结果集(8,9,12,18,21)传递给 customer 表，最后转换为 customer 表上的谓词条件 c_nationkey in(8,9,12,18,21)，完成在父查询中的处理。

当前嵌套子查询可以转换为连接查询：

```
select count(*)
from customer, nation, region
where c_nationkey=n_nationkey and n_regionkey=r_regionkey
and r_name='asia';
```

--SQL 命令解析：in 嵌套子查询实现连接列结果集的逐级向上传递，通过对连接列的逐级过滤完成查询处理。上面的连接查询中深色底纹部分实现三个表之间的连接操作，然后可以将连接表上的谓词操作看作连接后的单表上的谓词操作。

当子查询的查询条件依赖父查询时，子查询需要迭代地从父查询获得数据才能完成子查询上的处理，这类子查询称为相关子查询，整个查询称为相关嵌套查询。

2. 带有比较运算符的相关子查询

在相关子查询中，外层父查询提供内层子查询执行时的谓词变量，由外层父查询驱动内存子查询的执行。带有比较运算符的子查询是父查询与子查询之间用比较运算符进行连接，当内存子查询返回结果是单个值时，用＞、＜、＝、＞＝、＜＝、！＝或＜＞等比较运算符。

【例 12-37】 带有＝比较运算符的子查询。

```
select s_acctbal, s_name, n_name, p_partkey, p_mfgr, s_address, s_phone, s_comment
from part, supplier, partsupp, nation, region
where p_partkey = ps_partkey and s_suppkey = ps_suppkey
and p_size = 15 and p_type like '%brass'
and s_nationkey = n_nationkey and n_regionkey = r_regionkey
and r_name = 'europe'
and ps_supplycost = (
select min(ps_supplycost)
from partsupp, supplier, nation, region
where p_partkey = ps_partkey and s_suppkey = ps_suppkey
and s_nationkey = n_nationkey and n_regionkey = r_regionkey
and r_name = 'europe'
)
order by s_acctbal desc, n_name, s_name, p_partkey;
```

--SQL 解析：外层查询"ps_supplycost ＝"表达式为子查询结果，即内层子查询输入的 min(ps_supplycost)结果。内层子查询因缺失 p_partkey 信息而不能独立执行，该查询是相关子查询。查询执行时，外层查询产生的结果集，下推到内层查询各 p_partkey 值，下层查询根据外层查询推送 p_partkey 计算出的结果集，外层查询通过 ps_supplycost＝(…)表达式筛选内层查询的结果，最终产生输出记录。

嵌套相关子查询是由外层查询通过数据驱动内层查询执行，每一条外层查询产生的记录调用一次内层查询执行。这种执行方式可以转换为两个独立查询执行结果集的连接操作。

改写后的查询如下：

```
with ps_supplycosttable (min_supplycost, partkey)
as
(
    select min(ps_supplycost) as min_ps_supplycost, p_partkey
    from partsupp, supplier, nation, region, part
    where p_partkey = ps_partkey and s_suppkey = ps_suppkey
    and p_size = 15 and p_type like '%brass'
```

```
and s_nationkey = n_nationkey and n_regionkey = r_regionkey
and r_name = 'europe'
    group by p_partkey
)
select
s_acctbal, s_name, n_name, p_partkey, ps_supplycost, p_mfgr, s_address, s_phone, s_comment
from part, supplier, partsupp, nation, region, ps_supplycosttable
where p_partkey = ps_partkey and s_suppkey = ps_suppkey
and partkey=p_partkey              --增加与派生表 partkey 连接表达式
and ps_supplycost＝min_supplycost   --增加与派生表 supplycost 等值表达式
and p_size = 15 and p_type like '%brass'
and s_nationkey = n_nationkey and n_regionkey = r_regionkey
and r_name = 'europe'
order by s_acctbal desc, n_name, s_name, p_partkey;
```

——SQL 解析：首先将外层查询 part 表上的谓词条件下推到内层查询，通过 with 派生表查询所有候选的 p_partkey 与相应的聚集结果；然后外层查询与 with 派生表连接将比较运算符子查询改写为与 with 派生表属性的等值表达式。

3. 带有 any 或 all 谓词的子查询

当子查询返回的结果是多值的，比较运算符包含两种语义：与多值的全部结果（all）比较，或与多值的某个结果（any）比较。使用 any 或 all 谓词时必须同时使用比较运算符，其语义如下：

- ＞/＞＝/＜/＜＝/！＝/＝ any：大于/大于等于/小于/小于等于/不等于/等于结果中某个值。
- ＞/＞＝/＜/＜＝/！＝/＝ all：大于/大于等于/小于/小于等于/不等于/等于结果中所有值。

SQL 命令示例：

【例 12-38】 统计 lineitem 表中 l_extendedprice 大于任何一个中国顾客订单 l_extendedprice 记录的数量。

```
select count(*) from lineitem where l_extendedprice>any(
select l_extendedprice from lineitem, supplier, nation
where l_suppkey=s_suppkey and s_nationkey=n_nationkey
and n_name='china');
```

——SQL 解析：子查询选出满足条件的 l_extendedprice 子集，父查询判断是否当前记录的 l_extendedprice 大于任意 l_extendedprice 子集元素。

＞any 子查询可以改写为子查询中的最小值，即：

```
select count(*) from lineitem where l_extendedprice>(
select min(l_extendedprice) from lineitem, supplier, nation
where l_suppkey=s_suppkey and s_nationkey=n_nationkey
and n_name='china');
```

--SQL 解析：大于集合中任一元素值等价于大于集合中最小值。查询改写前需要通过嵌套循环连接算法扫描外层查询的每一条记录，然后将与内层查询的结果集进行比较，查询执行代价较高。改写后的查询先执行内层查询，计算出 min 聚集结果，然后外层查询与固定的内层 min 聚集结果比较，查询代价较小。

同理，any 或 all 子查询转换聚集函数的对应关系还包括：
- ＝any 等价于 in 谓词。
- ＜＞all 等价于 not in 谓词。
- ＜(＜＝)any 等价于＜(＜＝)max 谓词。
- ＞(＞＝)any 等价于＞(＞＝)min 谓词。
- ＜(＜＝)all 等价于＜(＜＝)min 谓词。
- ＞(＞＝)all 等价于＞(＞＝)max 谓词。

4. 带有 exist 谓词的子查询

带有 exist 谓词的子查询不返回任何数据，只产生逻辑结果 true 或 false。

SQL 命令示例：

【例 12－39】 分析下面查询 exists 子查询的作用。

```
select o_orderpriority, count( * ) as order_count
from orders
where o_orderdate >= '1993-07-01'
and o_orderdate < dateadd(month, 3,'1993-07-01' )
and exists (
select *
from lineitem
where l_orderkey = o_orderkey and l_commitdate < l_receiptdate )
group by o_orderpriority
order by o_orderpriority;
```

--SQL 解析：查询在 orders 表的执行谓词条件，满足谓词条件的 orders 记录的 o_orderkey 下推到内层子查询，与 lineitem 表谓词 l_commitdate ＜ l_receiptdate 执行结果集进行连接，判断 lineitem 表中是否至少存在一个 receiptdate 晚于 commitdate 日期的情况。子查询存在量词 exists 在内层查询结果为空时，外层 where 子句返回真值，反之返回假值。如果返回值为真，外层查询执行分组计数操作。该查询可以改写为使用连接运算的 SQL 语句：

```
select o_orderpriority, count (distinct l_orderkey) as order_count
from orders, lineitem
where o_orderkey=l_orderkey and o_orderdate >= '1993-07-01'
and o_orderdate < dateadd (month, 3,'1993-07-01')
and l_commitdate < l_receiptdate
group by o_orderpriority
order by o_orderpriority;
```

--SQL 解析：将查询改写为两表连接操作。原始查询判断 orders 表上是否存在满足连接条件的记录再进行分组计数操作，改写后的查询直接在满足连接条件的记录上执行分组计数操作。需要注意的是，orders 表上 o_orderkey 为主键，而 l_orderkey 为外键，将查询改写为两表连接方式时，一条满足条件的 orders 表记录会与多个 lineitem 表记录连接，因此需要对连接结果集中的 o_orderkey 去重统计。

【例 12-40】 查询没有购买任何商品的顾客的数量。

```
select count(c_custkey)
from customer
where not exists(
select * from orders, lineitem
where l_orderkey=o_orderkey and o_custkey=c_custkey
);
```

--SQL 解析：通过存在量词 not exists 检查内层子查询中是否有该用户的订单记录，当子查询结果集为空时，向外层查询返回真值，确定该顾客为满足查询条件的顾客。

```
select count(*)
from orders right outer join customer on o_custkey=c_custkey
where o_orderkey is null;
```

--SQL 解析：本查询还可以改写为右连接方式。对 orders 表与 customer 执行右连接操作，没有购买记录的顾客在右连接结果中 orders 表属性为空值，可以作为顾客没有购买行为的判断条件。

【例 12-41】 查询在 1993 年 7 月起的 3 个月内没有购买任何商品的顾客的数量。

```
select count(c_custkey)
from customer
where not exists(
select * from orders
where o_custkey=c_custkey
and o_orderdate between '1993-07-01' and dateadd(year, 1,'1993-07-01')
);
```

--SQL 解析：查询在外层查询扫描 customer 表，将 c_custkey 下推到内层查询判断是否存在 1993 年 7 月起的 3 个月内在 orders 表上的订单记录，如果不存在返回真值，该记录为满足查询条件的记录并计数。

```
select count(distinct c_custkey)
from (select o_custkey from orders
where o_orderdate between '1993-07-01' and dateadd(month,3,'1993-07-01')) order_3mon(custkey)
right outer join customer on custkey=c_custkey
where custkey is null;
```

--SQL 解析：查询还可以改写为基于右连接的查询命令。首先需要从 orders 表中筛选出 1993 年 7 月起 3 个月内的订单记录，将这部分查询命令作为派生表嵌入 from 子句中，并设置派生表的名称和属性名 order_3mon(custkey)，然后将派生表与 customer 表做右连接操作，以派生表 custkey 为空作为判断 c_custkey 在派生表中没有订单的依据。

查询的结果还可以通过集合操作来验证。

```
select c_custkey from customer
except
select distinct o_custkey from orders, customer
where o_custkey=c_custkey
and o_orderdate between '1993-07-01' and dateadd(year,1,'1993-07-01');
```

--SQL 解析：首先选择 customer 表中所有 c_custkey 集合，然后再选出 orders 表中 1993 年 7 月起 3 个月内的订单的去重 o_custkey 集合，两个集合的差运算结果即为 customer 表中 1993 年 7 月起 3 个月内没有产生订单的顾客。

【扩展练习】创建 TPC-H 数据库，导入 TPC-H 数据，调试并分析嵌套查询 Q2、Q4、Q7、Q8、Q9、Q11、Q13、Q15、Q16、Q17、Q18、Q20、Q21、Q22，尝试能否将嵌套查询改写为非嵌套查询命令，并对比不同形式 SQL 命令执行的效率。

四、集合查询

当多个查询的结果集具有相同的列和数据类型时，查询结果集之间可以进行集合的并（unioin）、交（intersect）和差（except）操作。参与集合操作的原始表的结构可以不同，但结果集需要具有相同的结构，即相同的列数，对应列的数据类型相同。

SQL 命令示例（集合并运算）：

【例 12-42】 查询 lineitem 表中 l_shipmode 模式为 air 或 air reg，以及 l_shipinstruct 方式为 deliver in person 的订单号。

```
select distinct l_orderkey from lineitem
where l_shipmode in ('air','air reg')
union
select distinct l_orderkey from lineitem
where l_shipinstruct ='deliver in person'

select distinct l_orderkey from lineitem
where l_shipmode in ('air','air reg')
union all
select distinct l_orderkey from lineitem
where l_shipinstruct ='deliver in person'
```

--SQL 解析：union 将两个查询的结果集进行合并，union all 保留两个结果集中全部的结果，包括重复的结果，union 则在结果集中去掉重复的结果。当在相同的表上执行 union 操作时，可以将 union 操作转换为选择谓词的表达式或 or 表达式，如：

```
select distinct l_orderkey from lineitem
where l_shipmode in ('air','air reg') or l_shipinstruct ='deliver in person';
```

SQL 命令示例（集合交运算）：

【例 12-43】 查询 container 为 wrap box、med case、jumbo pack，并且 ps_availqty 低于 1 000 的产品名称。

```
select p_name from part
where p_container in ('wrap box','med case','jumbo pack')
intersect
select p_name from part, partsupp
where p_partkey=ps_partkey and ps_availqty<1000;
```

--SQL 解析：首先在 part 表上投影出 container 为 wrap box、med case、jumbo pack 的 p_name；然后连接 part 与 partsupp 表，按 ps_availqty<1 000 条件筛选出 p_name，由于 part 与 partsupp 的主码-外码参照关系，p_name 存在重复的记录；最后执行两个集合的并操作，获得满足两个集合条件的 p_name 结果集，并通过集合操作消除重复的 p_name。

本例可以改写为基于连接操作的查询，但需要注意的是 p_name 在输出时需要通过 distinct 消除连接操作产生的重复值，改写的 SQL 命令如下：

```
select distinct p_name from part, partsupp
where p_partkey=ps_partkey and ps_availqty<1000
and p_container in ('wrap box','med case','jumbo pack')
order by p_partkey;
```

SQL 命令示例（集合差运算）：

【例 12-44】 查询 orders 表中 o_orderpriority 类型为 1-urgent 和 2-high，但 o_orderstatus 状态不为 F 的订单号。

```
select o_orderkey from orders
where o_orderpriority in ('1-urgent','2-high')
except
select o_orderkey from orders
where o_orderstatus='F';

select o_orderkey from orders
where o_orderpriority in ('1-urgent','2-high') and not o_orderstatus='F';
```

--SQL 解析：orders 表的主码为 o_orderke，集合差操作的两个集合操作都是面向相同记录的不同属性，可以将差操作改写为第一个谓词与第二个谓词取反的合取表达式查询命令。

SQL 命令示例（多值列集合差运算）：

【例 12-45】 查询 lineitem 表中执行 l_shipmode 模式为 air 或 air reg，但 l_shipinstruct 方式不是 deliver in person 的订单号。

按查询要求将查询条件 l_shipmode 模式为 air 或 air reg 作为一个集合，查询条件 l_shipinstruct 方式是 deliver in person 作为另一个集合，然后求集合差操作。查询命令

如下:

```
select l_orderkey from lineitem
where l_shipmode in ('air','air reg')
except
select l_orderkey from lineitem
where l_shipinstruct ='deliver in person'
```

由于执行的是集合运算,集合的结果自动去重。

当改写此查询时,在输出的 l_orderkey 前面需要手工增加 distinct 语句对结果集去重,差操作集合谓词条件改为 l_shipinstruct!='deliver in person',查询命令如下:

```
select distinct l_orderkey from lineitem
where l_shipmode in ('air','air reg') and l_shipinstruct!='deliver in person';
```

重写后的查询与集合差操作查询结果不一致!

通过对表中记录的分析可知,如图 12-28 所示,l_orderkey 列为多值列,相同的 l_orderkey 对应多条记录,集合差运算的语义对应一个订单下的订单项需要满足 l_shipmode 模式为 air 或 air reg,但该订单的 l_shipinstruct 方式不能是 deliver in person。改写的查询判断的是同一记录不同字段需要满足的条件,与查询语义不符,因此查询结果错误。

	L_ORDERKEY	L_SHIPINSTRUCT	L_SHIPMODE
48756	48546	COLLECT COD	AIR
48757	48546	DELIVER IN PERSON	REG AIR
48758	48546	TAKE BACK RETURN	FOB
48759	48547	COLLECT COD	SHIP
48760	48547	NONE	AIR
48761	48548	NONE	FOB
48762	48548	TAKE BACK RETURN	MAIL
48763	48548	TAKE BACK RETURN	FOB
48764	48548	TAKE BACK RETURN	FOB
48765	48548	DELIVER IN PERSON	TRUCK
48766	48548	NONE	RAIL
48767	48548	NONE	REG AIR

图 12-28 多键值列上的集合差操作

根据集合差运算查询的语义,第一种改写方式是通过 in 操作判断满足 l_shipmode 模式为 air 或 air reg 条件的订单号不能在满足 l_shipinstruct 方式是 deliver in person 的订单号集合中。查询命令如下:

```
select distinct l_orderkey from lineitem
where l_shipmode in ('air','reg air') and l_orderkey not in (
select l_orderkey from lineitem
where l_shipinstruct ='deliver in person');
```

第二种改写方法是通过 not exists 语句判断满足 l_shipmode 模式为 air 或 air reg 条件的当前记录订单号是否存在满足 l_shipinstruct 方式是 deliver in person 的情况。

```
select distinct l_orderkey from lineitem l1
where l_shipmode in ('air', 'reg air') and not exists (
select * from lineitem l2 where l1.l_orderkey=l2.l_orderkey
and l_shipinstruct ='deliver in person');
```

集合差运算的改写较为复杂，要根据表的数据情况具体分析，并进行验证。

五、基于派生表查询

当一个复杂的查询需要不同的数据集进行运算时，可以通过派生表和 with 子句定义查询块或查询子表。

当子查询出现在 from 子句中，子查询起到临时派生表的作用，成为主查询的临时表对象。

SQL 命令示例：

【例 12-46】 分析下面查询中派生表的作用。

```
select c_count, count ( * ) as custdist
from (
select c_custkey, count (o_orderkey)
from customer left outer join orders on c_custkey = o_custkey
and o_comment not like '%special%requests%'
group by c_custkey
) as c_orders (c_custkey, c_count)
group by c_count
order by custdist desc, c_count desc;
```

--SQL 命令解析：from 子句中由一个完整的查询定义派生表，命名为 c_orders，按 c_custkey 分组统计订单号数量。由于派生表输入属性中包含分组聚集结果，因此需要派生表指定表名与列名，然后在派生表上完成按分组订单数量分组聚集操作，实现对分组聚集结果再分组聚集计算。

派生表的功能也可以通过定义公用表表达式来实现。公用表表达式用于指定临时命名的结果集，将子查询定义为公用表表达式，在使用时要求公用表表达式后面紧跟着使用公用表表达式的 SQL 命令。上例查询命令将派生表查询块用 with 表达式定义，简化查询命令结构：

```
with c_orders (c_custkey, c_count)
as (
select c_custkey, count (o_orderkey)
from customer left outer join orders on c_custkey = o_custkey
and o_comment not like '%special%requests%'
group by c_custkey
```

```
select c_count, count ( * ) as custdist
from c_orders group by c_count
order by custdist desc, c_count desc;
```

SQL 命令示例：

【例 12-47】 通过 row_number 函数对以 c_custkey 分组统计的订单数量按大小排列和 c_custkey 排序并分配行号。

```
select c_custkey, count ( * ) as counter,
row_number( ) over (order by counter) as rownum
from orders, customer
where o_custkey=c_custkey
group by c_custkey
order by counter, custkey;
```

--SQL 解析：聚集表达式上的 row_number 函数无效，无法完成序列操作。

```
with custkey_counter(custkey, counter)
as (
select c_custkey, count ( * )
from orders, customer
where o_custkey=c_custkey
group by c_custkey)
select custkey, counter, row_number( ) over (order by counter) as rownum
from custkey_counter
order by counter, custkey;
```

--SQL 解析：将带有分组聚集命令的查询块定义为 with 表达式，聚集列定义为表达式属性，然后在查询中通过 from 子句访问该 with 表达式，通过 row_number 函数为查询结果分配行号。

with 表达式一方面可以将复杂查询中的查询块预先定义，简化查询主体结构，另一方面可以通过表达式实现一些对聚集结果列的处理任务。

第 5 节　数据更新 SQL

数据更新的操作包含对表中记录的增、删、改操作，对应的 SQL 命令分别为 insert、delete 和 update。

一、插入数据

SQL 命令中插入语句包括两种类型：插入一个新元组；插入查询结果。插入查询结果时可以一次插入多个元组。

1. 插入元组

命令：insert into values
功能：在表中插入记录。
语法：

```
insert into <table_name> [column_list]
values ({default | null | expression } [, ... n ]);
```

SQL 命令描述：

insert 语句的功能是向指定的表 table_name 中插入元组，column_list 指出插入元组对应的属性，可以与表中列的顺序不一致，没有出现的属性赋空值，需要保证没有出现的属性不存在 not null 约束，不然会出错。当不使用 column_list 时需要插入全部的属性值。values 子句按 column_list 顺序为表记录各个属性赋值。

SQL 命令示例：

【例 12－48】 在 region 表中插入新记录 North America 和 South America。

```
insert into region(r_regionkey, r_name)
values (5,'north america');
insert into region
values (6,'south america',null);
```

插入操作的结果如图 12－29 所示。

	R_REGIONKEY	R_NAME	R_COMMENT
1	0	AFRICA	special Tiresias about the furiously even dolphins are furi
2	1	AMERICA	even, ironic theodolites according to the bold platelets wa
3	2	ASIA	silent, bold requests sleep slyly across the quickly sly dependencies. furiously silent instructions alongside
4	3	EUROPE	special, bold deposits haggle foxes. platelet
5	4	MIDDLE EAST	furiously unusual packages use carefully above the unusual, exp
6	5	NORTH AMERICA	null
7	6	SOUTH AMERICA	null

图 12－29　插入操作结果

--SQL 命令解析：在 region 表中插入一个新记录，对指定的列 r_regionkey、r_name 分别赋值 5，' north america '，其余未指定列自动赋空值 null。

在 insert 命令中需要保证 values 子句中值的顺序与 into 子句中列的顺序相对应，第二条插入命令未指定列顺序时，需要按表定义的列顺序输入完整的 values 值，r_comment 列不能缺失，可以输入空值。

2. 插入子查询结果

语法：

```
insert into <table_name> [column_list]
select ... from ... ;
```

SQL 命令描述：

将子查询的结果批量插入表中。要求预先建立记录插入的目标表，然后通过子查询选择记录，批量插入目标表，子查询的列与目标表的列相对应。

【例 12－49】 将查询结果插入新表中，然后通过 row_number 函数对以 c_custkey 分组统计的订单数量按大小排列和 c_custkey 排序并分配行号。

```
create table custkey_counter(custkey int, counter int);
insert into custkey_counter
select c_custkey, count(*)
from orders, customer
where o_custkey=c_custkey
group by c_custkey;

select custkey, counter, row_number() over (order by counter) as rownum
from custkey_counter
order by counter, custkey;
```

——SQL 命令解析：首先建立目标表 custkey_counter，包含两个 int 型列。然后通过子查询 select c_custkey, count(*) from orders, customer where o_custkey=c_custkey group by c_custkey; 产生查询结果集，通过 insert into 语句将子查询的结果集插入目标表 custkey_counter 中。最后在 custkey_counter 上执行分配序号操作。

select…into new_table 也提供了类似的将子查询结果插入目标表的功能。

select…into new_table 命令不需要预先建立目标表，查询根据选择列表中的列和从数据源选择的行，在指定的新表中插入记录。

【例 12-50】 将上例分组聚集结果插入表 custkey_counter1 中。

```
select c_custkey, count(*) as counter into custkey_counter1
from orders, customer
where o_custkey=c_custkey
group by c_custkey;
```

——SQL 命令解析：因为查询中包含聚集表达式，因此需要为聚集结果列赋一个别名 as counter，作为目标表中的列名。系统自动创建表 custkey_counter1，表中包含与 c_custkey 和 counter 一致的列。

二、修改数据

修改操作又称更新操作。

命令：update

功能：修改表中元组的值。

语法：

```
update <table_name>
set <column_name>=<expression>[<column_name>=<expression>]
[from { <table_source> } [,...n] ]
[where <search_condition>];
```

SQL 命令描述：

update 语句的功能是更新表中满足 where 子句条件的记录中由 set 指定的属性值。

SQL 命令示例（修改单个记录属性值）：

【例 12-51】 将 region 表中 r_name 为 north america 记录的 c_comment 属性设置为 including Canada and USA。

```
update region set r_comment='including canada and usa'
where r_name='north america';
```

--SQL 命令解析：修改指定单个记录属性值时，where 条件通常使用码属性上的等值条件来确定到指定的记录。

SQL 命令示例（按条件修改多个记录属性值）：

【例 12-52】 将 lineitem 表中订单平均 l_commitdate 与 l_shipdate 间隔时间超过 60 天的订单的 o_orderpriority 更改为 1-urgent。

```
update orders set o_orderpriority ='1-urgent'
from
(select l_orderkey,
avg (datediff(day, l_commitdate, l_shipdate)) as avg_delay
from lineitem
group by l_orderkey
having avg(datediff(day, l_commitdate, l_shipdate))>60) as order_delay
where l_orderkey=o_orderkey;
```

--SQL 命令解析：更新 orders 表中 o_orderpriority 列的值，但更新的条件需要通过连接子查询构造。查询的关键是通过派生表计算出 lineitem 表中按订单号分组计算 l_commitdate 与 l_shipdate 平均间隔时间，并给派生表命名，然后派生表与 orders 表按订单号连接并完成基于连接表的更新操作。

SQL 命令示例（通过子查询修改记录属性值）：

【例 12-53】 将 Indonesia 国家的供应商的 s_acctbal 值增加 5%。

```
update supplier set s_acctbal=s_acctbal * 1.05
where s_nationkey in (
select n_nationkey from nation where n_name='indonesia');
```

--SQL 命令解析：通过 IN 嵌套查询将 nation 表上的条件传递给 supplier 表作为更新条件。

三、删除数据

删除操作用于将表中满足条件的记录删除。

命令：delete

功能：删除表中元组。

语法：
```
delete
from <table_name>
[where <search_condition>];
```

SQL 命令描述：

delete 语句的功能是删除表中的记录，当不指定 where 条件时删除表中全部记录，指定 where 条件时按条件删除记录。

SQL 命令示例（删除表中全部元组）：

【例 12-54】 删除 custkey_counter1 表中全部记录。

```
delete from custkey_counter1;
```

--SQL 命令解析：删除指定表中全部记录，如果要删除表，使用 drop table custkey_counter1 命令。

SQL 命令示例（删除表中指定条件的元组）：

【例 12-55】 删除 region 表中 r_name 为 South America 的记录。

```
delete from custkey_counter1 where r_name='south america';
```

--SQL 命令解析：按谓词条件删除表中指定的一条或多条记录。

SQL 命令示例（通过子查询删除元组）：

【例 12-56】 删除 lineitem 表中订单 o_orderstatus 状态为 F 的记录。

```
delete from lineitem
where l_orderkey in (
select o_orderkey from orders where o_orderstatus='F');
```

在具有参照完整性约束关系的表中，删除被参照表记录之前要先删除参照表中对应的记录，然后才能删除被参照表中的记录，实现 cascade 级联删除，满足约束条件。

四、事务

数据库中的事务是用户定义的一个 SQL 操作序列，事务中的操作序列满足要么全做，要么全不做的要求，是一个用户定义的不可分割的操作单位。SQL 定义事务的语句有：

```
begin transaction [<transaction name>]
commit transaction [<transaction name>]
rollback [<transaction name>]
```

事务以 begin transaction 为开始，commit 表示事务成功提交，rollback 表示事务中的操作全部撤销，回滚到事务开始的状态。事务需要满足四个特性：原子性（Atomicity）、一致性（Consistency）、隔离性（Isolation）、持久性（Durability），简称 ACID 特性，数据库保证 ACID 特性的主要技术是并发控制和恢复机制。

SQL 命令示例（事务控制）：

【例 12-57】 在 lineitem 表中插入一条 l_partkey 为 6、l_suppkey 为 7507 的订单记录，l_quantity 为 100，同时将 partsupp 表中对应记录的 ps_availqty 值减 100。SQL 命令如下所示：

```
begin transaction orderitem
update partsupp set ps_availqty=ps_availqty-100
where ps_partkey=6 and ps_suppkey=7507;
insert into lineitem (l_orderkey, l_linenumber, l_partkey, l_suppkey, l_quantity) values(578,3,6,7507,100);
commit transaction
```

--SQL 解析：查询对应两个表上的更新命令，需要保证两个 SQL 命令序列包含在一个事务中，执行全部的更新命令，或者在出现故障时部分执行的更新命令恢复到初始状态。

第 6 节 视图的定义和使用

视图是数据库从一个或多个基本表导出的虚表，视图中只存储视图的定义，但不存放视图对应的实际数据。当访问视图时，通过视图的定义实时地从基本表中读取数据。定义视图为用户提供了基本表上多样化的数据子集，但不会产生数据冗余以及不同数据复本导致的数据不一致问题。视图在定义后可以和基本表一样被查询、删除，也可以在视图上定义新的视图。由于视图并不实际存储数据，视图的更新操作有一定的限制。

一、定义视图

1. 创建视图

命令：create view

功能：创建一个视图。

语法：

```
create view<view_name> [ (column_name [ ,...n ] ) ]
as<select_statement>
[ with check option ];
```

SQL 命令描述：

子查询 select_statement 可以是任意的 select 语句，with check option 表示对视图进行 update、insert 和 delete 操作时要保证更新、插入或删除的行满足视图定义中的谓词条件，即子查询中的条件表达式。

在视图定义时，视图属性列名省略默认视图由子查询中 select 子句目标列中的各字段组成；当子查询的目标列是聚集函数或表达式、多表连接中同名列或者使用新的列名时需要指定组成视图的所有列名。

SQL 命令示例：

【例 12-58】 创建视图 revenue，定义 1996 年 1 月 1 日起的 3 个月内按供应商号对 lineitem 表的折扣后价格进行分组聚集计算，并查询贡献了最高销售额的供应商。

```
create view revenue (supplier_no, total_revenue) as
select l_suppkey, sum(l_extendedprice * (1-l_discount))
from lineitem
where l_shipdate>='1996-01-01' and l_shipdate<dateadd(month, 3, '1996-01-01' )
group by l_suppkey;

select s_suppkey, s_name, s_address, s_phone, total_revenue
from supplier, revenue
where s_suppkey=supplier_no and total_revenue = (
select max(total_revenue)
from revenue )
order by s_suppkey;

drop view revenue;
```

——SQL 命令解析：首先定义临时视图 revenue 在指定的时间段内对销售额按供应商号进行汇总计算，然后将视图与 supplier 表进行连接，查询最大销售额对应的供应商信息，查询完成后删除视图。

本例中视图起到临时表的作用，也可以使用 with 表达式完成该查询任务。

```
with revenue (supplier_no, total_revenue) as (
select l_suppkey, sum(l_extendedprice * (1-l_discount))
from lineitem
where l_shipdate>='1996-01-01' and l_shipdate<dateadd(month, 3, '1996-01-01' )
group by l_suppkey)
select s_suppkey, s_name, s_address, s_phone, total_revenue
from supplier, revenue
where s_suppkey=supplier_no and total_revenue = (
select max(total_revenue)
from revenue )
order by s_suppkey;
```

——SQL 命令解析：with 表达式定义与视图类似，定义后直接使用表达式进行查询。

SQL 命令示例（定义多表连接视图）：

【例 12-59】 创建 TPC-H 多表连接视图。

```
create view tpch_view as
with nation1(n1_nationkey, n1_name, n1_regionkey, n1_commont)
as (select * from nation),      ——创建公共表 nation1
region1(r1_regionkey, r1_name, r1_commont)
as (select * from region)       ——创建公共表 region1
select count( * )
```

```
from lineitem,orders,partsupp,part,supplier,customer,nation,nation1,region,region1
where l_orderkey=o_orderkey
and l_partkey=ps_partkey
and l_suppkey=ps_suppkey
and ps_partkey=p_partkey
and ps_suppkey=s_suppkey
and o_custkey=c_custkey
and s_nationkey=n_nationkey
and n_regionkey=r_regionkey
and c_nationkey=n1_nationkey
and n1_regionkey=r1_regionkey;
```

--SQL 命令解析：根据 TPC-H 模式创建全部表间连接视图。

2. 删除视图

命令：drop view

功能：删除指定的视图。

语法：

```
drop view <view_name>;
```

SQL 命令描述：

删除指定的视图。视图定义在一个或多个基本表上，当视图依赖的基本表被删除时，数据库并不自动删除依赖基本表的视图，但视图已失效，需要通过视图删除命令删除失效的视图。当视图依赖的基本表结构发生改变时，可以通过修改视图的定义维持视图不变，从而为用户提供一个统一的视图访问，消除因数据库结构变化而导致的用户应用失效。

删除例 12－58 所创建的视图。

```
drop view revenue;
```

二、查询视图

在视图上可以执行与基本表一样的查询操作。

数据库执行对视图的查询时，把视图定义的子查询和用户查询结合起来，转换成等价的对基本表的查询。

SQL 命令示例：

【例 12－60】 在 TPC-H 多表连接视图上查询。

```
select count(*) from tpch_view
where p_container in ('wrap box','med case','jumbo pack');
```

--SQL 解析：根据视图定义与视图上的查询转换成下面等价的 SQL 命令：

```
with nation1(n1_nationkey,n1_name,n1_regionkey,n1_commont)
as (select * fromnation),       ——创建公共表 nation1
```

```
region1(r1_regionkey, r1_name, r1_commont)
as (select * from region)        ——创建公共表 region1
select count( * )
from lineitem, orders, partsupp, part, supplier, customer, nation, nation1, region, region1
where l_orderkey=o_orderkey
and l_partkey=ps_partkey
and l_suppkey=ps_suppkey
and ps_partkey=p_partkey
and ps_suppkey=s_suppkey
and o_custkey=c_custkey
and s_nationkey=n_nationkey
and n_regionkey=r_regionkey
and c_nationkey=n1_nationkey
and n1_regionkey=r1_regionkey
and p_container in ('wrap box', 'med case', 'jumbo pack');
```

根据查询的语义，其最优的等价查询命令为：

```
select count( * )
from part, lineitem
where p_partkey = l_partkey
and p_container in ('wrap box', 'med case', 'jumbo pack');
```

对复杂视图上查询的等价转换取决于数据库查询处理引擎优化器的设计。

三、更新视图

更新视图是通过视图执行插入、删除、修改数据的操作。不同于基本表，视图更新有很多限制条件。

1. 单表上的视图更新

【例 12－61】 分析下面视图上支持的更新操作。

```
create view order_vital_items as
select o_orderkey, o_orderstatus, o_totalprice,
o_orderdate, o_orderpriority
from orders
where o_orderpriority in ('1-urgent', '2-high');
```

--SQL 解析：视图基于单表选择、投影操作而创建，在视图上执行更新操作时需要根据基本表的定义和约束条件确定更新操作的可行性。

当执行插入（insert）操作时，由于基本表上存在非视图定义属性可能会拒绝插入或者非视图属性设置为空值。当视图属性未包含基本表上的主码时，同样不能完成插入操作。如下面 SQL 命令通过视图 order_vital_items 在 orders 表中插入一条记录，记录中未包含在视图插入命令的列设置为空值，当插入记录 values 列表中未包含 o_orderkey 属性值时，由于在基本表上违反了主码约束条件而被拒绝插入。插入命令中 o_orderpriority 属性值不满足视图定义时的条件 o_orderpriority in ('1-urgent', '2-high')，记录可以插入但在视图中查看不到，可以在基本表上查询到该记录。

```
insert into order_vital_items values(8,'F',23453,'1998-03-23','3-MEDIUM');
```

视图上的删除（delete）与修改（update）操作需要满足视图对应的基本表上的约束条件，如主码唯一或与参照表之间的主码-外码参照关系，若违反则该更新操作被拒绝。当满足执行条件时，视图上的更新操作与视图定义相结合执行。

```
update order_vital_items set o_orderpriority='3-medium'
where o_orderdate='1994-07-10';
```

可以改写为等价的 SQL 命令：

```
update orders set o_orderpriority='3-medium'
where o_orderdate='1994-07-10' and o_orderpriority in ('1-urgent','2-high');
```

2. 单表上的聚集视图更新

【例 12-62】 分析下面视图上支持的更新操作。

视图 orderpriority_count 为 orders 表上分组聚集结果集。

```
create view orderpriority_count as
select o_orderpriority, count(*) as counter
from orders
group by o_orderpriority;
```

视图对应的不是基本表上的基本数据，而是基本表的计算结果，因此对视图中的记录更新无法转换为等价的 SQL 命令，被数据库系统拒绝。例如：

```
insert into orderpriority_count values('6-very low',50678);
update orderpriority_count set counter=50678
where o_orderpriority='1-urgent';
delete from orderpriority_count where o_orderpriority='1-urgent';
```

3. 多表连接视图更新

【例 12-63】 分析下面视图上支持的更新操作。

创建 nation 与 region 基本表的连接视图 nation_region。

```
create view nation_region as
select * from nation, region where n_regionkey=r_regionkey;
```

插入操作被拒绝，因为视图中的记录来自两个基本表，无法满足基本表上的主码-外码参照关系。

```
insert into nation_region values(25,'usa',1,1,'america');
```

删除操作被拒绝，视图对应的 nation 表与 region 表上存在主码-外码参照关系，不允许通过视图删除记录。

```
delete from nation_region where r_name='asia';
delete from nation_region where n_name='algeria';
```

修改操作可执行。第 1 条 update 命令修改视图中 nation 表属性，转换为在 nation 表上的 update 命令：

```
update nation set n_name='alg' where n_name='algeria';
update nation_region set n_name='alg' where n_name='algeria';
```

第 2 条 update 命令修改视图中 region 表属性，等价的 SQL 命令为：

```
update region set r_name='afr' where r_name='africa';
```

更新后视图中显示多条记录相关列被更新，实际对应 region 表中一条记录更新。

```
update nation_region set r_name='afr' where r_name='africa';
```

不同数据库对视图更新的支持不同，通常支持下列条件视图上的更新：
- from 子句中只有一个基本表。
- select 子句只包含基本表的属性，不包含任何表达式、聚集表达式或 distinct 声明。
- 任何没有出现在 select 子句中的属性都可以取空值。
- 定义视图的查询中不包含 group by 和 having 子句。

通常多表连接视图及嵌套子查询视图不支持更新，具体情况还需要参照不同数据库的系统设计。

视图可以看作数据库对外的数据访问接口，它可以屏蔽基本表上的敏感信息，为不同用户定制不同的数据访问视图，简化查询处理，并且能够通过视图屏蔽数据库底层的数据结构变化。

第 7 节 面向大数据管理的 SQL 扩展语法

在大数据分析的批量数据处理、交互式查询、实时流处理中，交互式查询是一个重要的环节，需要满足用户的 ad-hoc 即席查询、报表查询、迭代处理等查询需求，需要为用户提供 SQL 接口来兼容原有数据库用户的工作习惯，便于数据库用户及业务平滑地迁移到大数据分析平台。当前大数据管理平台中一个重要的方面是 SQL on Hadoop，通过 Hadoop 大数据平台扩展 SQL 的分布式查询处理能力。

同时，SQL 标准扩展了对非结构化数据类型的支持，如支持 JSON 数据管理以及图数据处理，本节介绍面向大数据管理领域的 SQL 扩展语法。

一、HiveQL

HiveQL 是 Apache Hive 上的一种类 SQL 语言，通过类似 SQL 的语法为用户提供

Hadoop 上数据管理与查询处理能力，从而使基于 SQL 的数据仓库用户和业务能够更容易地迁移到 Hadoop 平台。下面简要地描述 HiveQL 一些代表性的语法结构。

1. HiveQL 创建表命令

```
create [external] table [if not exists] table_name
    [(col_name data_type [comment col_comment], ...)]
    [comment table_comment]
    [partitioned by (col_name data_type [comment col_comment], ...)]
    [clustered by (col_name, col_name, ...)]
    [sorted by (col_name [asc|desc], ...)] into num_buckets buckets]
    [row format row_format]
    [stored as file_format]
    [location hdfs_path]
```

与 SQL 的建表命令语法结构类似，其中：

- external 关键字可以让用户创建一个外部表，在建表的同时指定一个指向实际数据的路径（location）。
- partitioned by 关键字指定表中用于分区的属性列表，需要指定属性名与数据类型。
- row format 关键字指定数据格式。
- stored as 关键字指定存储文件类型，如 textfile、sequencefile、rcfile 和 binary sequencefile。
- location 关键字指定在分布式文件系统中用于存储数据文件的位置。

HiveQL 采用 HDFS 分布式存储，在创建表时带有分布式存储的特点。

【例 12 - 64】 创建外部表 part。

```
create external table part (p_partkey int, p_name string, p_mfgr string,
p_brand string, p_type string, p_size int, p_container string,
p_retailprice double, p_comment string)
row format delimited fields terminated by '|'
stored as textfile
location '/tpch/part';
```

--HiveQL 命令解析：创建外部表 part，存储为文本文件，列分隔符为"｜"，存储位置为"/tpch/part"。与 SQL 命令相比，外部表需要指定记录行格式、文件存储类型及位置。

2. HiveQL 数据加载命令

HiveQL 不支持使用 insert 命令逐条插入，也不支持 update 命令，数据以 load 的方式批量加载到创建的表中。

【例 12 - 65】 加载数据。

```
load data local inpath './share/tpch_data/part.tbl' overwrite into table part;
```

3. HiveQL 查询命令

HiveQL 的基本语法格式如下：

```
select [all | distinct] select_expr, select_expr, …
from table_reference
[where where_condition]
[group by col_list]
[having having_condition]
[cluster by col_list | [distribute by col_list] [sort by| order by col_list]]
[limit number];
```

HiveQL 数据查询语法类似 SQL，其中 order by 对应全局排序，只有一个 reduce 任务，sort by 只在本机做排序。

HiveQL 不支持等值连接。SQL 中两表连接可以写为 select * from R, S where R. a= S. a；在 HiveQL 中需要写成 select * from R join S on R. a= S. a，如下面的 SQL 与 HiveQL 查询示例所示。

【例 12-66】 SQL 与 HiveQL 连接示例。

SQL 连接示例：

```
select l_orderkey, sum(l_extendedprice * (1-l_discount)) as revenue,
o_orderdate, o_shippriority
from customer, orders, lineitem
where c_mktsegment = ' building ' and c_custkey = o_custkey
and l_orderkey = o_orderkey and o_orderdate < '1995-03-15' and l_shipdate > '1995-03-15'
group by l_orderkey, o_orderdate, o_shippriority
order by revenue desc, o_orderdate;
```

HiveQL 连接示例：

```
select l_orderkey, sum(l_extendedprice * (1-l_discount)) as revenue,
o_orderdate, o_shippriority
from customer c join orders o on c. c_mktsegment = 'building'
and c. c_custkey = o. o_custkey
join lineitem l on l.l_orderkey = o.o_orderkey
where o_orderdate < '1995-03-15' and l_shipdate > '1995-03-15'
group by l_orderkey, o_orderdate, o_shippriority
order by revenue desc, o_orderdate;
```

HiveQL 在语法上与 SQL 类似，还有很多特定的语法。在数据类型的支持上，除 SQL 中常见的数据结构外还支持数组、结构体、映射数据类型。在查询功能支持上，HiveQL 支持嵌入 MapReduce 程序，用于处理复杂的任务。

【例 12-67】 HiveQL 调用 MapReduce 程序。

```
from (
from docs
map doctext
using 'python wordcount_mapper.py' as (word, cnt)
cluster by word ) it
reduce it. word, it. cnt using 'python wordcount_reduce.py';
```

Doctext 是输入,word、cnt 是 Map 程序的输出,cluster by 对 word 哈希分区后作为 Reduce 程序的输入。

二、JSON 数据管理

JSON(JavaScript Object Notation,JS 对象标记)是一种轻量级的数据交换格式,它采用完全独立于编程语言的文本格式来存储和表示数据,已成为 Web 的通用语言,可供计算机跨众多软件和硬件平台进行快速分析和传输。在 SQL:2016 标准中增加了对 JSON 数据结构的支持,Oracle 12c、MySQL 5.7、SQL Server 2016 等数据库增加了对 JSON 的数据管理功能,通过内置接口支持对 JSON 的存储、解析、查询、索引等功能,下面以 SQL Server 2017 为例演示对 JSON 数据的管理功能。

1. 解析 JSON 数据

【例 12-68】 通过 SQL 命令解析 JSON 数据。

```
declare @jsonvariable nvarchar(max)
set @jsonVariable = n'[
        {
            "id":0,
         "location": {
            "horizontal_region":"eastern hemisphere",
            "vertical_region":"southern hemisphere"
         },
         "population_b":0.78,
         "area_million_km2": 30.37
        },
        {
            "id":1,
         "location": {
            "horizontal_region":"western hemisphere",
            "vertical_region":"northern hemisphere"
         },
         "population_b":0.822,
         "area_million_km2": 42.07
        },
        {
            "id":2,
         "location": {
            "horizontal_region":"eastern hemisphere",
            "vertical_region":"northern hemisphere"
         },
         "population_b":3.8,
         "area_million_km2": 44
        },
        {
            "id":3,
```

```
        "location": {
           "horizontal_region":"western hemisphere",
           "vertical_region":"northern hemisphere"
        },
        "population_b":0.8,
        "area_million_km2":10.16
     },
     {
        "id":4,
        "location": {
           "horizontal_region":"eastern hemisphere",
           "vertical_region":"northern hemisphere"
        },
        "population_b":0.36,
        "area_million_km2": 6.5
     }
  ]'
select *
from openjson(@jsonvariable)
  with (id int 'strict $.id',
        location_horizontal nvarchar(50) '$.location.horizontal_region',
        Location_Vertical nvarchar(50) '$.Location.Vertical_region',
        Population_B real, Area_million_km2 real);
```

--SQL 命令解析：通过内置 openjson 函数解析 JSON 数据，使用 with 子句设置 JSON 数据解析结构。

2. JSON 数据转换为关系数据

【例 12-69】 通过 SQL 命令将 JSON 数据插入表中。

将上例中 SQL 命令改写为：

```
select * into region_json
from openjson(@jsonvariable)
  with (id int 'strict $.id',
        location_horizontal nvarchar(50) '$.location.horizontal_region',
        location_vertical nvarchar(50) '$.location.vertical_region',
        population_b real, area_million_km2 real);
```

--SQL 命令解析：将解析出的 JSON 数据插入表 region_json 中。OPENJSON 将 JSON 值转换为 WITH 短语定义的数据类型。

3. JSON 数据更新为关系数据列

【例 12-70】 通过 SQL 命令将 JSON 数据插入表中的列。

（1）在 region 表中增加一个 JSON 数据列。

```
alter table r1 add json_col nvarchar(max);
```

（2）将 JSON 数据更新到 JSON 列中。

```
declare @jsonvariable0 nvarchar(max)
set @jsonvariable0 = '{"id":0,"Location":{"horizontal_region":"eastern hemisphere",
"vertical_region":"southern hemisphere"},
                    "population_B":0.78,"area_million_km2":30.37}'
declare @jsonvariable1 nvarchar(max)
set @jsonvariable1 ='{"id":1,"Location":{"horizontal_region":"western hemisphere",
"vertical_region":"northern hemisphere"},
                    "population_b":0.822,"Area_million_km2":42.07}'
declare @jsonvariable2 nvarchar(max)
set @jsonvariable2 = '{"id":2,"location":{"horizontal_region":"eastern hemisphere",
"vertical_region":"northern hemisphere"},
                    "population_b":3.8,"area_million_km2":44}'
declare @jsonvariable3 nvarchar(max)
set @jsonvariable3 = '{"id":3,"location":{"horizontal_region":"western hemisphere",
"vertical_region":"northern hemisphere"},
                    "population_B":0.8,"area_million_km2":10.16}'
declare @jsonvariable4 nvarchar(max)
set @jsonvariable4 = '{"id":4,"location":{"horizontal_region":"eastern hemisphere",
"vertical_region":"northern hemisphere"},
                    "population_b":0.36,"area_million_km2":6.5}'
update region set json_col=@jsonvariable0 where r_regionkey=0;
update region set json_col=@jsonvariable1 where r_regionkey=1;
update region set json_col=@jsonvariable2 where r_regionkey=2;
update region set json_col=@jsonvariable3 where r_regionkey=3;
update region set json_col=@jsonVariable4 where r_regionkey=4;
```

（3）查看表中关系与 JSON 数据。

```
select
r_name,
json_value(json_col, '$.location.horizontal_region') as loca_h,
json_value(json_col, '$.location.vertical_region') as loca_v,
json_value(json_col, '$.population_b') as people,
json_value(json_col, '$.area_million_km2') as area
from region;
```

--SQL 命令解析：json _ value 函数用于从 JSON 字符串中解析值。

JSON 和 JSON 解析情况如图 12 - 30 所示。

	R_REGIONKEY	R_NAME	R_COMMENT	json_col
1	0	AFRICA	special T...	{"id":0,"Location":{"Hori...
2	1	AMERICA	even, iro...	{"id":1,"Location":{"Hori...
3	2	ASIA	silent, b...	{"id":2,"Location":{"Hori...
4	3	EUROPE	special, ...	{"id":3,"Location":{"Hori...
5	4	MIDDLE EAST	furiously...	{"id":4,"Location":{"Hori...

	r_name	Loca_H	Loca_V	People	Area
1	AFRICA	Eastern hemisphere	Sourthern Hemisphere	0.78	30.37
2	AMERICA	Western hemisphere	Northern Hemisphere	0.822	42.07
3	ASIA	Eastern hemisphere	Northern Hemisphere	3.8	44
4	EUROPE	Western hemisphere	Northern Hemisphere	0.8	10.16
5	MIDDLE EAST	Eastern hemisphere	Northern Hemisphere	0.36	6.5

图 12 - 30　JSON 列和 JSON 解析

4. 在 SQL 查询中使用关系和 JSON 数据

【例 12-71】 使用 JSON 数据执行 SQL 查询。

```
select r.r_name, detail.loca_h, detail.loca_v, detail.people, detail.area
from   region as r
           cross apply
       open json (r.json_col)
           with (
               loca_h    varchar(50)  n'$.location.horizontal_region',
               loca_v    varchar(50)  n'$.location.vertical_region',
               people    real         n'$.population_b',
               area      real         n'$.area_million_km2'
           )
       as detail
where is json(json_col)>0 and detail.people>0.8
order by json_value(json_col,'$.area_million_km2');
```

--SQL 命令解析：openjson 函数用于将 JSON 数据转换为关系数据格式，使用 JSON 表达式用于不同的查询子句。

5. JSON 索引

【例 12-72】 使用 JSON 数据执行 SQL 查询。

当查询中使用 JSON 值作为过滤条件查询时，可以为 JSON 值创建索引。

```
select r_name,
json_value(json_col, '$.location.horizontal_region') as loca_h,
json_value(json_col, '$.location.vertical_region') as loca_v,
json_value(json_col, '$.population_b') as people,
json_value(json_col, '$.area_million_km2') as area
from region
where json_value(json_col,'$.location.horizontal_region')='eastern hemisphere';
```

为 JSON 属性值创建索引需要如下步骤：

(1) 表中创建一个虚拟列，返回 JSON 中检索的属性值。

(2) 在虚拟列上创建索引。

```
alter table r1
add vhorizontal_region as json_value(json_col, '$.location.horizontal_region');
create index idx_json_horizontal_region on r1(vhorizontal_region);
```

6. 关系数据库输出为 JSON 数据格式

【例 12-73】 将 nation 表输出为 JSON 数据格式。

```
select * from nation for json auto;
select * from nation for json path, root('nations');
```

--SQL 命令解析：for json auto 将 select 语句结果自动输出为 JSON 数据格式；for

json path 可以增加嵌套结构和创建包装对象，如 root ('nations') 在 JSON 数据中增加名字为 nations 的根节点（见图 12-31）。

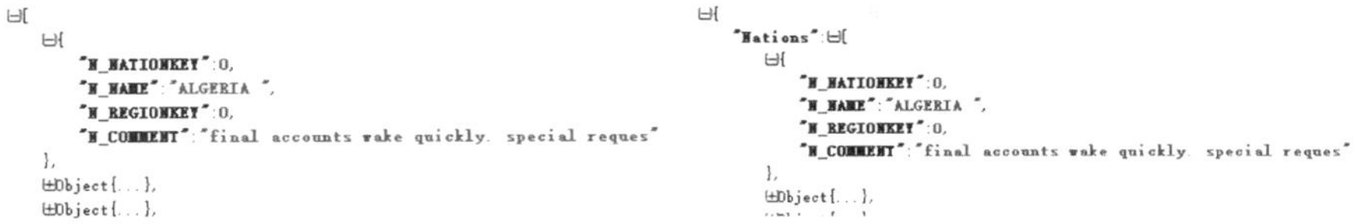

图 12-31　for json auto 与 for json path 输出结构

三、图数据管理

图数据管理技术起源于 20 世纪 70 年代，后来逐渐被关系数据库所取代。随着 21 世纪语义网技术的发展以及社交网络等大图数据应用的快速增长，图数据管理技术重新成为热点。图数据库是 NoSQL 数据库的一种类型，与关系数据库不同，图数据库采用图理论存储实体之间的关系信息，如社会网络中人与人之间的关系。

图数据库由一系列节点（或顶点）和边（或关系）组成。如图 12-32 所示，节点 person、city、restaurant 表示的实体，边 livesin、friendof、likes、locatedin 表示连接的两个节点之间的关系，如朋友关系、居住地、喜欢等。

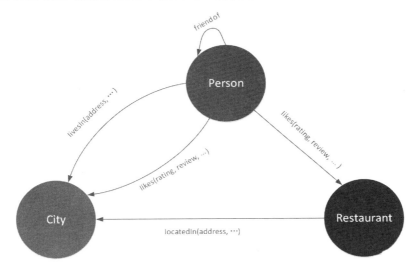

图 12-32　图数据库示例

节点和边都可能具有相关的属性。图形数据库的特征如下：
- 由节点和边构成，节点和边可以有属性。
- 边有名字和方向，单条边可以灵活地连接图数据库中的多个节点。
- 图数据库易于表达模式匹配或多跳导航查询。

SQL Server 2017 增加了对图数据库的支持。图数据库是一种抽象的数据类型，通过一组顶点节点、点和边来表现关系和连接，可以使用简单的方式来查询和遍历实体间的关系。下面以 SQL Server 2017 为例演示对图数据的管理功能。

1. 创建图数据库

【例 12-74】 创建示例图数据库 graphdemo。

```
create database graphdemo;
use  graphdemo;
```

——SQL 命令解析：创建图数据库 graphdemo 并打开 graphdemo。

```
create table person (
  id integer primary key,
  name varchar(100)
) as node;
create table restaurant (
  id integer not null,
  name varchar(100),
  city varchar(100)
) as node;
create table city (
  id integer primary key,
  name varchar(100),
  statename varchar(100)
) as node;
```

——SQL 命令解析：创建节点表 person、restaurant、city。

```
create table likes (rating integer) as edge;
create table friendof as edge;
create table livesin as edge;
create table locatedin as edge;
```

——SQL 命令解析：创建边表 likes、friendof、livesin、locatedin，rating 为边 likes 的属性。

2. 插入图数据①

【例 12-75】 通过 insert 命令在图数据库 graphdemo 中构造示例数据。

```
insert into person values (1,'john');
insert into person values (2,'mary');
insert into person values (3,'alice');
insert into person values (4,'jacob');
insert into person values (5,'julie');
```

——SQL 命令解析：在节点表 person 中插入示例数据。

```
insert into restaurant values (1,'taco dell','bellevue');
insert into restaurant values (2,'ginger and spice','seattle');
insert into restaurant values (3,'noodle land', 'redmond');
```

---

① https://docs.microsoft.com/zh-cn/sql/relational-databases/graphs/sql-graph-sample?view=sql-server-2017.

--SQL 命令解析：在节点表 restaurant 中插入示例数据。

```sql
insert into city values (1,'bellevue','wa');
insert into city values (2,'seattle','wa');
insert into city values (3,'redmond','wa');
```

--SQL 命令解析：在节点表 city 中插入示例数据。

```sql
insert into likes values ((select $node_id from person where id = 1),
    (select $node_id from restaurant where id = 1),9);
insert into likes values ((select $node_id from person where id = 2),
    (select $node_id from restaurant where id = 2),9);
insert into likes values ((select $node_id from person where id = 3),
    (select $node_id from restaurant where id = 3),9);
insert into likes values ((select $node_id from person where id = 4),
    (select $node_id from restaurant where id = 3),9);
insert into likes values ((select $node_id from person where id = 5),
    (select $node_id from restaurant where id = 3),9);
```

--SQL 命令解析：在边表 likes 中插入示例数据，需要为边 likes 的列 $from_id 和 $to_id 设置 $node_id 值。

```sql
insert into livesin values ((select $node_id from person where id = 1),
    (select $node_id from city where id = 1));
insert into livesin values ((select $node_id from person where id = 2),
    (select $node_id from city where id = 2));
insert into livesin values ((select $node_id from person where id = 3),
    (select $node_id from city where id = 3));
insert into livesin values ((select $node_id from person where id = 4),
    (select $node_id from city where id = 3));
insert into livesin values ((select $node_id from person where id = 5),
    (select $node_id from city where id = 1));
```

--SQL 命令解析：在边表 livesin 中插入示例数据。

```sql
insert into locatedin values((select $node_id from restaurant where id=1),
    (select $node_id from city where id =1));
insert into locatedin values((select $node_id from restaurant where id=2),
    (select $node_id from city where id =2));
insert into locatedin values((select $node_id from restaurant where id=3),
    (select $node_id from city where id =3));
```

--SQL 命令解析：在边表 locatedin 中插入示例数据。

```sql
insert into friendof values ((select $node_id from person where id = 1), (select $node_id from person where id = 2));
insert into friendof values ((select $node_id from person where id = 2), (select $node_id from person where id = 3));
```

```
insert into friendof values ((select $node_id from person where id = 3), (select $node_id from person where id = 1));
insert into friendof values ((select $node_id from person where id = 4), (select $node_id from person where id = 2));
insert into friendof values ((select $node_id from person where id = 5), (select $node_id from person where id = 4));
```

--SQL 命令解析：在边表 friendof 中插入示例数据。

查询节点表 person，其中 $node_id 是一个 JSON 字段，包含了实体类型和一个自增整型 ID。查询边表 locatedIn，其中有三个系统自动生成的列：$edge_id、$from_id 和 $to_id，$edge_id 是包含实体类型和自增整型 ID 的 JSON 字段，$from_id 和 $to_id 是来自于节点表 restaurant 和 city 的 $node _ id 字段内容。

其中，节点表 person 和边表 locatedin 分别如图 12 - 33 和图 12 - 34 所示。

	$node_id_63A63A44F51D488AB356A831808AFEC3	ID	name
1	{"type":"node","schema":"dbo","table":"Person","id":0}	1	John
2	{"type":"node","schema":"dbo","table":"Person","id":1}	2	Mary
3	{"type":"node","schema":"dbo","table":"Person","id":2}	3	Alice
4	{"type":"node","schema":"dbo","table":"Person","id":3}	4	Jacob
5	{"type":"node","schema":"dbo","table":"Person","id":4}	5	Julie

图 12 - 33　节点表 person

	$edge_id_C63A8DC958F245E7BADA97199B99B3F1	$from_id_4C9EF50528AA40BCB575A3AACC679EE6	$to_id_7495F5378CF24D62BFD24DC4533BBDD0
1	{"type":"edge","schema":"dbo","table":"locatedIn","id":0}	{"type":"node","schema":"dbo","table":"Restaurant","id":0}	{"type":"node","schema":"dbo","table":"City","id":0}
2	{"type":"edge","schema":"dbo","table":"locatedIn","id":1}	{"type":"node","schema":"dbo","table":"Restaurant","id":1}	{"type":"node","schema":"dbo","table":"City","id":1}
3	{"type":"edge","schema":"dbo","table":"locatedIn","id":2}	{"type":"node","schema":"dbo","table":"Restaurant","id":2}	{"type":"node","schema":"dbo","table":"City","id":2}

图 12 - 34　边表 locatedin

3. 图数据查询

match 语句用于定义图数据搜索条件，match 语句只能在 select 语句中作为 where 子句的一部分与图形点和边表一起使用。其语法结构如下：match (<graph_search_pattern>)，graph_search_pattern 指定图数据中的搜索模式或遍历路径，使用 ASCII 图表语法来遍历图形中的路径。模式将按照所提供的箭头方向通过边从一个节点转到另一个节点。括号内提供边名或别名，节点名称或别名显示在箭头两端。箭头可以指向两个方向中的任意一个方向。

下面通过 graphdemo 数据库示例通过节点与边表查找朋友的操作。

【例 12 - 76】　查找朋友。

```
select person2.name as friendname
from person person1, friendof, person person2
where match(person1-(friendof)->person2)
and person1.name = 'john';
```

--SQL 命令解析：在节点表 person 中查找与 john 有朋友关系边（friendof）的节点。

【例 12-77】 查找好友的朋友。

```
select person3.name as friendname
from person person1, friendof, person person2, friendof friend2, person person3
where match(person1-(friendof)->person2-(friend2)->person3)
and person1.name = 'John';
```

--SQL 命令解析：在节点表 person 中查找朋友 John 的朋友，通过边别名两次遍历节点。

【例 12-78】 查找共同的朋友。

```
select person1.name as friend1, person2.name as friend2
from person person1, friendof friend1, person person2,
     friendof friend2, person person0
where match(person1-(friend1)->person0<-(friend2)-person2);
```

--SQL 命令解析：查找与 Person0 共同具有朋友关系的 Person。

【例 12-79】 查找 John 喜欢的餐馆。

```
select restaurant.name
from person, likes, restaurant
where match (person-(likes)->restaurant)
and person.name = 'John';
```

--SQL 命令解析：查找 John 喜欢的餐馆。

【例 12-80】 查找 John 喜欢的餐馆。

```
select restaurant.name
from person, likes, restaurant
where match (person-(likes)->restaurant)
and person.name = 'John';
```

--SQL 命令解析：通过 likes 边表查找 John 喜欢的餐馆。

【例 12-81】 查找 John 的朋友喜欢的餐馆。

```
select restaurant.name
from person person1, person person2, likes, friendof, restaurant
where match(person1-(friendof)->person2-(likes)->restaurant)
and person1.name='John';
```

--SQL 命令解析：通过 friendof 边表查找 John 的朋友，再查找 John 朋友喜欢的餐馆。

【例 12-82】 查找喜欢的餐馆与居住地位于相同城市的人。

```
select person.name
from person, likes, restaurant, livesin, city, locatedin
where match (person-(likes)->restaurant-(locatedin)->city
and person-(livesin)->city);
```

--SQL命令解析：通过likes边表查找餐馆，通过locatedin边表查找所处城市，同时满足居住在相同的城市。

SQL语言简洁、功能强大、扩展性强，不仅是关系数据库的标准语言，也越来越多地被大数据管理平台所支持。面对大数据管理技术发展趋势，一方面SQL从关系数据库走向大数据平台，另一方面SQL也融合了大数据非结构化数据管理方法，扩展SQL的大数据管理能力。数据库不断吸收新兴的NoSQL数据库技术，通过对JSON数据类型的支持提供非结构化数据管理，SQL Server 2017内置的图数据管理进一步扩展了数据库对非关系数据模型的支持能力。

小结

SQL是关系数据库语言的行业标准，SQL语言以其简洁的语法和强大的功能被广为接受和应用。SQL的命令不多，但语法的应用方式有很多，能够表达非常复杂的逻辑关系。随着企业级数据规模的不断增长，对SQL的数据分析处理要求不断提高，通过SQL完成大数据集上的复杂分析处理任务对SQL的灵活运用能力提出较高的要求。

在学习SQL的过程中需要从不同的层次理解SQL技术：在SQL语法层面，SQL丰富的语义提供了多样化的查询组织结构；在查询优化技术层面，不同的等价SQL命令可能对应不同的查询执行计划，需要分析什么样的SQL命令对应较优的查询性能；在SQL实现技术层面，需要深入理解数据库内部的存储技术、索引技术和查询实现技术，从系统的角度理解关系数据库查询优化实现技术。

第 13 章　数据库查询处理与查询优化技术

本章要点与学习目标

　　SQL 是一种非过程化的查询语言，SQL 语言指出要做什么，并不需要指定如何做，数据库管理系统的查询处理引擎负责根据用户提出的 SQL 命令自动创建优化的查询执行计划，高效地完成查询处理任务。查询优化是数据库的核心技术，查询优化涉及物理设备存储访问特性、存储模型、索引访问技术、查询实现技术等相关专业知识，是数据库领域重要的研究课题。

　　本章的学习目标是使读者了解数据库存储访问实现过程、数据库查询操作的基本实现技术，对数据库的查询优化技术有初步的了解，从而更好地了解数据库的优化机制，提高数据库使用效率。同时，使读者了解现代内存数据库的基本特点和使用方法，并通过查询改写案例设计了解不同的查询实现方法及对查询优化技术的考虑。

第 1 节　数据库查询处理实现技术和查询优化技术基本原理概述

　　数据库中的数据以关系形式持久地存储于外部存储设备中，在查询处理时需要从外部存储设备，如磁盘、SSD 固态硬盘等存储设备中读取内存并完成查询处理，最终输出查询结果。在查询处理过程中，外存数据访问性能、内存缓存效率、关系操作实现技术等是影响数据库查询处理性能的重要因素。

一、表存储结构

　　在数据库中，关系表示为二维表，由记录（行）和属性（列）构成，关系存储的基本要求是将记录存储于持久化外部设备，支持以记录或属性为粒度的访问，因此，在物理存储模型上需要解决如何将一个关系中连续的记录以什么样的方式存储于外部存储设备中，在外部存储设备中如何按关系操作的要求访问记录或属性。

图 13-1 给出了一个关系在磁盘上基于行存储模型的物理存储示意图。磁盘是以数据页 page 为单位存储数据，通常为 4KB 或 8KB，对应了磁盘上一次 I/O 访问的单位，因此数据库需要将关系数据以数据页大小为单位组织记录，并通过指针等机制实现在数据页内对记录的访问。

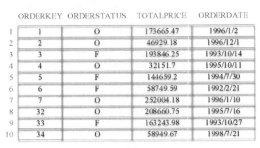

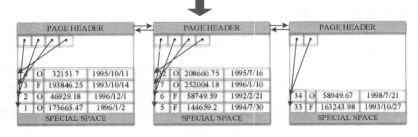

图 13-1　数据库行存储模型

数据库的磁盘页包含不同类型的数据：页头（page header）主要存储关系表相关的元数据信息，如页号、数据页的前一页面页号、数据页的后一页面页号、页面剩余空间等信息；数据在页面中以数据槽（slot）的方式存储，每一个 slot 对应一个数据项，指向该 slot 在页面内的偏移地址；数据以 slot 方式从页面底部逆序存储，slot 与 slot 数据项中间为空闲空间，用于增加新的记录；页面末尾的 special space 存储一些特定的系统标识信息。我们假设一个页面存储 4 条记录，则图中关系表对应 3 个磁盘数据页面，页面间通过指针连接，形成一个页面链表，存储连续增加的记录。每一条记录可以由页号和页面内记录偏移地址进行物理定位，在对关系表进行顺序扫描时依次从磁盘中读取数据页链表，在每一个数据页内根据 slot 数据项访问每一条记录，然后访问下一页面；当需要访问关系中某一条记录时，需要根据该记录的页号找到磁盘中该数据页，然后根据页面偏移地址访问该记录对应的 slot，实现记录访问。

【例 13-1】 查询 SQL Server 数据页链表结构。

dbcc ind 命令用于查询一个存储对象的内部存储结构信息，该命令有 4 个参数，前 3 个参数必须指定，如：

dbcc ind('tpch','customer',1)

第一个参数为数据库名或数据库 ID，第二个参数为数据库中的对象名或对象 ID，包括表和索引,第三个参数表示显示对象页的类型,1 代表全部对象页。图 13-2 显示了 tpch 数据库中 customer 表的数据页链表,PagePID 为 customer 表的存储页面,NextPagePID 和 PrevPagePID 分别代表后面数据页及前一数据页的页面 PID。PageType 中的 1 表示数据页,10 表示每个分配单元中表或索引所使用的区的信息,2 表示聚集索引的非叶子节点和非聚集索引的所有索引记录。

图 13-2　SQL Server 数据页链表结构

【例 13-2】　查看 SQL Server 数据页内部存储结构。

dbcc page 命令读取数据页结构,命令的第一个参数为包含页面的数据 id 或数据库名称,第二个参数为包含页面的文件编号,第三个参数为文件内的页面号,第四个参数为输出选项,取值为 0、1、2、3,显示不同的格式。查询 TPCH 数据库中 customer 表页面号为 73880 的页面结构命令如下:

```
dbcc traceon(3604)
dbcc page(tpch,1,73880,3)
```

图 13-3 中显示了数据页内部结构,PAGE HEADER 中包含了前一页面(m_prevPage)、后一页面(m_nextPage)、数据页面槽数量(m_slotCnt)、页面空闲空间(m_freeData)等信息。Slot 信息中包含每个页面 slot 在数据页面内的偏移地址、slot 中记录长度信息,slot 中每一个列属性的偏移地址、数据宽度。

行存储数据库的特点是记录的属性在数据页面的 slot 中连续存储,一次磁盘 I/O 访问的数据页中能访问记录的所有属性值。这种存储结构适合一次访问全部记录或记录中大多数属性的操作,如插入、删除和修改等更新操作,但分析处理任务通常只选择表中较少的属性列进行计算,在行存储结构的关系表中则需要扫描全部的数据页并只使用其中较少的数据项,存储访问效率较低。针对分析处理任务只使用较少属性的特点,分析型数据库主要使用列存储模型来优化存储访问,即以列为表的物理存储单位,各列单独存储,单独访问。

图 13-4 示例查询访问表中的三个属性列,两个列上为过滤操作,另一列上执行聚集计算操作。在行存储模型中,记录连续存储在一起,因此查询需要从磁盘读取数据页中完整的记录,然后再根据选择条件"orderstatus='O' and orderdate<'1996/1/1'"访问记录中的列 orderstatus 和 orderdate,并根据选择条件的结果对记录进行筛选,选择出满足条件的记录并读取输出属性 totalprice 进行聚集计算。查询需要读取表全部的磁盘页,在扫描每一条记录时完成过滤和聚集计算,查询的有效数据访问效率较低。

采用列存储模型时,表中的每一个列独立存储,相同类型和语义的列数据连续存储在

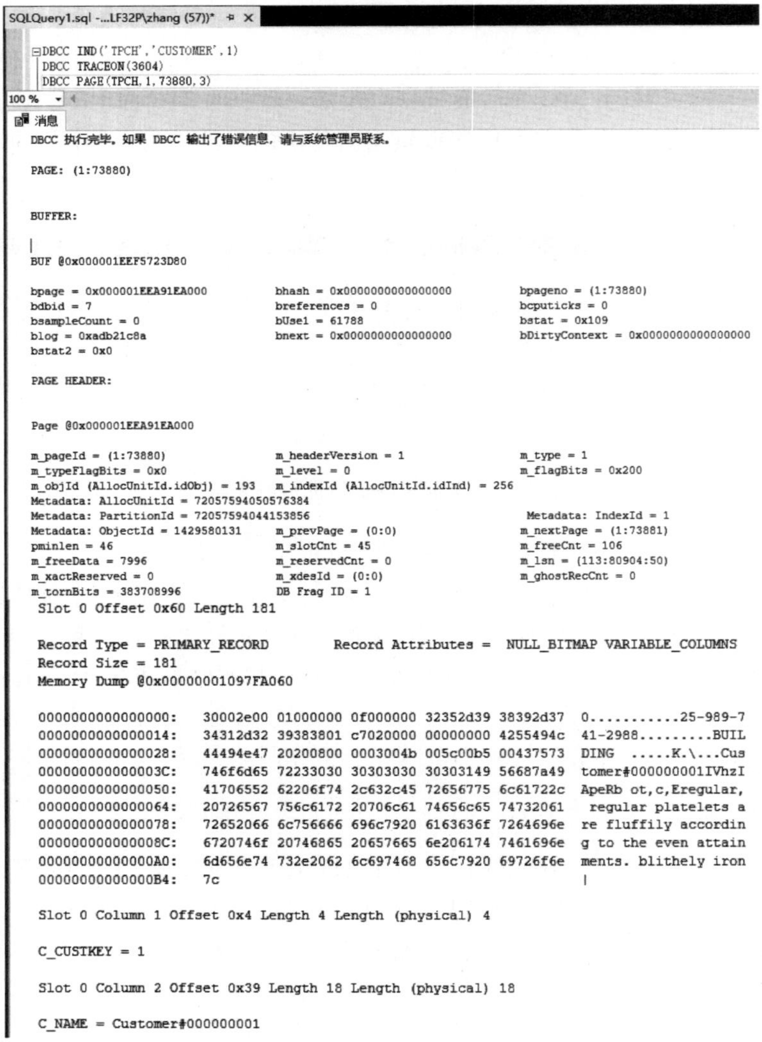

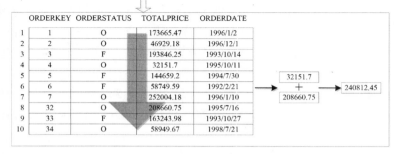

图 13-3 SQL Server 数据页面内部结构

图 13-4 行存储查询处理过程

一起。相对于行存储模型，访问一条记录需要访问多个连接列文件相同的位置，增加了记录访问的磁盘 I/O 数量，但当查询只访问少量的列时能够实现对指定列数据的连续访问，磁盘 I/O 效率较高，不需要像行存储一样访问无效数据。图 13-5 显示了列存储模型上的查询处理过程。首先根据查询条件访问第一个选择条件列 orderstatus，根据筛选条件 "orderstatus='o'" 进行过滤，并通过选择向量（selection vector）存储满足条件记录的 OID 值；然后根据选择向量中记录的 OID 按位置直接访问下一个条件列 orderdate，根据筛选条件 "orderdate<'1996/1/1'" 将满足条件的记录的 OID 更新到选择向量中；最后根据选择向量中的 OID 按位置访问 totalprice 列并对指定数据项进行 sum 计算，得到最终的查询结果。

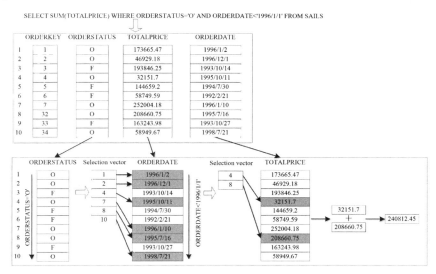

图 13-5 列存储查询处理过程

列存储首先保证投影操作只访问指定的列，然后通过选择向量在执行多个列上的选择操作时跳过前一个选择条件过滤掉的列数据项，减少无效的列数据访问，从而提高系统 I/O 和内存带宽的利用率。

二、缓冲区管理

传统的数据库主要使用磁盘作为数据的持久存储设备，在查询处理时需要将数据从磁盘加载到内存完成查询处理。缓冲区管理是数据库管理系统重要的功能模块，实现通过内存加速磁盘数据访问及查询处理。缓冲区分为不同类型，包含共享内存、工作内存、日志缓冲区等。共享内存（shared_buffers）用于缓存磁盘数据页，较大的共享内存能够缓存磁盘中较多的数据页，使共享查询的数据访问能够从缓冲区命中而避免访问慢速的磁盘，从而提高数据访问性能。工作内存（work_mem）用于查询中排序、哈希等操作的内存分配，减少查询处理时的磁盘读写操作。日志缓冲区（wal_buffer）用于缓存日志，在较多的并发更新操作时减少日志写磁盘的代价。

图 13-6 中执行 R 表与 S 表的连接操作并对查询结果排序时，需要按一定的优化策略从磁盘读取 R 表和 S 表的数据页加载到缓冲区共享内存，选择优化的连接算法，如在工作内存创建哈希表，执行 R 表与 S 表上的哈希连接操作，然后对结果集排序。

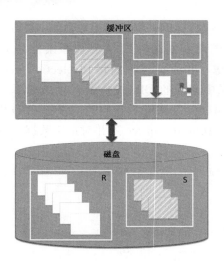

图 13-6 数据库缓冲区管理

【例 13-3】 查看 SQL Server 查询时缓冲区工作状态。

```
dbcc dropcleanbuffers
dbcc freeproccache
set statistics io on
set statistics time on
select sum(p_size) from part;
select sum(p_size) from part;
set statistics io off
set statistics time off
```

dbcc dropcleanbuffers 和 dbcc freeproccache 命令用于清除 SQL Server 的数据和过程缓冲区，以准确统计 SQL 命令执行时的时间和磁盘 I/O 数量。set statistics io on 和 set statistics time on 命令设置查询执行引擎显示 SQL 命令执行时的时间和 I/O 统计信息。select sum（p_size）from part；从较小的 part 表中对 p_size 列进行汇总计算，第一次 SQL 执行时从磁盘读取数据，第二次执行时可以从数据库缓冲区读取数据。

图 13-7 为数据库缓冲区管理示例。

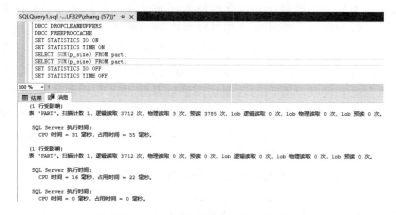

图 13-7 数据库缓冲区管理示例

图 13-7 中第一次 SQL 命令执行时从数据缓冲区逻辑读取 3 712 次，从磁盘上向数据缓冲区物理读取 3 次，执行预读机制时读取物理页 3 785 次，运行查询占用时间为 55 毫秒。第二次执行 SQL 命令时从数据缓冲区逻辑读取数量相同，但预读 0 次，表示该 SQL 查询从数据缓冲区读取全部数据，不需要从磁盘进行物理读取操作，运行查询占用时间降低为 22 毫秒，数据缓冲区极大地提高了查询处理性能。

缓冲区对于加速查询处理性能起着重要作用，一方面需要通过加大缓冲区，如增加内存容量、使用大容量 SSD 作为磁盘缓冲区等技术减少查询处理时的 I/O 操作；另一方面通过优化数据库的缓冲区管理策略提高缓冲区利用率，提高缓冲区中数据的命中率，减少磁盘 I/O 数量。

三、索引查询优化技术

索引是数据库中重要的优化技术。索引的查询优化作用主要体现在三个方面：索引为特定属性或属性组创建索引结构，相当于一种列存储模型，相对于较宽的表上基于全表扫描的查找机制具有较高的 I/O 存储访问效率；由于索引相对较小，通常可以驻留在数据库缓冲区，通过内存索引存储访问进一步提高数据访问性能；索引采用优化查找性能的数据结构和算法设计，能有效地提高索引键值的查找性能。

【例 13-4】 查看在没有索引和创建索引情况下的数据库查找操作的数据访问性能。

```
set statistics io on
set statistics time on
dbcc dropcleanbuffers
dbcc freeproccache
select * from lineitem;
dbcc dropcleanbuffers
dbcc freeproccache
select l_partkey from lineitem;
dbcc dropcleanbuffers
dbcc freeproccache
select * from lineitem where l_partkey= 152774;
create index partky on lineitem(l_partkey);
dbcc dropcleanbuffers
dbcc freeproccache
select * from lineitem where l_partkey= 152774;
set statistics io off
set statistics time off
```

我们首先查看全表扫描的磁盘访问数量和查询执行时间，然后查看查找列上投影操作的性能和按键值查询的性能，为查找列创建索引后再查看索引查找性能。

select * from lineitem;

命令运行结果见图 13-8。

图 13-8　查询 lineitem 表中的所有属性执行时间

```
select l_partkey from lineitem;
```

命令运行结果见图 13-9。

图 13-9　查询 lineitem 表中的 l_partkey 属性执行时间

```
select * from lineitem where l_partkey=152774;
```

命令运行结果见图 13-10。

图 13-10　查询 lineitem 表中 l_partkey=152774 的属性执行时间

```
select * from lineitem where l_partkey=152774;（创建索引后）
```

命令运行结果见图 13-11。

图 13-11　创建索引后查询 lineitem 表中 l_partkey=152774 的属性执行时间

从查询统计信息可以看到，当表上没有索引时，行存储数据库需要执行全表扫描操作完成查找任务，前两个 SQL 命令读取磁盘数据页均为 103 601 次，第三个 SQL 命令读取 103 605 次；当为查找属性创建索引时，首先在索引上执行键值查找任务，然后根据查找到的索引项中的记录地址访问表数据页，输出查询结果，索引查找操作产生的磁盘数据页读取数量为 336 次，相当于没有索引时数据访问数量的 0.32%，查找时间为没有索引时查找时间的 0.63%。

索引能够加速数据库的键值查找性能，为频繁访问的属性创建索引是数据库代表性的优化技术，但索引需要额外的存储空间。我们通过下面的命令查看 LINEITEM 表的存储空间情况，发现表上创建两个索引的存储空间约占原始表存储空间大小的 13.3%，当表上创建较多的索引时可能超原始表大小。除额外的存储空间代价外，当表上创建索引时，表上的数据更新操作需要在表与索引上同步更新，增加了更新操作执行时间，对更新操作性能产生一定的影响。

索引是数据库重要的性能优化手段，但索引的使用需要综合评估索引存储空间消耗、索引更新代价、索引性能等因素，并通过优化的策略以达到较好的综合性能（见图 13-12）。

```
exec sp_spaceused 'lineitem';
exec sp_helpindex lineitem;
```

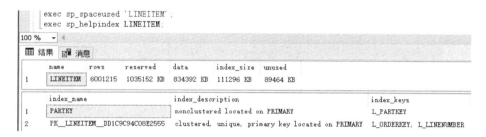

图 13-12　查看索引

【例 13-5】 以 TPCH 数据库 customer 表为例分析索引结构。

我们首先查看 customer 表的页面情况，见图 13-13。

```
dbcc ind('tpch','customer',1)
```

查询结果见图 13-13。

图 13-13　索引页面信息

为便于查看页面类型，我们将查询结果复制到 Excel 中，通过筛选功能查看索引页面（见图 13-14 和图 13-15）。

筛选结果显示 customer 表的 3 304 个页面中有 1 个 PageType 为 10 的页面、3 291 个 PageType 为 1 的数据页面和 12 个 PageType 为 2 的索引页面。我们进一步查看索引页面的内容，查看 PagePID 为 74920、IndexLevel 为 2 的索引页面，运行结果如图 13-16 所示。

```
dbcc page(tpch,1,74920,3)
```

在 IndexLevel 为 2 的索引页面中包含 11 个下级索引页面，我们首先查看第一个 ChildFileId 下级索引页面 73976，查看页面数据命令如下，运行结果如图 13-17 所示。

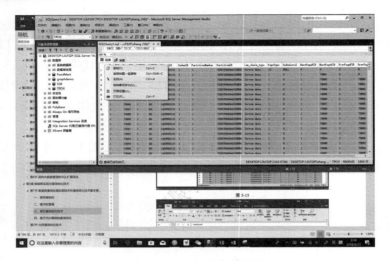

图 13-14　查看索引页面

图 13-15　索引页面类型

	FileId	PageId	Row	Level	ChildFileId	ChildPageId	C_CUSTKEY (key)	KeyHashValue	Row Size
1	1	74920	0	2	1	73976	NULL	NULL	11
2	1	74920	1	2	1	74928	12255	NULL	11
3	1	74920	2	2	1	75280	24516	NULL	11
4	1	74920	3	2	1	75624	36762	NULL	11
5	1	74920	4	2	1	75968	49060	NULL	11
6	1	74920	5	2	1	76312	61340	NULL	11
7	1	74920	6	2	1	76656	73597	NULL	11
8	1	74920	7	2	1	77168	85873	NULL	11
9	1	74920	8	2	1	77512	98139	NULL	11
10	1	74920	9	2	1	77856	110390	NULL	11
11	1	74920	10	2	1	78200	122634	NULL	11

图 13-16　索引页面内容

```
dbcc traceon(3604)
dbcc page(tpch,1,73976,2)
```

页面 73976 为 m_type=2 的索引页面，前一页面为空，后一页面为 74928。

查看 ID 为 74928 的页面，如图 13-18 所示，其类型为索引页面，前一页面为 73976，后一页面为 75280。可以按照各页面 m_nextPage 内容依次查看各页面，最后页面 ID 为 78200，后一页面为空，即 IndexLevel 为 1 的索引页面构成一个页面链表结构，IndexLevel 为 1 的索引页面的上级索引页面为 IndexLevel 为 2 的索引页面 74920。

```
PAGE: (1:73976)

BUFFER:

BUF @0x000001EEF52A33C0

bpage = 0x000001EEB41CE000        bhash = 0x0000000000000000    bpageno = (1:73976)
bdbid = 7                          breferences = 0                bcputicks = 0
bsampleCount = 0                   bUse1 = 42918                  bstat = 0x9
blog = 0x2121215a                  bnext = 0x0000000000000000     bDirtyContext = 0x0000000000000000
bstat2 = 0x0

PAGE HEADER:

Page @0x000001EEB41CE000

m_pageId = (1:73976)               m_headerVersion = 1            m_type = 2
m_typeFlagBits = 0x0               m_level = 1                    m_flagBits = 0x8200
m_objId (AllocUnitId.idObj) = 193  m_indexId (AllocUnitId.idInd) = 256
Metadata: AllocUnitId = 72057594050576384
Metadata: PartitionId = 72057594044153856
Metadata: ObjectId = 1429580131    m_prevPage = (0:0)             m_nextPage = (1:74928)
pminlen = 11                       m_slotCnt = 269                m_freeCnt = 4599
m_freeData = 6938                  m_reservedCnt = 0              m_lsn = (113:96336:20)
m_xactReserved = 0                 m_xdesId = (0:0)               m_ghostRecCnt = 0
m_tornBits = 1692049341            DB Frag ID = 1
```

图 13‑17 索引页面数据

```
PAGE: (1:74928)

BUFFER:

BUF @0x000001EEF57D4D40

bpage = 0x000001EEB8026000         bhash = 0x0000000000000000    bpageno = (1:74928)
bdbid = 7                          breferences = 0                bcputicks = 110
bsampleCount = 1                   bUse1 = 43264                  bstat = 0x9
blog = 0xab21215a                  bnext = 0x0000000000000000     bDirtyContext = 0x0000000000000000
bstat2 = 0x0

PAGE HEADER:

Page @0x000001EEB8026000

m_pageId = (1:74928)               m_headerVersion = 1            m_type = 2
m_typeFlagBits = 0x0               m_level = 1                    m_flagBits = 0x8200
m_objId (AllocUnitId.idObj) = 193  m_indexId (AllocUnitId.idInd) = 256
Metadata: AllocUnitId = 72057594050576384
Metadata: PartitionId = 72057594044153856
Metadata: ObjectId = 1429580131    m_prevPage = (1:73976)         m_nextPage = (1:75280)
pminlen = 11                       m_slotCnt = 269                m_freeCnt = 4599
m_freeData = 6938                  m_reservedCnt = 0              m_lsn = (113:103368:216)
m_xactReserved = 0                 m_xdesId = (0:0)               m_ghostRecCnt = 0
m_tornBits = -519610229            DB Frag ID = 1


PAGE: (1:78200)

BUFFER:

BUF @0x000001EEF525E4C0

bpage = 0x000001EE84912000         bhash = 0x0000000000000000    bpageno = (1:78200)
bdbid = 7                          breferences = 0                bcputicks = 0
bsampleCount = 0                   bUse1 = 43554                  bstat = 0x9
blog = 0x15ab215a                  bnext = 0x0000000000000000     bDirtyContext = 0x0000000000000000
bstat2 = 0x0

PAGE HEADER:

Page @0x000001EE84912000

m_pageId = (1:78200)               m_headerVersion = 1            m_type = 2
m_typeFlagBits = 0x0               m_level = 1                    m_flagBits = 0x8200
m_objId (AllocUnitId.idObj) = 193  m_indexId (AllocUnitId.idInd) = 256
Metadata: AllocUnitId = 72057594050576384
Metadata: PartitionId = 72057594044153856                         Metadata: IndexId = 1
Metadata: ObjectId = 1429580131    m_prevPage = (1:77856)         m_nextPage = (0:0)
pminlen = 11                       m_slotCnt = 601                m_freeCnt = 283
m_freeData = 6707                  m_reservedCnt = 0              m_lsn = (114:35968:24)
m_xactReserved = 0                 m_xdesId = (0:0)               m_ghostRecCnt = 0
m_tornBits = -1565759050           DB Frag ID = 1
```

图 13‑18 索引页面数据布局

我们进一步查看 IndexLevel 为 1 的第一个索引页面 73976，数据页面如图 13‑19 所示。

```
dbcc page(tpch,1,73976,3)
```

页面中包含 269 条记录，分别对应底层表数据存储页面。

	FileId	PageId	Row	Level	ChildFileId	ChildPageId	C_CUSTKEY (key)	KeyHashValue	Row Size
1	1	73976	0	1	1	73880	NULL	NULL	11
2	1	73976	1	1	1	73881	46	NULL	11
3	1	73976	2	1	1	73882	94	NULL	11
4	1	73976	3	1	1	73883	140	NULL	11
5	1	73976	4	1	1	73884	186	NULL	11
6	1	73976	5	1	1	73885	233	NULL	11

图 13-19　数据页面内容

ChildPageID 为 73880 的页面为 m_type＝1 的数据页面，如图 13-20 所示，存储 customer 表中的记录，第一条记录的 c_custkey 为 1，页面中最后一条记录的 c_custkey 为 45，其 m_nextPage 指向的下一数据页最小值为 46。

图 13-20　数据页面指针

类似地，通过 IndexLevel 为 1 的各索引页面可以访问对应的数据页面构成完整的索引结构。customer 表上的索引结构描述如下（见图 13-21）：

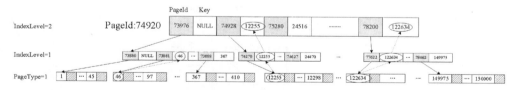

图 13-21　索引结构示意图

图 13-21 中实线为索引指针，虚线表示上一级索引项键值通过下级节点键值确定。如在索引中查找 c_custkey 为 12265 的记录，首先访问索引的 IndexLevel 为 2 的根节点 74920 页面，键值介于索引项 2 和 3 之间，访问索引项 2 对应的 IndexLevel 为 1 的索引页面 74928；在 PageID 为 74928 的索引页面中，键值介于第 1 和第 2 索引项之间，访问下一

级 ChildPageId 为 74270 的页面；PageID 为 74270 的页面为数据页面，在页面内查找键值为 12265 的记录，找到后返回该记录的内容。在索引查找中需要访问 2 个索引页面和 1 个数据页面即可找到所需的数据，而在没有索引的情况下需要扫描 customer 表全部的 3 291 个 PageType 为 1 的数据页面才能完成查找任务，索引可以极大地降低查找所需要访问的数据页面数量。

索引节点分为两个层次，最底层叶节点是数据存储层。索引结构图可以验证数据库中 B+树索引的结构特征，叶节点数据页中的最小值和 PageID 存储为 IndexLevel 1 索引节点的索引数据项中，IndexLevel 1 索引节点有多个时，索引节点页中的最小索引键值和 PageID 作为索引项记录在上一层 IndexLevel 1 索引节点中，直到生成唯一一个 IndexLevel 2 根节点，形成索引的层次结构。B+树索引是一种多路查找树结构，8KB 的索引节点能够存储数百个索引数据项，因此索引的层次通常较低，索引查找所产生的磁盘 I/O 数据较少，因此提高了索引查找的效率。

通过对 SQL Server 2017 数据页面的分析，我们了解了数据库的表存储结构及 B+树索引结构，从而理解了数据库表记录访问的处理过程，对掌握数据库查询优化技术的原理打下基础。

四、基于代价模型的查询优化

SQL 是一种非过程化语言。SQL 语句中并不指定查询执行方式、是否使用索引等信息，而是由数据库查询引擎对 SQL 命令解析后通过查询优化器生成优化的查询执行计划，完成查询处理任务。数据库查询优化器采用基于代价模型的优化技术，对 SQL 命令的候选执行计划进行代价分析（主要以磁盘 I/O 代价为主），从中选择执行代价最低的查询执行计划来完成查询处理。

【例 13-6】 查看 SQL 命令执行计划。

在数据库引擎窗口中输入 SQL 命令，系统保留关键字显示为蓝色，函数名显示为粉色，表名、列名显示为绿色，逻辑操作符显示为灰色，字符串显示为红色，数值显示为黑色，颜色显示有助于用户检查 SQL 命令中的语法错误。SQL 命令通过执行按钮运行，查询结果显示在窗口下面的窗口中，结果窗口显示 SQL 命令执行的结果集，窗口下部的状态栏显示 SQL 命令执行状态、执行时间以及结果集行数。消息窗口中显示 SQL 命令执行的系统消息。

```
select n_name, sum(l_extendedprice * (1 - l_discount)) as revenue
from customer, orders, lineitem, supplier, nation, region
where c_custkey = o_custkey and l_orderkey = o_orderkey
      and l_suppkey = s_suppkey and c_nationkey = s_nationkey
      and s_nationkey = n_nationkey
      and n_regionkey = r_regionkey
      and r_name = 'asia' and o_orderdate >='1994-01-01'
and o_orderdate < '1995-01-01'
group by n_name
order by revenue desc;
```

通过"查询"菜单的"显示估计的执行计划"命令可以分析指定的 SQL 命令执行计划。在"执行计划"窗口中显示 SQL 命令详细的执行步骤，如图 13-22 所示。

图 13-22　查询执行计划

将鼠标置于查询执行计划节点上显示该执行计划节点的详细信息，如图 13-23 所示，如操作名称、估算的 I/O 代价、估算的操作代价、估算的 CPU 代价、估算的行数及记录大小等信息，还包括输出数据列表、操作符对应的数据结构等。图形化的查询执行计划有助于用户了解数据库内部的 SQL 查询执行过程和原理，理解数据库查询性能优化技术。

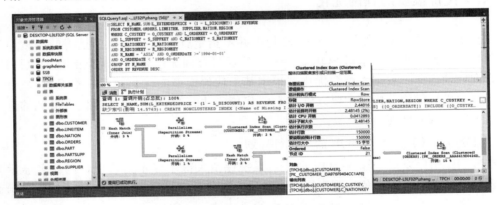

图 13-23　查询执行计划节点信息

【例 13-7】　通过数据库引擎优化顾问分析数据库负载的优化策略。

"查询"菜单中的命令"在数据库引擎优化顾问中分析查询"用于分析查询执行计划，并给出查询优化建议和报告，用于用户改进数据库查询处理性能。

以 TPCH 数据库的 Q5 命令负载为例，通过 SQL Server 2017 的数据库引擎优化顾问来分析查询优化方案。

启动数据库引擎优化顾问后单击连接按钮建立与数据库的连接，然后启动新会话，创建查询优化任务。选择开始分析后，数据库引擎优化顾问对 SQL 负载进行分析，分析表、列访问情况，索引使用情况等，为用户提供查询优化建议。在索引建议中列出数据库引擎优化顾问给出的优化策略，例如创建频繁访问列的统计信息、为查询相关列创建索引等建议。用户可以复制优化建议中的 SQL 脚本并在 SQL 管理器中执行，创建索引或统计信息以优化查询负载，如图 13-24 所示。

第 13 章 数据库查询处理与查询优化技术

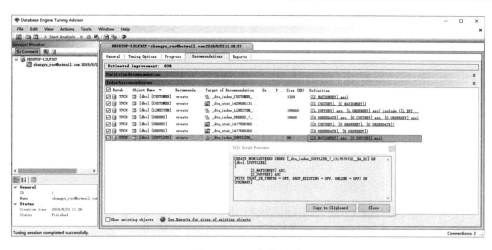

图 13-24 优化策略

报告选项卡中包含生成的优化报告，用户可以查看相关报告了解索引使用情况、索引建议使用情况、表访问及列访问统计信息，通过相关的优化报告信息设计数据库中的优化策略，提高查询负载的整体性能，如图 13-25 所示。

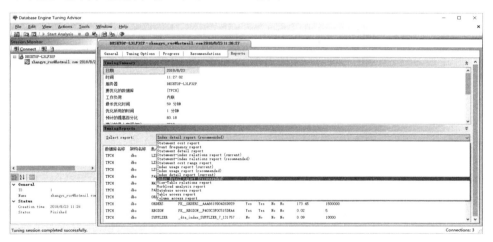

图 13-25 索引使用情况

【例 13-8】 通过索引优化 SQL 查询性能。

以 TPCH 查询 Q5 命令为例，对 orders 表中存在 o_orderdate 列上的数据进行操作，通过"select count(distinct o_orderdate) from orders;"命令查看 o_orderdate 列上的不重复值达到 2 406 个，因此"o_orderdate >='1994-01-01' and o_orderdate < '1995-01-01'"对应低选择率的操作，在没有索引的情况下需要对 orders 表进行全表扫描。

```
dbcc dropcleanbuffers
dbcc freeproccache
set statistics io on
set statistics time on
```

```
select n_name,sum(l_extendedprice * (1 - l_discount)) as revenue
from customer, orders, lineitem, supplier, nation, region
where c_custkey = o_custkey and l_orderkey = o_orderkey
      and l_suppkey = s_suppkey and c_nationkey = s_nationkey
      and s_nationkey = n_nationkey
      and n_regionkey = r_regionkey
      and r_name = 'asia' and o_orderdate >= '1994-01-01'
and o_orderdate < '1995-01-01'
group by n_name
order by revenue desc;
```

在"查询"菜单中选择"包括实际的执行计划",执行 SQL 命令后在窗口中显示执行计划,其中 orders 表上的扫描开销达到 15%,I/O 访问代价较高,如图 13-26 所示。

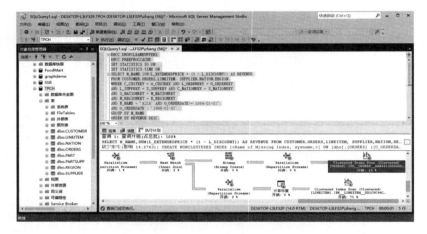

图 13-26 查询执行信息

在清理缓存并设置 I/O 与执行时间统计状态下查看 SQL 命令执行时间,其中 orders 表上预读 22 766 次,为全表扫描代价,如图 13-27 所示。

图 13-27 查询执行时间

通过,"create index o_orderdate on orders (o_orderdate);"命令为 orders 表上的 o_orderdate 列创建索引,通过索引加速"o_orderdate >='1994-01-01' and o_orderdate < '1995-01-01'"低选择率的选择操作性能。再次执行 SQL 命令时,orders 表扫描预读为 22 766 次,I/O 访问性能没有发生变化。在执行计划窗口中查看 orders 表上仍然为全表扫描操作,没有执行索引扫描操作,如图 13-28 所示。"o_orderdate >='1994-01-01' and o_orderdate < '1995-01-01'"条件在 orders 表上的选择率为 15.2%,当选择率较高时索引访问产生较多的随机 I/O 访问代价,数据库通常不使用索引扫描;只有选择率足够低时,数据库才使用索引扫描。因此,数据库中的索引是一种访问加速技术,但其主要应用于低选择率的查询中。

图 13-28 查询执行时间

将"o_orderdate >='1994-01-01' and o_orderdate < '1995-01-01'"条件改为"o_orderdate >='1994-01-01' and o_orderdate < '1994-01-10'",将选择率降为 0.38%,再次执行查询命令。查询执行时 orders 表预读次数降低,查询执行时间从原始的 2 176 毫秒降为 158 毫秒,如图 13-29 所示。

图 13-29 查询执行时间

查看执行计划，orders 表上执行索引扫描 Index Seek 操作，索引发挥加速作用，如图 13-30 所示。

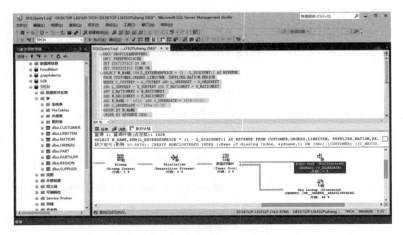

图 13-30 查询执行时间

数据库支持非过程化查询语言的技术基础是通过对 SQL 命令的解析，基于代价模型为查询创建不同的查询执行计划并选择较优的查询执行计划完成查询任务。数据库的查询优化器自动根据数据库的优化策略，如索引、存储模型、统计信息等因素生成优化的查询执行计划，用户不直接决定查询执行计划。在以磁盘为主的数据库系统中，磁盘 I/O 是查询处理最主要的代价，查询优化技术的核心是通过缓冲区管理、索引等技术减少磁盘 I/O 访问，优化内存利用率，提高查询处理性能。

【扩展练习】 通过查询分析工具分析 TPC-H 查询的主要代价，通过创建适当的索引加速查询处理性能，并分析优化前后查询时间、I/O 及查询计划上的主要区别，分析查询优化策略的效果。

第 2 节 内存查询优化技术

传统的磁盘数据库系统中的内存缓冲区管理是优化查询性能的关键技术，但缓冲区管理是以数据页（page）为单位的自动缓存管理机制，不支持以表为对象的内存优化访问。随着半导体集成技术的发展，内存容量迅速增长，当前中高端服务器已能够支持 TB 级内存，实现大数据内存存储和处理。在内存计算的浪潮下，内存数据库和内存查询处理引擎技术成为数据库的主流技术，SQL Server 2017 支持两种内存存储结构（见图 13-31），一种是行存储内存表，另一种是列存储索引（columnstore index，CSI）。SQL Server Hekaton 引擎支持内存表和索引，以内存行存储结构优化数据库的事务处理性能和查询访问性能。列存储索引将表以列的方式存储，分析型查询通常只访问少量的列，存储能够实现仅访问查询相关列，相对于行存储引擎的全表扫描极大地提高了存储访问效率。

本节通过 SQL 查询优化案例介绍 SQL Server 2017 内存表和列存储索引的使用方法，

并通过对比分析展示内存表和列存储索引的查询优化作用。

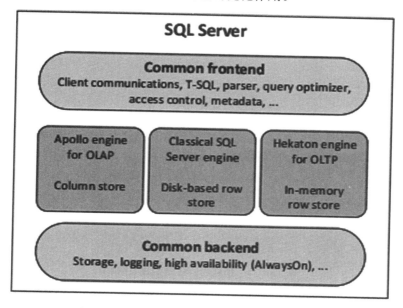

图 13-31 SQL Server 内存行存储与分析引擎

资料来源：Per-Åke Larson, Adrian Birka, Eric N. Hanson, et al. Real-Time Analytical Processing with SQL Server. PVLDB 8（12）：1740-1751（2015）.

一、内存表

随着硬件技术的发展，大内存与多核处理器成为新一代数据库主流的高性能计算平台，内存数据库通过内存存储模型实现数据存储在高性能内存，从而显著提高查询处理性能。

以 SQL Server Hekaton 内存引擎为例，数据库可以创建内存优化表。在 SQL Server 2017 中创建内存表需要以下几个步骤：
- 创建内存优化数据文件组并为文件组增加容器。
- 创建内存优化表。
- 导入数据到内存优化表。

【例 13-9】 为 TPCH 数据库的 lineitem 表创建内存表。

（1）为数据库 TPCH 创建内存优化数据文件组并为文件组增加容器。

```
alter database tpch add filegroup tpch_fg contains memory_optimized_data
alter database tpch add file (name='tpch_fg', filename= 'c:\im_data\tpch_fg') to filegroup tpch_fg;
```

为数据库 TPCH 增加文件组 tpch_fg，为文件组增加文件 c:\im_data\ tpch_fg 作为数据容器。命令成功执行后，查看数据库 TPCH 属性中的文件组选项页可以看到内存优化数据窗口中的 tpch_fg，在文件组容器目录中可以查看到相关的数据目录（见图 13-32）。

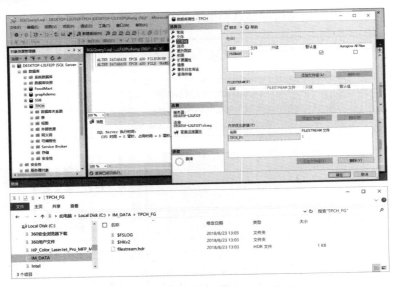

图 13-32　创建内存优化数据文件组

（2）创建内存表。

通过下面的 SQL 命令创建内存表 lineitem_im，其中子句"index ix_orderkey nonclustered hash(lo_orderkey, lo_linenumber)with(bucket_count=8000000)"用于创建主键哈希索引，测试集（SF=1）lineitem 表中记录数量约为 6 000 000，因此指定哈希桶数量为 8 000 000。哈希桶数量设置较大能够提高哈希查找性能，但过大的哈希桶数量也会产生存储空间的浪费。

命令子句"with(memory_optimized=on，durability=schema_only)"用于设置内存表类型，memory_optimized=on 表示创建表为内存表。durability=schema_only 表示创建非持久化内存优化表，不记录这些表的日志且不在磁盘上保存它们的数据，即这些表上的事务不需要任何磁盘 I/O，但如果服务器崩溃或进行故障转移，则无法恢复数据；durability=schema_and_data 表示内存优化表是完全持久性的，整个表的主存储是在内存中，即从内存读取表中的行，更新这些行数据到内存中，但内存优化表的数据同时还在磁盘上维护着一个仅用于持久性目的的副本，在数据库恢复期间，内存优化表中的数据可以再次从磁盘装载。

```
create table lineitem_im (
  l_orderkey         integer     not null,
  l_partkey          integer     not null,
  l_suppkey          integer     not null,
  l_linenumber       integer     not null,
  l_quantity         float       not null,
  l_extendedprice    float       not null,
  l_discount         float       not null,
  l_tax              float       not null,
  l_returnflag       char(1)     not null,
  l_linestatus       char(1)     not null,
  l_shipdate         date        not null,
```

```
l_commitdate              date               not null,
l_receiptdate             date               not null,
l_shipinstruct            char(25)           not null,
l_shipmode                char(10)           not null,
l_comment                 varchar(44)        not null,
primary key nonclustered (l_orderkey,l_linenumber),
index ix_orderkey hash (l_orderkey,l_linenumber) with (bucket_count=8000000))
with (memory_optimized=on, durability=schema_and_data);
```

当选择 schema_and_data 模式时，需要为表创建主键。

相对于基于慢速 I/O 访问的传统磁盘表，内存表具有显著的性能优势，但由于内存的非易失性特点而在持久性方面有所不足，随着新型非易失性内存技术的发展与成熟，内存表将具有完善的持久性支持，能够满足数据库数据管理的需求。

（3）将数据从 lineorder 表导入内存表。

通过 insert 语句将 lineorder 表中的记录导入内存优化表 lineorder_im 中。

```
insert into lineitem_im select * from lineitem;
```

（4）SQL 查询性能对比测试。

TPCH 查询 Q1 在 lineitem 表上进行分析处理，通过 SQL 命令分别访问磁盘表 lineitem 和内存表 lineitem_im，并分析查询执行 I/O 和时间。

```
--disk table lineitem
select l_returnflag,l_linestatus,
   sum(l_quantity) as sum_qty,
   sum(l_extendedprice) as sum_base_price,
   sum(l_extendedprice * (1-l_discount)) as sum_disc_price,
   sum(l_extendedprice * (1-l_discount) * (1+l_tax)) as sum_charge,
   avg(l_quantity) as avg_qty,avg(l_extendedprice) as avg_price,
   avg(l_discount) as avg_disc,count( * ) as count_order
from lineitem
where l_shipdate <= '1998-12-01'
group by l_returnflag,l_linestatus
order by l_returnflag,l_linestatus;
--memory table lineitem_im
select l_returnflag,l_linestatus,
   sum(l_quantity) as sum_qty,
   sum(l_extendedprice) as sum_base_price,
   sum(l_extendedprice * (1-l_discount)) as sum_disc_price,
   sum(l_extendedprice * (1-l_discount) * (1+l_tax)) as sum_charge,
   avg(l_quantity) as avg_qty,avg(l_extendedprice) as avg_price,
   avg(l_discount) as avg_disc,count( * ) as count_order
from lineitem_im
where l_shipdate <= '1998-12-01'
group by l_returnflag,l_linestatus
order by l_returnflag,l_linestatus;
```

基于磁盘表访问的查询主要代价集中在对 lineitem 表的磁盘扫描，预读 108 219 次；基于内存表访问的查询消除了 lineitem_im 表的磁盘 I/O 代价，查询执行时间有所减少，如图 13-33 所示。

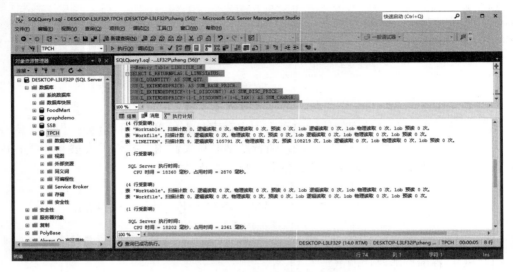

图 13-33　磁盘表与内存表查询处理性能

二、列存储索引

SQL Server 支持一种新的 ColumnStore 索引，采用列存储方式存储索引中指定的列。列存储索引是将行存储表划分为行组，行组中的属性按列存储并按列进行压缩。创建列存储索引能够实现对数据的按列访问，在分析型查询只涉及较少属性的应用场景中，相对于传统的行存储模型极大地提高了数据访问效率和性能，如图 13-34 所示。

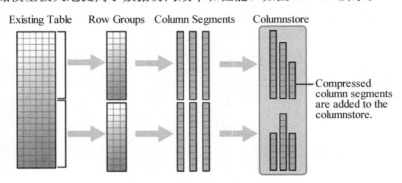

图 13-34　列存储索引存储结构

【例 13-10】 为 TPCH 数据库的 lineitem 表创建列存储索引，通过 Q1 查询测试性能。

测试查询中 lineitem 表中访问列 l_quantity、l_extendedprice、l_discount、l_tax、l_shipdate、l_returnflag、l_linestatus，为这些列创建列存储索引时实现在查询中按列访问相

应的属性。

创建列存储索引命令如下:

create nonclustered columnstore index csindx_lineitem
on lineitem (l_quantity, l_extendedprice, l_discount, l_tax, l_shipdate, l_returnflag, l_linestatus);

创建列存储索引后,表中增加了列存储索引对象[ɪɪ] csindx_lineitem（非聚集,列存储）,当查询访问列存储索引相关属性时,查询处理引擎自动访问列存储索引来加速数据访问性能。

内存表相对于磁盘表在数据访问性能方面效果显著,我们首先测试在内存表和创建列存储索引表上的单列访问性能,下面的查询分别测试内存表和列存储索引中 lo_revenue 列的聚集计算性能,查询时间主要取决于 lo_quantity 数据访问时间。

select sum(l_quantity) from lineitem_im;
select sum(l_quantity) from lineitem;

基于列存储索引的查询 CPU 时间为 0 毫秒,而内存列上的查询 CPU 时间为 2 454 毫秒,在同样的内存数据访问时,列存储索引相对于行存储的内存列具有更高的数据访问效率,节省了内存带宽,查询性能获得显著的提升,如图 13-35 所示。

图 13-35　列存储索引性能测试

查看两个查询的执行计划,主要区别在于表扫描方法。内存表采用全表扫描方式,建立列存储索引的表采用列存储索引扫描,只访问查询指定的列,数据访问效率更高,如图 13-36 所示。

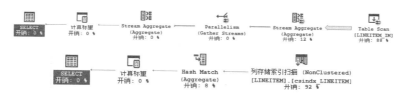

图 13-36　内存表与列存储索引执行计划对比

在创建列存储索引的表和内存表上执行完整的 Q1 命令，访问多个 lineitem 列。从查询执行时间来看，基于内存列存储索引的查询时间（CPU 时间＝172 毫秒，占用时间＝78 毫秒）显著少于基于行存储内存表的查询执行时间（CPU 时间＝18 140 毫秒，占用时间＝2 451 毫秒），查询结果体现了列存储与行存储模型在分析型查询处理时不同的性能特征，如图 13 - 37 所示。

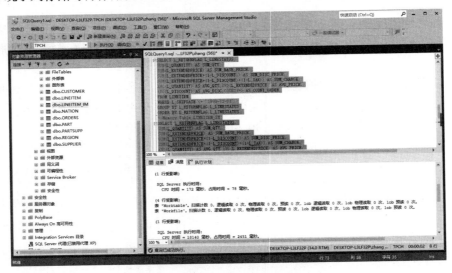

图 13 - 37　内存表与列存储索引查询处理性能对比

内存优化表不支持 create index 命令，不能直接创建列存储索引。在创建内存表时可以为其创建列存储索引，需要在创建内存表的命令中增加 index xxxx clustered columnstore 子句来指定列存储索引。下面的示例说明为 lineitem 表创建内存表和列存储索引的命令。

```
create table lineitem_im_csi (
    l_orderkey          integer         not null,
    l_partkey           integer         not null,
    l_suppkey           integer         not null,
    l_linenumber        integer         not null,
    l_quantity          float           not null,
    l_extendedprice     float           not null,
    l_discount          float           not null,
    l_tax               float           not null,
    l_returnflag        char(1)         not null,
    l_linestatus        char(1)         not null,
    l_shipdate          date            not null,
    l_commitdate        date            not null,
    l_receiptdate       date            not null,
    l_shipinstruct      char(25)        not null,
    l_shipmode          char(10)        not null,
    l_commentvar        char(44)        not null,
    primary key nonclustered (l_orderkey, l_linenumber),
    index lineitem_imcci clustered columnstore
) with (memory_optimized = on, durability = schema_and_data);
```

查看到内存表 lineitem_im_csi 中增加了列存储索引对象，如图 13-38 所示。

图 13-38　为内存表创建列存储索引

图 13-39 显示了在建有列存储索引的磁盘表 lineitem、内存列存储索引表 lineitem_im_csi 和内存表 lineitem_im 上执行单列访问操作时的查询执行时间。

```
select sum(l_quantity) from lineitem;
select sum(l_quantity) from lineitem_im_csi;
select sum(l_quantity) from lineitem_im;
```

图 13-39　列存储索引与内存表列访问测试

内存列存储索引表最快，其次是列存储索引表，最慢的是内存表。

在三个表上执行完整的 Q1 查询，查询执行时间如图 13-40 所示。内存列存储索引表优于列存储索引表，列存储索引表优于内存表。在分析型任务中，SQL 通常在表中只访问较少的列，列存储索引有效地减少了对不需要列数据的访问，提高了查询性能。

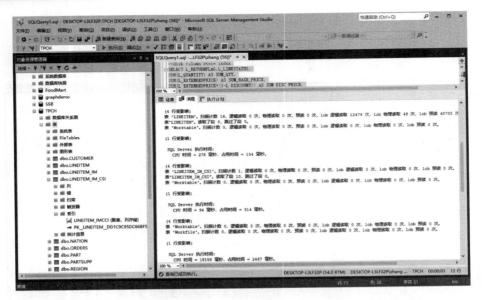

图 13-40　列存储索引表、内存列存储索引表与内存表查询性能对比

　　SQL Server 2017 的内存表和列存储索引技术从内存存储技术和列存储技术两方面提供了查询优化技术，能够有效地提高分析型查询处理性能。内存存储优化技术是当前数据库的代表性技术，随着硬件技术对大内存的支持，基于内存表和内存列存储索引技术的查询优化技术成为查询优化的新手段。

第 3 节　查询优化案例分析

　　嵌套查询是比较复杂的查询，本节以 TPC-H 基准测试中的 Q2 嵌套查询为案例，分析嵌套查询的执行过程、查询处理原理以及等价的查询执行方式。

　　任务：分析嵌套查询 Q2 的执行过程、子查询执行原理以及等价的查询执行方式。

1. 原始 SQL 命令

```
--Q2
select
s_acctbal, s_name, n_name, p_partkey, p_mfgr, s_address, s_phone, s_comment
from
part, supplier, partsupp, nation, region
where
p_partkey = ps_partkey and s_suppkey = ps_suppkey
and p_size = 15 and p_type like '%brass'
and s_nationkey = n_nationkey and n_regionkey = r_regionkey
and r_name = 'europe' and ps_supplycost = (
select
```

```
min(ps_supplycost)
from
partsupp, supplier, nation, region
where
p_partkey = ps_partkey and s_suppkey = ps_suppkey
and s_nationkey = n_nationkey and n_regionkey = r_regionkey and r_name = 'europe'
)
order by
s_acctbal desc, n_name, s_name, p_partkey;
```

2. 查询分析

外层查询"ps_supplycost="表达式为子查询结果,即内层子查询输入的 min(ps_supplycost)结果。首先,判断内层子查询能否独立执行,执行结果显示由于缺失 p_partkey 信息而无法执行。在内层子查询中 from 子句中人工添加 part 表或去掉子查询中 p_partkey=ps_partkey 条件,使内层子查询可以执行,如下面 SQL 命令所示:

```
--增加子查询 part 表
select
s_acctbal, s_name, n_name, p_partkey, p_mfgr, s_address, s_phone, s_comment
from
part, supplier, partsupp, nation, region
where
p_partkey = ps_partkey and s_suppkey = ps_suppkey
and p_size = 15 and p_type like '%brass'
and s_nationkey = n_nationkey and n_regionkey = r_regionkey
and r_name = 'europe' and ps_supplycost = (
select
min(ps_supplycost)
from
partsupp, supplier, nation, region, part    --人工添加 part 表
where
p_partkey = ps_partkey and s_suppkey = ps_suppkey
and s_nationkey = n_nationkey and n_regionkey = r_regionkey and r_name = 'europe'
)
order by
s_acctbal desc, n_name, s_name, p_partkey;
--去掉子查询中 part 表条件
select
s_acctbal, s_name, n_name, p_partkey, p_mfgr, s_address, s_phone, s_comment
from
part, supplier, partsupp, nation, region
where
p_partkey = ps_partkey and s_suppkey = ps_suppkey
and p_size = 15 and p_type like '%brass'
and s_nationkey = n_nationkey and n_regionkey = r_regionkey
```

```
and r_name = 'europe' andps_supplycost = (
select
min(ps_supplycost)
from
partsupp, supplier, nation, region, part   --人工添加 part 表
where
p_partkey = ps_partkey and s_suppkey = ps_suppkey
and s_nationkey = n_nationkey and n_regionkey = r_regionkey and r_name = 'europe'
)
order by
s_acctbal desc, n_name, s_name, p_partkey;
```

对比结果发现更改后查询结果与原始查询结果不一致，修改后的两个查询结果一致，说明增加 part 表或者去掉 part 相连接表达式结果是等价的，如图 13-41 所示。

图 13-41　原始查询 Q2 与修改后查询结果对比

为分析原始 Q2 查询与修改后查询的不同，分别对比原始查询与去掉子查询 part 表连接条件查询的执行计划。Q2 查询计划中 part 表中谓词条件所筛选出记录的 p_partkey 值下推到内层子查询中，内层子查询底层 partsupp 表上首先根据下推的 p_partkey 值进行筛选，然后再执行与 supplier、nation、region 表的连接操作，如图 13-42 所示。

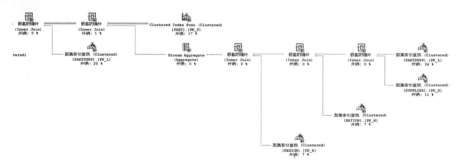

图 13-42　Q2 查询计划

修改后的子查询去掉了与 part 表连接的表达式，内层子查询变成一个独立的查询，查询计划表示 partsupp 分别与 supplier 表、nation 表、region 表连接并计算出 min(ps_supplycost) 表达式结果，并将该结果以常量方式返回外层查询。修改后的查询执行计划与原始 Q2 查询由外层查询产生 p_partkey 值并一一下推到内层查询计算 min(ps_supplycost) 表达式结果，并根据每一个表达式结果执行外层查询的执行方式是完全不同的，如图 13-43 所示。

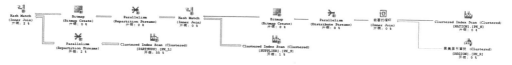

图 13-43　修改后查询计划

然后，判断外层查询与内存查询中相同的"r_name='europe'"是否可以去掉其一，测试结果表明，去掉外层查询中"r_name='europe'"的表达式而保留内层子查询中的表达式时查询结果相同，但保留外层查询中的表达式而去掉内层子查询中的表达式时查询结果不同，内层子查询中的表达式具有决定性作用。

最后，我们分析 Q2 嵌套查询的执行过程。将原始查询 Q2 分解为一个外层查询和一个内层查询，分别执行两个查询，对比查询结果集。

```
--Q2 outer query
select
s_acctbal, s_name, n_name, p_partkey, ps_supplycost, p_mfgr, s_address, s_phone, s_comment
from
part, supplier, partsupp, nation, region
where
p_partkey = ps_partkey and s_suppkey = ps_suppkey
and p_size = 15 and p_type like '%brass'
and s_nationkey = n_nationkey and n_regionkey = r_regionkey
and r_name = 'europe'
order by p_partkey;

--Q2 inner query
select
min(ps_supplycost) as min_ps_supplycost, p_partkey
from
partsupp, supplier, nation, region, part
where
p_partkey = ps_partkey and s_suppkey = ps_suppkey
and p_size = 15 and p_type like '%BRASS'
and s_nationkey = n_nationkey and n_regionkey = r_regionkey and r_name = 'europe'
group by p_partkey order by p_partkey;
```

如图 13-44 所示，从查询结果可以看到，外层查询产生的结果集，下推到内层查询各 p_partkey 值，下层查询根据外层查询推送 p_partkey 计算出的结果集，外层查询通过 ps_supplycost=(…)表达式筛选内层查询的结果，最终产生输出记录。

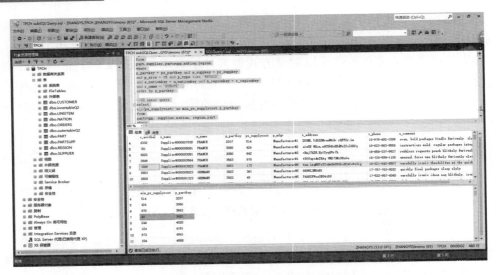

图 13-44 内层查询与外层查询结果集对比

3. 嵌套子查询改写

通过实验可以看到，嵌套子查询是由外层查询通过数据驱动内层查询执行，每一条外层查询产生的记录调用一次内层查询执行。这种执行方式可以转换为两个独立查询执行结果集的连接操作。

```
with ps_supplycostTable(min_supplycost, partkey)
as
(
    select min(ps_supplycost) as min_ps_supplycost, p_partkey
    from partsupp, supplier, nation, region, part
    where p_partkey = ps_partkey and s_suppkey = ps_suppkey
    and p_size = 15 and p_type like '%brass'
    and s_nationkey = n_nationkey and n_regionkey = r_regionkey and r_name = 'europe'
    group by p_partkey
)
select
s_acctbal, s_name, n_name, p_partkey, ps_supplycost, p_mfgr, s_address, s_phone, s_comment
from
part, supplier, partsupp, nation, region, ps_supplycost table
where
p_partkey = ps_partkey and s_suppkey = ps_suppkey
and partkey=p_partkey      --增加与派生表 partkey 连接表达式
and ps_supplycost =min_supplycost    --增加与派生表 supplycost 等值表达式
and p_size = 15 and p_type like '%brass'
and s_nationkey = n_nationkey and n_regionkey = r_regionkey
and r_name = 'europe'
order by s_acctbal desc, n_name, s_name, p_partkey;
```

将子查询转换为派生表，原始查询 Q2 转换为外层查询与派生表连接后的查询执行，对比结果显示两个查询具有相同的结果集，如图 13-45 所示。

图 13-45　改写后查询与原始 Q2 查询执行结果对比

4. 查询性能对比

原始 Q2 查询为嵌套执行方式，基于派生表的查询以独立的连接操作代替了子查询调用，我们进一步分析两种不同查询执行方式的性能和查询执行计划的不同。通过下面命令清理缓冲区并设置统计状态。

```
dbcc dropcleanbuffers
dbcc freeproccache
set statistics io on
set statistics time on
```

基于派生表的查询 CPU 时间为 216 毫秒，占用时间为 3 347 毫秒，如图 13-46 所示。

图 13-46　基于派生表查询执行时间

嵌套查询执行模式的 Q2 查询 CPU 时间为 342 毫秒，占用 5 538 毫秒，如图 13 - 47 所示。

图 13 - 47　原始 Q2 查询执行时间

从查询执行时间来看，基于派生表连接操作的查询方式执行时间更短。主要原因是将嵌套查询由外层查询驱动的内层子查询多次调用执行操作转换为内层子查询结果物化后的连接操作，将一次一判断执行方式转换为批量连接过滤，提高了数据处理效率。

子查询是比较复杂的查询，数据库的查询优化器对复杂子查询的优化难度较大。本节通过 TPC-H 查询案例对包含子查询的查询命令进行等价的查询改写，转换为普通的关系操作，并通过对查询执行计划的分析初步了解数据库查询优化的一般方法。子查询在语义表达上有一定优势，同时数据库用户也需要掌握查询的不同实现方法，在应用中灵活选择，优化查询性能。

第 14 章　SQL Server 2017 数据库分析处理案例

本章要点与学习目标

本章以 SQL Server 2017 和 Analysis Services 为基础平台，以复杂雪花模型数据集 TPC-H 为案例，介绍 OLAP 分析多维数据建模方法、OLAP 查询分析处理技术以及 OLAP 分析处理可视化技术等，使学习者通过案例实践掌握 OLAP 完整的设计、配置与应用过程，学习使用数据库和 OLAP 分析平台对企业级数据进行分析处理的技能。

本章的学习目标是为企业级数据库 TPC-H 创建多维数据模型，在 Analysis Services 中创建多维分析模型，掌握事实表与维表的创建方法，掌握度量属性的设计、维层次的设计，掌握多维分析处理技术，掌握基于 Excel 数据透视表、PowerBI 以及 Tableau 等多维数据分析和可视化技术。

第 1 节　SQL Server 2017 在 Windows 平台的安装与配置

本节介绍 SQL Server 2017 在 Windows 平台的安装过程。SQL Server 是一个以数据库为中心的综合数据管理与分析处理平台，包括数据库引擎、Analysis Services、Integration Service、Report Service 等服务组件，支持包括数据库应用、OLAP 应用、数据挖掘应用和报表服务应用等不同层次的数据服务，与 BI 商业智能相结合，可以进一步支持可视化数据分析功能。

SQL Server 2017 提供了 Windows 平台和 Linux 平台版本，SQL Server 2017 需要独立安装 SQL Server 2017 数据库、SQL Server Management Studio 管理工具和 SQL Server Data Tools 数据集成工具。SQL Server 2017 可以从微软官方网站下载，网站提供了 SQL Server 2017 用于 Windows、Linux、Docker 不同类型平台的下载版本。

下面以 Windows 10 平台上的数据库安装过程为例介绍 SQL Server 2017 数据库的安装步骤。

下载 SQL Server 2017 安装包后运行 SQL Server 2017 安装程序，在"SQL Server 安装中心"首先安装 SQL Server 2017 数据库引擎。对话框左侧窗格中选择"安装"项，执行"全新 SQL Server 独立安装或向现有安装添加功能"命令，如图 14-1 所示。

图 14-1　安装向导

（1）安装向导首先要求输入产品密钥。用户可以选择评估版本类型或者选择其他版本并输入产品密钥，验证安装。

（2）选择安装类型或输入正确的安装序列号后，确认接受许可条款。安装向导执行全局规则验证，确定在安装 SQL Server 安装程序支持文件时可能发生的问题，更正所有失败，保证安装程序继续进行，如图 14-2 所示。

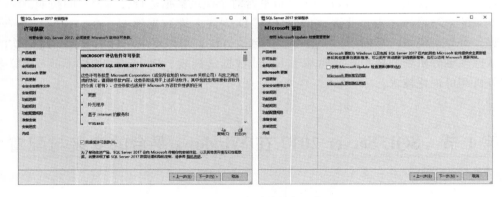

图 14-2　安装许可与更新

（3）安装程序执行 Microsoft 更新，也可以不选择"使用 Microsoft Update 检查更新"命令，跳过系统更新检查。然后安装向导开始扫描产品更新，下载安装程序文件，并安装程序文件。

（4）安装规则检测标识在运行安装程序时可能发生的问题，通过安装规则检测后才能继续后面的安装过程。

（5）通过安装规则检测后，进入功能选择对话框，用户需要根据安装需求在功能窗口选择 SQL Server 2017 相应的功能模块。在安装中需要选择"数据库引擎服务""Analysis Services"等功能，并选择机器学习服务页（数据库内），安装数据库对 R 和 Python 语言的支持，如图 14-3 所示。

第 14 章 SQL Server 2017 数据库分析处理案例

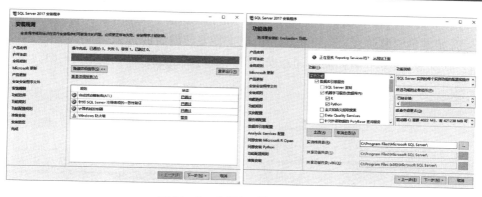

图 14-3　安装规则与功能选择

（6）完成功能规则检测后执行实例配置，首次安装选择默认实例。

（7）在服务器配置中，可以配置各项服务的账户信息，如图 14-4 所示。

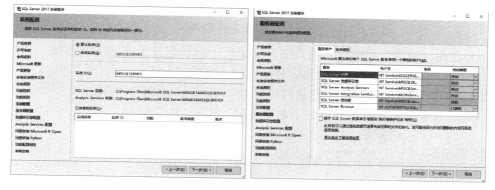

图 14-4　实例与配置

（8）在数据库引擎配置中，选择身份验证模式为"混合模式"，设置 SQL Server 系统管理员 sa 账户的密码。在 SQL Server 的一些服务中需要使用数据库系统管理员权限，如果安装时选择了"Windows 身份验证模式"，在修改身份验证模式时需要重启 SQL Server 服务以使配置生效。

（9）在 Analysis Services 配置中，我们选择"多维和数据挖掘模式"，SQL Server 还支持表格模式和 PowerPivot 模式服务器模式，可以根据应用需求选择配置，如图 14-5 所示。

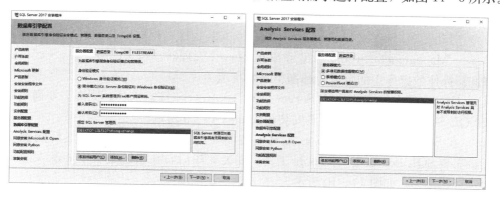

图 14-5　数据库引擎与 Analysis Services 配置

（10）在安装时选择 R 时，需要同意安装 Microsoft R Open 协议。安装规则检测与配置完成后开始准备安装阶段，对话框中列出已选择安装的组件。

（11）在安装 Python 时，需要同意安装 Python 及相关协议（见图 14-6）。

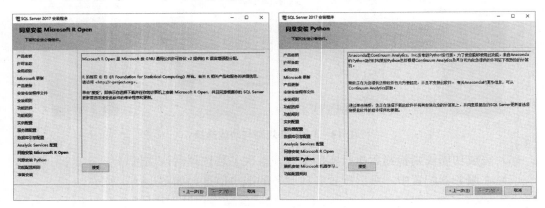

图 14-6　安装 R 与 Python

（12）点击"安装"按钮后开始安装，安装程序对话框显示当前安装进度。当完成全部安装任务后，对话框显示完成状态，显示已成功安装的组件。

（13）完成 SQL Server 引擎安装后再安装 SQL Server 管理工具。安装 SQL Server Management Studio 需要从微软网站下载安装包，如图 14-7 所示。

图 14-7　安装管理工具向导

（14）启动 SQL Server Management Studio 安装程序，根据安装向导完成安装。启动 SQL Server Management Studio 后显示 SQL Server 管理器，用于连接 SQL Server 引擎和使用查询器操作数据库中的数据，如图 14-8 所示。

（15）通过安装中心安装 SQL Server Data Tools（SSDT）工具，同样需要通过微软网站下载 SQL Server Data Tools 工具安装包，如图 14-9 所示。

（16）在 SQL Server Data Tools 工具安装向导选择中所需的工具，然后同意安装许可，开始安装 SQL Server Data Tools 工具。安装完毕后，在系统菜单中显示 Visual Studio 2017（SSDT），如图 14-10 所示。

（17）通过系统启动菜单启动 Microsoft Visual Studio，点击文件菜单中的"新建项

第 14 章 SQL Server 2017 数据库分析处理案例

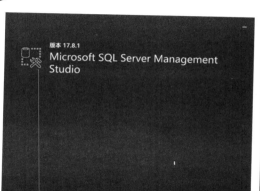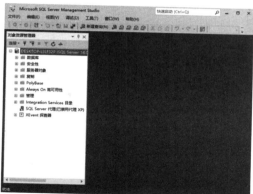

图 14-8 安装管理工具

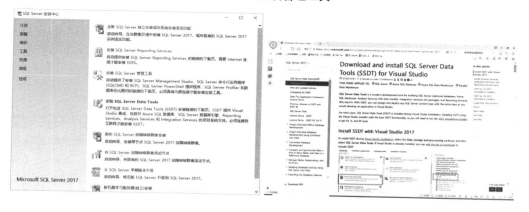

图 14-9 安装 SSDT 工具

图 14-10 菜单命令

目"下的"创建新项目"命令，在新建项目对话框中选择"商业智能"，可以看到新建项目对话框中 Analysis Services 多维和数据挖掘项目、Integration Services Project 和 Analysis Services 表格项目，如图 14-11 所示。

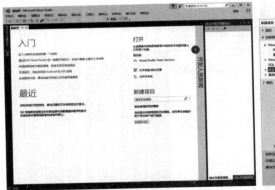

图 14-11 商业智能项目

通过 SQL Server 2017 的安装，我们了解到 SQL Server 2017 不仅是一个数据库引擎，还是一个综合数据管理与分析平台，在传统的数据库引擎基础上集成了面向大数据分析的 R、Python 语言和 Hadoop 集成工具 Poly Base，这体现了当前和未来数据库产品和技术发展的趋势，即数据库逐渐成为一个数据管理的综合平台，面向不同结构的数据和数据管理平台提供数据融合与数据管理能力。

第 2 节 SQL Server 数据库数据导入导出

数据库的数据导入导出工具能够实现数据库与不同数据源之间的数据导入或导出操作。在 SQL Server 中，数据的导入是指从其他数据源将数据复制到 SQL Server 数据库中；数据的导出是指将 SQL Server 中的数据复制到其他数据源中。SQL Server 中支持的其他数据源包括同版本或低版本的 SQL Server 数据库、Excel、Access、通过 OLE DB 或 ODBC 连接的数据源、纯文本文件等。在数据导入或导出时需要选择数据源、目标数据源、指定复制的数据和执行方式等步骤。下面以文本数据文件为例介绍 SQL Server 2017 中的数据导入导出功能的使用。

通过 SQL Server 2017 数据导入导出向导可以加载平面数据文件，下面以创建 TPC-H 数据库为例，演示从平面数据文件中导入数据的过程。

TPC-H 是数据库的工业测试基准（Benchmark），可以将 TPC-H 看作一个电子商务的订单系统，由订单表、订单明细项表以及买家表、卖家表和产品表组成，国家表与地区表作为层次型地理信息被买家表与卖家表共享，如图 14-12 所示。

TPC-H 提供了数据生成器 dbgen，可以生成指定 SF 的数据集大小。各表的记录数量为：lineitem[SF×6000000]，orders[SF×1500000]，partsupp[SF×800000]，supplier[SF×10000]，part[SF×200000]，customer[SF×150000]，nation[25]，region[5]。

生成 SF=1 的 TPC-H 各表数据文件的命令为：

```
dbgen -s 1 -T c
dbgen -s 1 -T P
dbgen -s 1 -T s
```

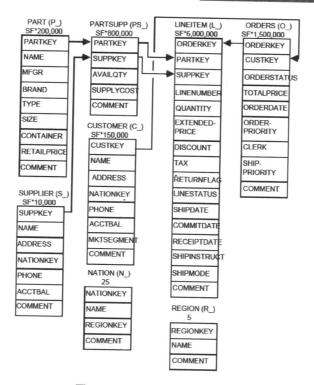

图 14-12　TPC-H 数据库模式

```
dbgen -s 1 -T S
dbgen -s 1 -T n
dbgen -s 1 -T r
dbgen -s 1 -T O
dbgen -s 1 -T L
```

（1）在 SQL Server 数据库中创建目标数据库。

在 SQL Server Management Studio 对象资源管理器的"数据库"对象上单击右键，执行"新建数据库"命令，创建"TPCH"数据库。

（2）通过导入平面文件向导加载数据。

在 TPCH 数据库对象上单击右键，执行"任务—导入平面文件"命令，以向导方式导入 region 表数据。

1）指定输入文件。

在导入平面文件向导中通过浏览按钮选择要导入的平面文件，输入新表名称，选择表架构。

2）预览数据。

在预览窗口中查看输入文件结构，tbl 文件被识别为 4 列 4 行，如图 14-13 所示。

3）修改列。

在修改列窗口中修改列名、数据类型，设置主键及字段是否允许为空约束。因为数据文件末尾的竖线被识别为一个字段，因此最后一列设置为允许 null 值。

图 14-13 导入文件

在摘要窗口中显示当前导入操作的服务器名称、数据库名称、表名称和导入文件的位置信息，如图 14-14 所示。

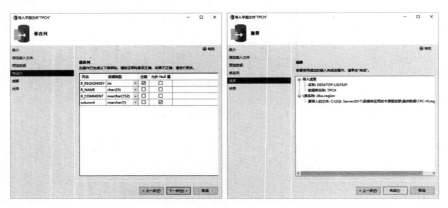

图 14-14 修改列

4）查看导入数据。

单击"完成"按钮后执行插入数据操作。在 SSMS 查询窗口中通过命令"select * from region;"查看 region 表中导入的数据，其中 column4 为数据分隔符导致的无效列，如图 14-15 所示。

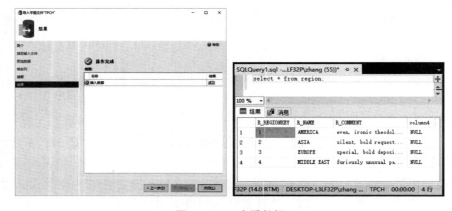

图 14-15 查看数据

(3) 通过数据导入导出向导加载数据。

导入平面文件向导不需要预创建表，但在导入过程需要手工为数据设置字段名、数据类型等信息，当表中字段较多时比较费时。

通过"drop table region;"命令删除 region 表，在 TPC-H 数据库中创建相应的表，通过 SQL 创建表命令预设置各表的结构。

```
create table region
(
  r_regionkey              integer    not null,
  r_name                   char(25),
  r_comment                varchar(152)
);
create table nation
(
  n_nationkey              integer    not null,
  n_name                   char(25),
  n_regionkey              integer    not null,
  n_comment                varchar(152)
);

create table part
(
  p_partkey                integer    not null,
  p_name                   varchar(55),
  p_mfgr                   char(25),
  p_brand                  char(10),
  p_type                   varchar(25),
  p_size                   integer,
  p_container              char(10),
  p_retailprice            float,
  p_comment                varchar(23)
);
create table supplier
(
  s_suppkey                integer    not null,
  s_name                   char(25),
  s_address                varchar(40),
  s_nationkey              integer,
  s_phone                  char(15),
  s_acctbal                float,
  s_comment                varchar(101)
);
create table partsupp
(
  ps_partkey               integer    not null,
```

```sql
  ps_suppkey             integer   not null,
  ps_availqty            integer,
  ps_supplycost          float,
  ps_comment             varchar(199)
);
create table customer
(
  c_custkey              integer   not null,
  c_name                 varchar(25),
  c_address              varchar(40),
  c_nationkey            integer,
  c_phone                char(15),
  c_acctbal              float,
  c_mktsegment           char(10),
  c_comment              varchar(117)
);
create table orders
(
  o_orderkey             integer   not null,
  o_custkey              integer   not null,
  o_orderstatus          char(1),
  o_totalprice           float,
  o_orderdate            date,
  o_orderpriority        char(15),
  o_clerk                char(15),
  o_shippriority         integer,
  o_commentvar           char(79)
);
create table lineitem
(
  l_orderkey             integer   not null,
  l_partkey              integer   not null,
  l_suppkey              integer   not null,
  l_linenumber           integer   not null,
  l_quantity             float,
  l_extendedprice        float,
  l_discount             float,
  l_tax                  float,
  l_returnflag           char(1),
  l_linestatus           char(1),
  l_shipdate             date,
  l_commitdate           date,
  l_receiptdate          date,
  l_shipinstruct         char(25),
  l_shipmode             char(10),
```

l_comment   varchar(44)
);

在 SQL Server 中，bulk insert 命令以指定的格式将数据文件导入数据库表或视图中。在命令中需要指定数据源文件、目标数据库表、字段分隔符、行分隔符等参数。

5 个表对应的 bulk insert 数据导入命令如下，结果如图 14-16 所示。

bulk insert region from 'c:\documents\sql server2017\数据库应用技术课程资源\案例数据\tpc-h\region.tbl' with (fieldterminator = '|', rowterminator = '\n');
bulk insert nation from ' c:\documents\sql server2017\数据库应用技术课程资源\案例数据\tpc-h\nation.tbl' with (fieldterminator = '|', rowterminator = '\n');
bulk insert supplier from ' c:\documents\sql server2017\数据库应用技术课程资源\案例数据\tpc-h\supplier.tbl' with (fieldterminator = '|', rowterminator = '\n');
bulk insert part from ' c:\documents\sql server2017\数据库应用技术课程资源\案例数据\tpc-h\part.tbl' with (fieldterminator = '|', rowterminator = '\n');
bulk insert partsupp from ' c:\documents\sql server2017\数据库应用技术课程资源\案例数据\tpc-h\partsupp.tbl' with (fieldterminator = '|', rowterminator = '\n');
bulk insert customer from ' c:\documents\sql server2017\数据库应用技术课程资源\案例数据\tpc-h\customer.tbl' with (fieldterminator = '|', rowterminator = '\n');
bulk insert orders from ' c:\documents\sql server2017\数据库应用技术课程资源\案例数据\tpc-h\orders.tbl' with (fieldterminator = '|', rowterminator = '\n');
bulk insert lineitem from ' c:\documents\sql server2017\数据库应用技术课程资源\案例数据\tpc-h\lineitem.tbl' with (fieldterminator = '|', rowterminator = '\n');

图 14-16　加载数据

也可以使用导入向导从数据文件导入数据库，数据导入步骤如下：

1) 选择数据源。

在 SQL Server 导入导出向导的数据源对话框中选择平面文件源，在"常规"选项卡中选择文件路径，去掉"在第一个数据行中显示列名称"的勾选，即数据文件不包含标题行。在"列"选项卡中选择列分隔符为竖线，通过预览窗口查看数据是否被正确分隔为记录属性，如图 14-17 所示。

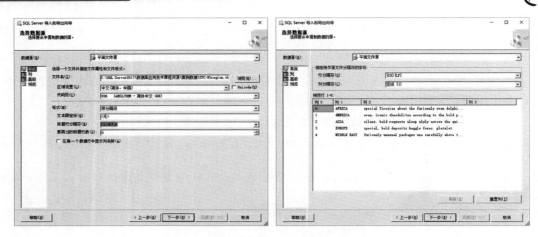

图 14-17 选择数据源

在"高级"选项卡中可以查看各列属性。需要注意的是默认各列输入为字符串，宽度（OutputColumnWidth）为 50，当输入字符串宽度超过默认值时可能会产生错误，需要将对应列宽度调整为正确的宽度。如 region 表的 r_comment 列宽度为 152 字符，需要将列 2 的 OutputColumnWidth 项设置为 152。列 3 为无效数据列，选择列 3 后单击"删除"按钮将该列删除。最后，在"预览"选项卡中可以设置跳过的数据行数，用于筛选数据，预览窗口可以查看输入数据内容，如图 14-18 所示。

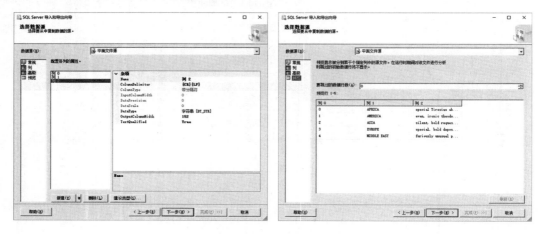

图 14-18 设置列属性

2）选择目标。

选择目标数据库 TPCH，选择目标表 region，如图 14-19 所示。

点击"编辑映射"按钮进入列映射对话框，为源列选择表中的目标列。源列的顺序和目标列可以不一致，也可以忽略源表中的列实现只加载部分列的功能，如图 14-20 所示。

3）数据导入。

平面文件导入时作为字符串读入，通过列映射转换为表中列对应的数据类型，当出错时选择忽略进行数据类型强制转换，最后通过执行导入包完成数据从平面文件复制到数据库表的操作。其他各表采用同样的方法导入，如图 14-21 所示。

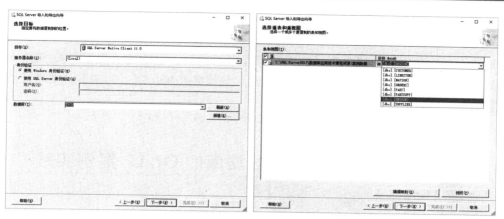

图 14-19 选择目标

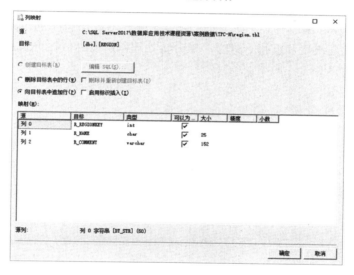

图 14-20 列映射

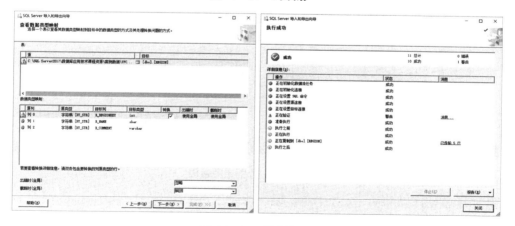

图 14-21 数据导入

通过类似的方式导入其他 TPC-H 数据库文件。

数据库是数据管理平台，需要支持从不同数据源的数据集成功能，数据导入导出是数据库与其他数据源进行数据交换的支持技术。数据库以表为基本的数据存储单位，以二维表为形式，列定义了表中的字段，行定义了表中的记录。在从其他数据源向 SQL Server 导入的过程中需要建立数据源与表的映射关系，定义表结构，定义列映射，实现外部数据源与数据库表的数据转换。

第 3 节　基于 TPC-H 数据库的 OLAP 案例实践

TPC-H 基准[①]是当前学术界和工业界广泛采用的决策支持基准，TPC-H 数据库由 8 个表构成，可以看作 3NF 数据库结构，表结构较为复杂。本节以 TPC-H 数据库为例，基于 Microsoft Analysis Services 平台，通过应用案例介绍数据仓库的模式设计，多维数据集的创建方法，构建维度和度量，进行多维分析处理以及多维数据分析处理的数据可视化技术。

一、TPC-H 数据库分析

查询数据库 TPC-H 中的多维数据集对应的表 lineitem、orders、partsupp、customer、supplier、part、nation、region 是否完备。在数据库关系图中新建关系图，选择对应的表生成关系图，如图 14-22 所示。

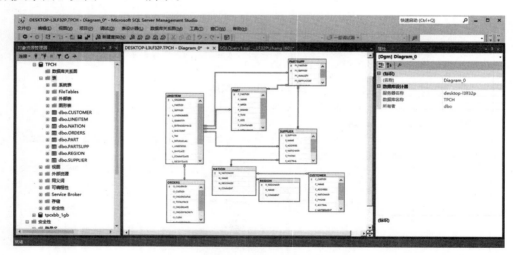

图 14-22　数据库关系图

TPC-H 数据库以 lineitem 为中心，通过外键与 orders、partsupp、customer、supplier、part、nation、region 表构成一个逻辑上的雪花形结构；orders、supplier、part 表构

---

① http://www.tpc.org/tpch/default.asp

成一个三维的事实数据空间；nation 和 region 表构成共享的地理维层次；partsupp 与 part、supplier 表构成一个星形结构，同时也是 lineitem 表组合键(l_partkey, l_suppkey) 的参照表；lineitem 和 orders 表为双事实表，表示订单与详细订单项，lineitem 表主键(l_orderkey, l_linenumber)中第一关键字 l_orderkey 与 orders 表主键(o_orderkey)具有参照完整性约束关系，lineitem 与 orders 表记录具有相同的顺序关系（相同的第一主键属性导致聚集索引中主-外键记录具有相同的顺序）。

如图 14-22 所示，如果 8 个表在关系图中存在连接的边，则说明多维数据集的事实表和维表之间的参照引用关系已建立。若关系图中存在不连接的边，则检查各表的主键及外键是否建立，若无则通过 alter table 命令为创建各表主键及表间的外键约束：

```
alter table region add constraint pk_r primary key(r_regionkey);
alter table nation add constraint pk_n primary key(n_nationkey);
alter table supplier add constraint pk_s primary key(s_suppkey);
alter table customer add constraint pk_c primary key(c_custkey);
alter table part add constraint pk_p primary key(p_partkey);
alter table orders add constraint pk_o primary key(o_orderkey);
alter table lineitem add constraint pk_ln primary key(l_orderkey,l_linenumber);

alter table nation add constraint fk_nr foreign key (n_regionkey) references region(r_regionkey);
alter table supplier add constraint fk_sn foreign key (s_nationkey) references nation(n_nationkey);
alter table customer add constraint fk_cn foreign key (c_nationkey) references nation(n_nationkey);
alter table orders add constraint fk_oc foreign key (o_custkey) references customer(c_custkey);
alter table lineitem add constraint fk_lp foreign key (l_partkey) references part(p_partkey);
alter table lineitem add constraint fk_ls foreign key (l_suppkey) references supplier(s_suppkey);
alter table partsupp add constraint fk_psp foreign key (ps_partkey) references part(p_partkey);
alter table partsupp add constraint fk_pss foreign key (ps_suppkey) references supplier(s_suppkey);
alter table lineitem add constraint fk_lo foreign key (l_orderkey) references orders(o_orderkey);
```

二、TPC-H 查询分析

在 Power BI 数据可视化工具中，TPC-H 模式在查询中有两个主要的问题：共享维度表示和复合主-外键参照完整性关系。

如图 14-23 所示，nation 表是 supplier 与 customer 表的共享维度，在 BI 工具的关系图中无法表示共享维度，也无法支持 supplier 与 customer 表中记录对应不同 nation 取值的查询。在 SQL 中也有类似的问题，通常采用别名的方式将共享维度用作两个独立的参照表。因此，当 BI 工具直接访问 TPC-H 数据库时，需要将共享的 nation 和 region 表克隆出一份副本，与 supplier 与 customer 表分别创建参照完整性关系，从而保证有两个独立的 nation 或 region 访问路径。

partsupp 与 lineitem 表通过复合键（partkey, suppkey）建立主-外键参照完整性约束关系，在 Power BI 中仅支持单属性主-外键参照完整性约束关系，无法支持 partsupp 与 lineitem 表之间的相关查询。为解决这个问题，可以为 partsupp 表中的复合主键(ps_partkey, ps_suppkey)创建一个代理键，用单一的序列表示 partsupp 表中每个复合键(ps_partkey,ps_suppkey),然后在 lineitem 表中新增一个代理外键列,通过连接操作将其更新为所参照 partsupp 记录的代理键值,建立新的单属性主-外键参照完整性约束关系,支持在 Power BI 工具中的查询。

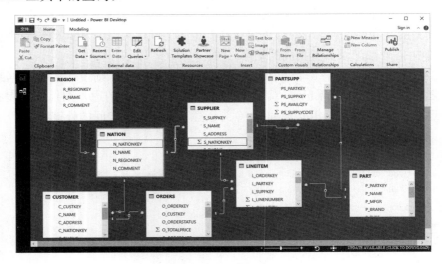

图 14-23 表关系图

我们将在后面的案例中分析在 Analysis Services 中如何解决在 Power BI 中共享维度访问及复合键参照完整性约束关系的问题。

三、创建 Analysis Services 数据源

为 TPC-H 数据库创建 Analysis Services 项目。在 Visual Studio 窗口新建项目中点击"Analysis Services 商业智能",在新建项目对话框中选择"Analysis Services 多维和数据挖掘项目",输入项目名称 TPCHOLAP,如图 14-24 所示。

图 14-24 建立 Analysis Services 多维和数据挖掘项目

在 SQL Server Management Studio 中数据库安全性的登录名对象中增加账户 tpcholapuser，默认数据库选择为 TPCH。在数据库 TPCH 对象上单击右键属性命令，在文件选择页中增加"所有者"，通过"浏览"按钮查找账户对象，选择 tpcholapuser 用户，使 tpcholapuser 成为 TPCH 数据库的所有者。

创建数据源对象，在"使用 SQL Server 身份验证"方式下输入 TPC-H 数据库的有效登录名"tpcholapuser"和密码，在"连接到一个数据库名"下拉框中选择数据库源 TPCH。

设置好数据库连接后，选择"使用服务账户"选项。

创建数据库源对象后建立了 Analysis Service 与数据库的连接，建立数据库与 OLAP 服务器之间的数据通道。

四、创建数据源视图

在数据源视图上单击右键，选择新建数据源视图，通过数据源视图向导配置数据源视图。确定数据源后单击下一步，选择多维数据集对应的事实表和各个维表，导入 TPCH 的维表和事实表。

完成后解决方案资源管理器窗口显示数据源视图图标，并自动打开数据源视图窗口。在表窗口中显示数据源中包含的表及表间关系，数据库中建立好的多维数据集主-外键约束关系显示为雪花形结构，如图 14-25 所示。

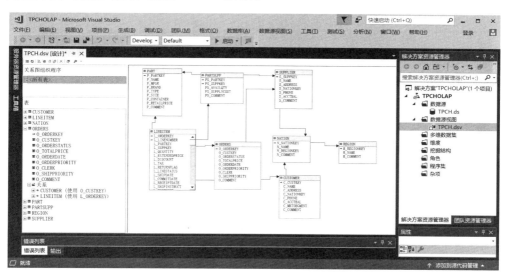

图 14-25 数据源视图

在 TPCH 中主要使用的聚集表达式包括：

sum(l_extendedprice * (1-l_discount)) as sum_disc_price,
sum(l_extendedprice * (1-l_discount) * (1+l_tax)) as sum_charge
sum(l_extendedprice * l_discount) as revenue
sum(ps_supplycost * ps_availqty) as value

在 TPCH 数据源视图中 lineitem 和 partsupp 表上创建命名计算，预设聚集计算表达式，如图 14-26 所示。

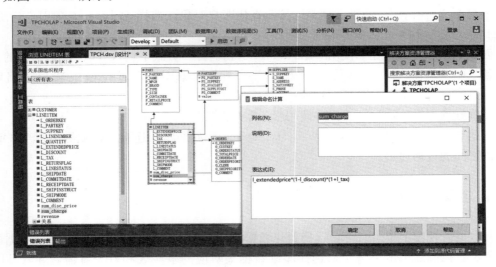

图 14-26　编辑命名计算

创建好命名计算对象后，以 lineitem 表为例，右键单击浏览数据命令，查看命名计算对象对应属性的取值，如图 14-27 所示。

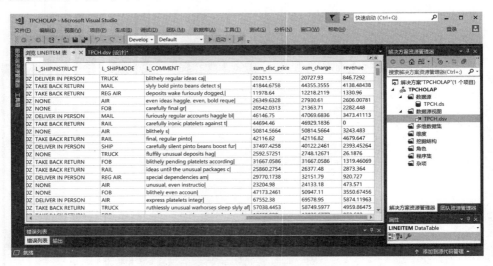

图 14-27　浏览数据表

与数据库端 SQL 命令表达式的值对照，确认命名计算对象正确无误，如图 14-28 所示。

```
select
l_extendedprice * (1-l_discount) as discount_price,
l_extendedprice * (1-l_discount) * (1+l_tax) as charge,
l_extendedprice * l_discount as revenue
from lineitem;
```

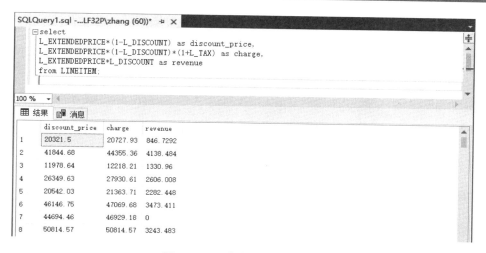

图 14-28 查询验证命名计算

命名计算用于创建查询对应的聚集表达式，满足用户特定的查询需求。

五、创建多维数据集

在多维数据集图标上单击右键，选择新建多维数据集，通过多维数据集向导配置多维数据集。选择使用现有表创建多维数据集，选择度量值组表对话框中单击包含度量属性列的事实表 lineitem、orders 和 partsupp 表，指定多维数据集度量值所在的事实表。在选择度量值对话框中选择作为度量属性的列和命名计算，去掉非度量属性前面的勾选，如图 14-29 所示。

图 14-29 选择度量值

在选择新维度对话框中选择 TPCH 数据库中作为维度的表。customer 与 supplier 表中显示其下级的共享 nation-region 维层次；orders 和 lineitem 表中包含退化维度属性，因此也选作维度表；partsupp 表中不包含退化维度属性，因此不选作维度表。选择完毕后，建立了 TPCH 多维数据集，包含 5 个维度和 3 个度量值组，单击完成按钮生成多维数据集，如图 14-30 所示。

图 14 - 30　选择维度

生成多维数据集后打开多维数据集设计视图，左侧窗口分别显示度量值和维度，中部窗口显示数据源视图。在度量值窗口的 TPCH 多维数据集对象上单击右键，点击"属性"在右侧属性窗口中"存储"菜单中的"Storage Mode"中选择 Rolap，使用关系 OLAP 模型。

在多维数据集视图中创建的命名计算列可以作为度量，如在 partsupp 度量组上单击右键选择新建度量值命令，在对话框中选择源列中的命名计算列 value，设置求和聚集方法，创建新的度量值，如图 14 - 31 所示。

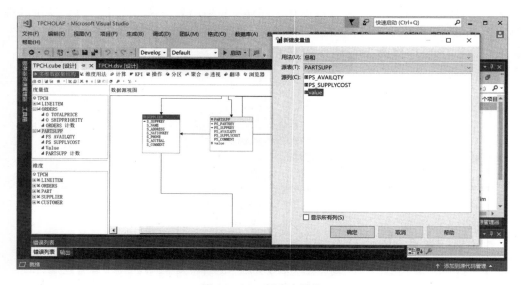

图 14 - 31　新建度量值

如图 14 - 32 所示，单击多维数据集结构标签页上的 按钮，对多维数据集进行处理。在弹出的对话框中单击"是"，开始处理多维数据集。部署进度完成后，弹出处理多维数据集对话框，单击"运行"按钮，开始处理多维数据集。分别对度量值组进行处理，处理完毕后单击关闭，返回多维数据集窗口。在度量值处理过程中，需要创建多维数据分区，以加速多维查询性能。

TPCH 度量来自 3 个表，而且较大事实表 lineitem、orders、partsupp 包含退化维度属性，因此多维数据集处理时间相对较长。

图 14-32　创建多维数据集

六、创建维度

多维数据集向导生成的默认维度，仅包含主键等维属性，需要自定义其他维属性及维层次。

（1）配置 supplier 维。

在右侧解决方案资源管理器中双击维度 supplier，进入维度配置窗口。从右侧的数据源视图中将维层次属性 supplier 表中 s_name，nation 表中 n_name，region 表中 r_name 拖动到属性窗口中，然后在层次结构窗口中用维属性构造维层次。r_name、s_name 具有层次关系，我们将 r_name 拖入层次结构窗口，系统生成一个维层次容器，将 s_name 拖入容器中新级别位置，创建第二个维层次，构造出 r_name-n_name 二级层结构，然后将层次结构名称改为 s_rn。在属性关系窗口中设置 n_name 与 s_name 的相关属性关系，创建属性间的传递函数依赖关系，对应维层次关系，如图 14-33 所示。

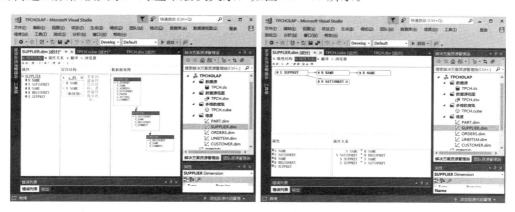

图 14-33　创建维度

创建完属性关系后显示指定的维层次结构图,单击 按钮,处理配置后的维度。

在"浏览器"选项卡中的层次结构下拉框中选择设定的 s_rn 层次,查看层次结构。图中显示出树形层次结构,可以分别展开 region 成员、nation 成员,如图 14-34 所示。

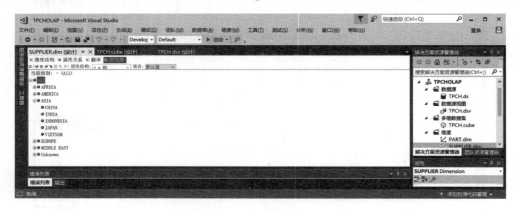

图 14-34 浏览维层次

(2) 配置 orders 维。

同样的方式配置 orders 维度。通过鼠标将 o_orderstatus、o_orderpriority、o_orderdate 拖动到维属性窗口中,单击处理按钮生成 orders 维度,如图 14-35 所示。

图 14-35 配置 orders 维

(3) 配置 part 维。

首先对 part 表候选维属性 p_mfgr、p_brand、p_type 和 p_container 进行函数依赖检测,通过 SQL 命令检测出函数依赖关系 p_brand→p_mfgr:

```
select distinct p_brand, p_mfgr from part order by p_mfgr;
```

将维属性拖入属性窗口,将 p_mfgr、p_brand 拖入层次结构窗口设置维层次 p_mb,单击处理按钮生成 part 维度,通过浏览器检验维层次结构,如图 14-36 所示。

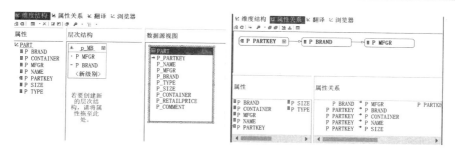

图 14-36 配置 part 维

(4) 配置 lineitem 维。

lineitem 表中有四个维属性 l_returnflag、l_linestatus、l_shipmode、l_shipinstruct，将其拖入维属性窗口，单击处理按钮生成维度，如图 14-37 所示。

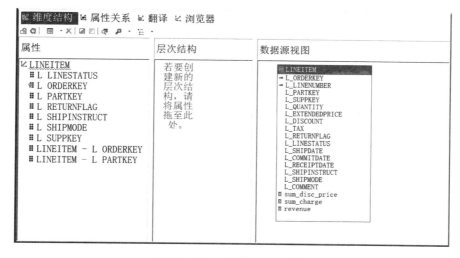

图 14-37 配置 lineitem 维

(5) 配置 customer 维。

customer 表中有一个候选维属性 c_mktsegment，nation 表属性 n_name 与 region 表 r_name 属性构成维层次。将相关属性从数据源视图的不同表中拖动到属性窗口中，然后在层次结构窗口中设置维层次 c_rn，在属性关系窗口中设置 n_name 与 r_name 属性之间的关系，建立 customer 维度上的地理维层次，如图 14-38 所示。

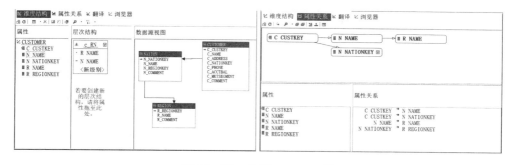

图 14-38 配置 customer 维

七、多维分析

各个维度设置好以后，可以通过多维数据集的"浏览器"选项卡窗口进行多维查询。首先需要在多维数据集视图上执行"处理"命令，部署多维数据集项目。

以 TPC-H Q5 查询为例验证多维数据集分析结果是否与 SQL 命令等价。Q5 查询命令及查询结果如图 14-39 所示。

```
select n_name, sum(l_extendedprice * (1 - l_discount)) as revenue
from customer, orders, lineitem, supplier, nation, region
where c_custkey = o_custkey and l_orderkey = o_orderkey
and l_suppkey = s_suppkey and c_nationkey = s_nationkey
and s_nationkey = n_nationkey and n_regionkey = r_regionkey
and r_name = 'asia'
and o_orderdate >= '1993-01-01' and o_orderdate < dateadd(year, 1,'1993-01-01')
group by n_name
order by revenue desc;
```

在数据库中查询结果如图 14-39 所示。

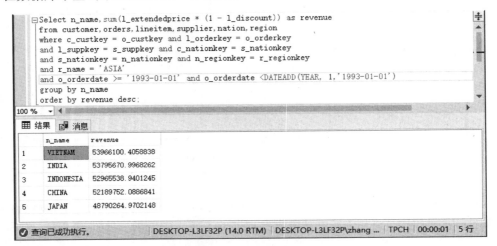

图 14-39 查询结果

在 Q5 查询中谓词条件 c_nationkey = s_nationkey 是一种跨维度查询，表示两个维度中国家代码相同，这种查询条件在多维分析处理时难以直接实现。

在多维数据集浏览器窗口中查看多维数据集。

首先，在数据透视表字段窗口中将 lineitem 事实表中定义的度量值 sundisc_price 拖动到浏览器窗口中，将 customer 和 supplier 维度中的 n_name 分别拖动到浏览器窗口中，在维度窗口中分别设置 customer 和 supplier 维度中的 r_name 层次上的筛选条件，设置运算符为"等于"值为 asia。在 orders 维度选择 o_orderdate 层次，运算符为"范围（包含）"，初始值为 1993-01-01，结束值为 1993-12-31。设置完毕后，单击窗口中的运行链接，显示查询结果，如图 14-40 所示。

第 14 章　SQL Server 2017 数据库分析处理案例

图 14-40　多维查询结果

查询中谓词条件 c_nationkey=s_nationkey 在维度筛选器中无法设置，多维查询中增加了 customer 和 supplier 维度中的 n_name 层次，两个 n_name 值相同的记录为查询对应结果，即 Q5 查询结果对应多维浏览器［CHINA，CHINA，…］，［INDIA，INDIA，…］，［INDNESIA，INDNESIA，…］，［JAPAN，JAPAN，…］，［VIETNAM，VIETNAM，…］5 条记录。

也可以在 Excel 中通过"数据—自其他来源"菜单，连接 Analysis Services 中创建的 TPCHOLAP 项目，通过数据透视图与数据透视表显示查询结果。

为当前的多维数据透视表视图选择适当的图表，本例中选择三维簇状柱形图。在生成的数据透视图中可以通过将鼠标悬浮在图例对应的柱形上查看对应的总折扣价格，如图 14-41 所示。

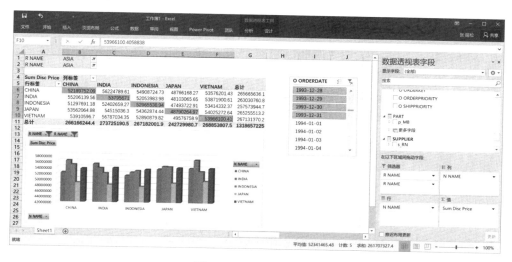

图 14-41　数据透视图

517

八、通过 Power BI 查看多维数据集

也可以在 Power BI 中建立与 Analysis Services 的连接来实现数据可视化功能。

首先通过"Get Data"创建 Power BI 与 Analysis Services 的连接，Fields 窗口中显示多维数据集的度量组 lineitem、orders 和 partsupp 以及相关的维度 customer、lineitem、orders、part、supplier。在 Power BI 窗口中创建不同的可视化控件，为可视化控件设置数据，根据数据主题及多维分析需求定制化设计基于多控件的交互式报表，通过可视化控件显示不同数据分析目标及层次的可视化数据。在报表中，可视化控件可以作为筛选器，用鼠标单击相关对象对报表进行数据筛选，多个可视化控件的筛选功能可以叠加，如图 14-42 所示。

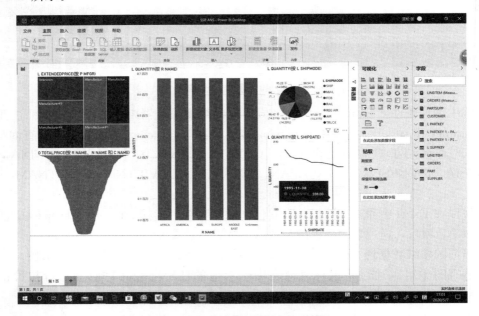

图 14-42 Power BI 查看多维数据集

【扩展练习】 为 TPC-H 创建面向订单明细、订单总量、供应成本方面的综合报表，通过可视化控件分析数据的主要特征。以 Q1、Q3、Q6、Q7、Q8、Q10 等查询为例，通过 Power BI 可视化控件实现相同或相似的查询任务。

第 4 节 SQL Server 2017 内置 Python 功能

一、配置 SQL Server 2017 内置 Python 功能

随着大数据分析处理需求的增长，将统计分析软件 R、Python 与数据库集成成为大数

据分析的一种技术发展趋势。SQL Server 2017 提供了内置于数据库的 R 和 Python 引擎，可以实现在数据库内部的统计分析功能。

配置 SQL Server 2017 数据库的 Python 脚本执行功能

在 SQL Server 2017 的查询窗口中执行配置命令，设置允许外部脚本执行，如图 14-43 所示。

```
exec sp_configure 'external scripts enabled', 1;
```

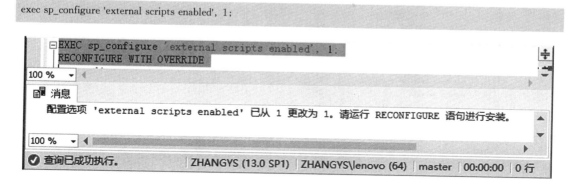

图 14-43　配置数据库允许外部脚本执行

设置之后执行重新配置参数命令。

```
reconfigure with override
```

重启动 SQL Server 并启动 SQL Launchpad，如图 14-44 所示。

图 14-44　启动服务

通过 sp_configure 命令查看配置信息，确认 config_value 和 run_value 设置为 1，如图 14-45 所示。

执行测试 Python 脚本，测试 SQL Server 2017 内置的 Python 引擎是否正常工作。

```
exec sp_execute_external_script
    @language = N'Python'
    ,@script = n'outputdataset=inputdataset;'
    ,@input_data_1=n'select c_name,c_address from customer;'
with result sets (([customer_name] varchar(25) not null,[customer_address] varchar(40) not null));
```

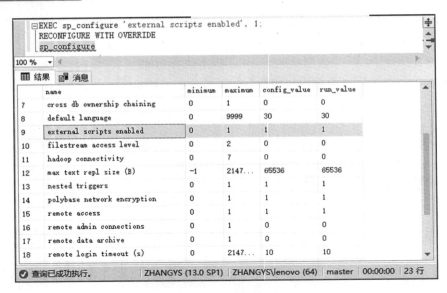

图 14-45　查看配置信息

此存储过程的参数有五个，其中前三个是必选参数，后两个为可选参数：

@language：指定所需语言。

@script：需要执行的外部脚本。

@input_data_1：为 Python 脚本指定输入的数据。

@input_data_1_name：输入名，可选，默认名 inputdataset。

@output_data_1_name：输出名，可选，默认名 outputdataset。

在@input_data_1 参数中设置从 customer 表中投影出 c_name 和 c_address 列作为输入，存储过程执行时调用 Python 引擎完成数据输出，证明 Python 引擎能够正常调用，如图 14-46 所示。

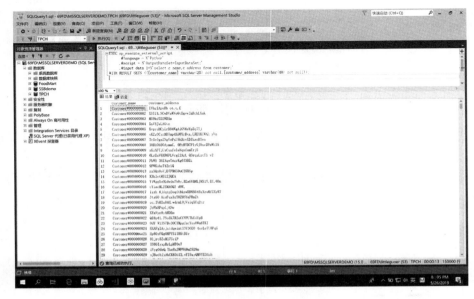

图 14-46　通过内置 Python 引擎访问 TPC-H 数据库的 customer 表测试

二、基于 Python 的数据挖掘案例：用户群体划分与价值识别

1. RFM 模型——用户价值识别模型

如何识别公司不同价值的顾客，并针对不同价值的顾客群体采取差异化的营销方式，从而实现收益最大化，是当前市场决策最重要的命题之一。

当面对这样的需求时，不同公司所收集到的用户信息千差万别，TPC-H 数据库由于是模拟数据库，可供分析的属性较少。真实的商业情形很可能也是这样的，公司无法获得其用户很多的有效属性，从而较难通过多维度的属性分析得到有助于决策的结论与知识。但尽管如此，通过现有的信息，从 TPC-H 数据库中依然能够挖掘出可供聚类分析的属性值，但是 TPC-H 数据库有关用户的高价值信息并不存储在 customer 表中，而是分散在 orders 表中，需要对数据进行预处理后，得到可供聚类分析的数据。

RFM 模型是目前最为主流的用户价值识别模型，其原理是基于用户 R（Recency：用户最近一次消费距离上一次的时间间隔）、F（Frequency：用户在门店的消费频次）、M（Monetary：用户的消费贡献总额）三个维度的信息对顾客进行聚类划分，从而识别不同顾客群体的相对价值大小，而公司的营销策略提供支持。接下来将基于 TPC-H 数据库，运用 RFM 模型对 TPC-H 顾客群体进行聚类划分，从而支持公司的营销决策。

2. 数据预处理

数据预处理的关键是如何得到分析所需的属性。Recency 的信息为用户最近的一次消费时间距离 1998 年 9 月 1 日的天数（TPC-H 的销售记录为 1998 年 9 月以前，所以可假定该分析是在 1998 年 9 月开展的），天数越少，说明该用户最近刚刚消费，近期内再次消费的可能性较大，从而价值越大；而天数越多，则说明该用户已经很久没有消费记录，再次消费的可能性较小，从而价值越小。Frequency 的信息为用户一共有过多少次消费记录，可通过对 orders 表的消费频次计数得到。Monetary 的信息为用户的消费贡献额共计多少，可通过对 orders 表的订单金额求和得到。基于上述分析，新建视图 RFM_Model，为每一位用户存储以上三个维度的信息，为后续分析打下基础，如图 14–47 所示。

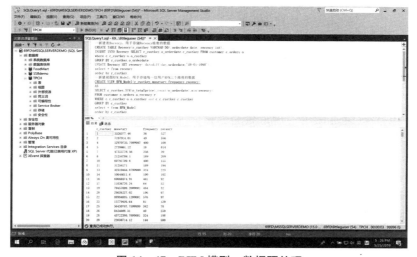

图 14–47　RFM 模型：数据预处理

SQL 语句如下：

```sql
--新建表 recency,用于存储 recency 维度的数据
create table recency(r_custkey varchar(50), orderdate date, recency int);
insert into recency select c_custkey,o_orderdate,c_custkey from customer c,orders o
where c.c_custkey=o.o_custkey
group by c_custkey,o_orderdate;
update recency set recency= datediff(day,orderdate,'09-01-1998');
select * from recency
order by r_custkey;
--新建视图 rfm_model,用于存储每一位用户 rfm 三个维度的数据
create view rfm_model(c_custkey,monetary,frequency,recency)
as
select c_custkey,sum(o_totalprice),count(o_orderdate),min(recency)
from customer c,orders o,recency r
where c.c_custkey=o.o_custkey and c.c_custkey=r_custkey
group by c_custkey;
select * from rfm_model
order by c_custkey;
```

得到的数据预处理结果如图 14-47 所示，已在视图 RFM_Model 中为每一位用户创建 RFM 属性。

3. 识别高价值顾客——Python 聚类分析实现

在 SQL Server 中执行 Python 脚本，实现聚类分析，语句如下：

```sql
--创建存储过程 customer_clusters
drop procedure if exists [dbo].[customer_clusters];
create procedure [dbo].[customer_clusters]
as

begin
    declare
--读入视图 rfm_model 中存储的数据
@input_query nvarchar(max) = n'
select c_custkey,monetary,frequency,recency
from rfm_model
'
```

1) 运行 Python 脚本命令，进行聚类分析。

```sql
exec sp_execute_external_script
@language= n'Python'
, @script = n'
import pandas as pd
from sklearn.cluster import kmeans
--从查询中获得数据
customer_data = my_input_data
```

```
--设置4为聚类最佳数量
n_clusters = 4
--执行聚类
est = kmeans(n_clusters=n_clusters,
random_state=111).fit(customer_data[["monetary","frequency","recency"]])
clusters = est.labels_
customer_data["cluster"] = clusters
outputdataset = customer_data
'
, @input_data_1 = @input_query
, @input_data_1_name = n'my_input_data'
with result sets (("c_custkey" int, "monetary" float,"frequency" float, "recency"float,"cluster" float));
end;
go
```

2) 执行存储过程，将聚类结果存储在表 py_customer_clusters 中。

```
--创建存储聚类结果的表
drop table if exists [dbo].[py_customer_clusters];
go
--表中存储聚类预测结果
create table [dbo].[py_customer_clusters](
[c_custkey] [bigint]null,
[monetary] [float]null,
[frequency] [float]null,
[recency] [float]null,
[cluster] [int]null,
) on [primary]
go
--执行聚类操作并将聚类结果插入表中
insert into py_customer_clusters
exec [dbo].[customer_clusters];
```

3) 查看聚类结果。

```
--数据概览
select * from py_customer_clusters;
```

如图 14-48 所示，执行聚类分析命令后，已为每一个用户划分群体，以 0-3 表示。

4. 聚类结果可视化展示——基于 Tableau

将新创建的存储聚类结果的 py_customer_clusters 表读入 Tableau 中，对聚类划分的结果进行可视化展示与直观评估。

1) 数据读入。

2) 打开 Tableau，输入服务器名称，选择数据库后进行连接，如图 14-49 所示。

连接成功后，选择 py_customer_clusters 表并读入数据，如图 14-50 所示。

3) 可视化结果展示。

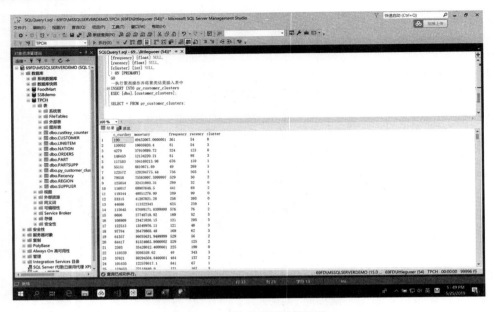

图 14-48 聚类结果数据概览

图 14-49 聚类可视化展示——数据读入：步骤一

将聚类分析结果代入散点图中进行进一步的阐释与验证，如图 14-51 所示。

各群体用户在 frequency 和 monetary 两个维度的表现如图 14-51 所示，蓝色表示客户群 0，橙色表示客户群 1，红色表示客户群 2，青色表示客户群 3。[①] 可以发现，客户群 2 在两个维度的表现均较突出，说明该群体用户的消费贡献额最大且光顾频率最高，是高价值顾客群体。

各群体用户在 recency 和 monetary 两个维度的表现如图 14-52 所示，可以看出客户群 1 最近一次消费距离 1998 年 9 月的天数均较少，近期再次消费的频率较高，而客户群 0 的价值相对而言是最低的。

各群体用户在 recency 和 frequency 两个维度的表现如图 14-53 所示，可以看出，客

---

① 本书为黑白印刷，色彩无法体现。

第 14 章 SQL Server 2017 数据库分析处理案例

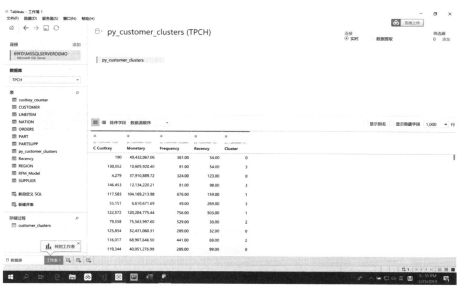

图 14-50 聚类可视化展示——数据读入：步骤二

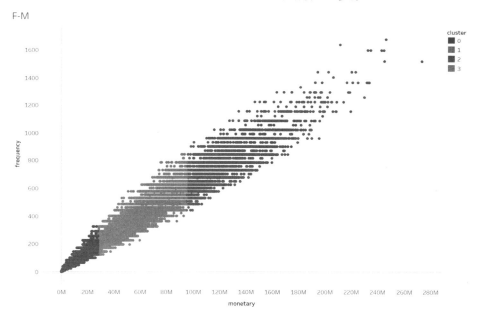

图 14-51 F-M 维度散点图

户群 2 在两个维度上的表现也是最出色的。

各用户群体在三个维度的均值如图 14-54 所示，客户群 2 在 RFM 三个维度方面的表现均是最出色的，属于该群体的 6 906 名用户是公司的最高价值用户，公司可针对其开发丰富多彩的营销活动，达到收益最大化；而客户群 0 在 RFM 三个维度方面的表现均是最糟糕的，属于该群体的 46 929 名用户是公司的最低价值用户，可减少或不采取营销活动，以降低营销成本，客户群 1 的用户价值略低于客户群 2，但是高于客户群 3，说明客户群 1 对于公司而言的价值也较高。

525

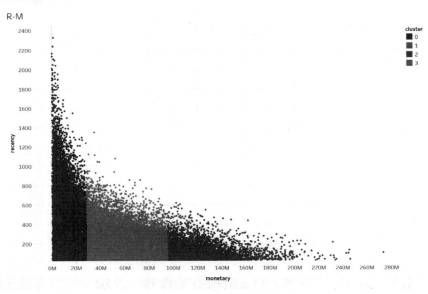

图 14-52 R-M 维度散点图

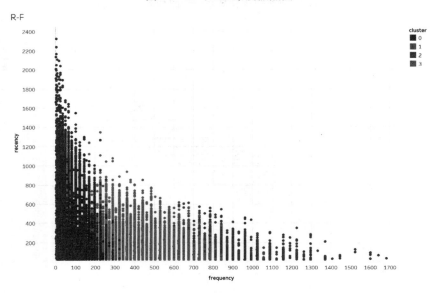

图 14-53 R-F 维度散点图

聚类结果汇总

cluster	avg_monetary	avg_frequency	avg_recency	customer
0	13,993,742	96	280	46,929
1	73,049,429	480	135	19,410
2	116,693,478	739	114	6,906
3	41,574,902	280	166	26,751

图 14-54 聚类结果汇总

综上所述，基于 TPC-H 数据库的用户聚类划分的效果还是比较理想的，通过 RFM 三个维度将用户划分为价值不同的四个群体，且从散点图的可视化展示也印证了聚类划分结果的有效性,可以看出公司半数以上的用户都是属于低价值用户,真正高价值的用户不到用户总数的 10%,其余用户的价值介于最高和最低之间。在了解了用户结构与相对价值大小后,有助于公司实行差异化的营销策略,节约成本,提高收益。

小结

在数据库分析处理应用中需要掌握从数据输入、组织、管理、分析、建模、多维计算、数据可视化、数据挖掘等完整过程的实现技术。数据库并不是孤立的技术,而处于数据分析处理的中心,并与其他工具共同构成完整的数据分析处理层次。

本章以数据库中代表性的 TPC-H 数据库为实例,从数据加载、数据库管理、查询分析、OLAP 服务器多维建模、OLAP 多维查询、数据可视化和基于内置 Python 数据挖掘的数据处理流程,为读者展示了基于 SQL Server 的数据分析处理过程,使读者能够更加全面地理解基于数据库的企业级数据分析处理的实现方法和技术。

图书在版编目(CIP)数据

大数据计算机基础/张延松,王成章,徐天晟编著. --2版. --北京：中国人民大学出版社,2020.7
(大数据分析统计应用丛书)
ISBN 978-7-300-27901-5

Ⅰ.①大… Ⅱ.①张… ②王… ③徐… Ⅲ.①数据处理 Ⅳ.①TP274

中国版本图书馆 CIP 数据核字(2020)第 024252 号

大数据分析统计应用丛书
大数据计算机基础(第 2 版)
张延松　王成章　徐天晟　编著
Dashuju Jisuanji Jichu

出版发行	中国人民大学出版社		
社　　址	北京中关村大街 31 号	邮政编码	100080
电　　话	010-62511242(总编室)		010-62511770(质管部)
	010-82501766(邮购部)		010-62514148(门市部)
	010-62515195(发行公司)		010-62515275(盗版举报)
网　　址	http://www.crup.com.cn		
经　　销	新华书店		
印　　刷	北京市鑫霸印务有限公司	版　次	2016 年 7 月第 1 版
规　　格	185 mm×260 mm　16 开本		2020 年 7 月第 2 版
印　　张	33.5 插页 1	印　次	2020 年 7 月第 1 次印刷
字　　数	790 000	定　价	75.00 元

版权所有　侵权必究　　印装差错　负责调换

教师教学服务说明

中国人民大学出版社管理分社以出版经典、高品质的工商管理、统计、市场营销、人力资源管理、运营管理、物流管理、旅游管理等领域的各层次教材为宗旨。

为了更好地为一线教师服务，近年来管理分社着力建设了一批数字化、立体化的网络教学资源。教师可以通过以下方式获得免费下载教学资源的权限：

在中国人民大学出版社网站 www.crup.com.cn 进行注册，注册后进入"会员中心"，在左侧点击"我的教师认证"，填写相关信息，提交后等待审核。我们将在一个工作日内为您开通相关资源的下载权限。

如您急需教学资源或需要其他帮助，请在工作时间与我们联络：

中国人民大学出版社　管理分社

联系电话：010-82501048，62515782，62515735

电子邮箱：glcbfs@crup.com.cn

通讯地址：北京市海淀区中关村大街甲59号文化大厦1501室（100872）